普通高等教育系列教材

数据结构与算法
第4版

罗文劼　史青宣　苗秀芬　编著

机械工业出版社

本书共包括 8 章内容,详细讲述了线性结构、树结构和图结构中的数据表示及数据处理的方法,并对查找和排序两种重要的数据处理技术做了细致的探讨。书中对每一类数据结构的分析均按照"逻辑结构—存储结构—基本运算的实现—时空性能分析—典型应用举例—知识小结—练习题—实验题"的顺序进行讲解,算法全部采用 C 语言描述,很容易转换成程序。本书语言叙述通俗易懂、由浅入深,算法可读性好、应用性强。书中不仅配有算法设计的应用举例和大量的练习题,还针对重点、难点问题配有授课视频讲解,扫描二维码即可观看。

本书可作为高等院校计算机和信息类相关专业"数据结构"课程的教材,也可作为高职高专同类专业的教学用书及各类工程技术人员的参考用书。

本书配有电子教案和习题解答,需要的教师可登录www.cmpedu.com免费注册,审核通过后下载,或联系编辑索取(微信:15910938545,电话:010-88379739)。

图书在版编目(CIP)数据

数据结构与算法 / 罗文劼,史青宣,苗秀芬编著. —4 版. —北京:机械工业出版社,2018.9(2025.1 重印)
普通高等教育系列教材
ISBN 978-7-111-61406-7

Ⅰ. ①数… Ⅱ. ①罗… ②史… ③苗… Ⅲ. ①数据结构—高等学校—教材②算法分析—高等学校—教材 Ⅳ. ①TP311.12

中国版本图书馆 CIP 数据核字(2018)第 284306 号

机械工业出版社(北京市百万庄大街22号 邮政编码100037)
策划编辑:和庆娣　责任编辑:和庆娣　胡　静
责任校对:张艳霞　责任印制:单爱军
北京虎彩文化传播有限公司印刷
2025 年 1 月第 4 版・第 9 次印刷
184mm×260mm・19.5 印张・482 千字
标准书号:ISBN 978-7-111-61406-7
定价:59.00 元

电话服务　　　　　　　　网络服务
客服电话:010-88361066　　机 工 官 网:www.cmpbook.com
　　　　　010-88379833　　机 工 官 博:weibo.com/cmp1952
　　　　　010-68326294　　金 书 网:www.golden-book.com
封底无防伪标均为盗版　　　机工教育服务网:www.cmpedu.com

前 言

百年大计，教育为本。习近平总书记在党的二十大报告中强调"教育、科技、人才是全面建设社会主义现代化国家的基础性、战略性支撑"，首次将教育、科技、人才一体安排部署，赋予教育新的战略地位、历史使命和发展格局。

"数据结构"是计算机及相关专业的一门重要的专业基础课，是介于"数学""计算机硬件"和"计算机软件"之间的一门计算机科学与技术领域的核心课程，同时数据结构技术也被广泛应用于信息科学、系统工程、应用数学以及各种工程技术领域。该课程主要介绍如何合理地组织和表示数据、如何有效地存储和处理数据、如何正确地设计算法以及对算法的优劣进行分析和评价。

本书结合编者多年教学经验，在《数据结构与算法》（第3版）的基础上进行了修订，定位于应用研究型本科层次，坚持以"面向应用，易教易学"为目标，数据结构与算法设计简单明了，语言叙述通俗易懂，讲解由浅入深，并在以下几方面有所改进。

1）增加部分章节的内容。为深入开展应用型本科的教学，注重培养学生灵活运用数据结构进行程序设计解决实际问题的能力，适应学生参加程序能力相关考试和竞赛以及考研的需要，在第5章加入Floyd算法的详细描述与举例。

2）对重点、难点内容提供对应的视频讲解，方便学习者在课下进行有针对地学习，也方便教学组织翻转教学，让学生提前预习。

3）丰富了每章知识点小结的内容。不仅描述了知识点的内容和学习要求，还指出部分知识点在学习和运用中容易误解和使用错误的地方。

4）丰富了配套练习。补充和修改了每章的课后练习题和实验题，尤其是增加了一些引导学生思考的简答题和灵活运用相关知识点解决实际问题的算法设计题。

5）补充了配套的教案资源，方便教学组织和翻转课堂的使用。针对翻转课堂对教学过程课前、课中和课后的要求，在提供的配套教案中，选择了部分适合翻转课堂的内容，给出适合翻转课堂教学使用的教案。

本书由罗文劼教授组织编定并负责统稿。其中第1、2、3、4、8章由罗文劼编写，第5章由苗秀芬编写，第6、7章由史青宣编写。在本书的编写过程中，张小莉、王苗、石强、和张瑜等多位从事"数据结构"教学的老师对本书的编写提出了宝贵的意见和建议，河北大学教务处也为本书的改版给予支持，在此一并表示感谢。

由于编者水平有限，书中难免存在疏漏之处，恳请各位读者批评指正。

编 者

目 录

前言
第1章 绪论 ························ 1
  1.1 引言 ························ 1
    1.1.1 为什么要学习数据结构 ······ 1
    1.1.2 "数据结构"课程的内容 ····· 4
  1.2 数据结构的概念 ··············· 5
    1.2.1 基本概念和术语 ············ 5
    1.2.2 抽象数据类型 ·············· 7
  1.3 算法 ························ 8
    1.3.1 算法及其特征 ·············· 8
    1.3.2 算法的描述 ················ 9
    1.3.3 算法的性能分析 ············ 9
  1.4 递归 ······················· 12
    1.4.1 递归的概念 ··············· 12
    1.4.2 递归调用的实现原理 ······· 13
    1.4.3 递归转换为非递归 ········· 15
    1.4.4 递归应用举例 ············· 16
  1.5 本章知识点小结 ·············· 17
  练习题 ························ 18
  实验题 ························ 20
    题目1 比较算法复杂性描述函数的增长 ··· 20
    题目2 全排列的递归实现 ········ 21
    题目3 皇后问题 ················ 21

第2章 基本线性结构 ············· 22
  2.1 线性表 ····················· 22
    2.1.1 问题提出 ················· 22
    2.1.2 线性表的定义 ············· 23
    2.1.3 线性表的基本运算 ········· 23
  2.2 线性表的顺序存储 ············ 24
    2.2.1 顺序表 ··················· 24
    2.2.2 顺序表上基本运算的实现 ··· 26
    2.2.3 顺序表应用举例 ··········· 29
  2.3 线性表的链式存储 ············ 31
    2.3.1 单链表 ··················· 31
    2.3.2 单链表上基本运算的实现 ··· 33
    2.3.3 循环链表 ················· 39
    2.3.4 双向链表 ················· 39
    2.3.5 链表应用举例 ············· 41
  2.4 顺序表和链表的比较 ·········· 44
  2.5 堆栈 ······················· 45
    2.5.1 堆栈的定义 ··············· 45
    2.5.2 堆栈的存储及基本运算的实现 ··· 46
    2.5.3 堆栈应用举例 ············· 49
  2.6 队列 ······················· 58
    2.6.1 队列的定义 ··············· 58
    2.6.2 队列的存储及基本运算的实现 ··· 59
    2.6.3 队列应用举例 ············· 64
  2.7 本章知识点小结 ·············· 67
  练习题 ························ 68
  实验题 ························ 72
    题目1 Josephus环问题 ········· 72
    题目2 模拟停车场管理 ········· 73

第3章 线性结构的扩展 ··········· 75
  3.1 字符串 ····················· 75
    3.1.1 字符串的基本概念 ········· 75
    3.1.2 顺序串 ··················· 76
    3.1.3 模式匹配 ················· 79
  3.2 多维数组与特殊矩阵 ·········· 84

  3.2.1 多维数组 84
  3.2.2 特殊矩阵 86
  3.2.3 稀疏矩阵 90
 3.3 广义表 99
  3.3.1 广义表的基本概念 99
  3.3.2 广义表的存储 101
 3.4 本章知识点小结 103
 练习题 104
 实验题 107
  题目 格式化文本 107

第4章 树结构 110
 4.1 引言 110
  4.1.1 问题提出 110
  4.1.2 相关概念 111
 4.2 二叉树 113
  4.2.1 二叉树的概念 113
  4.2.2 二叉树的主要性质 114
  4.2.3 二叉树的存储 116
  4.2.4 二叉树基本运算的实现 119
 4.3 二叉树的遍历 121
  4.3.1 递归方法实现二叉树的遍历 121
  4.3.2 非递归方法实现二叉树的遍历 123
  4.3.3 队列方法实现二叉树的层次遍历 126
 4.4 二叉树遍历的应用 127
  4.4.1 构造二叉树的二叉链表存储 127
  4.4.2 在二叉树中查找值为 x 的数据元素 128
  4.4.3 统计给定二叉树中叶子结点的数目 128
  4.4.4 由遍历序列恢复二叉树 129
 4.5 线索二叉树 130
  4.5.1 线索二叉树的定义及结构 130
  4.5.2 线索二叉树的构建 132

  4.5.3 线索二叉树的遍历 133
 4.6 最优二叉树 136
  4.6.1 最优二叉树的概念 136
  4.6.2 最优二叉树的构造 138
  4.6.3 最优二叉树的应用——哈夫曼编码 141
 4.7 树和森林 143
  4.7.1 树的基本操作与表示 143
  4.7.2 树的存储 144
  4.7.3 树和森林与二叉树之间的转换 148
  4.7.4 树或森林的遍历 150
  4.7.5 树的应用 151
 4.8 本章知识点小结 153
 练习题 155
 实验题 159
  题目 哈夫曼编码/译码器 159

第5章 图结构 161
 5.1 引言 161
  5.1.1 问题提出 161
  5.1.2 相关概念 162
  5.1.3 图的基本操作 165
 5.2 图的存储方法 165
  5.2.1 邻接矩阵 165
  5.2.2 邻接表 167
  *5.2.3 十字链表 169
  *5.2.4 邻接多重表 171
 5.3 图的遍历 173
  5.3.1 深度优先搜索 173
  5.3.2 广度优先搜索 175
  5.3.3 应用图的遍历判定图的连通性 177
 5.4 生成树与最小生成树 178
  5.4.1 生成树和生成森林 178
  5.4.2 最小生成树 179
  5.4.3 构造最小生成树的 Prim 算法 180

5.4.4 构造最小生成树的 Kruskal
算法 ·················· 183
5.5 最短路径 ····················· 186
5.5.1 从一个源点到其他各点的
最短路径 ············· 186
*5.5.2 每一对顶点之间的最短
路径——弗洛伊德算法 ··· 189
5.6 拓扑排序 ····················· 193
5.6.1 有向无环图的概念 ······ 193
5.6.2 AOV 网与拓扑排序 ····· 194
5.7 关键路径 ····················· 198
5.7.1 AOE 网与关键路径 ····· 198
5.7.2 关键路径的确定 ········· 199
5.8 本章知识点小结 ············· 203
练习题 ································ 206
实验题 ································ 208
题目 校园导游程序 ········· 208

第 6 章 查找 ····················· 210
6.1 引言 ·························· 210
6.1.1 问题提出 ············· 210
6.1.2 相关概念 ············· 210
6.2 线性表查找 ··················· 212
6.2.1 顺序查找 ············· 212
6.2.2 在顺序存储的有序表上
查找 ···················· 214
6.3 树表查找 ····················· 218
6.3.1 二叉排序树 ··········· 218
6.3.2 平衡二叉树 ··········· 224
*6.3.3 B 树和 B+树 ········· 230
6.4 散列表查找 ··················· 236
6.4.1 散列表 ················ 236
6.4.2 常用的散列函数 ······ 237
6.4.3 处理冲突的方法及散列表的
构造 ··················· 238
6.4.4 散列表上的查找 ······ 242
6.4.5 散列表上的插入 ······ 244
6.4.6 散列表上的删除 ······ 245

6.5 本章知识点小结 ············· 245
练习题 ································ 246
实验题 ································ 249
题目 1 职工信息检索系统 ······ 249
题目 2 个人图书管理系统 ······ 250

第 7 章 排序 ····················· 252
7.1 引言 ·························· 252
7.1.1 问题提出 ············· 252
7.1.2 相关概念 ············· 252
7.2 插入排序 ····················· 254
7.2.1 直接插入排序 ········ 254
7.2.2 折半插入排序 ········ 256
7.2.3 希尔排序 ············· 256
7.3 交换排序 ····················· 258
7.3.1 冒泡排序 ············· 258
7.3.2 快速排序 ············· 259
7.4 选择排序 ····················· 261
7.4.1 简单选择排序 ········ 261
7.4.2 树型选择排序 ········ 262
7.4.3 堆排序 ················ 263
7.5 归并排序 ····················· 266
7.5.1 两个有序表的合并 ··· 266
7.5.2 二路归并排序的迭代算法 ··· 267
7.5.3 二路归并排序的递归算法 ··· 268
*7.6 基数排序 ····················· 268
7.6.1 多关键码排序 ········ 268
7.6.2 链式基数排序 ········ 269
7.7 排序方法比较 ··············· 272
7.8 本章知识点小结 ············· 274
练习题 ································ 275
实验题 ································ 278
题目 各种内部排序的性能比较 ······ 278

第 8 章 扩展应用举例 ··········· 279
8.1 求最大子段和 ··············· 279
8.1.1 问题描述 ············· 279
8.1.2 问题分析与解决 ······ 279
8.2 表达式树的构造 ············· 283

  8.2.1　问题描述 ·············· 283
  8.2.2　问题分析与解决 ········ 283
 8.3　由等价关系求划分 ·············· 287
  8.3.1　问题描述 ·············· 287
  8.3.2　问题分析与解决 ········ 287
 8.4　本章知识点小结 ·············· 289
练习题 ······························ 290
实验题 ······························ 290
 题目 1　模拟银行排队办理业务 ···· 290
 题目 2　0-1 背包问题 ············ 291

附录 ······························ 292
 附录 A　实验要求 ·············· 292
 实验题目 ······················ 294
 附录 B　模拟试卷 ·············· 295
  模拟试卷一 ·················· 295
  模拟试卷二 ·················· 296
  模拟试卷三 ·················· 299
  模拟试卷四 ·················· 301

参考文献 ·························· 304

第1章 绪　　论

在运用程序设计语言编写程序解决实际问题的时候，计算机所处理的数据并不是简单地堆积在一起，而是存在着某种内在的联系。因此，为了更有效地处理数据，编写出结构清晰而且效率高的程序，必须研究数据的特性、数据间的相互关系及其对应的存储表示，并利用这些特性和关系进行问题的计算机求解。

【主要内容提示】
- 数据结构的概念以及数据结构课程的内容
- 数据结构与程序设计语言课程的关系
- 算法与数据结构的关系
- 递归与数据结构的关系

1.1 引言

计算机科学是一门研究数据表示和数据处理的科学。数据就是对客观事务采用计算机能够识别、存储和处理的符号表示；简言之，数据是计算机化的信息，是计算机可以直接处理的最基本和最重要的对象。无论是进行科学计算或数据处理、过程控制，还是对文件的存储和检索等计算机应用，都是对数据进行加工处理的过程。

数据结构是计算机科学与技术专业的专业基础课，是十分重要的核心课程。数据结构的知识为后续专业课程的学习提供必要的知识和技能准备，打好"数据结构"这门课程的扎实基础，对于学习计算机专业的其他课程，如操作系统、编译原理、数据库管理系统、软件工程、人工智能等都是十分有益的。而且，所有的计算机系统软件和应用软件都要用到各种类型的数据结构，因此要想更好地运用计算机来解决实际问题，仅掌握几种计算机程序设计语言是难以应付众多复杂课题的，要想有效地使用计算机、充分发挥计算机的性能，还必须学习和掌握好数据结构的有关知识。

1.1.1 为什么要学习数据结构

在计算机发展的初期，人们使用计算机的目的主要是处理数值计算问题。使用计算机来解决一个具体问题时，一般需要经过下列几个步骤：首先要从该具体问题抽象出一个适当的数学模型，然后设计或选择一个解此数学模型的算法，最后编出程序进行调试、测试，直至得到最终的解答。由于当时所涉及的运算对象是简单的整型、实型或布尔类型数据，数据量小且结构简单，所以程序设计者的主要精力是集中于程序设计的技巧上，而无须重视如何组织数据。

随着计算机应用领域的日益广泛和软、硬件技术的发展，非数值计算问题显得越来越重要。据资料统计，当今处理非数值计算性问题占用了 90%以上的机器时间。这类问题涉及的数据结构更为复杂，数据元素之间的相互关系一般无法用数学方程式加以描述。因此，解决这类问题的关键不再是数学分析和计算方法，而是要设计出合适的数据结构，才能有效地解决问题。下面所列举的就是属于这一类的具体问题。

【例 1-1】 成绩检索系统。要求成绩检索系统提供自动查询的功能，如查找某个学生的单科成绩或平均成绩，查询某门课程的最高分等。

实现这个系统首先需要考虑如何组织数据，然后再按照相应的算法编写程序，就可以实现计算机自动检索。例如，可以将每个学生的各项信息（学号、姓名、各项成绩等）用某种构造的数据类型表示，全部考生的信息按学号的次序排列，可以组织成一个线性表格，如表 1-1 所示，根据查询的需要可以设计出各种查询的算法。

表 1-1 学生成绩表

学号	姓名	考试成绩			平均成绩
		高等数学	C 语言	英语	
20171801	吴承志	90	95	85	90
20171802	李淑芳	88	76	91	85
20171803	刘 丽	92	78	82	84
20171804	张会友	81	78	72	77
20171805	石宝国	76	82	79	79
20171806	何文颖	86	90	91	89
20171807	赵胜利	76	78	80	78
20171808	崔文靖	82	93	86	87
20171809	刘 丽	80	85	81	82
...	...	...	...	...	...

类似的还有电话自动查号系统、图书信息检索系统、仓库库存管理系统等。在这类文档管理的数学模型中，计算机处理的对象之间通常存在的是一种简单的线性关系，这类数学模型可称为线性的数据结构。

【例 1-2】 棋盘布局问题。要求将 4 个棋子布在 4 行 4 列的棋盘上，使得任两个棋子既不在同一行或同一列，也不在同一对角线上。

此问题的处理过程不是根据某种确定的计算法则，而是利用试探和回溯的探索技术求解。为了求得合理布局，在计算机中要存储布局的当前状态。从最初的布局状态开始，一步步地进行试探，每试探一步形成一个新的状态，整个试探过程形成了一棵隐含的状态树，如图 1-1 所示。回溯法求解过程实质上就是一个遍历状态树的过程。在这个问题中所出现的树也是一种数据结构，它可以应用在许多非数值计算的问题中。

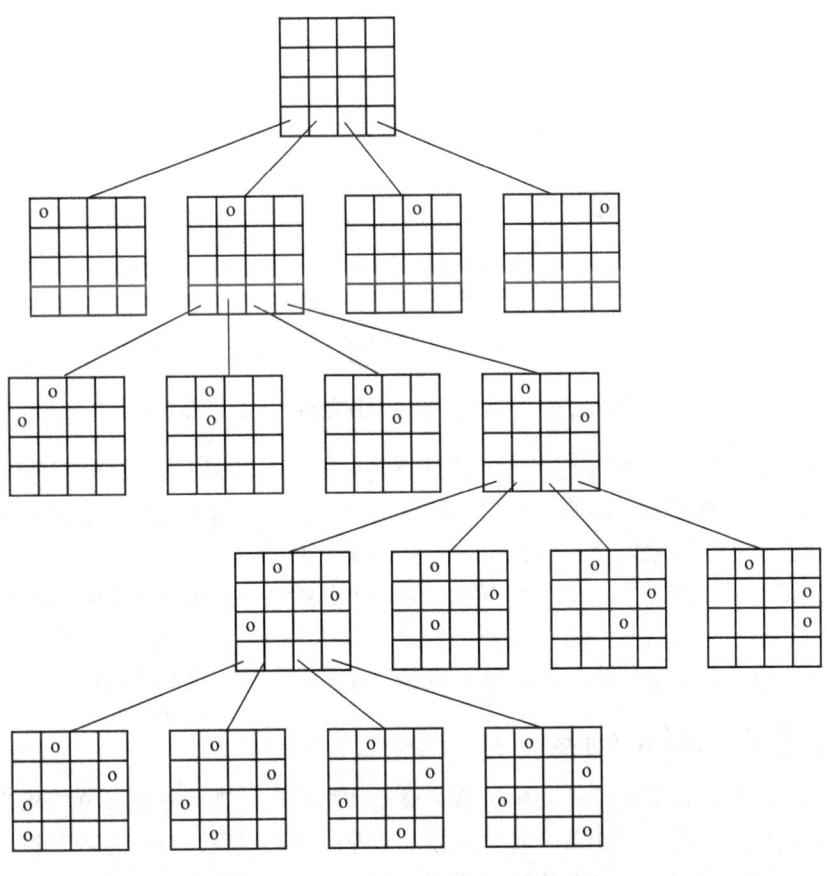

图 1-1 棋盘布局问题中隐含的状态树

【例 1-3】 教学计划编排问题。一个教学计划包含许多课程,在教学计划包含的许多课程之间,有些必须按规定的先后次序进行,有些则没有次序要求。即有些课程之间有先修和后续的关系,有些课程可以任意安排次序,如表 1-2 所示。

表 1-2 计算机专业的课程设置

课程编号	课程名称	先修课程
c_1	计算机导论	无
c_2	数据结构	c_1, c_4
c_3	汇编语言	c_1
c_4	C 程序设计语言	c_1
c_5	计算机图形学	c_2, c_3, c_4
c_6	接口技术	c_3
c_7	数据库原理	c_2, c_9
c_8	编译原理	c_4
c_9	操作系统	c_2

各个课程之间的次序关系可用一个称作图的数据结构来表示,如图 1-2 所示。有向图中的每个顶点表示一门课程,如果从顶点 v_i 到 v_j 之间存在有向边$<v_i, v_j>$,则表示课程 i 必须

先于课程 j 进行。

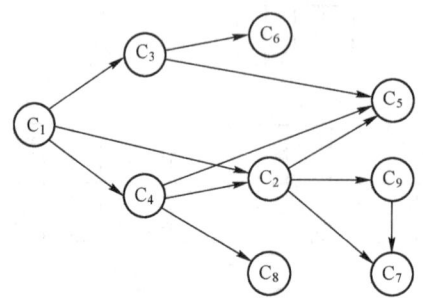

图 1-2　教学计划编排问题中表示课程之间优先关系的有向图

由以上 3 个例子可见，描述这类非数值计算问题的数学模型不再是数学方程，而是诸如表、树、图之类的数据结构。因此，可以说数据结构主要是研究非数值计算的程序设计问题中所出现的计算机操作对象以及它们之间的关系和操作的学科。

学习数据结构的目的是为了了解计算机处理对象的特性，将实际问题中所涉及的处理对象在计算机中表示出来并对它们进行处理。与此同时，通过算法训练来提高学生的逻辑思维能力，通过程序设计的技能训练，促进学生的综合应用能力和专业素质的提高。

1.1.2 "数据结构"课程的内容

数据结构与数学、计算机硬件和软件有十分密切的关系。数据结构是介于数学、计算机硬件和计算机软件之间的一门计算机科学与技术专业的核心课程，是高级程序设计语言、编译原理、操作系统、数据库、人工智能等课程的基础。同时，数据结构技术也广泛应用于信息科学、系统工程、应用数学以及各种工程技术领域。

"数据结构"课程集中讨论软件开发过程中的设计阶段，同时涉及编码和分析阶段的若干基本问题。此外，为了构造出好的数据结构及其实现，还需考虑数据结构及其实现的评价与选择。因此，"数据结构"课程内容包括 3 个层次的 5 个"要素"，如表 1-3 所示。

表 1-3　"数据结构"课程内容体系

层次 \ 方面	数据表示	数据处理
抽象	逻辑结构	基本运算
实现	存储结构	算法
评价	不同数据结构的比较及算法分析	

数据结构的核心技术是分解与抽象。通过对问题的抽象，舍弃数据元素的具体内容，就得到逻辑结构。类似地，通过分解将处理要求划分成各种功能，再通过抽象舍弃实现细节，就得到运算的定义。上述两个方面的结合使我们将问题变换为数据结构，这是一个从具体（即具体问题）到抽象（即数据结构）的过程。然后，通过增加对实现细节的考虑进一步得到存储结构和实现运算，从而完成设计任务。这是一个从抽象（即数据结构）到具体（即具体实现）的过程。熟练地掌握这两个过程是数据结构课程在专业技能培养方面的基本目标。

"数据结构"作为一门独立的课程在国外是从 1968 年才开始的，但在此之前其有关内容已散见于"编译原理"及"操作系统"课程之中。20 世纪 60 年代中期，美国的一些大学开始设立有关课程，但当时的课程名称并不叫数据结构。1968 年美国唐·欧·克努特教授开创了数据结构的最初体系，他所著的《计算机程序设计技巧》第一卷《基本算法》是第一本较系统地阐述数据的逻辑结构和存储结构及其操作的著作。从 20 世纪 60 年代末到 70 年代初，出现了大型程序，软件也相对独立，结构程序设计成为程序设计方法学的主要内容，人们越来越重视数据结构。从 20 世纪 70 年代中期到 80 年代，各种版本的数据结构著作相继出现。目前，数据结构的发展并未终结，一方面，面向各专门领域中特殊问题的数据结构得到研究和发展，如多维图形数据结构等；另一方面，从抽象数据类型和面向对象的观点来讨论数据结构已成为一种新的趋势，越来越被人们所重视。

1.2 数据结构的概念

在系统地学习数据结构知识之前，先对一些其涉及的基本概念和术语赋予确切的含义。

1.2.1 基本概念和术语

1. 数据

数据（Data）是信息的载体，是所有能够被计算机识别、存储和加工处理的符号的总称。它是计算机程序加工的原料，应用程序可以处理各种各样的数据。在计算机科学中，数据是计算机加工处理的对象，它可以是数值数据，也可以是非数值数据。数值数据是一些整数、实数和复数，主要用于工程计算、科学计算和商务处理等；非数值数据包括字符、文字、图形、图像、语音等。

2. 数据项

数据项（Data Item）是具有独立含义的标识单位，是数据不可分割的最小单位，如学生成绩表中"学号""姓名"等。数据项有名和值之分，数据项名是一个数据项的标识，用变量定义，而数据项值是它的一个可能取值，表中"20171801"是数据项"学号"的一个取值。数据项具有一定的类型，依数据项的取值类型而定。

3. 数据元素

数据元素（Data Element）是数据的基本单位。在不同的条件下，数据元素又可称为元素、结点、顶点、记录等。例如，考试查分系统的学生成绩表中的一个记录、棋盘布局问题中状态树的一个状态、教学计划编排问题中的一个顶点等，都称为一个数据元素。

有时，一个数据元素可由若干个数据项组成，例如，学籍管理系统中学生信息表的每一个数据元素就是一个学生记录，它包括学生的学号、姓名、性别、籍贯、出生年月、成绩等数据项。这些数据项可以分为两种：一种叫作初等项，如学生的性别、籍贯等，这些数据项是在数据处理时不能再分割的最小单位；另一种叫作组合项，如学生的成绩，它可以再划分为数学、物理、化学等更小的项。通常，在解决实际应用问题时是把每个学生记录当作一个基本单位进行访问和处理的。

4. 数据对象

数据对象（Data Object）或数据元素类（Data Element Class）是具有相同性质的数据元素的集合。在某个具体问题中，数据元素都具有相同的性质（元素值不一定相等），属于同一数据对象（数据元素类），数据元素是数据元素类的一个实例。例如，在交通咨询系统的交通网中，所有的顶点是一个数据元素类，顶点 A 和顶点 B 各自代表一个城市，是该数据元素类中的两个实例，其数据元素的值分别为 A 和 B。

5．数据结构

数据结构（Data Structure）是指互相之间存在着一种或多种关系的数据元素的集合。数据结构涉及数据元素之间的逻辑关系，数据在计算机中的存储方式和这些数据上定义的一组运算，一般称这 3 个方面为数据的逻辑结构、数据的存储结构和数据的运算。

（1）数据的逻辑结构

在任何问题中，数据元素之间都不会是孤立的，在它们之间都存在着这样或那样的逻辑关系，这种数据元素之间的关系称为逻辑结构。数据的逻辑结构包含两个要素：一个是数据元素的集合，另一个是关系的集合。

在形式上，数据的逻辑结构通常可以采用一个二元组来表示：

$$Data\_Structure = (D, R)$$

其中，D 是数据元素的有限集，R 是 D 上关系的有限集。

根据数据元素间关系的不同特性，数据的逻辑结构通常分为以下 4 类。

1）集合：在集合中，数据元素间的关系是"属于同一个集合"。集合是元素关系极为松散的一种结构。

2）线性结构：该结构的数据元素之间存在着一对一的关系。

3）树形结构：该结构的数据元素之间存在着一对多的关系。

4）图形结构：该结构的数据元素之间存在着多对多的关系，图形结构也称作网状结构。

如图 1-3 所示为 4 类逻辑结构的示意图。

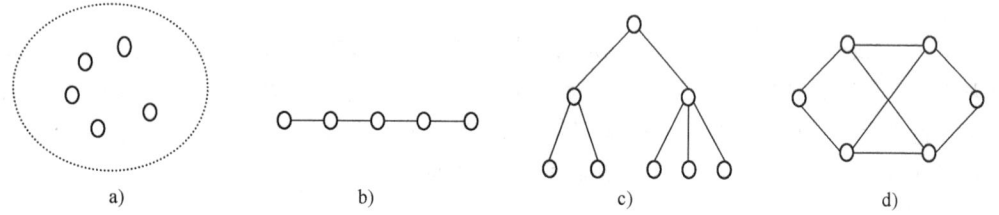

图 1-3 4 类逻辑结构的示意图
a) 集合结构 b) 线性结构 c) 树形结构 d) 图形结构

由于集合是数据元素之间关系极为松散的一种结构，因此也可用其他结构来表示它。

数据的逻辑结构可以看作是从具体问题抽象出来的数学模型，它与数据的存储无关。人们研究数据结构的目的是为了在计算机中实现对它的操作，为此还需要研究如何在计算机中表示一个数据结构。数据结构在计算机中的标识（又称映像）称为数据的物理结构，又称存储结构。它所研究的是数据的逻辑结构在计算机中的实现方法，包括数据结构中元素的表示及元素间关系的表示。

（2）数据的存储结构

数据的存储结构最常用的是顺序存储和链式存储的方法。

1）顺序存储方法：把逻辑上相邻的元素存储在物理位置相邻的存储单元中，结点间的逻辑关系由存储单元的邻接关系来体现，由此得到的存储表示称为顺序存储结构。顺序存储结构是一种最基本的存储表示方法，通常借助于程序设计语言中的数组来实现。

2）链式存储方法：对逻辑上相邻的元素不要求其物理位置相邻，元素间的逻辑关系通过附设的指针字段来表示，由此得到的存储表示称为链式存储结构，链式存储结构通常借助于程序设计语言中的指针来实现。

除了顺序存储方法和链式存储方法外，有时为了查找的方便还采用索引存储方法和散列存储方法。

3）索引存储方法：在存储结点信息的同时，还建立附加的索引表。索引表中的每一项包含关键字和地址，关键字是能够唯一标识一个数据元素的数据项，地址指出数据元素所在的存储位置。索引存储主要是针对数据内容的存储，而不强调关系的存储，索引存储方法主要面向查找操作。

4）散列存储方法：以数据元素的关键字的值为自变量，通过某个函数（散列函数）计算出该元素的存储位置。索引存储也是针对数据内容的存储方式。

以上 4 种存储方法中，顺序存储方法和链式存储方法是最基本最常用的，索引存储方法和散列存储方法在具体实现时需要用到前两种方法。在实际应用中，一种逻辑结构可以有不同的存储方法，选用何种存储结构来表示相应的逻辑结构要视具体情况而定，主要考虑运算的实现及算法的时空要求。

（3）数据的运算

运算是对数据的处理。运算与逻辑结构紧密相连，每种逻辑结构都有一个运算的集合。运算的种类很多，根据操作的结果，可将运算分为以下两种类型。

1）引用型运算。这类运算不改变数据结构中原有的数据元素的状态，只根据需要读取某些信息。

2）加工型运算。这类运算的结果会改变数据结构中原有数据的状态，如数据元素的内容、个数等。

数据的运算是定义在数据的逻辑结构上的，但运算的具体实现是在数据的存储结构上进行的。数据的运算是数据结构不可分割的一个方面，在数据的逻辑结构和存储结构给定之后，如果定义的运算集及运算的性质不同，也会导致完全不同的数据结构，例如随后的章节中将要介绍的线性表、栈和队列等。

1.2.2 抽象数据类型

1. 数据类型

数据类型（Data Type）是和数据结构密切相关的一个概念。它最早出现在高级程序设计语言中，用以描述程序中操作对象的特性。在用高级语言编写的程序中，每个变量、常量或表达式都有一个它所属的确定的数据类型。类型显式地或隐含地规定了在程序执行期间变量或表达式所有可能的取值范围，以及在这些值上允许进行的操作。因此，数据类型是一个值的集合和定义在这个值集上的一组操作的总称。

在高级程序设计语言中，数据类型可分为两类：一类是原子类型，另一类则是结构类型。原子类型的值是不可分解的。如 C 语言中整型、字符型、浮点型、双精度型等基本类型，分别用保留字 int、char、float、double 标识。而结构类型的值是由若干成分按某种结构组成的，因此是可分解的，并且它的成分可以是非结构的，也可以是结构的。例如，数组的值由若干分量组成，每个分量可以是整数，也可以是数组等。在某种意义上，数据结构可以看成是"一组具有相同结构的值"，而数据类型则可看成是由一种数据结构和定义在其上的一组操作所组成的。

2．抽象数据类型

抽象数据类型（Abstract Data Type，ADT）是指一个数学模型以及定义在该模型上的一组操作。抽象数据类型的定义取决于它的一组逻辑特性，而与其在计算机内部如何表示和实现无关。即不论其内部结构如何变化，只要它的数学特性不变，都不影响其外部的使用。

抽象数据类型和数据类型实质上是一个概念。例如，各种计算机都拥有的整数类型就是一个抽象数据类型，尽管它们在不同处理器上的实现方法可以不同，但由于其定义的数学特性相同，在用户看来都是相同的。因此，"抽象"的意义在于数据类型的数学抽象特性。

但在另一方面，抽象数据类型的范畴更广，它不再局限于前述各处理器中已定义并实现的数据类型，还包括用户在设计软件系统时自己定义的数据类型。为了提高软件的重用性，在近代程序设计方法学中，要求在构成软件系统的每个相对独立的模块上，定义一组数据和施于这些数据上的一组操作，并在模块的内部给出这些数据的表示及其操作的细节，而在模块的外部使用的只是抽象的数据及抽象的操作。这也就是面向对象的程序设计方法。

抽象数据类型的定义可以由一种数据结构和定义在其上的一组操作组成，而数据结构又包括数据元素及元素间的关系，因此抽象数据类型一般可以由元素、关系及操作 3 种要素来定义。

抽象数据类型的特征是使用与实现相分离，实行封装和信息隐蔽。就是说，在抽象数据类型设计时，把类型的定义与其实现分离开来。

1.3 算法

数据的运算是通过算法来描述的。算法与数据结构的关系紧密，在算法设计时先要确定相应的数据结构，而在讨论某一种数据结构时也必然会涉及相应的算法。下面就从算法特性、算法描述、算法性能分析与度量 3 个方面对算法进行介绍。

1.3.1 算法及其特征

算法（Algorithm）是对特定问题求解步骤的一种描述，是指令的有限序列。其中每一条指令表示一个或多个操作。

一个算法应该具有下列特性。

1）有穷性。一个算法必须在有穷步之后结束，即必须在有限时间内完成。

2）确定性。算法的每一步必须有确切的定义，无二义性。算法的执行对应着相同的输入仅有唯一的一条路经，即相同的输入必然有相同的输出。

3）可行性。算法中的每一步都可以通过已经实现的基本运算的有限次执行得以实现。

4）输入。一个算法具有零个或多个输入，这些输入取自特定的数据对象集合。

5）输出。一个算法具有一个或多个输出，这些输出同输入之间存在某种特定的关系。

算法的含义与程序十分相似，但又有区别。一个程序不一定满足有穷性。例如，操作系统，只要整个系统不遭破坏，它将永远不会停止，即使没有作业需要处理，它仍处于动态等待中。因此，操作系统不是一个算法。另一方面，程序中的指令必须是机器可执行的，而算法中的指令则无此限制。算法代表了对问题的解，而程序则是算法在计算机上的特定的实现。一个算法若用程序设计语言来描述，则它就是一个程序。

算法与数据结构是相辅相成的。解决某一特定类型问题的算法可以选定不同的数据结构，而且选择恰当与否直接影响算法的效率。反之，一种数据结构的优劣由各种算法的执行来体现。

要设计一个好的算法通常要满足以下的要求。

1）正确。算法的执行结果应当满足预先规定的功能和性能要求。

2）可读。一个算法应当思路清晰、层次分明、简单明了、易读易懂。算法不仅仅是让机器来执行的，更重要的是便于人的阅读和交流。

3）健壮。当输入不合法数据时，算法能够作适当处理，而不会产生莫名其妙的输出或引起其他严重的后果。

4）高效。算法应具有较好的时空性能。

这些指标一般很难做到十全十美，因为它们常常相互矛盾，在实际的算法评价中应根据需要有所侧重。

1.3.2 算法的描述

算法可以使用各种不同的方法来描述。

最简单的方法是使用自然语言，优点是简单且便于人们对算法的阅读，缺点是不够严谨。

同时也可以使用程序流程图、N-S 图等算法描述工具，其优点是描述过程简洁、明了，缺点是不能够直接在计算机上执行，若要将它转换成可执行的程序，则还有一个编程的问题。也可以直接使用某种程序设计语言来描述算法，不过直接使用程序设计语言并不容易，而且不太直观，常常需要借助于注释才能使人看明白。

为了解决理解与执行这两者之间的矛盾，人们常常使用一种称为伪码语言的描述方法来进行算法描述。伪码语言介于高级程序设计语言和自然语言之间，它忽略高级程序设计语言中一些严格的语法规则与描述细节，因此它比程序设计语言更容易描述和被人理解，而比自然语言更接近程序设计语言。它虽然不能直接执行但很容易被转换成高级语言。

本书采用类 C 语言作为算法的描述工具，这使得算法的描述简洁、清晰，不必拘泥于 C 语言的细节，又容易转换成 C 语言或 C++语言的程序。

1.3.3 算法的性能分析

在程序设计中，对算法进行分析是非常重要的。解决一个具体的应用实例，常常有若干个算法可以选用，因此程序设计者要判断哪一个算法在现实的计算机环境中对于解决问题是最优的。在计算机科学中，一般从算法的计算时间与所需存储空间来评价一个算法的优劣。

1. 时间复杂度

将一个算法转换成程序并在计算机上执行时，其运行所需要的时间取决于下列因素。

1）硬件的速度。主要指机器的指令性能和速度，例如，64 位机一般要比 32 位机快；

主频 2 GHz 的机器一般比 1 GHz 的机器快。

2）书写程序的语言。实现语言的级别越低，其执行效率就越高，如汇编语言的执行效率一般高于高级语言，C/C++语言的执行效率一般高于 Visual Basic 语言等。

3）编译程序所生成目标代码的质量。对于代码优化较好的编译程序其所生成的目标代码的质量较高。

4）问题的规模。例如，求 100 以内的素数与求 1000 以内的素数其执行时间必然是不同的。

显然，在各种因素都不能确定的情况下，很难比较出算法的执行时间。也就是说，使用执行算法的绝对时间来衡量算法的效率是不合适的。因此为了突出算法本身的性能，可以将上述各种与计算机相关的软、硬件因素都确定下来，这样一个特定算法的运行工作量的大小就只依赖于问题的规模（通常用正整数 n 表示），或者说它是问题规模的函数。

一个算法的时间复杂度（Time Complexity）就是指算法的时间耗费，这里用 T(n)表示。

一个算法执行所耗费的时间，是算法中所有语句执行时间之和，而每条语句的执行时间是该语句执行一次所用时间与该语句重复执行次数的乘积。一个语句重复执行的次数称为语句的频度（Frequency Count）。

算法的时间复杂度 T(n)表示：$T(n) = \sum_{语句_i}(t_i \times c_i)$。

其中 t_i 表示语句 i 执行一次的时间，c_i 表示语句 i 的频度。

假设每条语句执行一次的时间均为一个单位时间，那么算法的时间耗费可简单表示为各语句的频度之和：$T(n) = \sum_{语句_i} c_i$。

【例 1-4】 下面的程序段用来求两个 n 阶方阵 A 和 B 的乘积 C。

```
for(i=0;i<n;i++)                  // n+1
    for(j=0;j<n;j++)              // n(n+1)
    { C[i][j]=0;                  // n²
        for(k=0;k<n;k++)          // n²(n+1)
            C[i][j]+=A[i][k]*B[k][j];   // n³
    }
```

右边列出了各语句的频度，因而算法的时间复杂度 T(n)：

$$T(n) = (n+1)+n(n+1)+ n^2+ n^2(n+1) + n^3 = 2n^3+3n^2+2n+1$$

可见，T(n)是矩阵阶数 n 的函数。

而许多时候要精确地计算 T(n)是困难的，很多算法的时间复杂度难以给出解析形式，或者非常复杂。而且当问题的规模较大时，T(n)表达式中有些项占主导地位，其他项可忽略不计。例如在【例 1-4】中，当 n 很大时，T(n)中起主导作用的是高次项 $2n^3$，显然：

$$\lim_{n \to \infty} \frac{T(n)}{n^3} = \lim_{n \to \infty} \frac{2n^3+3n^2+2n+1}{n^3} = 2$$

T(n)与 n^3 是同数量级的，T(n)可近似的用 n^3 来表示。

因此在实际应用中，往往放弃复杂的函数来表示确切的时间复杂度，而采用一些简单的函数来近似表示时间性能，这就是时间渐进复杂度。

定义（大 O 记号）：设 T(n)是问题规模 n 的函数 f(n)，若存在两个正常数 c 和 n_0，使得对所有的 n，n≥n_0，有：T(n)≤cf(n)，则记为：T(n) = O(f(n))。

例如，一个程序的实际执行时间为 T(n)=$20n^3+25n^2+9$，则 T(n)= O(n^3)。

使用大 O 记号表示的算法的时间复杂度，称为算法的渐进时间复杂度（Asymptotic Complexity），简称时间复杂度。

通常用 O(1)表示常数计算时间。常见的时间复杂度按数量级递增排列：

O(1)< O($\log_2 n$)< O(n)< O($n\log_2 n$)< O(n^2)< O(n^3)< O(2^n)

一个算法是由控制结构和基本语句构成的，其执行时间取决于两者的综合效果。为了便于比较同一问题的不同的算法，通常的做法：从算法中选取一种对于所研究的问题来说是基本运算的语句，以该基本语句重复执行的次数作为算法的时间度量。基本运算一般应选取频度最大的语句，如最深层循环体内的语句。例如，在矩阵乘法的算法中应选取"C[i][j]+=A[i][k]*B[k][j];"作为基本操作来近似计算时间复杂度。

有些算法中，时间复杂度不仅与问题规模相关，还与输入数据集的状态有关。对于这类问题，需要从概率的角度出发讨论。也可根据数据集可能的最好或最坏情况，估算算法的最好时间复杂度或最坏时间复杂度；或者在对数据集作某种假定的情况下，讨论算法的平均时间复杂度。

【例 1-5】 冒泡排序。

```
void BublleSort(int a[ ], int n)
{ for (i=0; i<n-1&&swap; i++)
   { swap=0;
      for(j=0; j<n-i; j++)
         if(a[j]>a[j+1])
            {a[j]⇔a[j+1];
              swap=1;
            }
   }
}
```

选择交换相邻的两个元素"a[j]⇔a[j+1];"作为基本操作。当 a 中序列自小到大有序时，基本操作的执行次数是 0；当 a 中序列自大到小有序时，基本操作的执行次数是 n(n+1)/2。而 n 个元素组成的输入集可能有 n!中排列情况，若各种情况等概率出现，则冒泡排序的平均时间复杂度 T(n)= O(n^2)。

很多情况下，输入数据集的分布概率是难以确定的，常用的方法是讨论算法在最坏情况下的复杂度，即分析算法执行时间的上界。因此以后的章节中，如不作特别说明时，时间复杂度是指最坏情况下的时间复杂度。

2. 空间复杂度

一个算法的空间复杂度（Space Complexity）是指算法运行从开始到结束所需的存储量。

算法的一次运行是针对所求解的问题的某一特定实例而言的。例如，求解排序问题的排序算法的每次执行是对一组特定个数的元素进行排序。对该组元素的排序是排序问题的一个实例。元素个数可视为该实例的特征。

算法运行所需的存储空间包括以下两部分。

1）固定部分：这部分空间与所处理数据的大小和个数无关，或者称与问题的实例的特征无关。主要包括程序代码、常量、简单变量、定长成分的结构变量所占的空间。

2）可变部分：这部分空间大小与算法在某次执行中处理的特定数据的大小和规模有关。例如 100 个数据元素的排序算法与 1000 个数据元素的排序算法所需的存储空间显然是不同的。

当问题的规模较大时，可变部分可能会远大于固定部分，所以一般只讨论算法的渐进空间复杂度。空间复杂度的分析与时间复杂度类似，这里不再赘述。

1.4 递归

递归是计算机科学中的一个重要概念，是程序设计中的一个强有力的方法，它使得程序设计和算法描述形式简洁且易于理解。在本书的后续章节中，一些重要算法都是采用递归方法实现的。

1.4.1 递归的概念

现实生活中，有些问题可以化为一个或多个子问题来求解，而这些子问题的求解方法与原来的问题完全相同，只是在数量规模上不同。

例如：一个人要搬走 10 块石头，怎么搬呢？他可以这样考虑：只要先搬走 9 块，那剩下的一块就能搬完了；然后考虑那 9 块怎么搬：只要先搬走 8 块，那剩下的一块就能搬完了，直到只剩下一块石头，直接搬走。

这种情况下，递归的方法可以从思路上使许多问题的解决方法得以简化。

数学上，有些概念的定义方式是递归的，即用一个概念本身直接或者间接地定义它自身。

例如，计算 1~100 的累加和，可以表示为计算 1~99 的累加和，再加上 100；1~98 的累加和又可以表示为 1~98 的累加和，再加上 99，以此类推。

再如，计算 2^n，可以演变为先计算 2^{n-1}，再乘以 2；而计算 2^{n-1}，又可演变为先计算 2^{n-2}，再乘以 2；直到计算 $2^0=1$。

这种定义方式体现了一种逻辑思想，同时又是一种解决问题的方案。递归定义的问题，可以用递归的算法来求解。

递归是一个过程或函数直接或间接调用自身的一种方法，它可以把一个大型的问题层层转化为一个与原问题相似、但规模较小的问题来求解。

递归是数学中一种非常重要的方法。

例如，数学中阶乘的定义，n 的阶乘可以如下表示：

$$n! = \begin{cases} 1 & n=0 \\ n \times (n-1)! & n>0 \end{cases}$$

再如，斐波那契（Fibonacci）数列指的是这样一个数列：

1, 1, 2, 3, 5, 8, 13, 21, 34, …

这个数列从第三项开始，每一项都等于前两项之和，数列的第 n 项 Fib(n)可定义如下：

$$Fib(n) = \begin{cases} n & n=0,1 \\ Fib(n-1)+Fib(n-2) & n \geq 2 \end{cases}$$

可以看出，递归实质上也是一种循环结构，它把"较复杂"情况的计算归结为"较简单"情况的计算，一直归结到"最简单"情况的计算为止。

直接或间接调用自身的程序称为递归程序。

递归是一种特殊的嵌套调用，是某个函数调用自己，而不是另外一个函数。这是一种方法（函数）直接或者间接调用自身的编程技术。

有些问题采用循环的方法解决，执行的速度比递归方法快，但是为什么采用递归呢？这是因为递归概念上简化了问题，而不是因为它提高效率。

在程序设计中，递归是一个强有力的工具。有很多问题，不使用递归很难解决的。当然，也有些递归问题可以转换成非递归问题求解。

1.4.2 递归调用的实现原理

1．递归算法的构成

在数值计算领域可以采用递归计算，在非数值领域递归的应用也非常广泛。可以说，递归就是程序设计中的数学归纳法。

（1）递归算法的条件

一般来说，能够用递归解决的问题应该满足以下 3 个条件：

1）需要解决的问题可以化为一个或多个子问题来求解，而这些子问题的求解方法与原来的问题完全相同，只是在数量规模上不同。

2）递归调用的次数必须是有限的。

3）必须有结束递归的条件（边界条件）来终止递归。

例如，在 1.4.1 节提到的计算 n 的阶乘的数学公式中：

求 n 的阶乘被转化为求 (n-1) 的阶乘，仍然是计算阶乘的问题，但问题的规模由 n 变成了 (n-1)；在计算 n 的阶乘的过程中，会通过递归调用自身多次：n!，(n-1)!，…，1!，0!，但调用次数是有限的；递归结束的条件：0! 的值为 1，不再调用下去。

（2）递归算法的设计步骤

递归算法的设计一般分为两步：

1）将规模较大的原问题分解为一个或多个规模较小的而又类似于原问题特性的子问题，即将较大的问题递归地用较小的子问题来描述，解原问题的方法同样可以用来解决子问题。

2）是确定一个或多个不需要分解、可直接求解的最小子问题。

第 1）步是递归的步骤，第 2）步中的最小子问题是递归的终结条件。

根据 n! 的定义，可以很自然地写出相应的递归函数。

【例 1-6】 计算 n! 的递归方法。

```
int fact1 (int n)
{
    int   temp;
    if (n= =0)                    //递归的终结条件
         return 1 ;
    else   {
```

```
        temp= n* fact (n-1);         //递归调用
        return   temp;
    }
}
```

递归函数都有一个递归的终结条件,本例中,当 n 等于 0 时,将不再继续递归下去。递归函数的调用类似于多层函数的嵌套调用,只是调用单位和被调用单位是同一个函数而已。

【例 1-7】 计算斐波那契(Fibonacci)数列第 n 项的递归方法。

```
int fibonacci1 (int n)
{
    if (n= =0||n= =1)                          //递归的终结条件
            return n ;
    else    return(fibonacci (n-2)+ fibonacci (n-1));   //递归调用
}
```

递归的方法只需少量的程序代码就可描述出解题过程所需要的多次重复计算,大大地减少了程序的代码量。

2. 递归调用的内部过程

递归函数的调用类似于多层函数的嵌套调用,只是调用单位和被调用单位是同一个函数而已。对于【例 1-6】中求阶乘的问题,假设程序运行时,输入 4↙,那么程序的执行过程如图 1-4 所示。

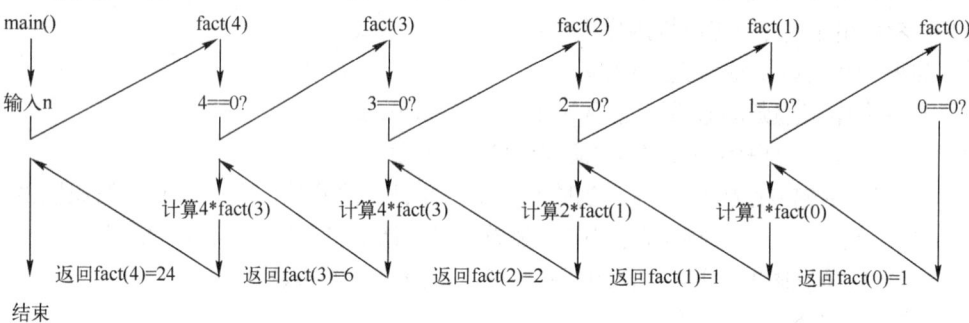

图 1-4 【例 1-6】中 n=4 时程序的执行过程

从上面可以看出,递归调用的过程分为以下两个阶段。

1)递归过程:将原始问题不断转化为规模小一级的新问题,从求 4! 变成求 3!,变成求 2!,最终达到递归终结条件,求 1!。

2)回溯过程:从已知条件出发,沿递归的逆过程,逐一求值返回,直至递归初始处,完成递归调用。

在这两个阶段中,系统会分别完成一系列的操作。在递归调用之前,系统需完成以下 3 件事:

1)为被调用过程的局部变量分配存储区。
2)将所有的实参、返回地址等信息传递给被调用过程保存。
3)将控制转移到被调过程的入口。

从被调用过程返回调用过程之前,系统也应完成以下 3 件工作:

1）保存被调过程的计算结果。
2）释放被调过程的数据区。
3）依照被调过程保存的返回地址将控制转移到调用过程。

在计算机中，是通过使用系统栈（后面的章节会介绍"栈"）来完成上述操作的。

递归算法解决问题的方式和特点：将初始问题可转化为解决方法相同的新问题，而新问题的规模要比原始问题小，新问题又可以转化为规模更小的问题……直至最终归结到最基本的情况（可以简单解决的问题）———递归的终结条件。

递归方法有许多不利之处，递归调用会占用大量的内存和消耗大量的时间，造成执行效率低。但有时采用递归方法编写的程序简洁、清晰、可读性好。递归方法成为有些问题的最佳解决方法，典型的应用除了【例 1-6】求 n!、【例 1-7】计算斐波那契数列和将要在 1.4.4 节介绍的汉诺塔问题外，还有在后续章节中的二叉树的遍历、图的遍历、二分查找、快速排序和归并排序等。

1.4.3 递归转换为非递归

有些递归问题可以转化为非递归的方法实现，如伪递归可以用递推的方法实现，有些递归的问题可以用回溯法解决。

1. 递归转换为递推

当递归算法所涉及的数据定义形式是递归的情况下，通常可以将递归算法转化为递推算法，用递归的边界条件作为递推的边界条件。比如求阶乘、斐波那契数列等。

递推也是一种从已知条件出发，用一种具体的算法，一步一步接近未知，一般采用循环结构，经常和枚举配合使用。递推算法在求解的过程中，每一个中间量都是已知，而且没有重复计算，运算简洁，但是书写代码和理解代码比较难。

求阶乘及斐波那契数列某项的递推算法如【例 1-8】和【例 1-9】所示。

【例 1-8】 阶乘的递推算法。

```
public static   int    fact2 (int n)
{  int   s=1;
   for( i=1; i<=n; i++)
     s=s*i;
   return s;

}
```

【例 1-9】 斐波那契数列的递推算法。

```
public static   int   fibo 2(int n)
{
   int f0=1, f1=1, f;
   if (n <2)   return 1;
   for (int i=0; i <n-1; i++)
   {  f=f0+f1;
      f1=f;
      f0=f1;
```

	}
}

递归是从未知到已知，再从已知返回未知，利用子问题与父问题的关系，进而构造成有递归性的函数。而递推是与此相反，从已知到未知，类似于一般解数学题的思路，从未知与已知的顺序上来看，它们好像是互逆过程，其实不然。递归把问题简单化，抓的是问题与子问题的联系，而递推是把中间解推进，抓的是中间量与更靠近未知的中间量的联系，两者不同，不能简单地看成是互逆过程。

2．递归转化为回溯

回溯方法的步骤如下。

1）定义一个解空间，它包含问题的解。

2）用适于搜索的方式组织该空间。

3）用深度优先法搜索该空间，利用限界函数避免移动到不可能产生解的子空间。

回溯算法的一个有趣的特性是在搜索执行的同时产生解空间。在搜索期间的任何时刻，仅保留从开始结点到当前结点的路径。因此，回溯算法的空间需求为 O（从开始结点起最长路径的长度）。这个特性非常重要，因为解空间的大小通常是最长路径长度的指数或阶乘。所以如果要存储全部解空间的话，再多的空间也不够用。

递归算法简单直观，是整个计算机算法和程序设计领域一个非常重要的方面，必须熟练掌握和应用它。递归算法在计算机中的执行过程比较复杂，需要用系统栈进行频繁地进出栈操作和转移操作。递归转化为非递归后，可以解决一些空间上不够的问题，但程序太复杂。所以，并不是一切递归问题都要设计成非递归算法。实际上，很多稍微复杂一点的问题（比如：汉诺塔问题、二叉树的遍历、图的遍历、快速排序等），不仅很难写出它们的非递归过程，而且即使写出来也非常累赘和难懂。在这种情况下，编写递归算法是最佳选择。

1.4.4 递归应用举例

汉诺塔问题可简要描述如下：有 a、b、c 三个底座，上面可以放盘子。初始 a 座上有 n 个盘子，这些盘子大小各不相同，大盘子在下，小盘子在上，依次排列。要求将 a 座上 n 个盘子移至 c 座上，每次只能移动一个，并要求移动过程中保持小盘子在上，大盘子在下，可借助 b 座实现移动。如图 1-5 所示，编程序输出移动步骤。

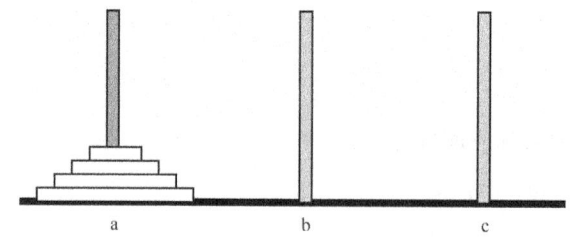

图 1-5　汉诺塔问题

这个问题可用递归思想来分析，将 n 个盘子由 a 座移动到 c 座可分为如下 3 个过程：

1）先将 a 座上 n-1 个盘子借助 c 座移至 b 座。

2）再将 a 座上最下面一个盘子移至 c 座。

3）最后将 b 上 n-1 个盘子借助 a 移至 c 座。

上述过程是把移动 n 个盘子的问题转化为移动 n-1 个盘子的问题，按这种思路，再将移动 n-1 个盘子的问题转化为移动 n-2 个盘子的问题……直至移动一个盘子。

可以用两个函数来描述上述移动过程：

1）从一个底座上移动 n 个盘子到另一底座。

2）从一个底座上移动 1 个盘子到另一底座。

算法如下：

【例 1-10】 采用递归的方法解决汉诺塔问题。

```
void Move(char chSour, char chDest)
{
    printf("Move the top plate of %c-->%c", chSour , chDest);
}
void Hanoi(int n, char A, char B, char C)
{
   if(n= =1) Move(A, C);
   else  {
            Hanoi(n-1, A, C, B);
            this.Move( A, C);
            Hanoi(n-1, B, A, C);
         }
}
```

1.5 本章知识点小结

知 识 点	描 述	学 习 要 求
数据结构	是指相互之间存在着一种或多种关系的数据元素的集合，是数据元素之间的相互关系。数据结构的实现涉及 3 个方面的内容：逻辑结构、存储结构和基本操作。 注意：勿将数据结构单纯地理解为是数据的逻辑结构，在本课程中它还包含存储结构和基本操作的内容	掌握有关数据结构的术语及概念；理解数据结构概念中逻辑结构、存储结构和数据运算 3 个方面的含义及相互之间的关系；了解数据结构课程要解决的问题和内容
数据类型	是指一个值集合以及在这些值上定义的一组操作的集合；每种数据类型都可看作是一种数据结构 注意：理解高级语言中为什么提供一些数据类型的定义，以及作为某种数据结构的数据类型体现了怎样的逻辑结构、存储结构和基本操作	理解数据类型与数据结构的关系
抽象数据类型	是指抽象数据的组织和与之相关的操作，可看作是数据的逻辑结构及其逻辑结构上定义的操作	理解数据类型、抽象数据类型与数据结构的关系
数据结构的存储结构	顺序存储、链式存储、索引存储、散列存储	掌握各个存储方法的特点，以及它们与数据结构的关系
算法的概念及特性	是对特定问题求解步骤的一种描述，是指令的有限序列。算法具有有穷性、确定性、可行性、有输入和输出的特性	掌握算法的概念，理解算法与程序的区别
算法的设计要求	正确性、可读性、健壮性、高效性 注意：算法不同于程序，算法是给人看的，程序是要机器执行的，因此要使算法的可读性好，应加适当注释	理解各个算法设计要求的含义，知道如何在算法设计中达到要求
算法描述	自然语言、流程图、盒图、类高级程序设计语言	了解不同方式描述算法的优缺点，并能够运用这些方法描述算法
算法的时间复杂度	是指算法执行所耗费的时间，通常表示为问题规模 n 的函数 $T(n)$，并用大 O 记法表示算法的渐进时间复杂度	掌握算法时间复杂度的估算方法，对特定算法能够按照最好、最坏和平均的情况进行算法时间复杂度的分析，并用大 O 记法表示算法的渐进时间复杂度

(续)

知 识 点	描 述	学 习 要 求
算法的空间复杂度	是指算法所耗费的存储空间，通常表示为问题规模 n 的函数 $S(n)$	掌握算法空间复杂度的估算方法，并用大 O 记法表示算法的渐进空间复杂度
递归算法	递归算法是一种直接或者间接地调用自身算法的过程。在程序设计中，递归算法对解决一大类问题是十分有效的，它往往使算法的描述简洁而且易于理解	理解递归的特点，会分析什么样的问题适合用递归解决
递归调用的特点	每次调用在规模上都有所缩小；相邻两次调用之间有紧密的联系，前一次要为后一次做准备，在问题的规模极小时，必须直接给出解答而不再进行递归，递归调用都是有结束的条件的	领会递归调用的执行过程、特点
递归的优点	结构清晰，可读性强，而且容易用数学归纳法来证明算法的正确性	了解递归的优点
递归的缺点	递归算法的运行效率较低，无论是耗费的计算时间还是占用的存储空间都比非递归算法要多 注意：递归算法对时间和空间的耗费易被忽视	了解递归的缺点

练习题

习题解答
第 1 章 习题解答

一．选择题

1. 从逻辑上可以把数据结构分为（　　）两大类。
   A．动态结构、静态结构 　　　　B．顺序结构、链式结构
   C．线性结构、非线性结构　　　　D．初等结构、构造型结构
2. 在下面的程序段中，对 x 的赋值语句的频度为（　　）。

   for(k=1;k<=n;k++)
       for(j=1;j<=n;j++)
           x=x+1;

   A．$O(2n)$　　　B．$O(n)$　　　C．$O(n^2)$　　　D．$O(\log_2 n)$
3. 采用顺序存储结构表示数据时，逻辑相邻的数据元素的存储位置（　　）。
   A．一定相邻　　　　　　　　　　B．一定不相邻
   C．不一定相邻　　　　　　　　　D．部分相邻，部分不相邻
4. 下面关于算法的说法正确的是（　　）。
   A．算法的时间复杂度一般与算法的空间复杂度成正比
   B．解决某问题的算法可能有多种，但肯定采用相同的数据结构
   C．算法的可行性是指算法的指令不能有二义性
   D．同一个算法，实现语言的级别越高，执行效率就越低
5. 在发生非法操作时，算法能够做出适当处理的特性称为（　　）。
   A．正确性　　　B．健壮性　　　C．可读性　　　D．可移植性

二．判断题

1. 数据的逻辑结构是指数据的各数据项之间的逻辑关系。
2. 顺序存储方式的优点是存储密度大，且插入、删除运算效率高。
3. 数据的逻辑结构说明数据元素之间的次序关系，它依赖于数据的存储结构。
4. 算法的优劣与描述算法的语言无关，但与所用计算机的性能有关。
5. 算法必须有输出，但可以没有输入。

三．简答题

1. 根据数据元素之间的不同逻辑关系，通常将其划分为哪几类结构？
2. 请描述线性结构中数据元素与数据元素之间的关系特点。
3. 请描述树形结构中数据元素与数据元素之间的关系特点。
4. 常用的存储结构有哪几种？各自的特点是什么？
5. 简述算法和程序的区别。
6. 试举一个数据结构的例子，叙述其逻辑结构、存储结构、运算这3方面的内容。
7. 运算是数据结构的一个重要方面。试举例说明两个数据结构的逻辑结构和存储方式完全相同，只是对于运算的定义不同，使得两个结构具有显著不同的特性。
8. 分析下列程序段中带标号"#"语句的执行频度（n 为正整数）。

（1）j=1; k=0;
　　while(j<=n-1)
　　　{j++;
　　　 k+=j;　　　　//#
　　　}

（2）i=0; s=0; n=100;
　　do{i++;
　　　 s+=10*i;　　//#
　　　} while(!(i<n && s<n));

（3）k=0;
　　for(i=0; i<n; i++)
　　　for(j=i; j<n;j++)
　　　　k++;　　　　　　　　　//#

（4）a=1; b=0;
　　while(a+b<=n)
　　　{if(a<b)　a++;　　　　//#
　　　 else　b++;
　　　}

（5）x=91; y=100;
　　while (y>0)
　　　{if (x>100)　 {x-=10; y--;}　 //#
　　　 else　x++;
　　　}

9. 写出下列各程序段关于 n 的时间复杂度。

（1）a=1; m=1
　　while(a<n)
　　　{m+=a;
　　　 a*=3;
　　　}

（2）设 n 是偶数。
```
for(i=1,s=0; i<=n; i++)
    for(j=2*i; j<=n; j++)   s++;
```
（3）
```
for (i=1; i<=n-1; i++)
    {k=i;
     for(j=i+1;j<=n;j++)
        if(R[j]>R[j+1]) k=j;
     t=R[k]; R[k]=R[i]; R[i]=t;
    }
```

10．设 n≥0，有一个递归算法如下：
```
int fact(int n)
    { if (n<=0) return 1;
      else return n*fact(n-1);
```
则计算 fact(n)需要调用该函数的次数为多少次？

四．算法设计题

1．计算一元 n 次多项式的值：$P(x, n)=a_0+a_1x+a_2x^2+\cdots+a_nx^n$，输入 x, n, a_0, a_1, $\cdots$, a_n，输出多项式 P(x, n)的值。设计算法求解，请选择合适的输入、输出格式，要求算法具有较好的时间性能。

2．若一个人第一个月工资是 1500 元，以后每一年的工资都在原基础上增加 10%，那么第 n 年他的工资是多少？请分别用递归和递推的方法编写算法实现。

3．编写递归算法，计算 F(x, y)的值。

提示：$F(x,y)=\begin{cases} 1 & y=0 \\ F(x^2,y/2) & y\text{为偶数} \\ xF(x,y-1) & y\text{为奇数} \end{cases}$

例如：F(4, 3)=F(4, 2)×4=F(16, 1)×4 =F(16, 0)×64=64

4．编写算法实现在长度为 n 的有序整数数组中插入元素 x，并分别计算在最好和最坏情况下各语句的执行次数。

5．编写程序测试在最坏情况下，插入排序（n=0, 250, 500, 750, 1000）所用的时间。

实验题

题目 1　比较算法复杂性描述函数的增长

1．问题描述

常用到的描述算法复杂度的函数有：n，logn，n^2，n^3，nlogn，n!，2^n。比较随 n 的增大，这些函数的增长情况。

2．要求

1）分别求出 n 取值为 1、5、10、15、20、25、30，上述 7 种函数的值，并按照增长速度排出顺序。

2）若在每秒执行 10 亿指令的计算机上运行，分别计算出 n 取值为 1、5、10、15、20、25、30，上述 7 种函数的运行时间。

题目 2 全排列的递归实现

1. 问题描述

全排列是指一个数列的不同顺序所有组合方式。如 123 的全排列有 123、132、213、231、312、321 这 6 种。

首先考虑 213 和 321 这两个数是如何得出的。显然这二个都是 123 中的 1 与后面两数交换得到的。然后可以将 123 的第二个数和每三个数交换得到 132。同理可以根据 213 和 321 来得 231 和 312。因此可以知道——全排列就是从第一个数字起每个数分别与它后面的数字交换。

2. 提示与分析

N 个互不相同的元素的全排列一共有 N!种，实现 N 个互不相同的元素的全排列可以用递归的方法来实现。

递归实现全排列思路是这样的，每次将当前元素与后面的元素进行一次交换，可以生成新的排列，当然，交换完的排列全部生成完后要换回来回复原样。每个元素第一次交换都是跟自己，然后与他后面的交换。

3. 选作内容

1）去掉重复的全排列的递归实现。
2）全排列的非递归实现。

题目 3 皇后问题

1. 问题描述

在一个 8×8 的棋盘里放置 8 个皇后，要求每个皇后两两之间不相冲突，即在每一横列，竖列，斜列只有一个皇后。

2. 提示与分析

数据表示：用一个 8 位的八进制数表示棋盘上皇后的位置。

比如，45615353 表示：

  第 0 列皇后在第 4 个位置

  第 1 列皇后在第 5 个位置

  第 2 列皇后在第 6 个位置

  …

  第 7 列皇后在第 3 个位置

3. 选作内容

对于八皇后问题的实现，如果结合动态的图形演示，则可以使算法的描述更形象、更生动，使能产生良好的效果。

第2章 基本线性结构

线性结构的特点是数据元素之间是一种线性关系,数据元素是"一个接一个排列"。在线性结构中,有且仅有一个元素被称为"第一个",除第一个元素之外其他元素均有唯一一个"前驱";有且仅有一个元素被称为"最后一个",除最后一个元素之外其他元素均有唯一一个"后继"。具有这种结构特征的数据在日常生活中有很多,本章将详细讲述基本线性结构的存储表示及其操作实现。

本章还在基本线性结构的基础上讨论两种具有特殊操作规则的线性结构:堆栈和队列实现及其应用。

【主要内容提示】
- 线性表的顺序存储与实现
- 线性表的链式存储与实现
- 具有特殊操作规则的线性结构——堆栈的实现及其应用
- 具有特殊操作规则的线性结构——队列的实现及其应用

2.1 线性表

线性表是最简单、最基本,也是最常用的线性结构,线性表有两种存储方法:顺序存储和链式存储,它的基本操作是插入、删除和查找等。

2.1.1 问题提出

线性结构是一种简单的数据的逻辑结构,常见于日常生活中的自然现象以及一些数学抽象中。看下面一些常见问题,思考它们所涉及的数据具有怎样的特征,可以采用什么样的数据存储方式,以及需要进行哪些数据处理。

问题1:日常生活中看到的学生花名册、学生的成绩单、通讯录、单位的职工工资表以及图书馆的图书目录等,这些表单具有一个共同的特点,都是由一行行结构相同的数据构成。对这些表单经常进行的操作是修改、查找、插入和删除。

问题2:日常生活中我们将洗好的盘子由下而上摆放起来,使用的时候再从上至下依次取出,如果用计算机模拟这一过程,盘子之间的逻辑关系是线性结构,但处理盘子的摆放顺序需要遵循"后摆放先取出"的原则进行处理。

问题3:日常生活中排队购物、汽车进站出站、到银行办理业务等事务处理过程,如果用计算机模拟,一般情况是一个遵循"先来先服务"的处理原则的线性结构。

问题4:程序设计语言对函数嵌套调用的实现,需要保存调用点的数据,并按照调用的顺序"后调用先返回"。调用的过程是线性的,返回的过程也是线性的,只是返回的过程与调用的过程正好相反。

问题 5：如何实现一元多项式的存储表示及加、减、乘等运算的实现。由于一元多项式的每一项都是由系数和指数构成，因此可将一元多项式抽象地表示为由系数和指数构成的序偶序列，各个序偶之间的逻辑关系是线性的，为便于运算，可以约定按照指数递增的顺序排列。

问题 6：计算机的存储单元是线性结构的，程序设计语言如何将多维数组存储到线性结构的存储空间中。

问题 7：文本编辑软件如何实现对文本的处理。该处理实际上是对一个大字符串进行建立、插入、删除、取子串、字符串匹配以及对字符串中的字符做标记等操作，而字符串的逻辑结构是以字符为元素的线性结构。

上述各个问题涉及的数据元素的逻辑关系都属于线性结构，即元素之间至多有唯一前驱或唯一后继的数据关系，所不同的是对这样结构中的数据元素的类型或需要进行的操作等方面有所区别，本章将详细介绍常用线性结构数据的存储表示以及常用操作的实现。

2.1.2 线性表的定义

在一个线性表中数据元素的类型是相同的，或者说线性表是由同一类型的数据元素构成的线性结构。线性表定义如下：

线性表是具有相同数据类型的 n（n≥0）个数据元素的有限序列，通常记为

$$(a_1, a_2, \cdots, a_{i-1}, a_i, a_{i+1}, \cdots, a_n) \tag{2-1}$$

其中 n 为表长，n=0 时称为空表。

表中相邻元素之间存在着次序关系。将 a_{i-1} 称为 a_i 的直接前驱，a_{i+1} 称为 a_i 的直接后继。就是说：对于 a_i，当 i=2, ⋯, n 时，有且仅有一个直接前驱 a_{i-1}；当 i=1, 2, ⋯, n-1 时，有且仅有一个直接后继 a_{i+1}；而 a_1 是表中第一个元素，它没有前驱，a_n 是最后一个元素，它没有后继。

需要说明的是：a_i 为序号为 i 的数据元素（i=1, 2, ⋯, n），通常将它的数据类型抽象为类型 datatype，datatype 的具体结构由具体问题而定。如在学生成绩表中，它是用户自定义的学生类型；在棋盘布局问题中，它是矩阵类型等；在表示字符串时，它是字符型等。

2.1.3 线性表的基本运算

在第 1 章中提到，数据结构的运算是定义在逻辑结构层次上的，而运算的具体实现是建立在存储结构上的，因此下面定义的线性表的基本运算作为逻辑结构的一部分，每一个操作的具体实现只有在确定了线性表的存储结构之后才能完成。

线性表上的基本操作包括以下几种。

1）线性表初始化：Init_List(L)。

操作结果是构造一个空的线性表。

2）求线性表的长度：Length_List(L)。

操作结果是返回线性表中所含元素的个数。

3）取表元：Get_List(L, i)。

表 L 存在且 1≤i≤Length_List(L)，操作结果是返回线性表 L 中的第 i 个元素的值或地址。

4）按值查找：Locate_List(L, x)，x 是给定的一个数据元素。

线性表 L 存在，操作结果是在表 L 中查找值为 x 的数据元素，其结果返回在 L 中首次出现的值为 x 的那个元素的序号或地址，称为查找成功，否则，在 L 中未找到值为 x 的数据元素，返回一特殊值表示查找失败。

5）插入操作：Insert_List(L, i, x)。

线性表 L 存在，插入位置 1≤i≤n+1（n 为插入前的表长），操作结果是在线性表 L 的第 i 个位置上插入一个值为 x 的新元素，这样使原序号为 i, i+1, …, n 的数据元素的序号变为 i+1, i+2, …, n+1，插入后表长=原表长+1。

6）删除操作：Delete_List(L, i)。

线性表 L 存在，删除位置 1≤i≤n（n 为删除前的表长），操作结果是在线性表 L 中删除序号为 i 的数据元素，删除后使序号为 i+1, i+2, …, n 的元素变为序号为 i, i+1, …, n-1，新表长=原表长-1。

说明：

1）某数据结构上的基本运算，不是它的全部运算，而是一些基础运算，而每一个基本运算在实现时也可能根据不同的存储结构派生出一系列相关的运算来。比如线性表的删除运算还会有删除某个特定值的元素，再如插入运算，也可能是将新元素 x 插入到适当位置上等，不可能也没有必要定义出它的全部运算，读者掌握了某一数据结构上的基本运算后，其他的运算可以通过基本运算来实现，也可以直接去实现。

2）在上面各操作中定义的线性表 L 仅仅是一个抽象在逻辑结构层次的线性表，尚未涉及它的存储结构，因此每个操作在逻辑结构层次上尚不能用具体的某种程序设计语言写出具体的算法，而算法只有在存储结构确立之后才能实现。

2.2 线性表的顺序存储

线性表中基本运算的具体实现依赖于对数据的存储方式，本节将详细讨论线性表的顺序存储与其基本操作的实现。

2.2.1 顺序表

线性表的顺序存储是指在内存中用地址连续的一块存储空间顺序存放线性表的各元素，用这种存储形式存储的线性表称为顺序表。因为内存中的地址空间是线性的，因此，用物理上的相邻实现数据元素之间的逻辑相邻关系是既简单又自然的。如图 2-1 所示。

图 2-1 线性表的顺序存储

设 a_1 的存储地址为 $Loc(a_1)$，每个数据元素占 d 个存储单元，则第 i 个数据元素的地址：

$$Loc(a_i)=Loc(a_1) + (i-1)\times d \qquad 1\leq i\leq n$$

这就是说只要知道顺序表首地址和每个数据元素所占地址单元的个数就可求出第 i 个数据元素的地址，即顺序表具有按数据元素的序号随机存取的特点。

在程序设计语言中，一维数组在内存中占用的存储空间就是一组连续的存储区域，因此，用一维数组来表示顺序表的数据存储区域是再合适不过的。考虑到线性表的运算有插入、删除等运算，即表长是可变的，因此，数组的容量需设计得足够大，设用 data[MAXSIZE]来表示，其中 MAXSIZE 是一个根据实际问题定义的足够大的整数，线性表中的数据从 data[0]开始依次存放，但当前线性表中的实际元素个数可能未达到 MAXSIZE 多个，因此需用一个变量 last 来记录当前线性表中最后一个元素在数组中的位置，即 last 起一个指针的作用，始终指向线性表中最后一个元素，因此，表空时 last=-1。这种存储思想的具体描述可以是多样的。如可以是：

   datatype data[MAXSIZE];
   int last;

这样表示的顺序表如图 2-1 所示。表长为 last+1，第 1 个～第 n 个数据元素分别存放在 data[0]～data[last]中。这样使用简单方便，但有时不便管理。从结构性上考虑，通常将数据存储区 data 和指针 last 封装成一个结构体作为顺序表的类型：

   typedef struct
    {datatype data[MAXSIZE];
     int last;
    }SeqList;

定义一个顺序表：

   SeqList L;

这样表示的线性表如图 2-2a 所示。表长=L.last+1，线性表中的数据元素 a_1～a_n 分别存放在 L.data[0]～L.data[L.last]中。

由于选用 C 语言表述数据结构的存储及算法的实现，根据 C 语言中的一些规则，有时定义一个指向 SeqList 类型的指针更为方便：

   SeqList *L;

L 是一个指针变量，通过"L=(SeqList *)malloc(sizeof(SeqList));" 操作来获得顺序表的存储空间，L 中存放的是顺序表的地址，这样表示的线性表如图 2-2b 所示。

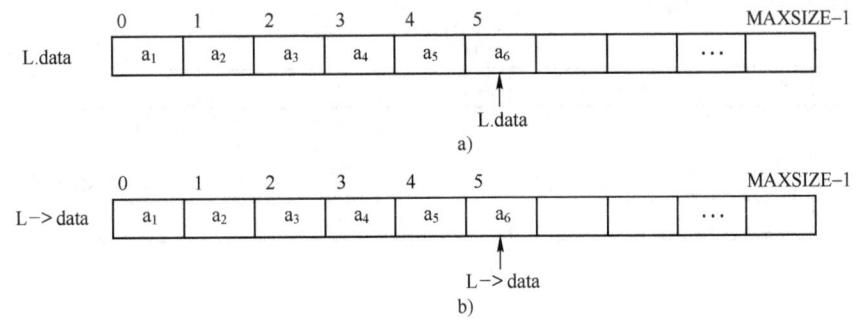

图 2-2 顺序表的存储表示方式
a) 结构体变量方式 b) 指针方式

线性表的表长表示为：(*L).last+1，记为： L->last+1。
线性表中数据元素顺序存储的基址为：L->data。
线性表中数据元素的存储或表示为：L->data[0]～L->data[L->last]。
在以后的算法中多用这种方法表示，在读算法时注意相关数据结构的类型说明。

2.2.2 顺序表上基本运算的实现

1. 顺序表的初始化

顺序表的初始化即构造一个空表，这是一个加工型的运算，因此，将 L 设为指针参数，首先动态分配存储空间，然后，将表中 last 指针置为–1，表示表中没有数据元素。算法如下。

【**算法 2-1**】 顺序表初始化。

```
SeqList *init_SeqList( )
{ SeqList *L;
  L= (SeqList *)malloc(sizeof(SeqList));
  L->last= –1;
  return L;
}
```

设调用函数为主函数，主函数对初始化函数的调用如下：

```
main()
{ SeqList *L;
  L=Init_SeqList();
    …
}
```

2. 插入运算

线性表的插入是指在表的第 i 个位置上插入一个值为 x 的新元素，插入后使原表长为 n 的表成为表长为 n+1 表。

插入前：$(a_1, a_2, \cdots, a_{i-1}, a_i, a_{i+1}, \cdots, a_n)$
插入后：$(a_1, a_2, \cdots, a_{i-1}, x, a_i, a_{i+1}, \cdots, a_n)$ （1≤i≤n+1）
插入过程如图 2-3 所示。

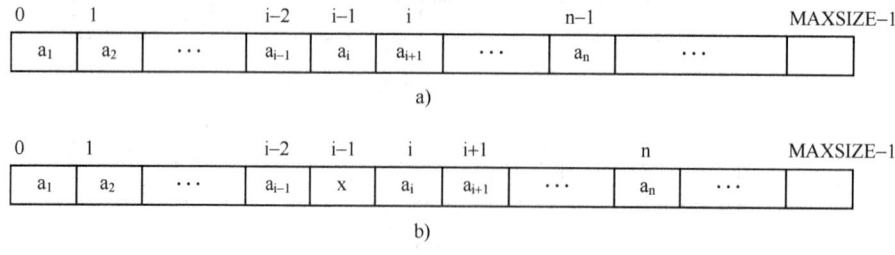

图 2-3 顺序表中的插入
a) 插入前 b) 插入后

顺序表上完成这一运算则通过以下步骤进行。

1）将 $a_i \sim a_n$ 顺序向下移动，为新元素让出位置。
2）将 x 置入空出的第 i 个位置。
3）修改 last 指针（相当于修改表长），使之仍指向最后一个元素。
算法如下：

【算法 2-2】 顺序表中的插入。

```
int  Insert_SeqList(SeqList *L, int i, datatype x)
{int j;
  if (L->last==MAXSIZE-1)
      {printf("表满"); return(-1); }        //表空间已满，不能插入
  if (i<1|| i>L->last+2)                    //检查插入位置的正确性
      {printf("位置错"); return(0); }
  for(j=L->last; j>=i-1; j--)
      L->data[j+1]=L->data[j];              // 结点移动
  L->data[i-1]=x;                           //新元素插入
  L->last++;                                //last 仍指向最后元素
  return (1);                               //插入成功，返回
}
```

性能分析：顺序表上的插入运算，时间主要消耗在了数据的移动上，在第 i 个位置上插入 x，从 $a_i \sim a_n$ 都要向后移动一个位置，共需要移动 n-i+1 个元素，i 的取值范围为 1≤i≤n+1，即有 n+1 个位置可以插入。设在第 i 个位置上作插入的概率为 P_i，则平均移动数据元素的次数：

$$E_{in} = \sum_{i=1}^{n+1} p_i(n-i+1) \tag{2-2}$$

设 $P_i=1/(n+1)$，即为等概率情况，则：

$$E_{in} = \sum_{i=1}^{n+1} p_i(n-i+1) = \frac{1}{n+1}\sum_{i=1}^{n+1}(n-i+1) = \frac{n}{2} \tag{2-3}$$

这说明在顺序表上的插入运算需移动表中一半的数据元素，算法的时间复杂度为 O(n)。
本算法中注意以下问题：
1）顺序表中数据区域有 MAXSIZE 个存储单元，所以在向顺序表中进行插入时先检查表空间是否满了，在表满的情况下不能再做插入，否则产生溢出错误。
2）要检验插入位置的有效性，这里 i 的有效范围：1≤i≤n+1，其中 n 为原表长。
3）注意数据的移动方向。

3. 删除运算
线性表的删除运算是指将表中第 i 个元素从线性表中去掉，删除后使原表长为 n 的线性表成为表长为 n-1 的线性表。

删除前：$(a_1, a_2, \cdots, a_{i-1}, a_i, a_{i+1}, \cdots, a_n)$
删除后：$(a_1, a_2, \cdots, a_{i-1}, a_{i+1}, \cdots, a_n)$　　　（1≤i≤n）
删除过程如图 2-4 所示。

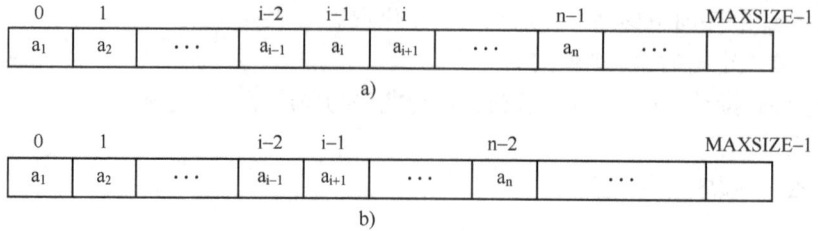

图 2-4 顺序表中的删除
a) 删除前　b) 删除后

顺序表上完成这一运算的步骤如下。
1）将 $a_{i+1}\sim a_n$ 顺序向前移动。
2）修改 last 指针（相当于修改表长）使之仍指向最后一个元素。
算法如下：

【算法 2-3】 顺序表中的删除。

```
int Delete_SeqList(SeqList *L, int i)
  { int j;
    if(i<1 || i>L->last+1)              //检查空表及删除位置的合法性
      { printf("不存在第 i 个元素"); return(0); }
    for(j=i; j<=L->last; j++)
       L->data[j-1]=L->data[j];          //向上移动
    L->last--;
    return(1);                           //删除成功
  }
```

性能分析：与插入运算相同，其时间主要消耗在移动表中元素上，删除第 i 个元素时，其后面的元素 $a_{i+1}\sim a_n$ 都要向上移动一个位置，共移动了 n-i 个元素，所以平均移动数据元素的次数：

$$E_{de} = \sum_{i=1}^{n} p_i(n-i) \tag{2-4}$$

在等概率情况下，$p_i = 1/n$，则：

$$E_{de} = \sum_{i=1}^{n} p_i(n-i) = \frac{1}{n}\sum_{i=1}^{n+1}(n-i) = \frac{n-1}{2} \tag{2-5}$$

这说明在顺序表中进行删除运算时，大约需要移动表中一半的元素，显然该算法的时间复杂度为 O(n)。

本算法中注意以下问题。
1）删除第 i 个元素，i 的取值为 1≤i≤n，否则第 i 个元素不存在，因此，要检查删除位置的有效性。
2）当表空时不能做删除，因表空时 L->last 的值为-1，条件（i<1 || i>L->last+1）也包括了对表空的检查。
3）删除 a_i 之后，该数据已不存在，如果需要，则应先取出 a_i，再进行删除。

4. 按值查找

线性表中的按值查找是指在线性表中查找与给定值 x 相等的数据元素。在顺序表中完成该运算最简单的方法：从第一个元素 a_1 起依次和 x 比较，直到找到一个与 x 相等的数据元素，则返回它在顺序表中的存储下标或序号（二者差一，即序号=下标+1）；或者查遍整个表都没有找到与 x 相等的元素，返回-1。

算法如下：

【算法 2-4】 顺序表中的查找。

```
int Location_SeqList(SeqList *L, datatype x)
  { int i=0;
    while(i<=L->last && L->data[i]!= x)
     i++;
    if (i>L->last) return -1;        //查找失败，返回的 -1
    else   return i;                  //查找成功，返回的是存储位置
  }
```

本算法的主要运算是给定值 x 与表中元素的比较。显然比较的次数与 x 在表中的位置有关，也与表长有关。当 $a_1=x$ 时，比较一次成功。当 $a_n=x$ 时，比较 n 次成功。等概率情况下，查找成功的平均比较次数：

$$E_{lo} = \frac{1}{n}\sum_{i=1}^{n}i = \frac{n+1}{2} \quad (2-6)$$

查找失败的情况下，需要比较 n 次。显然，按值查找算法的时间复杂度为 O(n)。

2.2.3 顺序表应用举例

【例 2-1】 将顺序表 $(a_1, a_2, \cdots, a_n)$ 重新排列为以 a_1 为界的两部分：a_1 前面的值均比 a_1 小，a_1 后面的值都比 a_1 大（这里假设数据元素的类型具有可比性，不妨设为整型），操作前后如图 2-5 所示，这一操作称为划分，a_1 也称为基准。

划分的方法有多种，下面介绍的划分算法其思路简单，但性能较差。

算法思路：

从第二个元素开始到最后一个元素，逐一向后扫描。

1）当前数据元素 a_i 比 a_1 大时，表明它已经在 a_1 的后面，不必改变它与 a_1 之间的位置，继续比较下一个。

2）当前结点若比 a_1 小，说明它应该在 a_1 的前面，此时将它上面的元素都依次向下移动一个位置，然后将它置入最上方。

图 2-5 顺序表的划分

a) 划分前　b) 划分后

根据上述思想,划分算法如下:

【算法 2-5】 划分算法。

```
void part(SeqList *L)
{ int i, j;
  datatype x, y;
    x=L->data[0];                    // 将基准置入 x 中
    for(i=1; i<=L->last; i++)
       if(L->data[i]<x)              //当前元素小于基准
          {y=L->data[i];
           for(j=i-1; j>=0; j--)     //移动
             L->data[j+1]=L->data[j];
           L->data[0]=y;
          }
}
```

本算法中,有两重循环,外循环执行 n-1 次,内循环中移动元素的次数与当前数据的大小有关,当第 i 个元素小于 a_1 时,要移动它上面的 i-1 个元素,再加上当前结点的保存及置入,所以移动 i-1+2 次,在最坏情况下,a_1 后面的结点都小于 a_1,故总的移动次数:

$$\sum_{i=2}^{n}(i-1+2) = \sum_{i=2}^{n}(i+1) = \frac{(n-1)\times(n+4)}{2} \qquad (2-7)$$

即最坏情况下移动数据的时间复杂度为 $O(n^2)$。

这个算法简单但效率低,在第 7 章的快速排序中将介绍另一种划分算法,它的性能为 $O(n)$。

【例 2-2】 有顺序表 A 和 B,其元素均按从小到大的升序排列,编写一个算法将它们合并成一个新的顺序表 C,要求 C 的元素也是从小到大的升序排列。

算法思路:依次扫描 A 和 B 的元素,比较当前元素的值,将较小值的元素赋给 C,如此直到一个线性表扫描完毕,然后将未完的那个顺序表中余下部分赋给 C 即可。C 的大小要能够容纳 A、B 两个线性表相加的长度。

算法如下:

【算法 2-6】 顺序表的合并。

```
void merge(SeqList *A, SeqList *B, SeqList *C)
{int i, j, k;
  i=0; j=0; k=0;
  while ( i<=A->last && j<=B->last )      //将 A 和 B 的当前元素较小者复制到表 C
    if (A->data[i]<B->data[j])
       C->data[k++]=A->data[i++];
    else   C->data[k++]=B->data[j++];
  while (i<=A->last )                      //将 A 中剩余元素复制到表 C
    C->data[k++]= A->data[i++];
  while (j<=B->last )                      //将 B 中剩余元素复制到表 C
    C->data[k++]=B->data[j++];
  C->last=k-1;
}
```

算法的时间复杂度为 O(m+n)，其中 m 是 A 的表长，n 是 B 的表长。

【例 2-3】 比较两个线性表的大小。

两个线性表的比较依据下列方法：设 A、B 是两个线性表，均用向量（一维数组）表示，表长分别为 m 和 n。A′和 B′分别为 A 和 B 中除去最大共同前缀后的子表。

例如 A=(x, y, y, z, x, z)，B=(x, y, y, z, y, x, x, z)，两表最大共同前缀为(x, y, y, z)。

则 A′=(x, z)，B′=(y, x, x, z)。

若 A′=B′=空表，则 A=B；若 A′=空表且 B′≠空表，或两者均不空且 A′首元素小于 B′首元素，则 A<B；否则，A>B。

算法思路：首先找出 A、B 的最大共同前缀，之后再按规则进行比较，若 A=B，返回 0；若 A<B，返回-1；若 A>B，函数返回 1。

设数据元素的类型具有可比性，不妨设为整型，算法如下：

【算法 2-7】 两个顺序表的比较。

```
int compare( int A[ ], int B[ ], int m, int n)
  { int i=0, j, ms=0, ns=0;              // ms、ns 为 A′、B′的长度
    while (i<m&&i<n&&A[i]==B[i]) i++;    // 找最大共同前缀
    ms=m-i;                               // 求 A′的长度 ms
    ns=n-i;                               // 求 B′的长度 ns
    if (ms==ns&&ms==0) return 0;
    else   if (ms==0&&ns>0 || ms>0 && ns>0 && A[i]<B[i]) return -1;
           else return 1;
  }
```

2.3 线性表的链式存储

由于顺序表的存储特点是用物理上的相邻实现了逻辑上的相邻，它要求用连续的存储单元顺序存储线性表中的各元素，因此，对顺序表插入、删除时需要通过移动数据元素来实现，影响了运行效率。本节介绍线性表链式存储结构，它不需要用地址连续的存储单元来实现，因为它不要求逻辑上相邻的两个数据元素物理上也相邻，它是通过"链"来表示数据元素之间的逻辑关系，因此对线性表的插入、删除不需要移动数据元素。

2.3.1 单链表

链表是通过一组任意的存储单元来存储线性表中的数据元素的，那么怎样表示出数据元素之间的线性关系呢？为建立起数据元素之间的线性关系，对每个数据元素 a_i，除了存放数据元素的自身的信息 a_i 之外，还需要和 a_i 一起存放其后继元素 a_{i+1} 所在的存储单元的地址，这两部分信息组成一个"结点"。单链表结点的结构如图 2-6 所示，每个元素都如此。data 域称为数据域，用来存放数据元素的信息；next 域称为指针域，用来存放其后继元素的地址信息。

| data | next |

图 2-6 单链表结点的结构

因此 n 个元素的线性表可以通过每个结点的指针域组成一个"链"，称之为链表。因为每个结点中只有一个指向后继的指针，所以又称其为单链表。

链表是由一个个结点构成的，结点类型如下。

```
typedef struct lnode
  { datatype data;
    struct lnode *next;
  } LNode, *LinkList;
```

定义头指针变量：

LinkList H；

线性表 ($a_1, a_2, a_3, a_4, a_5, a_6, a_7, a_8$) 对应的链式存储结构如图 2-7 所示。当然必须将第一个结点的地址 160 放到一个指针变量如 H 中，最后一个结点没有后继，其指针域必需置空，表明此表到此结束，这样就可以从第一个结点的地址开始"顺藤摸瓜"，找到每个结点。

作为线性表的一种存储结构，我们关心的是结点间的逻辑结构，而对每个结点的实际地址并不关心，所以通常的单链表用如图 2-8 所示的形式表示，而不用如图 2-7 所示的形式表示。

图 2-7 链式存储结构

通常用"头指针"来标识一个单链表，如单链表 L、单链表 H 等，是指某链表的第一个结点的地址放在了指针变量 L、H 中，头指针为"NULL"则表示一个空表。

需要进一步指出的是：上面定义的 LNode 是结点的类型，LinkList 是指向 LNode 类型结点的指针类型。为了增强程序的可读性，通常将标识一个链表的头指针说明为 LinkList 类型的变量，如 LinkList L；当 L 有定义时，值要么为 NULL，则表示一个空表；要么为第一个结点的地址，即链表的头指针。

将操作中用到指向某结点的指针变量说明为 LNode *类型，如：

LNode *p；

则申请一个 LNode 类型的存储单元的语句：

p=(LNode *) malloc(sizeof(LNode));

如果申请成功，并将其地址赋值给变量 p，如图 2-9 所示。P 所指的结点为*p，*p 的类型为 LNode 型，所以该结点的数据域为(*p).data 或 p->data，指针域为(*p).next 或 p->next。free(p)则表示释放 p 所指的结点。如果申请失败，返回空指针。因此申请结点后应判断其返回地址是否为空，空指针则表明没得到结点，不能继续进行。

图 2-8 链表示意图   图 2-9 申请一个结点

在本书中为了突出算法的逻辑，方便读者理解，在没有判断的情况下均认为每次申请结点是成功的。

2.3.2 单链表上基本运算的实现

1. 建立单链表

（1）在链表的头部插入结点建立单链表

链表与顺序表不同，它是一种动态的存储结构，链表中每个结点占用的存储空间不是预先分配的，而是运行时系统根据需求生成的，因此建立单链表从空表开始，每读入一个数据元素则申请一个结点，然后插在链表的头部，如图 2-10 所示展现了线性表（25, 45, 18, 76, 29）的链表的建立过程，因为是在链表的头部插入，读入数据的顺序和线性表中的逻辑顺序是相反的。

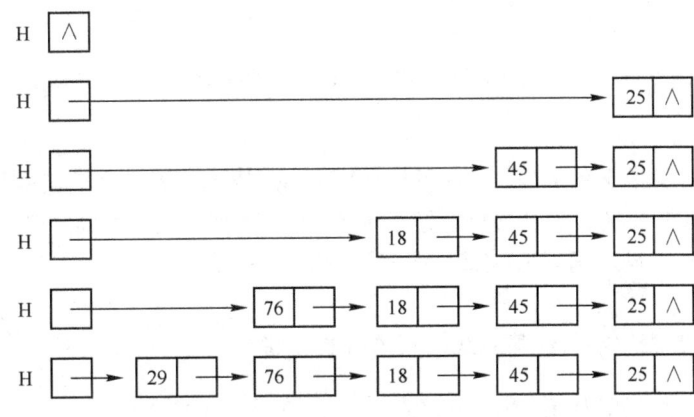

图 2-10　在链表头部插入建立单链表

算法如下：

【算法 2-8】 在表头插入，建立线性表的链式存储。

```
LinkList   Creat_LinkList1( )
  { LinkList L=NULL;              //定义 L 为空链表
    LNode *s;
    int x;                        //设数据元素的类型为 int
    scanf("%d", &x);
    while (x!=flag)               //flag 为根据实际情况设定的结束数据输入的标志数据
      {s=(LNode *)malloc(sizeof(LNode));
       s->data=x;                 //申请结点，填装数据
       s->next=L;
       L=s;                       //将结点 s 插入到链表头部
       scanf ("%d", &x);
      }
    return L;
  }
```

（2）在单链表的尾部插入结点建立单链表

在头部插入结点建立单链表时比较简单，但读入的数据元素的顺序与生成的链表中元素的顺序是相反的，若希望次序一致，则用尾插入的方法。因为每次是将新结点插入到链表的尾部，所以需加入一个指针 r 用来始终指向链表中的尾结点，以便能够将新结点插入到链表

的尾部。为简便起见，不再画出指针变量 H、r 所占空间；如图 2-11 中展现了在链表的尾部插入结点建立链表的过程。

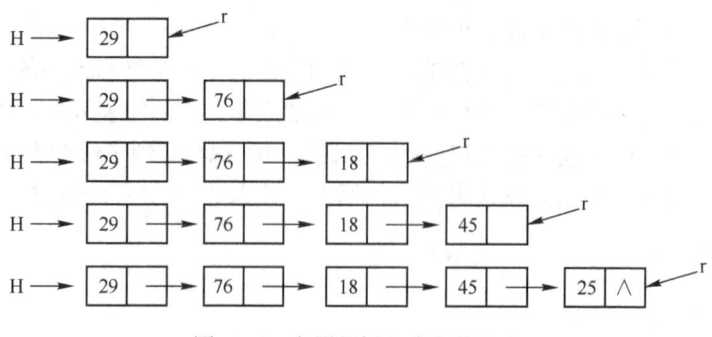

图 2-11　在尾部插入建立单链表

算法思路如下。

初始状态：头指针 H=NULL，尾指针 r=NULL；按线性表中元素的顺序依次读入数据元素，非结束标志时，申请结点，将新结点插入到 r 所指结点的后面，然后 r 指向新结点（但第一个结点有所不同，请读者注意下面算法中的有关部分）。

算法如下：

【算法 2-9】　在表尾插入，建立线性表的链式存储。

```
LinkList Creat_LinkList2( )
 { LinkList L=NULL;
   LNode *s, *r=NULL;
   int x;                        //设数据元素的类型为 int
   scanf("%d", &x);
   while (x!=flag)               // flag 表示结束标志
    { s=(LNode *)malloc(sizeof(LNode));
      s->data=x;
      if (L==NULL) L=s;          //第一个结点的处理
      else   r->next=s;          //其他结点的处理
      r=s;                       //r 指向新的尾结点
      scanf("%d", &x);
    }
   if ( r!=NULL)  r->next=NULL;  //对于非空表，最后结点的指针域置空
   return L;
 }
```

在上面的算法中，第一个结点的处理和其他结点是不同的，原因是第一个结点加入时链表为空，它没有直接前驱结点，它的地址就是整个链表的指针，需要放在链表的头指针变量中；而其他结点有直接前驱结点，其地址放入直接前驱结点的指针域。"第一个结点"的问题在很多操作中都会遇到，如在链表中插入结点时，将结点插在第一个位置和其他位置是不同的，在链表中删除结点时，删除第一个结点和其他结点的处理也是不同的。为了方便操作，有时在链表的头部加入一个"头结点"，头结点的类型与数据结点一致，标识链表的头指针变量 L 中存放该结点的地址，这样即使是空表，头指针变量 L 也不为空了。头结点的加

入使得"第一个结点"的问题不再存在，也使得"空表"和"非空表"的处理方法一致。

头结点的加入完全是为了运算的方便，它的数据域无定义，指针域中存放的是第一个数据结点的地址，空表时为空。

如图 2-12a 和图 2-12b 所示分别是带头结点的单链表空表和非空表的示意图。

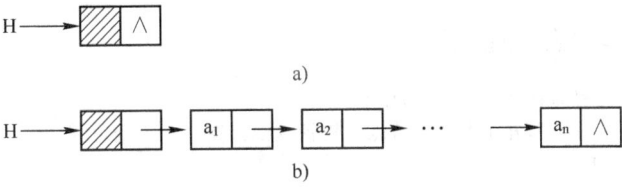

图 2-12 带头结点的单链表

a) 带头结点的空单链表　b) 带头结点的非空单链表

2. 求表长

算法思路：设一个移动指针 p 和计数器 j，初始化后，p 所指结点后面若还有结点，p 向后移动，计数器加 1。

（1）设 L 是带头结点的单链表

【算法 2-10a】 求单链表表长。

```
int Length_LinkList1 (LinkList L)
{ LNode *p=L;          // p 指向头结点
  int j=0;
  while (p->next)
    {p=p->next; j++;}  // p 指的是第 j 个结点
  return  j;
}
```

（2）设 L 是不带头结点的单链表

【算法 2-10b】 求单链表表长。

```
int Length_LinkList2 (LinkList L)
{ LNode *p=L;          //非空表情况下，p 指的是第一个结点
  int j=0;
  while (p)
    { j++; p=p->next; }
  return  j;
}
```

从上面两个算法中看到，带头结点和不带头结点的单链表判断的条件不同。很多情况下，在对不带头结点的单链表操作时，若此时是空表或表中只有一个结点的情况，对表头表尾的操作需单独处理，读者要多加注意，而带上头结点之后则不用了。在以后的算法中如不加说明则认为单链表是带头结点的。

【算法 2-10a】和【算法 2-10b】的时间复杂度均为 O(n)。

3. 查找操作

（1）按序号查找 Get_Linklist(L, i)

算法思路：从链表的第一个元素结点起，判断当前结点是否是第 i 个，若是，则返回该结点的指针，否则继续后一个，直到表结束为止。没有第 i 个结点时返回空。

算法如下：

【算法 2-11a】 单链表中的查找。

```
LNode *Get_LinkList(LinkList L, int i)
{ //在单链表 L 中查找第 i 个元素结点，找到返回其指针，否则返回空
    LNode *p=L;
    int j=0;
    while (p->next!=NULL && j<i )
        {p=p->next;  j++; }
    if (j==i) return p;
    else   return NULL;
}
```

（2）按值查找即定位 Locate_LinkList(L, x)

算法思路：从链表的第一个元素结点起，判断当前结点值是否等于 x，若是，返回该结点的指针，否则继续后一个，直到表结束为止。找不到时返回空。

算法如下：

【算法 2-11b】 单链表中的查找。

```
LNode *Locate_LinkList( LinkList L, datatype x)
{ //在单链表 L 中查找值为 x 的结点，找到后返回其指针，否则返回空
    LNode *p=L->next;
    while (p!=NULL && p->data!= x)
        p=p->next;
    return p;
}
```

【算法 2-11a】和【算法 2-11b】的时间复杂度均为 $O(n)$。

4. 插入

（1）后插结点

设 p 指向单链表中某结点，s 指向待插入的值为 x 的新结点，在*p 之后插入*s，插入过程如图 2-13 所示。

操作如下：

① s->next=p->next;

② p->next=s;

注意：两个指针的操作顺序不能交换。

（2）前插结点

设 p 指向链表中某结点，s 指向待插入的值为 x 的新结点，在*p 之前插入*s，插入示意图如图 2-14 所示。与后插不同的是：首先要找到*p 的前驱*q，然后再完成在*q 之后插入

*s，设单链表头指针为 L，操作如下。

```
q=L;
while (q->next!=p)
   q=q->next;           //找*p 的直接前驱
s->next=q->next;
q->next=s;
```

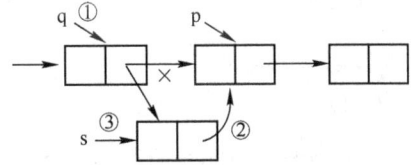

图 2-13　在*p 之后插入*s　　　　　　图 2-14　在*p 之前插入*s

后插操作的时间复杂性为 O(1)，前插操作因为要找*p 的前驱，时间性能为 O(n)；其实我们关心的是数据元素之间的逻辑关系，所以仍然可以将*s 插入到*p 的后面，然后将 p->data 与 s->data 交换即可，这样既满足了逻辑关系，也能使得时间复杂性为 O(1)。

（3）插入运算 Insert_LinkList(L, i, x)

算法思路：

1）找到第 i-1 个结点；若存在则继续 2），否则结束。

2）申请、填装新结点。

3）将新结点插入，结束。

算法如下：

【算法 2-12】 单链表中的插入。

```
int   Insert_LinkList( LinkList L, int i, datatype x)
   {//在单链表 L 的第 i 个位置上插入值为 x 的元素
    LNode *p, *s;
    p=Get_LinkList(L, i-1);            //查找第 i-1 个结点
    if (p==NULL)
       {printf("参数 i 错误"); return 0; }  //第 i-1 个不存在不能插入
    else
       {s=(LNode *)malloc(sizeof(LNode));   //申请、填装结点
        s->data=x;
        s->next=p->next;               //新结点插入在第 i-1 个结点的后面
        p->next=s;
        return 1;
       }
   }
```

【算法 2-12】的时间复杂度为 O(n)。

5．删除

（1）删除结点

设 p 指向单链表中某结点，删除*p，操作示意如图 2-15 所示。

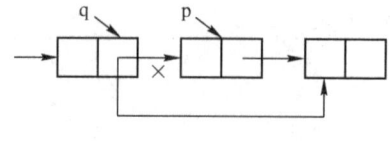

图 2-15 删除*p

通过示意图可见，要实现对结点*p 的删除，首先要找到*p 的前驱结点*q，然后完成指针的操作即可。指针的操作由下列语句实现：

  q->next=p->next;
  free(p);

显然找*p 前驱的时间复杂度为 O(n)。

若要删除*p 的后继结点（假设存在），则可以直接完成：

  s=p->next;
  p->next=s->next;
  free(s);

该操作的时间复杂度为 O(1)。

（2）删除运算 Del_LinkList(L, i)

算法思路：1）找到第 i-1 个结点，若存在继续 2），否则结束。

2）若存在第 i 个结点则继续 3），否则结束。

3）删除第 i 个结点，结束。

算法如下：

【算法 2-13】 单链表中的删除。

```
    int   Del_LinkList(LinkList   L, int i)
    {//删除单链表 L 上的第 i 个数据结点
      LinkList p, s;
      p=Get_LinkList(L,i-1);           //查找第 i-1 个结点
      if (p==NULL)
        {printf("第 i-1 个结点不存在");
         return -1;
        }
    else   if (p->next==NULL)
          {printf("第 i 个结点不存在");
           return 0;
          }
        else
          {s=p->next;              //s 指向第 i 个结点
           p->next=s->next;         //从链表中删除
           free(s);                //释放*s
           return 1;
          }
    }
```

【算法 2-13】的时间复杂度为 O(n)。

通过上面的基本操作可知：

1）在单链表上插入、删除一个结点，必须知道其前驱结点。
2）单链表不具有按序号随机访问的特点，只能从头指针开始，一个个顺序进行。

2.3.3 循环链表

对于单链表而言，最后一个结点的指针域是空指针，如果将该链表头指针置入该指针域，则使得链表头尾结点相连，就构成了单循环链表，如图 2-16 所示。在单循环链表上的操作基本上与非循环链表相同，只是将原来判断指针是否为 NULL 变为是否是头指针而已，没有其他较大的变化。

图 2-16 带头结点的单循环链表

a) 非空表 b) 空表

对于单链表只能从头结点开始遍历整个链表，而对于单循环链表则可以从表中任意结点开始遍历整个链表，不仅如此，有时对链表常做的操作是在表尾、表头进行，此时可以改变一下链表的标识方法，不用头指针而用一个指向尾结点的指针 R 来标识，可以使得操作效率得以提高。

例如对两个单循环链表 H1、H2 的连接操作，是将 H2 的第一个数据结点接到 H1 的尾结点，如用头指针标识，则需要找到第一个链表的尾结点，其时间复杂度为 O(n)，而链表若用尾指针 R1、R2 来标识，则时间复杂度为 O(1)。操作如下：

```
p= R1->next;                    //保存 R1 的头结点指针
R1->next=R2->next->next;        //头尾连接
free(R2->next);                 //释放第二个表的头结点
R2->next=p;                     //组成循环链表
```

这一过程如图 2-17 所示。

图 2-17 两个用尾指针标识的单循环链表的连接

2.3.4 双向链表

以上讨论的单链表的结点中只有一个指向其后继结点的指针域 next，因此若已知某结点的指针为 p，其后继结点的指针则为 p->next，而找其前驱则只能从该链表的头指针开始，顺着各结点的 next 域进行，也就是说找后继的时间性能是 O(1)，找前驱的时间性能是 O(n)，如果也希望找前驱的时间性能达到 O(1)，则只能付出空间的代价：每个结点再加一个指向前驱的指针域，结点的结构如图 2-18 所示，用这种结点组成的链表称为双向链表。

双向链表结点的定义如下：

   typedef struct dlnode
   { datatype data;
    struct dlnode *prior, *next;
   }DLNode, *DLinkList;

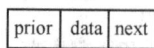

图 2-18 双向链表结点结构

和单链表类似，双向链表通常也是用头指针标识，也可以带头结点并做成循环结构，如图 2-19 所示是带头结点的双向循环链表示意图。显然通过某结点的指针 p 即可以直接得到它的后继结点的指针 p->next，也可以直接得到它的前驱结点的指针 p->prior。这样在有些操作中需要找前驱时，则无须再用循环。从下面的插入删除运算中可以看到这一点。

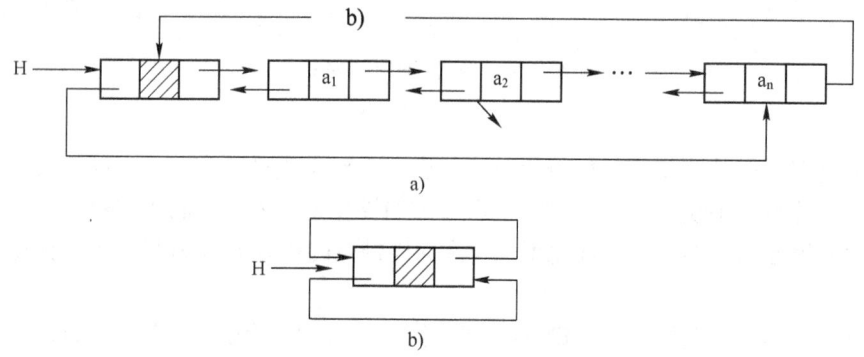

图 2-19 带头结点的双向循环链表
a) 非空表 b) 空表

设 p 指向双向循环链表中的某一结点，即 p 中是该结点的指针，则 p->prior->next 表示的是*p 结点之前驱结点的后继结点的指针，即与 p 相等；类似，p->next->prior 表示的是*p 结点之后继结点的前驱结点的指针，也与 p 相等，所以有以下等式：

  p–>prior–>next = p = p–>next–>prior

（1）在双向链表中插入一个结点：

设 p 指向双向链表中某结点，s 指向待插入的值为 x 的新结点，将*s 插入到*p 的前面，插入示意图如图 2-20 所示。

操作如下：

  ① s–>prior=p–>prior;
  ② p–>prior–>next=s;
  ③ s–>next=p;
  ④ p–>prior=s;

上面指针操作的顺序不是唯一的，但也不是任意的，操作①必须要放到操作④的前面完成，否则*p 的前驱结点的指针就丢掉了。读者把每条指针操作的含义搞清楚，就不难理解了。

（2）在双向链表中删除指定结点

设 p 指向双向链表中某结点，删除*p。操作示意如图 2-21 所示。

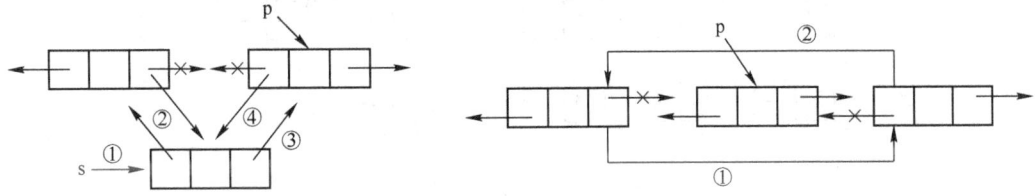

图 2-20　在双向链表中插入结点　　　　　图 2-21　在双向链表中删除结点

操作如下：
① p–>prior–>next=p–>next;
② p–>next–>prior=p–>prior;
③ free(p);

2.3.5　链表应用举例

【例 2-4】 已知单链表 H 如图 2-22a 所示，写一算法将其逆置，即实现如图 2-22b 的操作。

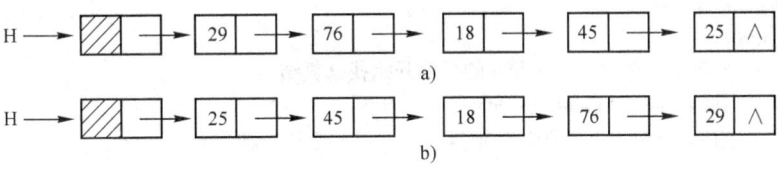

图 2-22　单链表的逆置
a) 逆置前　b) 逆置后

算法思路：依次取原链表中的每个结点，将其作为第一个结点插入到新链表中去，指针 p 用来指向原表中当前结点，p 为空时结束。

算法如下：

【算法 2-14】 单链表逆置。

```
void  reverse (Linklist H)
{LNode *p;
 p=H–>next;              //p 指向第一个数据结点
 H–>next=NULL;           //将原链表置为空表 H
 while (p)
   {q=p;  p=p–>next;
    q–>next=H–>next;     //将当前结点插到头结点的后面
    H–>next=q;
   }
}
```

该算法只是对链表中顺序扫描一遍即完成了逆置，所以时间复杂度为 O(n)。

【例 2-5】 已知单链表 L 如图 2-23a 所示写一算法，删除其重复结点，即实现如图 2-23b 所示的操作。

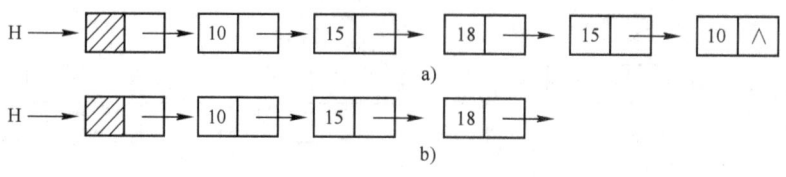

图 2-23　删除重复结点

a) 删除前　b) 删除后

算法思路：用指针 p 指向第一个数据结点，从它的后继结点开始到表的结束，找与其值相同的结点并删除之，p 指向下一个，依此类推，p 指向最后结点时结束。

算法如下：

【算法 2-15】 单链表中删除重复结点。

```
void pur_LinkList(LinkList H)
{ LNode   *p,*q,*r;
    p=H->next;              //p 指向第一个结点
    if(p==NULL) return;
    while (p->next)
      {q=p;
        while (q->next)        //从*p 的后继开始找重复结点
          { if (q->next->data==p->data)
              {r=q->next;      //找到重复结点，用 r 指向，删除*r
               q->next=r->next;
               free(r);
              } //if
            else q=q->next;
          } //while(q->next)
        p=p->next;              //p 指向下一个结点，继续
      } //while(p->next)
}
```

该算法的时间复杂度为 $O(n^2)$。

【例 2-6】 设有两个单链表 A、B，其中元素递增有序，编写算法将 A、B 归并成一个按元素值递减（允许有相同值）有序的链表 C，要求用 A、B 中的原结点形成，不能重新申请结点。

算法思路：利用 A、B 两表有序的特点，依次进行比较，将当前值较小者取出，插入到 C 表的头部，得到的 C 表则为递减有序。

算法如下：

【算法 2-16】 单链表的合并。

```
LinkList merge(LinkList A, LinkList B)
  {//设 A、B 均为带头结点的单链表
```

```
LinkList C;   LNode *p, *q;
p=A->next;   q=B->next;
C=A;                    //C 表的头结点
C->next=NULL;
free(B);
while (p&&q)
  { if (p->data<q->data)
      { s=p; p=p->next; }
    else {s=q; q=q->next; }   //从原 AB 表中取出较小者
    s->next=C->next;           //插入到 C 表的头部
    C->next=s;
  }
if (p==NULL) p=q;
while (p)          // 将剩余的结点一个个取出，插入到 C 表的头部
  {s=p;p=p->next;
   s->next=C->next;
   C->next=s;
  }
}
```

该算法的时间复杂度为 O(m+n)。

【例 2-7】 设计算法将采用单链表 L 存储的线性表，转换为用双向循环链表 H 存储。单链表 L 和双向循环链表 H 如图 2-24 所示。

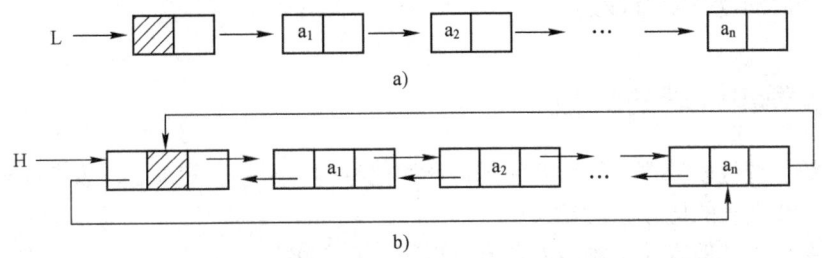

图 2-24　单链表与双向循环链表

a) 单链表 L　b) 双向循环链表 H

算法思路：首先建立空的双向循环链表 H，然后从单链表 L 的第一个结点开始，逐个读取数据元素，生成双向链表的结点 s，再将 s 插入到双向循环链表 H 中。

算法如下：

【算法 2-17】 单链表转换为双向循环链表。

```
DLinkList Creat_DlinkList(LinkList L )
{  DLinkList H;
   DLNode *rear, *s;
   LNode *p;
   H=( DLNode *)malloc(sizeof(DLNode));   //生成 H 的头结点
   H->next=H;
```

```
        H->prior=H;              //将 H 构造为空的双向循环链表
        rear=H;                  // rear 为尾指针
        p=L->next;               // p 指向 L 的第一个元素
        while(p)
         {s=( DLNode *)malloc(sizeof(DLNode));
          s->data=p->data;       //申请、填装结点 s
          s->next=rear->next;
          s->prior=rear;
           rear->next=s;
           H->prior=s;           //结点 s 插入到 H 的链表尾
           rear=s;               //修改 H 的尾指针
           p=p->next;
         }
        return(H);
     }
```

本算法中，用指针 rear 指向 H 的尾结点，而在此双向循环链表中，rear==H->prior，因此也可以省去 rear 指针，则插入到链表尾的操作可修改如下：

```
        s->next=H;
        s->prior=H->prior;
        H->prior->next=s;
        H->prior=s;
```

该算法的时间复杂度为 O(n)。

2.4 顺序表和链表的比较

前面介绍了线性表的逻辑结构及它的两种存储结构：顺序表和链表。表 2-1 给出这两种存储方式实现线性表的比较。

在实际中怎样选取存储结构呢？通常有以下几点考虑。

（1）基于存储的考虑

顺序表的存储空间是静态分配的，在程序执行之前必须明确规定它的存储规模，也就是说事先对 " MAXSIZE " 要有合适的设定，过大造成浪费，过小造成溢出。可见对线性表的长度或存储规模难以估计时，不宜采用顺序表；链表不用事先估计存储规模，但链表的存储密度较低。存储密度是指一个结点中数据元素所占的存储单元和整个结点所占的存储单元之比。显然链式存储结构的存储密度是小于 1 的。

（2）基于运算的考虑

在顺序表中按序号访问 a_i 的时间复杂度为 O(1)，而链表中按序号访问的时间复杂度为 O(n)，所以如果经常做的运算是按序号访问数据元素，显然顺序表优于链表；而在顺序表中做插入、删除时平均移动表中一半的元素，当数据元素的信息量较大且表较长时，这一点是不应忽视的；在链表中作插入、删除，虽然也要找插入位置，但操作主要是比较操作，从这个角度考虑显然后者优于前者。

（3）基于环境的考虑

顺序表容易实现，任何高级语言中都有数组类型，链表的操作是基于指针的，相对来讲前者简单些，也是用户考虑的一个因素。

总之，两种存储结构各有长短，选择哪一种由实际问题中的主要因素决定。通常"较稳定"的线性表选择顺序存储，而频繁做插入删除等操作"动态性"较强的线性表宜选择链式存储。

表 2-1 顺序表和链表的比较

存储方式 方面	优　点	缺　点
顺序存储	1）方法简单，各种高级语言中都有数组类型，容易实现。 2）不用为表示结点间的逻辑关系而增加额外的存储开销。逻辑相邻与物理相邻一致。 3）顺序表具有按元素序号随机访问的特点	1）顺序表中做插入删除操作时，平均移动大约表中一半的元素，因此对 n 较大的顺序表，进行插入、删除操作的效率低。 2）需要预先分配足够大的存储空间，估计过大，可能会导致顺序表后部大量闲置；预先分配过小，又会造成溢出
链式存储	1）在顺序表中做插入删除操作时，不需要多次移动的元素，因此对 n 较大的顺序表插入和删除的效率高。 2）不需要预先分配足够大的存储空间，不会出现如下情况：由于估计过大，可能会导致顺序表后部大量闲置；预先分配过小，又会造成溢出	1）需要为存储结点间的逻辑关系而增加额外的存储开销。 2）链表不具有按元素序号随机访问的特点

2.5 堆栈

在 2.1.1 节中提到的问题 2 和问题 4 涉及一种特殊的线性结构，就是堆栈。下面详细讨论堆栈的定义、基本运算以及基本运算的实现。

2.5.1 堆栈的定义

栈是限制在表的一端进行插入和删除的线性表。允许插入、删除的这一端称为栈顶，另一个固定端称为栈底。当表中没有元素时称为空栈。

如图 2-25 所示栈中有 3 个元素，进栈的顺序是 a_1, a_2, a_3，当需要出栈时其顺序为 a_3, a_2, a_1，所以栈又称为后进先出（Last In First Out）的线性表，简称 LIFO 表。

在日常生活中，有很多后进先出的例子，读者可以列举。在程序设计中，常常需要栈这样的数据结构，使得与保存数据时相反顺序来使用这些数据。

设 S 表示一个栈，对于栈的基本运算如下。

1）栈初始化：Init_Stack(S)。

操作结果是构造了一个空栈。

2）判栈空：Empty_Stack(S)。

操作结果是若栈 S 为空返回为 1，否则返回为 0。

3）入栈： Push_Stack(S, x)。

操作结果是在栈 S 的顶部插入一个新元素 x，x 成为新的栈顶元素，栈发生变化。

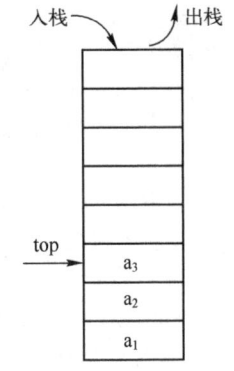

图 2-25 栈示意图

4）出栈：Pop_Stack(S)。

在栈 S 存在且非空的情况下，操作结果是将栈 S 的顶部元素从栈中删除，栈中少了一个元素，栈发生变化。

5）读栈顶元素：Top_Stack(S)。

在栈 S 存在且非空情况下，操作结果是读栈顶元素，栈不变化。

2.5.2 堆栈的存储及基本运算的实现

由于栈是运算受限的线性表，因此线性表的存储结构对栈也是适用的，只是操作不同而已。

1. 顺序栈

利用顺序存储方式实现的栈称为顺序栈。类似于顺序表的定义，栈中的数据元素用一个预设足够大的一维数组来实现：datatype data[MAXSIZE]，栈底位置可以设置在数组的任一个端点，而栈顶是随着插入和删除而变化的，因此需要一个栈顶指针来表示。设变量 int top 作为栈顶指针使用，指明当前栈顶的位置，同样将 data 和 top 封装在一个结构中，顺序栈的类型描述如下。

```
#define  MAXSIZE  1024        //设定栈的最大长度为1024，可根据实际情况进行修改
typedef  struct
{ datatype  data[MAXSIZE];
    int   top;
}SeqStack
```

定义一个指向顺序栈的指针：SeqStack *s;

通常 0 下标端设为栈底，这样，栈顶指针 top= −1 表示空栈。入栈时，栈顶指针加 1，即 s->top++；出栈时，栈顶指针减 1，即 s->top − −。栈顶指针 top 与栈中数据元素的关系如图 2-26 所示。

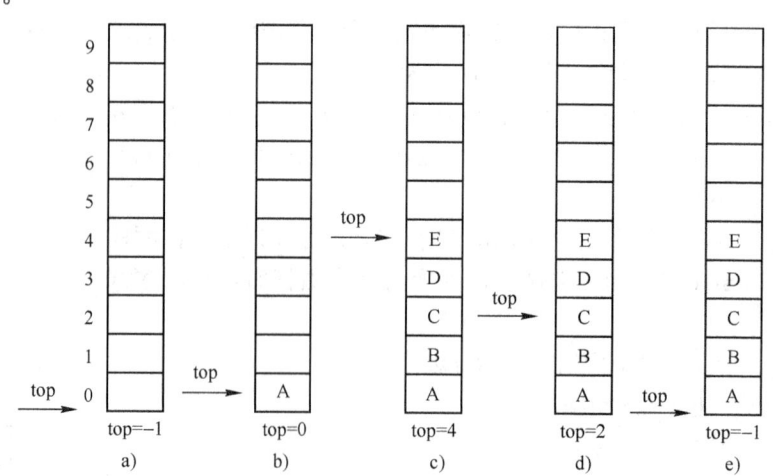

图 2-26　栈顶指针 top 与栈中数据元素的关系

a) 初始空栈　b) 一个元素　c) 5 个元素　d) 3 个元素　e) 栈空

图 2-26a 是空栈；图 2-26b 是只有一个元素 A；图 2-26c 是 A、B、C、D、E 共 5 个元

素依次入栈之后；图 2-26d 是在图 2-26c 之后 E、D 相继出栈，此时栈中还有 3 个元素，或许最近出栈的元素 D、E 仍然在原先的单元存储着，但 top 指针已经指向了新的栈顶，则元素 D、E 已不再属于栈内的元素；图 2-26e 是 E、D、C、B、A 元素都出栈后。通过这个示意图可以深刻理解栈顶指针的作用。

在上述存储结构上实现基本操作如下。

（1）置空栈

首先建立栈空间，然后初始化栈顶指针。

【算法 2-18】 置空栈算法。

```
SeqStack *Init_SeqStack()
  { SeqStack *s;
    s=(SeqStack *)malloc(sizeof(SeqStack));    //申请栈的空间
    s->top=-1;                                  //初始化栈顶指针
    return s;
  }
```

（2）判栈空

【算法 2-19】 判栈空算法。

```
int Empty_SeqStack(SeqStack *s)
  {if (s->top==-1)   return 1;
    else   return 0;
  }
```

（3）入栈

【算法 2-20】 入栈算法。

```
int Push_SeqStack (SeqStack *s, datatype x)
  {if (s->top==MAXSIZE-1)   return 0;          //栈满不能入栈
    else { s->top++;
           s->data[s->top]=x;
           return 1;
         }
  }
```

（4）出栈

【算法 2-21】 出栈算法。

```
int Pop_SeqStack(SeqStack *s, datatype *x)
  {if (Empty_SeqStack (s) )   return 0;        //栈空不能出栈
    else {*x=s->data[s->top];
          s->top - -;                           //更新栈顶指针
          return 1;
         }                                      //栈顶元素存入*x，返回
  }
```

（5）取栈顶元素

【算法 2-22】 取栈顶元素算法。

```
int Top_SeqStack(SeqStack *s, datatype *x)
  { if ( Empty_SeqStack (s) ) return 0;   //栈空无元素
    else   {*x=s->data[s->top];
             return 1;
           }
  }
```

说明：

1）对于顺序栈，入栈时，首先判栈是否已满，栈满的条件：s->top==MAXSIZE-1。栈满时，不能入栈，否则出现空间溢出，引起错误，这种现象称为上溢。

2）出栈和读栈顶元素操作，先判栈是否为空，为空时不能出栈和读栈顶元素，否则产生错误。通常栈空时常作为一种控制转移的条件。

2. 链栈

用链式存储结构实现的栈称为链栈。通常链栈用单链表表示，因此其结点结构与单链表的结构相同，即有：

```
typedef struct snode
  { datatype data;
    struct snode *next;
  }StackNode，* LinkStack;
```

定义 top 为栈顶指针变量：LinkStack top;

因为栈中的主要运算是在栈顶插入、删除，显然在链表的头部做栈顶是最方便的，而且没有必要像单链表那样为了运算方便附加一个头结点。通常将链栈表示成如图 2-27 所示的形式。

链栈基本操作的实现如下：

（1）置空栈

仅将栈顶指针置为空即可。

（2）判栈空

【算法 2-23】 判栈空算法。

```
int Empty_LinkStack(LinkStack top)
  { if (top==NULL) return 1;
    else return 0;
  }
```

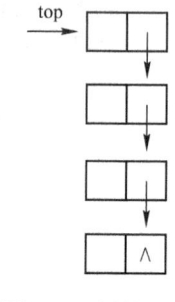

图 2-27 链栈示意

（3）入栈

【算法 2-24】 入栈算法。

```
LinkStack Push_LinkStack(LinkStack top, datatype x)
  { StackNode *p;
    p=(StackNode *)malloc(sizeof(StackNode));
    p->data=x;
    p->next=top;
```

```
            top=p;
            return top;
        }
```

（4）出栈

【算法 2-25】 出栈算法。

```
LinkStack Pop_LinkStack (LinkStack top, datatype *x)
    {   StackNode *p;
        if (top==NULL) return NULL;
        else {*x= top->data;
            p=top;
            top=top->next;
            free (p);
            return top;
            }
    }
```

2.5.3 堆栈应用举例

由于栈的"后进先出"特点，在很多实际问题中都利用栈做一个辅助的数据结构来进行求解，下面通过几个例子进行说明。

【例 2-8】 数制转换问题。

将十进制数 N 转换为 r 进制的数，其转换方法利用辗转相除法：以 N=3467，r=8 为例，转换方法如下。

N	N/8（整除）	N％8（求余）	
3467	433	3	低
433	54	1	↑
54	6	6	
6	0	6	高

所以：$(3467)_{10}=(6613)_8$

此时看到所转换的八进制数按低位到高位的顺序产生，而通常的输出是从高位到低位的，恰好与计算过程相反，因此转换过程中每得到一位八进制数则进栈保存，转换完毕后依次出栈则正好是转换结果。

算法思想：设栈 s，当 N>0 时，则重复执行步骤1）和2）。

1) 若 N≠0，则将 N％r 压入栈 s 中，执行 2）；

若 N=0，将栈 s 的内容依次出栈，算法结束。

2) 用 N/r 代替 N。

算法如下：

【算法 2-26】 调用栈的基本操作实现数制转换。

```
typedef   int datatype;
void conversion(int N, int r)
  {SeqStack *s
```

```
        datatype x;
        s=Init_SeqStack( );
        while (N!=0)
         {Push_SeqStack (s, N % r );
          N=N/r ;
          }
        while (!Empty_SeqStack(s ) )
         {Pop_SeqStack (s, &x );
          printf ("%d", x);
          }
        }
```

【算法 2-27】 采用自定义顺序栈实现数制转换。

```
        #define L   10
        void conversion(int N，int r)
        {int s[L], top;              //定义一个顺序栈
         int x;
         top=-1;                     //初始化栈
         while (N!=0)
          {s[++top]=N%r;             //余数入栈
            N=N / r ;                //商作为被除数继续
          }
         while (top!=-1)
          {x=s[top--];
            printf("%d", x);
          }
        }
```

在【算法 2-26】中对栈的操作调用了相关函数，如对余数的入栈调用了【算法 2-20】，即："Push_SeqStack (&s, N % r)"，使问题的层次更加清楚。而【算法 2-27】中直接用向量 s（数组表示）和变量 top 作为一个栈来使用。通过这个例子可以消除栈的"神秘"，当程序中需要使用与数据保存顺序相反的数据时，就要想到栈，通常用顺序栈较多。

【例 2-9】 利用栈实现迷宫的求解。

问题：这是实验心理学中的一个经典问题，心理学家把一只老鼠从一个无顶盖的大盒子的入口处赶进迷宫。迷宫中设置很多隔壁，对前进方向形成了多处障碍，心理学家在迷宫的唯一出口处放置了一块奶酪，吸引老鼠在迷宫中寻找通路以到达出口。

求解思想：回溯法是一种不断试探且及时纠正错误的搜索方法。下面的求解过程采用回溯法。从入口出发，按某一方向向前探索，若能走通（未走过的），则到达新点，并试探下一方向；若所有的方向均没有通路，则沿原路返回前一点，换下一个方向再继续试探，直到所有可能的通路都探索到，或找到一条通路，或无路可走又返回到入口点。

在求解过程中，为了保证在到达某一点后不能向前继续行走（无路）时，能正确返回前一点以便继续从下一个方向向前试探，则需要用一个栈保存所能够到达的每一点的下标及从该点前进的方向。

需要解决的以下 4 个问题：

（1）表示迷宫的数据结构

设迷宫为 m 行 n 列，利用 maze[m][n]来表示一个迷宫，maze[i][j]=0 或 1；其中 0 表示通路，1 表示不通，当从某点向下试探时，中间点有 8 个方向可以试探（见图 2-28），而 4 个角点有 3 个方向，其他边缘点有 5 个方向。为使问题简单化，我们用 maze[m+2][n+2]来表示迷宫，而迷宫四周的值全部为 1，每个点的试探方向全部为 8，不用再判断当前点的试探方向有几个，同时与迷宫周围是墙壁这一实际问题相一致。

如图 2-28 表示的是一个 6×8 的迷宫，入口坐标为（1,1），出口坐标为（6,8）。

入口(1,1)	0	1	2	3	4	5	6	7	8	9
0	1	1	1	1	1	1	1	1	1	1
1	1	0	1	1	1	0	1	1	1	1
2	1	1	0	1	0	1	1	1	1	1
3	1	0	1	0	0	0	0	0	1	1
4	1	0	1	1	1	0	1	1	1	1
5	1	1	0	0	1	0	0	0	1	1
6	1	0	1	1	0	0	1	1	0	1
7	1	1	1	1	1	1	1	1	1	1

出口(6,8)

图 2-28 6×8 的迷宫表示

迷宫的定义如下：

```
#define m 6          //迷宫的实际行
#define n 8          //迷宫的实际列
int maze [m+2][n+2];
```

（2）试探方向

在上述表示迷宫的情况下，每个点有 8 个方向可以试探，如当前点的坐标(x, y)，与其相邻的 8 个点的坐标都可根据与该点的相邻方位而得到，如图 2-29 所示。因为出口在（m, n），因此试探顺序规定：从当前位置向前试探的方向为从正东沿顺时针方向进行。为了简化问题，方便地求出新点的坐标，将从正东开始沿顺时针进行的这 8 个方向的坐标增量放在一个结构数组 move [8]中，在 move 数组中，每个元素由两个域组成，x：横坐标增量，y：纵坐标增量。move 数组如图 2-30 所示。

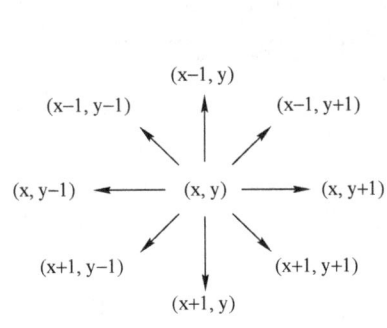

图 2-29 与点(x, y)相邻的 8 个点的坐标

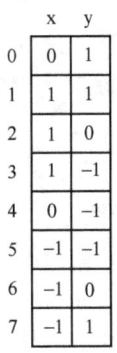

图 2-30 增量数组 move

move 数组定义如下：

```
typedef struct
    { int x, y;
    } item;
item move[8];
```

这种对 move 设计的方法会很方便地求出从某点 (x, y) 按某一方向序号 v (0≤v≤7) 到达的新点 (i, j) 的坐标：

i=x+move[v].x;　j=y+move[v].y;

（3）栈的设计

当到达了某点而无路可走时需返回前一点，再从前一点开始向下一个方向继续试探。因此，压入栈中的不仅是顺序到达的各点的坐标，而且还要有从前一点到达本点的方向序号。对于如图 2-28 所示迷宫，入栈顺序如图 2-31 所示。

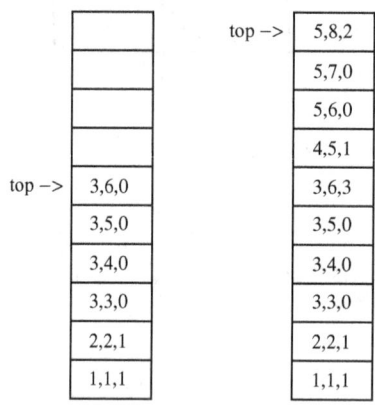

图 2-31　入栈顺序

栈中每一组数据是所到达的每点的坐标及从该点沿哪个方向向下走，对于图 2-28 迷宫，走的路线：$(1,1)_1 \to (2,2)_1 \to (3,3)_0 \to (3,4)_0 \to (3,5)_0 \to (3,6)_0$（下脚标表示方向），当从点(3, 6)沿方向 0 到达点(3, 7)之后，无路可走，则应回溯，即退回到点(3, 6)，对应的操作是出栈，沿下一个方向即方向 1 继续试探，1 方向和 2 方向的试探失败，在方向 3 上试探成功，因此将(3, 6, 3)压入栈中，即到达了(4, 5)点。

$(1,1)_1 \to (2,2)_1 \to (3,3)_0 \to (3,4)_0 \to (3,5)_0 \to (3,6)_3 \to (4,5)…$

综上，栈中元素是一个由行、列、方向组成的三元组，定义如下：

```
typedef struct
    {int x, y, d;        // 横纵坐标及方向
    }datatype;
```

栈的定义为：SeqStack s;

（4）如何防止重复到达某点，以避免发生死循环

一种方法是另外设置一个标志数组 mark[m][n]，它的所有元素都初始化为 0，一旦到达了某一点(i, j)之后，使 mark[i][j]置 1，下次再试探这个位置时，因为 mark[i][j]==1 就不能再

走了。另一种方法是当到达某点(i, j)后,使原迷宫数组 maze[i][j]置-1,以便区别未到达过的点,同样也能起到防止走重复点的目的,本书采用后者方法,若需要,在算法结束前可恢复原迷宫。

迷宫求解算法思想如下:
1) 栈初始化。
2) 将入口点坐标及到达该点的方向(设为-1)入栈。
while(栈不空)。

```
{ 读栈顶元素=>(x, y, d)
  出栈;
  求出下一个要试探的方向 d++;
  while (还有剩余试探方向时)
    { if(d 方向可走)
        则{ (x, y, d)入栈;
            求新点坐标 (i, j);
            将新点(i, j)切换为当前点(x, y);
            if ((x, y) == (m, n)) 结束;
            else 置 d=0;
        }
      else d++;
    }
}
```

算法如下。

【算法 2-28】 迷宫求解算法。

```
int path(int maze[][]; item move[])
{ SeqStack *s;
  datetype temp;
  int x, y, d, i, j;
  s=Init_SeqStack();                   //建立一个空栈
  temp.x=1; temp.y=1; temp.d=-1;
  Push_SeqStack (s, temp);             //入口进栈
  while (! Empty_SeqStack (s) )
    { Pop_SeqStack (s, &temp);
      x=temp.x; y=temp.y; d=temp.d+1;  //回到上一位置进行下一个方向的试探
      while (d<8)                       //当还有方向可试
        { i=x+move[d].x;                //新点坐标
          j=y+move[d].y;
          if (maze[i][j]=0 )            //判断是否可到达
            {temp={x, y, d};            //记录当前的坐标及方向
             Push_SeqStack (s, temp );  //坐标及方向入栈
             x=i; y=j; maze[x][y]=-1;   //到达新点
             if (x==m && y==n) return 1; //是出口则迷宫有路
             else d=0;                   //不是出口继续试探
            }
```

```
            else    d++;
        } //while (d<8)
    } //while
    return 0;              //迷宫无路
}
```

自栈底到栈顶中保存的就是一条迷宫的通路。

【例 2-10】 表达式求值。表达式求值是程序设计语言编译中一个最基本的问题，它的实现也用到栈。下面的算法是用运算符优先法对表达式求值。

表达式是由运算对象、运算符、括号组成的有意义的式子。运算符从运算对象的个数上分，有单目运算符和双目运算符；从运算类型上分，有算术运算、关系运算、逻辑运算。在此只讨论含二目运算符的算术表达式。

（1）中缀表达式求值

中缀表达式：每个二目运算符在两个运算量的中间。所讨论的算术运算符包括：+、-、*、/、%、^（乘方）和括号（）。

设运算规则：

1）运算符的优先级从高到低为：()，^，*、/、%，+、-。

2）有括号出现时先算括号内的，后算括号外的，多层括号，由内向外进行。

3）乘方连续出现时先算最右面的。

设表达式作为一个满足表达式语法规则的串存储，如表达式"3*2^(4+2*2-1*3)-5"，它的求值过程：自左向右扫描表达式。当扫描到 3*2 时不能马上计算，因为后面可能还有更高的运算，正确的处理过程是需要两个栈：运算对象栈 s1 和算符栈 s2。当自左至右扫描表达式的每一个字符时，若当前字符是运算对象，则入对象栈；是运算符时，若这个运算符比栈顶运算符高则入栈，继续向后处理，若这个运算符比栈顶运算符低则从对象栈出栈两个运算量，从算符栈出栈一个运算符进行运算，并将其运算结果入对象栈，继续处理当前字符，直到遇到结束符。

根据运算规则，左括号"("在栈外时它的级别最高，而进栈后它的级别则最低了，乘方运算的结合性是自右向左，所以，它的栈外级别高于栈内。就是说有的运算符栈内栈外的级别是不同的。当遇到右括号")"时，一直需要对运算符栈出栈，并且做相应的运算，直到遇到栈顶为左括号"("时，将其出栈，因此右括号")"级别最低但它是不入栈的。对象栈初始化为空，为了使表达式中的第一个运算符入栈，算符栈中预设一个最低级的运算符"("。

根据以上分析，每个运算符栈内、栈外的级别如表 2-2 所示。

表 2-2 运算符栈内、栈外的级别

算符	栈内级别	栈外级别
^	3	4
*、/、%	2	2
+、-	1	1
(	0	4
)	-1	-1

中缀表达式表达式"3*2^(4+2*2-1*3)-5"求值过程中两个栈的状态情况如表 2-3 所示。

表2-3 中缀表达式 3*2^(4+2*2-1*3)-5 求值过程中两个栈的状态

读字符	对象栈 s1	算符栈 s2	说 明
3	3	(	3 入栈 s1
*	3	(*	*入栈 s2
2	3, 2	(*	2 入栈 s1
^	3, 2	(*^	^入栈 s2
(	3, 2	(*^(	(入栈 s2
4	3, 2, 4	(*^(	4 入栈 s1
+	3, 2, 4	(*^(+	+入栈 s2
2	3, 2, 4, 2	(*^(+	2 入栈 s1
*	3, 2, 4, 2	(*^(+*	*入栈 s2
2	3, 2, 4, 2, 2	(*^(+*	2 入栈 s1
	3, 2, 4, 4	(*^(+	做 2*2=4,结果入栈 s1
-	3, 2, 8	(*^(	做 4+4=8,结果入栈 s2
	3, 2, 8	(*^(-	-入栈 s2
1	3, 2, 8, 1	(*^(-	1 入栈 s1
*	3, 2, 8, 1	(*^(-*	*入栈 s2
3	3, 2, 8, 1, 3	(*^(-*	3 入栈 s1
	3, 2, 8, 3	(*^(-	做 1*3,结果 3 入栈 s1
)	3, 2, 5	(*^(	做 8-3,结果 5 入栈 s2
	3, 2, 5	(*^	(出栈
	3, 3, 2	(*	做 2^5,结果 32 入栈 s1
-	96	(	做 3*32,结果 96 入栈 s1
	96	(-	-入栈 s2
5	96, 5	(-	5 入栈 s1
结束符	91	(	做 96-5,结果 91 入栈 s1

为了处理方便,编译程序常把中缀表达式首先转换成等价的后缀表达式,后缀表达式的运算符在运算对象之后。在后缀表达式中,不再引入括号,所有的计算按运算符出现的顺序,严格从左向右进行,而不用再考虑运算规则和级别。中缀表达式"3*2^(4+2*2-1*3)-5"的后缀表达式为"32422*+13*-^*5-"。

(2)后缀表达式求值

计算一个后缀表达式,算法上比计算一个中缀表达式简单得多。这是因为后缀表达式中既无括号又无优先级的约束。具体做法:只使用一个对象栈,当从左向右扫描表达式时,每遇到一个操作数就送入栈中保存,每遇到一个运算符就从栈中取出两个操作数进行当前的计算,然后把结果再入栈,直到整个表达式结束,这时送入栈顶的值就是结果。

后缀表达式"32422*+13*-^*5-"求值过程中栈的状态变化情况如表 2-4 所示。

表 2-4 后缀表达式求值过程

当前字符	栈中数据	说　　明
3	3	3 入栈
2	3，2	2 入栈
4	3，2，4	4 入栈
2	3，2，4，2	2 入栈
2	3，2，4，2，2	2 入栈
*	3，2，4，4	计算 2*2，将结果 4 入栈
+	3，2，8	计算 4+4，将结果 8 入栈
1	3，2，8，1	1 入栈
3	3，2，8，1，3	3 入栈
*	3，2，8，3	计算 1*3，将结果 3 入栈
-	3，2，5	计算 8-3，将结果 5 入栈
^	3，32	计算 2^5，将结果 32 入栈
*	96	计算 3*32，将结果 96 入栈
5	96，5	5 入栈
-	96	计算 96-5，结果入栈
结束符	空	结果出栈

下面是后缀表达式求值的算法，在下面的算法中假设每个表达式是合乎语法的，并且假设后缀表达式已被存入一个足够大的字符数组 A 中，且以 '#' 为结束字符，为了简化问题，限定运算数的位数仅为一位且忽略了数字字符串与相对应的数据之间的转换的问题。

【算法 2-29】 后缀表达式求值。

```
typedef  char datetype;
double  calcul_exp(char A[ ])
{ //本函数返回由后缀表达式 A 表示的表达式运算结果
  Seq_Starck *s;
  int i=0;
  s=Init_SeqStack();
  ch=A[i]; i++;
  while (ch!= '#' )
    { if (ch!=运算符)  Push_SeqStack (s, ch);
      else { Pop_SeqStack (s, &b);
        Pop_SeqStack (s, &a); //取出两个运算量
        switch (ch)
          { case ch=='+': c=a+b;  break;
            case ch==' -': c=a-b;  break;
            case ch=='*': c=a*b;  break;
            case ch==' /': c=a/b;  break;
            case ch=='%': c=a%b; break;
          }
        Push_SeqStack (s, c);
      }
```

```
            ch= A[i]; i++;
        }
        Pop _SeqStack (s, result);
        return   result;
}
```

(3) 中缀表达式转换成后缀表达式

将中缀表达式转化为后缀表达式和前述对中缀表达式求值的方法完全类似，但只需要运算符栈，遇到运算对象时直接放后缀表达式的存储区，假设中缀表达式本身合法且在字符数组 A 中，转换后的后缀表达式存储在字符数组 B 中。具体做法：遇到运算对象则顺序向存储后缀表达式的 B 数组中存放，遇到运算符时，类似于中缀表达式求值时对运算符的处理过程，但运算符出栈后不是进行相应的运算，而是将其送入 B 中存放。读者不难写出算法，在此不再赘述。

【例 2-11】 栈与递归。

栈的一个重要应用是在程序设计语言中实现递归过程。现实中，有许多实际问题是递归定义的，这时用递归方法可以使许多问题的结果大大简化，以 n!为例。

n!的定义：

$$n! = \begin{cases} 1 & n=0 \quad //递归终止条件 \\ n \times (n-1) & n>0 \quad //递归步骤 \end{cases}$$

根据定义可以很自然的写出相应的递归函数：

```
int fact (int n)
    { if (n==0)   return 1 ;
      else   return (n* fact (n-1));
    }
```

递归函数都有一个终止递归的条件，如上例 n=0 时，将不再继续递归下去。

递归函数的调用类似于多层函数的嵌套调用，只是调用单位和被调用单位是同一个函数而已。在每次调用时系统将属于各个递归层次的信息组成一个活动记录（ActivaTion Record），这个记录中包含着本层调用的实参、返回地址、局部变量等信息，并将这个活动记录保存在系统的"递归工作栈"中，每当递归调用一次，就要在栈顶为过程建立一个新的活动记录，一旦本次调用结束，则将栈顶活动记录出栈，根据获得的返回地址信息返回到本次的调用处。下面以求 3!为例说明执行调用时工作栈中的状况。

为了方便将求阶乘程序修改如下：

【算法 2-30】 求 3!。

```
        main ()
        { int m, n=3;
            m=fact (n);
R1:     printf ("%d!=%d\n", n, m) ;
        }
        int fact (int n)
        { int f;
```

```
        if (n==0) f=1;
        else f=n*fact (n-1);
R2:     return f;
    }
```

其中 R1 为主函数调用 fact 时返回点地址，R2 为 fact 函数中递归调用 fact(n-1)时返回点地址，递归工作栈状况如图 2-32 所示。

	参数	返回地址
fact(0)	0	R2
fact(1)	1	R2
fact(2)	2	R2
fact(3)	3	R1

图 2-32 递归工作栈示意图

程序的执行过程如图 2-33 所示。

设主函数中 n=3。

图 2-33 fact(3)的执行过程

授课视频
2.6 队列

2.6 队列

在 2.1.1 节中提到的问题 3 涉及另一种特殊的线性结构，就是队列。下面详细讨论队列的定义、基本运算以及基本运算的实现。

2.6.1 队列的定义

前面所讲的栈是一种后进先出的数据结构，在实际问题中还经常使用一种"先进先出"（FIFO，First In First Out）的数据结构：即插入在表一端进行，删除在表的另一端进行，我们将这种数据结构称为队或队列，把允许插入的一端叫队尾（rear），把允许删除的一端叫队头（front）。如图 2-34 所示是一个有 5 个元素的队列。入队的顺序依次为 a_1, a_2, a_3, a_4, a_5，出队的顺序将依然是 a_1, a_2, a_3, a_4, a_5。

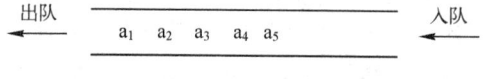

图 2-34 队列示意图

显然，队列也是一种运算受限制的线性表，所以又叫先进先出表。

在日常生活中队列的例子很多，如排队买东西，排头的买完后走掉，新来的排在队尾。设 Q 表示一个队列，在队列上进行的基本运算有以下几种。

（1）队列初始化：Init_Queue(Q)

操作结果是构造一个空队。

（2）入队操作： In_Queue(Q, x)

在队 Q 存在情况下，操作结果是插入一个元素 x 到队列 Q 的队尾，队发生变化。

（3）出队操作：Out_Queue(Q, x)

队 Q 存在且非空情况下，操作结果是删除队首元素，其值送 x，队发生变化。

（4）读队头元素：Front_Queue(Q, x)

队 Q 存在且非空情况下，操作结果是读队头元素送 x，队不变。

（5）判队空操作：Empty_Queue(Q)

队 Q 存在时，操作结果是若 Q 为空队则返回为 1，否则返回为 0。

2.6.2 队列的存储及基本运算的实现

与线性表、栈类似，队列也有顺序存储和链式存储两种存储方法。

1. 顺序队列

顺序存储的队称为顺序队列。因为队的队头和队尾都是活动的，因此，除了队列的数据区外还有队头、队尾两个指针。顺序队的类型定义如下：

```
define    MAXSIZE    1024        //队列的最大容量
typedef    struct
    {datatype    data[MAXSIZE];   //队员的存储空间
     int rear, front;             //队头队尾指针
    }SeQueue;
```

定义一个指向队的指针变量：

```
SeQueue    *q;
```

申请一个顺序队的存储空间：

```
q= (SeQueue *)malloc(sizeof(SeQueue));
```

队列的数据区：

```
q->data[0]~q->data[MAXSIZE-1]
```

队头指针：q->front

队尾指针：q->rear

通常可以设队头指针指向队头元素前面一个位置，队尾指针指向队尾元素（这样设置是为了某些操作的方便，并不是唯一的方法，也可以设队头指针指向队头元素，队尾指针指向队尾元素）。在这样设置队头队尾指针的情况下，若我们从数据区的低地址端开始使用，则队列的基本操作有以下实现。

空队时设置：q->front=q->rear=-1;

在不溢出的情况下入队操作：队尾指针加 1，指向新位置后，元素入队。

```
q->rear++;
q->data[q->rear]=x;          //元素 x 入队尾
```

在队不空的情况下，出队操作：队头指针加 1，表明原队头元素出队，指针后面的是新队头元素。

```
q->front++;                  //队头指针后移
x=q->data[q->front];         //原队头元素送 x 中
```

队中元素的个数：

m=(q->rear)-(q->front)

队满时：

m= MAXSIZE

队空时：

m=0

按照上述思想建立的空队及入队出队示意图如图 2-35 所示，设 MAXSIZE=10。

从图中可以看到，随着入队出队的进行，会使整个队列整体向后移动，这样就出现了如图 2-35d 所示的现象：队尾指针已经移到了最后，再有元素入队就会出现溢出，而事实上此时队中并未真的"满员"，这种现象为"假溢出"，这是由于受"队尾入、队头出"限制的操作所造成的。

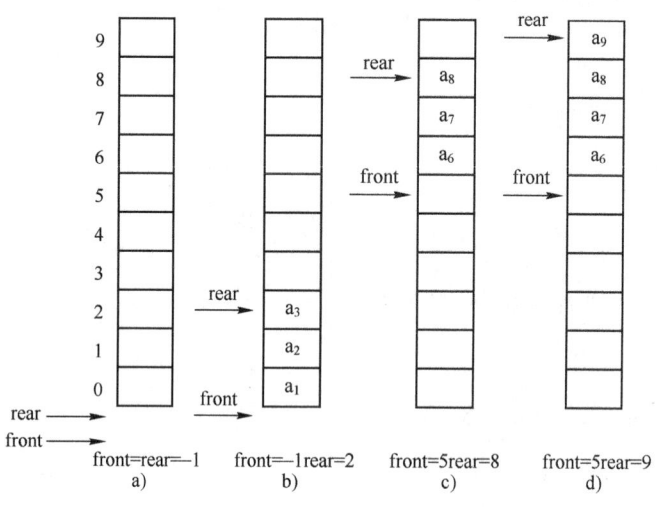

图 2-35　队列操作示意图

a) 空队　b) 有 3 个元素　c) 一般情况　d) 假溢出现象

解决假溢出的方法之一是将队列的数据区 data[0..MAXSIZE-1]看成头尾相接的循环结构，头尾指针的关系不变，将其称为"循环队"。"循环队"的示意图如图 2-36 所示。

因为是头尾相接的循环结构，入队时的队尾指针加 1 操作修改为：

q->rear=(q->rear+1) % MAXSIZE;

出队时的队头指针加 1 操作修改为：

q->front=(q->front+1) % MAXSIZE;

设 MAXSIZE=10，图 2-37 是循环队列操作示意。

从图 2-37 中所示的循环队可以看出，图 2-37a 中具有 a_5，

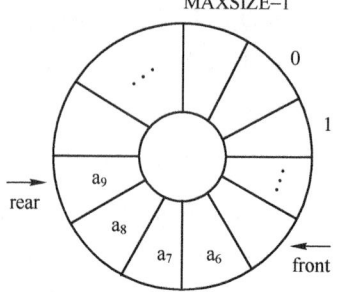

图 2-36　循环队列操作示意

a_6，a_7，a_8 共 4 个元素，此时 front=4，rear=8；随着 $a_9 \sim a_{14}$ 相继入队，队中具有了 10 个元素——队满，此时 front=rear=4；如图 2-37b 所示，可见在队满情况下有：front==rear。若在图 2-37a 情况下，$a_5 \sim a_8$ 相继出队，此时队空，front=rear=8，如图 2-37c 所示，即在队空情况下也有：front==rear。就是说"队满"和"队空"的条件是相同的了。这显然是必须要解决的一个问题。

一种方法是附设一个存储队中元素个数的变量如 num，当 num=0 时，队空；当 num=MAXSIZE 时，队满。

另一种方法是少用一个元素空间，把如图 2-37d 所示的情况视为队满，此时的状态是队尾指针加 1 就会从后面赶上队头指针，这种情况下队满的条件是：

(rear+1) % MAXSIZE==front，也能和空队区别开。

本书按第一种方法实现。

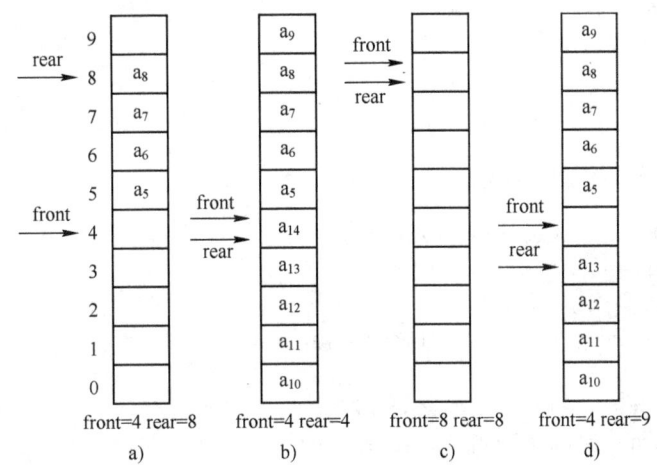

图 2-37 循环队列操作示意图

a) 有 4 个元素　b) 队满　c) 队空　d) 队满

循环队列的类型定义及基本运算如下：

```
typedef struct
    { datatype data[MAXSIZE];    //数据的存储区
      int front, rear;            //队头队尾指针
      int num;                    //队中元素的个数
    } CSeQueue;                   //循环队
```

（1）置空队

【算法 2-31】 构建一个空的循环队算法。

```
CSeQueue* Init_SeQueue()
    { CSeQueue *q;
      q=(CSeQueue *)malloc(sizeof(CSeQueue));
      q->front=q->rear=MAXSIZE-1;
      q->num=0;
      return q;
    }
```

（2）入队

【算法2-32】 循环队入队算法。

```
int In_SeQueue ( CSeQueue *q , datatype   x)
  { if (q->num==MAXSIZE)
      {  printf("队满");
         return -1;          //队满不能入队
      }
    else
      { q->rear=(q->rear+1) % MAXSIZE;
        q->data[q->rear]=x;
        q->num++;
        return 1;            //入队完成
      }
  }
```

（3）出队

【算法2-33】 循环队出队算法。

```
int Out_SeQueue (CSeQueue *q, datatype *x)
  {if (q->num==0)
     {printf("队空");
      return -1;              //队空不能出队
     }
   else {q->front=(q->front+1) % MAXSIZE;
         *x=q->data[q->front];   //读出队头元素
         q->num--;
         return 1;             //出队完成
        }
  }
```

（4）判队空

【算法2-34】 判循环队空队算法。

```
int Empty_SeQueue(CSeQueue *q)
  {if (q->num==0)    return 1;
   else   return 0;
  }
```

2. 链队列

链式存储的队称为链队列，或简称链队。和链栈类似，用单链表来实现链队列，根据队的 FIFO 原则，为了操作上的方便，分别需要一个头指针和尾指针，如图 2-38 所示。其实这就是一个带上尾指针的单链表，只要对它的操作按照队列的规则进行，它就是一个链队。

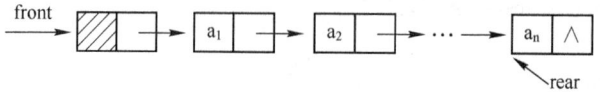

图 2-38　链队示意

图 2-38 中头指针 front 和尾指针 rear 是两个独立的指针变量，共同标示这个链队，因此从结构性上考虑，将二者封装在一个结构中，如图 2-39 所示，用指向头尾指针结点的变量 q 标示这个链队。

图 2-39　头尾指针封装在一起的链队
a) 非空队　b) 空队　c) 链队中只有一个元素结点

根据以上的思想，链队的描述如下。

```
typedef struct node
{ datatype   data;
  struct   node *next;
} QNode;        //链队结点的类型
typedef struct
{ QNode *front,*rear;
}LQueue;        //将头尾指针封装在一起的链队
```

定义指向链队的指针：

　　LQueue   *q;

链队的基本运算如下。
（1）创建一个带头结点的空队

【算法 2-35】　置一个空链队算法。

```
LQueue *Init_LQueue()
   {LQueue *q;
    Qnode *p;
    q=(LQueue *)malloc(sizeof(LQueue));    //申请头尾指针结点
    p=(QNode *) malloc(sizeof(QNode));     //申请链队头结点
    p->next=NULL;
    q->front=p;
    q->rear=p;
    return q;
   }
```

（2）入队

【算法 2-36】 链队入队算法。

```
void In_LQueue(LQueue *q , datatype x)
 {QNode *p;
  p=(QNode *)malloc(sizeof(QNode));
  p->data=x;
  p->next=NULL;
  q->rear->next=p;
  q->rear=p;
 }
```

（3）判队空

【算法 2-37】 判链队空算法。

```
int Empty_LQueue(LQueue *q)
 { if (q->front==q->rear)   return 1;
   else   return 0;
 }
```

（4）出队

【算法 2-38】 链队出队算法。

```
int Out_LQueue(LQueue *q, datatype *x)
 {QNode *p;
  if (Empty_LQueue(q) )
     {printf("队空");
      return 0;                    //队空，出队失败
     }
  else { p=q->front->neat;
      q->front->next=p->next;
      *x=p->data;                  //队头元素放 x 中
      free(p);
      if (q->front->next==NULL)
         q->rear=q->front;
              //只有一个元素时，出队后队空，此时还要要修改队尾指针，参考图 2-39c
      return 1;
     }
 }
```

2.6.3 队列应用举例

【例 2-12】 求迷宫的最短路径：要求设计一个算法找一条从迷宫入口到出口的最短路径。

本算法要求找一条迷宫的最短路径，算法的基本思想为：从迷宫入口点（1, 1）出发，向四周搜索，记下所有一步能到达的坐标点；然后依次再从这些点出发，再记下所有一步能到达的坐标点……依此类推，直到到达迷宫的出口点(m, n)为止，然后从出口点沿搜索路径回溯直至入口。这样就找到了一条迷宫的最短路径，否则迷宫无路径。

有关迷宫的数据结构、试探方向、如何防止重复到达某点以避免发生死循环的问题与

【例 2-9】处理相同，不同的是如何存储搜索路径。在搜索过程中必须记下每一个可到达的坐标点，以便从这些点出发继续向四周搜索。由于先到达的点先向下搜索，故引进一个"先进先出"数据结构——队列来保存已到达的坐标点。到达迷宫的出口点(m, n)后，为了能够从出口点沿搜索路径回溯直至入口，对于每一点，记下坐标点的同时，还要记下到达该点的前驱点，因此，用一个结构数组 sq[num]作为队列的存储空间，因为迷宫中每个点至多被访问一次，所以 num 至多等于 m×n。sq 的每一个分量有 3 个域：x, y 和 pre，其中 x, y 分别为所到达的点的坐标，pre 为前驱点在 sq 中的坐标，是一个静态链域。除 sq 外，还有队头、队尾指针 front 和 rear 用来指向队头和队尾元素。

队的定义如下：

```
typedef   struct
    {int x, y;
     int pre;
    }SqType;
SqType sq[num];
int front, rear;
```

初始状态，队列中只有一个元素 sq[1]，记录的是入口点的坐标(1, 1)，因为该点是出发点，因此没有前驱点，pre 域为-1，队头指针 front 和队尾指针 rear 均指向它，此后搜索时都是以 front 所指点为搜索的出发点，当搜索到一个可到达点时，即将该点的坐标及 front 所指点的位置入队，这样不但记下了到达点的坐标，还记下了它的前驱点。front 所指点的 8 个方向搜索完毕后，则出队，继续对下一点搜索。搜索过程中遇到出口点则成功，搜索结束，打印出迷宫最短路径，算法结束；或者当前队空即没有搜索点了，表明没有路径，算法也结束了。

算法如下。

【算法 2-39】 求迷宫的最短路径。

```
void path (int maze[][]; item move[])
{ // maze 为迷宫数组，move 为坐标增量数组
  SqType sq[NUM];
  int front, rear;
  int x, y, i, j, v;
  sq[0].x=1; sq[0].y=1; sq[0].pre=-1;        //入口点入队
  front=rear=0;                               //队头指针指向的是队头元素位置
  maze[1, 1]=-1;
  while (front<=rear)                         //队列不空
    {x=sq[front].x ;   y=sq[front ].y;
    for (v=0;v<8;v++)
        {i=x+move[v].x;   j=x+move[v].y;
        if (maze[i][j] = =0)
            {rear++;
             sq[rear].x=i; sq[rear].y=j;   sq[rear].pre=front;
             maze[i][j]=-1;
            }
        if (i= =m&&j= =n)
```

```
                {printpath(sq, rear);           //打印路径
                 restore(maze);                 //恢复迷宫
                 return 1;
                }
            }
            front++;                            //当前点搜索完,取下一个点搜索
        }
    return 0;
}
void printpath(SqType sq[], int rear)           //打印迷宫路径
{   int i;
    i=rear;
    do { printf(" (%d, %d) ←",sq[i].x , sq[i].y);
         i=sq[i].pre;                           //回溯
       } while (i!=-1);
}
```

迷宫最短路径搜索过程如图 2-40 所示。

运行结果： (6, 8)←(5, 7)←(4, 6)←(4, 5)←(3, 4)←(3, 3)←(2, 2)←(1, 1)

在上面的例子中，不能采用循环队列，因为在本问题中，队列中保存了探索到的路径序列，如果用循环队列，则把先前得到的路径序列覆盖掉。而在有些问题中，如持续运行的实时监控系统中，监控系统源源不断地收到监控对象顺序发来的信息，如报警。为了保持报警信息的顺序性，就要按顺序一一保存，而这些信息是无穷多个，不可能全部同时驻留内存，可根据实际问题，设计一个适当大的向量空间，用作循环队列，最初收到的报警信息一一入队，当队满之后，又有新的报警到来时，新的报警则覆盖掉了旧的报警，内存中始终保持当前最新的若干条报警，以便满足快速查询。

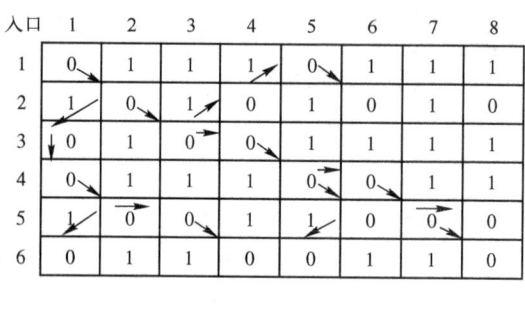

图 2-40 迷宫搜索过程

a) 用二维数组表示的迷宫   b) 队列中的数据

2.7 本章知识点小结

知识点	描述	学习要求
线性表的概念	具有相同数据类型的 n（n≥0）个数据元素的有限序列，通常记为($a_1, a_2, \cdots, a_n$)，其中 n 为表长，n=0 时称为空表	掌握线性表的概念要点：元素具有相同数据类型、元素之间是线性关系
线性表的顺序存储	也称顺序表，按线性表中元素的逻辑顺序依次存储在地址连续的存储单元里。用物理上的相邻实现逻辑上的相邻	掌握顺序表的存储描述
顺序存储线性表的操作	初始化、插入、删除、求表长、读元素以及相关应用	准确写出算法，并估计时空效率
线性表的链式存储	也称链表，是通过每个结点的链域将线性表的 n 个结点按其逻辑顺序链接在一起的。不要求地址连续	掌握链表的存储描述
链式存储线性表的操作	初始化、插入、删除、求表长、读元素以及相关应用	准确写出算法，并估计时空效率
头结点及其作用	在链表中，附加在第一个元素结点之前的一个结点。作用是：使对空表和非空表的处理得到统一；在链表的第一个位置上的操作和在其他位置上的操作一致，无须特殊处理 注意：在使用链表时要说明是否带头结点	能够正确初始带头结点和不带头结点的链表
单链表	链表的每一个结点除了设置一个域存放结点元素，另外只设一个后继域指向其后继元素。链表最后一个元素的后继域为空	能够建立单链表的存储，写出单链表上的操作算法
循环链表	存储定义与单链表相同，不同之处在于链表最后一个元素的后继域指向链表的头结点	能够建立循环链表的存储，写出单链表上的操作算法
双向链表	链表的每一个结点除了设置一个域存放结点元素，另外还设两个后继域分别指向其前驱元素和后继元素。若链表最后一个元素的后继域指向头结点，头结点的前驱域指向链表最后一个元素，则为循环双向链表 注意：在解题时要看清楚是双向循环链表还是双向链表	能够建立双向链表的存储，写出单链表上的操作算法
顺序存储线性表特点	优点：可按存储位置随机访问；存储密度高。 缺点：插入和删除运算平均需移动大约表中一半的元素；存储空间是静态分配的，在程序执行之前必须明确规定存储规模，因此分配不足则会造成溢出，分配过大，又可能造成存储空间的浪费	能够根据数据操作的要求，正确选择线性表的存储方式
链式存储线性表特点	优点：进行插入和删除运算时，只需改变指针，不需移动数据；不需要事先分配空间，便于表的扩充。 缺点：不能按序号随机访问第 i 个元素；存储密度降低。 注意：可以不用指针用数组实现链式存储，即用顺序存储实现链式存储，称之为静态链表；在实际应用中采用链式存储线性表可以根据需要设置链表指针的初始位置，例如对于经常对线性结构最后一个元素进行操作的应用，可采用将链表初始位置指向线性结构最后一个元素的单链表或循环链表的存储表示	能够根据数据操作的要求，正确选择线性表的存储方式
堆栈的定义	限制仅在表的一端进行插入、删除运算的线性表。这一端被称为栈顶，另一端是栈底	牢记栈的操作原则：后进先出
顺序栈的实现	采用顺序存储结构实现的栈	掌握顺序栈的存储定义以及初始栈、入栈、出栈、读栈顶元素操作的实现
上溢	栈满时再做进栈运算产生的空间溢出	结合存储进行判别
下溢	栈空时再做退栈运算产生的无元素可退	结合存储进行判别
链式栈的实现	采用链式存储结构实现的栈	掌握链栈的存储定义以及初始栈、入栈、出栈、读栈顶元素操作的实现
队列的定义	仅允许在表的一端进行插入运算，而在表的另一端进行删除运算的受限的线性表	牢记栈的操作原则：先进先出
顺序队列	采用顺序存储结构实现的队列	了解顺序存储队列的定义及存在的问题

(续)

知 识 点	描 述	学 习 要 求
假上溢	在顺序队列中由于队的头尾位置只增不减，导致队尾位置已到队列空间的上界不能再做入队操作，而随着出队操作的进行，队首位置增加，使队列空间尚有空闲单元，这种队列已满的假象被称为假上溢。 注意：与栈的上溢和下溢区别开，所谓"假"是指并不是已定义的队列空间放满了，而是还有可用单元，但根据队列规则却无法使用到	理解假上溢产生的原因
循环队列的实现	将顺序队列的向量空间视为一个首尾相接的圆环进行运算的队列；克服了假上溢现象，充分利用了向量空间。 注意：循环队列仍是以顺序方式存储队列元素，并非采用循环链表，这里的循环指的是队列中的数据在存储位置上首尾相接	掌握循环队列存储定义以及初始队列、队列判满、队列判空、入队列、出队列、读队首元素操作的实现
链式存储队列的实现	采用链式存储结构实现的队列	掌握链队列存储及初始队列、队列判空、入队列、出队列等操作的实现

练习题

习题解答
第2章 习题解答

一、选择题

1. 线性表是（   ）。
   A．一个有限序列，可以为空　　B．一个有限序列，不能为空
   C．一个无限序列，可以为空　　D．一个无序序列，不能为空

2. 对顺序存储的线性表，设其长度为 n，在任何位置上插入或删除操作都是等概率的，插入一个元素时平均要移动表中的（   ）个元素。
   A．n/2　　　B．n+1/2　　　C．n-1/2　　　D．n

3. 线性表采用链式存储时，其地址（   ）。
   A．必须是连续的　　　　　　B．部分地址必须是连续的
   C．一定是不连续的　　　　　D．连续与否均可以

4. 用链表表示线性表的优点是（   ）。
   A．便于随机存取　　　　　　B．花费的存储空间较顺序存储少
   C．便于插入和删除　　　　　D．数据元素的物理顺序与逻辑顺序相同

5. 链表中最常用的操作是在最后一个元素之后插入一个元素和删除最后一个元素，则采用（   ）存储方式最节省运算时间。
   A．单链表　　　　　　　　　B．双链表
   C．单循环链表　　　　　　　D．带头结点的双循环链表

6. 下面关于线性表的叙述错误的是（   ）。
   A．线性表采用顺序存储，必须占用一片地址连续的单元
   B．线性表采用顺序存储，便于进行插入和删除操作
   C．线性表采用链式存储，不必占用一片地址连续的单元
   D．线性表采用链式存储，便于进行插入和删除操作

7. 单链表中，增加一个头结点的目的是为了（   ）。
   A．使单链表至少有一个结点　　B．标识表结点中首结点的位置

C．方便运算的实现　　　　　　　　D．说明单链表是线性表的链式存储

8．在单链表指针为 p 的结点之后插入指针为 s 的结点，正确的操作是（　　）。

　　A．p->next=s; s->next=p->next;　　B．s->next=p->next; p->next=s;

　　C．p->next=s; p->next=s->next;　　D．p->next=s->next; p->next=s;

9．在双向链表存储结构中，删除 p 所指的结点时须修改指针（　　）。

　　A．(p->prior)->next=p->next; (p->next)->prior=p->prior;

　　B．p->prior=(p->prior)->prior; (p->prior)->next=p;

　　C．(p->next)->prior=p; p->rlink=(p->next)->next;

　　D．p->next=(p->prior)->prior; p->prior=(p->next)->next;

10．完成在双向循环链表结点 p 之后插入 s 的操作是（　　）。

　　A．p->next=s; s->prior=p; p->next->prior=s; s->next=p->next;

　　B．p->next->prior=s; p->next=s; s->prior=p; s->next=p->next;

　　C．s->prior=p; s->next=p->next; p->next=s; p->next->prior=s;

　　D．s->prior=p; s->next=p->next; p->next->prior=s; p->next=s;

11．若某线性表中最常用的操作是取第 i 个元素和找第 i 个元素的前驱元素，则采用（　　）存储方式最节省运算时间。

　　A．单链表　　　　　　　　　　　　B．顺序表

　　C．双链表　　　　　　　　　　　　D．单循环链表

12．若某线性表中最常用的操作是在最后一个元素之后插入一个元素和删除第一个元素，则采用（　　）存储方式最节省运算时间。

　　A．单链表　　　　　　　　　　　　B．仅有头指针的单循环链表

　　C．双链表　　　　　　　　　　　　D．仅有尾指针的单循环链表

13．向一个栈顶指针为 top 的链栈中插入一个 p 所指结点时，其操作步骤为（　　）。

　　A．top->next=p;　　　　　　　　　B．p->next=top->next;top->next=p;

　　C．p->next=top;top=p;　　　　　　D．p->next=top;top=top->next;

14．对于栈操作数据的原则是（　　）。

　　A．先进先出　　B．后进先出　　C．后进后出　　D．不分顺序

15．若已知一个栈的入栈序列是 1, 2, 3, …, n，其输出序列的第一个元素是 i，则第 j 个输出元素是（　　）。

　　A．i-j-1　　　　B．i-j　　　　C．j-i+1　　　　D．不确定

16．表达式 a*(b−c)+d 的后缀表达式是（　　）。

　　A．abcd*-+　　B．abc-*d+　　C．abc*-d+　　D．+-*abcd

17．采用顺序存储的两个栈共享空间 S[1…m]，top[i]代表第 i 个栈(i=1, 2)的栈顶，栈 1 的底在 S[1]，栈 2 的底在 S[m]，则栈满的条件是（　　）。

　　A．top[2]-top[1]=0　　　　　　　　B．top[1]+1=top[2]

　　C．top[1]+top[2]=m　　　　　　　　D．top[1]=top[2]

18．一个栈的入栈序列是 a, b, c, d, e，则栈的不可能的输出序列是（　　）。

　　A．edcba　　　B．decba　　　C．dceab　　　D．abcde

19．在一个链队列中，若 f, r 分别为队首、队尾指针，则入队 p 所指结点的操作为

（　　）。
    A．f->next=p; f=p;　　　　　　B．r->next=p; r=p;
    C．p->next=r; r=p;　　　　　　D．p->next=f; f=p;

20．用不带头结点的单链表存储队列时，在进行删除运算时（　　）。
    A．仅修改头指针　　　　　　　B．仅修改尾指针
    C．头、尾指针都要修改　　　　D．头、尾指针可能都要修改

21．递归过程或函数调用时，处理参数及返回地址，要用一种称为（　　）的数据结构。
    A．队列　　　B．静态链表　　　C．栈　　　D．顺序表

22．栈和队都是（　　）。
    A．顺序存储的线性结构　　　　B．链式存储的非线性结构
    C．限制存取点的线性结构　　　D．限制存取点的非线性结构

23．以下应用没有用到栈的是（　　）。
    A．符号匹配　　　　　　　　　B．文本编辑器中的撤销（undo）序列
    C．客户在呼叫中心的等待时间　D．实现函数调用

24．以下应用没有用到队列的是（　　）。
    A．模拟现实世界中售票柜台服务　B．多道程序设计
    C．打印机任务调度　　　　　　　D．实现函数调用

25．用单链表表示链式队列时，队尾最好设在链表的（　　）位置。
    A．链表头　　B．链表尾　　C．链表中　　D．头结点

二、判断题

1．线性表的逻辑顺序与存储顺序总是一致的。

2．顺序存储的线性表可以按序号随机存取。

3．顺序表的插入和删除操作不需要付出很大的时间代价，因为每次操作平均只有近一半的元素需要移动。

4．线性表中的元素可以是各种各样的，但同一线性表中的数据元素具有相同的特性，因此属于同一数据对象。

5．在线性表的顺序存储结构中，逻辑上相邻的两个元素在物理位置上并不一定相邻。

6．在线性表的链式存储结构中，逻辑上相邻的元素在物理位置上不一定相邻。

7．线性表的链式存储结构优于顺序存储结构。

8．在线性表的顺序存储结构中，插入和删除时移动元素的个数与该元素的位置有关。

9．线性表的链式存储结构是用一组任意的存储单元来存储线性表中数据元素的。

10．在单链表中，要取得某个元素，只要知道该元素的指针即可，因此，单链表是随机存取的存储结构。

11．静态链表既有顺序存储的优点，又有动态链表的优点。所以它存取表中第 i 个元素的时间与 i 无关。

12．线性表的特点是每个元素都有一个前驱和一个后继。

13．栈和队列的存储，既可以采用顺序存储结构，又可以采用链式存储结构。

14．任何一个递归过程都可以转换成非递归过程。

15．若输入序列为 1, 2, 3, 4, 5, 6，则通过一个栈可以输出序列 3, 2, 5, 6, 4, 1。

16．通常使用队列来处理函数的调用。
17．循环队列通常用指针来实现队列的头尾相接。
18．每种数据结构都是一种数据类型。
19．使用两个栈不能实现一个队列。
20．使用一个数组能够实现多个队列。

三、简答题

1．循环队列的优点是什么？如何判别它的空和满？
2．栈和队列数据结构各有什么特点？什么情况下用到栈？什么情况下用到队列？
3．请简述一种判定给定的链表是以 NULL 结尾，还是形成一个环的方法。
4．设有编号为 1，2，3，4 的 4 辆车，顺序进入一个栈式结构的站台，试写出这 4 辆车开出车站的所有可能的顺序（每辆车可能入站，可能不入站，时间也可能不等）。
5．如何使用两个队列高效地实现一个栈，并分析该栈基本操作的时间复杂度。

四、算法设计题

1．设线性表存放在向量 A[arrsize]的前 elenum 个分量中，且递增有序。试写一算法，将 x 插入到线性表的适当位置上，以保持线性表的有序性，并且分析算法的时间复杂度。
2．已知一顺序表 A，其元素值非递减有序排列，编写一个算法删除顺序表中多余的值相同的元素。
3．写一个算法，从一个给定的顺序表 A 中删除值在 x～y(x≤y)的所有元素，要求以较高的效率来实现。
4．线性表中有 n 个元素，每个元素是一个字符，现存于向量 R[n]中，试写一算法，使 R 中的字符按字母字符、数字字符和其他字符的顺序排列。要求利用原来的存储空间，元素移动次数最小。
5．线性表用顺序存储，设计一个算法，用尽可能少的辅助存储空间将顺序表中前 m 个元素和后 n 个元素进行整体互换。即将线性表：
（$a_1, a_2, \cdots, a_m, b_1, b_2, \cdots, b_n$）
改变为
（$b_1, b_2, \cdots, b_n, a_1, a_2, \cdots, a_m$）。
6．已知带头结点的单链表 L 中的结点是按整数值递增排列的，试写一算法，将值为 x 的结点插入到表 L 中，使得 L 仍然递增有序，并且分析算法的时间复杂度。
7．假设有两个已排序（递增）的单链表 A 和 B，编写算法将它们合并成一个链表 C 而不改变其排序性。
8．假设长度大于 1 的单循环链表中，既无头结点也无头指针，p 为指向该链表中某一结点的指针，编写算法删除该结点的前驱结点。
9．已知两个单链表 A 和 B 分别表示两个集合，其元素递增排列，编写算法求出 A 和 B 的交集 C，要求 C 同样以元素递增的单链表形式存储。
10．写一算法，只扫描一次单链表，就能找到链表中的倒数第 n 个结点。
11．设有一个双向链表，每个结点中除有 prior、data 和 next 域外，还有一个访问频度 freq 域，在链表被起用之前，该域的值初始化为零。每当在链表进行一次 Locata(L, x)运算后，令值为 x 的结点中的 freq 域增 1，并调整表中结点的次序，使其按访问频度的非递增序列排列，以便使频繁访问的结点总是靠近表头。试写一个满足上述要求的Locata(L, x)算法。

12．称正读和反读都相同的字符序列为"回文"，例如，"abcddcba""qwerewq"是回文，"ashgash"不是回文。试写一个算法判断读入的一个以'@'为结束符的字符序列是否为回文。

13．设以数组se[m]存放循环队列的元素，同时设变量front和rear分别作为队头和队尾指针，且队头指针指向队头前一个位置，写出这样设计的循环队列入队和出队的算法。

14．假设以数组se[m]存放循环队列的元素，同时设变量rear和num分别作为队尾指针和队中元素个数记录，试给出判别此循环队列队满的条件，并写出相应入队和出队的算法。

15．假设以带头结点的循环链表表示一个队列，并且只设一个队尾指针指向尾元素结点（注意不设头指针），试写出相应的置空队、入队、出队的算法。

16．设计一个算法判别一个算术表达式的圆括号是否正确配对。

17．写算法，借助于栈将一个单链表置逆。

18．两个栈共享向量空间data[m]，它们的栈底分别设在向量的两端，每个元素占一个分量，试写出两个栈公用的栈操作算法：push(s, i, x)、pop(s, i)和top(s, i)，其中s表示栈，i=0和1，用以指示栈号。

19．请设计一个算法在一个数组中实现3个栈。

20．给定一个整数栈，如何检查栈中每对相邻数字是否连续。每对数字的值可以是递增或递减的，如果栈中元素的个数是奇数，那么组对时忽略栈顶元素。例如，假设栈中元素为[4, 5, -2, -3, 11, 10, 5, 6, 20]，那么算法应该输出真，因为每对二元组（4, 5）、（-2, -3）、（11, 10）、和（5, 6）都是连续的数字。

实验题

题目1 Josephus环问题

1．问题描述

设编号为1, 2, …, n的n个人按顺时针方向围坐一圈，约定编号为k（1≤k≤n）的人按顺时针方向从1开始报数，数到m的那个人出列，它的下一位又从1开始报数，数到m的那个人又出列，依次类推，直到所有人出列为止，由此产生一个出队编号的序列。试设计算法求出n个人的出列顺序。

2．基本要求

程序运行时，首先要求用户指定人数n，第一个开始报数的人的编号k及报数上限值m。然后，按照出列的顺序打印出相应的编号序列。

3．提示与分析

1）由于报到m的人出列的动作对应着数据元素的删除操作，而且这种删除操作比较频繁，因此单向循环链表适于作为存储结构来模拟此过程。而且，为了保证程序指针每一次都指向一个具体的数据元素结点，应使用不带头结点循环链表作为存储结构。相应地，需要注意空表和非空表的区别。

2）算法思路：先创建一个含有n个结点的单循环链表，然后由第一个结点起从1开始计数（此时假设 k=1），计到 m 时，对应结点从链表中删除，接下来从被删除结点的下一个结点重新开始从 1 开始计数，计到 m 时，从链表中删除对应结点，如此循环，直至最后一个结点从链表中删除，算法结束。

4. 选作内容

1）在顺序结构上实现本算法。需要考虑如何实现循环的顺序结构。

2）m 不再固定。假设 n 个人每人持有一个密码（正整数），从编号为 k 的人开始从 1 开始顺序报数，报到 m 的人出列，此时将他的密码作为新的 m 值，从他顺时针方向上的下一个人开始重新从 1 报数，报到 m 的人出列，而后将他的密码作为新的 m 值，如此循环下去，直到所有人全部出列为止。

3）显示仿真的运行界面。

题目 2　模拟停车场管理

1. 问题描述

设停车场只有一个可停放几辆汽车的狭长通道，且只有一个大门可供汽车进出。汽车在停车场内按车辆到达的先后顺序依次排列，若车场内已停满几辆汽车，则后来的汽车只能在门外的便道上等候，一旦停车场内有车开走，则排在便道上的第一辆车即可进入；当停车场内某辆车要离开时，由于停车场是狭长的通道，在它之后开入的车辆必须先退出车场为它让路，待该辆车开出大门后，为它让路的车辆再按原次序进入车场。在这里假设汽车不能从便道上开走。

2. 基本要求

按照从终端输入数据序列进行模拟管理。

1）栈用顺序结构实现，队列用链式结构实现。

2）每一组输入数据包括 3 个数据项：汽车"到达"或"离去"的信息、汽车牌照号码、汽车到达或离去的时刻。

3）对每一组输入数据进行操作后的输出信息：若是车辆到达，则输出车辆在停车场内或便道上的停车位置；若是车辆离去，则输出车辆在停车场内停留的时间和应缴纳的费用。

3. 提示与分析

1）根据问题描述可知，使用栈来模拟停车场，使用队列来模拟车场外的便道；还需另设一个辅助栈，临时停放为给要离去的汽车让路而从停车场退出来的汽车；输入数据时必须保证按到达或离去的时间有序。

2）基本功能分析。

① 主控功能：介绍程序的基本功能，并给出程序功能所对应的键盘操作的提示，如车到来或离去的表示方法，停车场或者便道的状态的查询方法提示等。

② 汽车到来：首先要查询当前停车场的状态，当停车场非满时，将其驶入停车场（入栈），开始计费；当停车场满时，让其进入便道等候（入队）。

③ 汽车离开停车场：当某辆车要离开停车场的时候，比它后进停车场的车要为它让路，（即将这些车依次"压入"辅助栈），开走请求离开的车，再将辅助栈中的车依次出栈，"压入"停车场；同时根据离开的车在停车场停留的时间进行收费；最后查询是否有车在便道等候，若有，将便道上的第一辆车驶入停车场（先出队，再入栈），开始交费。

④ 状态查询：用来在屏幕上显示停车位和便道上各位置的状态。
4. 选作内容
1）汽车有不同种类，则它们的占地面积不同，收费标准也不同。例如 1 辆客车和 2 辆小汽车的占地面积相同，1 辆十轮卡车占地面积相当于 4 辆小汽车的占地面积。

2）汽车可以直接从便道上开走，此时排在它前面的汽车要先开走让路，然后再依次排到队尾。

3）停放在便道上的汽车也收费，收费标准比停放在停车场内的车要少。

4）采用友好的图形界面显示。

第3章 线性结构的扩展

本章在基本线性结构的基础上进行扩展,解决 2.1.1 节中提到的问题 6 和问题 7,讨论以字符为元素的线性结构字符串的存储和操作实现,并推广到线性结构的应用,阐述多维数组和特殊矩阵与线性结构的对应关系以及对更广泛意义上的线性结构的定义和表示。

【主要内容提示】
- 字符串的基本概念、运算和存储
- 字符串模式匹配算法及其改进
- 多维数组与特殊矩阵的存储
- 稀疏矩阵的存储与运算实现
- 广义表的概念及其存储表示

3.1 字符串

字符串(简称为串)是一种特殊的线性表,它的数据元素仅由一个字符组成,计算机非数值处理的对象经常是字符串数据,如在汇编和高级语言的编译程序中,源程序和目标程序都是字符串数据;在事物处理程序中,顾客的姓名、地址,货物的产地、名称等,一般也是作为字符串处理的。另外,串还具有自身的特性,常常把一个串作为一个整体来处理。因此,在这一节把串作为独立的一种线性结构加以讲解。

3.1.1 字符串的基本概念

1. 字符串的定义与相关术语

字符串是由零个或多个任意字符组成的字符序列。一般记作

$$s="a_1 a_2 \cdots a_n" \tag{3-1}$$

其中 s 是串名。在本书中,用双引号("")作为串的定界符,引号引起来的字符序列为串值,引号本身不属于串的内容;a_i($1 \leq i \leq n$)是一个任意字符,它称为串的元素,是构成串的基本单位,i 是它在整个串中的序号,n 为串的长度,表示串中所包含的字符个数,当 n=0 时,称为空串,通常记为 Φ。

子串与主串:串中任意连续的字符组成的子序列称为该串的子串。包含子串的串相应地称为主串。

子串的位置:子串的第一个字符在主串中的序号称为子串的位置。

串相等:是指两个串的长度相等且对应字符都相等。

2. 字符串的基本运算

字符串的运算有很多,下面介绍部分基本运算。

(1)求串长:StrLength(s)

操作结果是求出串 s 的长度。

（2）串赋值：StrAssign(s1, s2)

s1 是一个串变量，s2 或者是一个串常量，或者是一个串变量（通常 s2 是一个串常量时称为串赋值，是一个串变量称为串拷贝），操作结果是将 s2 的串值赋值给 s1，s1 原来的值被覆盖掉。

（3）连接操作：StrConcat (s1, s2, s) 或 StrConcat (s1, s2)

两个串的连接就是将一个串的串值紧接着放在另一个串的后面，连接成一个串。前者是产生新串 s，s1 和 s2 不改变；后者是在 s1 的后面连接 s2 的串值成为 s1 串，s1 改变，s2 不改变。

例如：s1="he"，s2=" bei"，StrConcat (s1, s2, s)的操作结果是 s="he bei"；StrConcat (s1, s2)操作结果是 s1="he bei"。

（4）求子串：SubStr (s, i, len)

串 s 存在并且 1≤i≤StrLength(s)，0≤len≤StrLength(s)−i+1。操作结果是求得从串 s 的第 i 个字符开始的长度为 len 的子串。len=0 得到的是空串。

例如：SubStr("abcdefghi", 3, 4)的操作结果是"cdef"。

（5）串比较：StrCmp(s1, s2)

操作结果：若 s1==s2，则返回值为 0；若 s1<s2，则返回值<0；若 s1>s2，则返回值>0。

（6）子串定位：StrIndex(s, t)

s 为主串，t 为子串，操作结果：若 t∈s，则操作返回 t 在 s 中首次出现的位置，否则返回值为 0。

例如：StrIndex("abcdebda", "bc")=2
　　　StrIndex("abcdebda", "ba")=0

（7）串插入：StrInsert(s, i, t)

串 s, t 存在，且 1≤i≤StrLength(s)+1。操作结果是将串 t 插入到串 s 的第 i 个字符位置上，s 的串值发生改变。

（8）串删除：StrDelete(s, i, len)

串 s 存在，并且 1≤i≤StrLength(s)，0≤len≤StrLength(s)−i+1。操作结果是删除串 s 中从第 i 个字符开始的长度为 len 的子串，s 的串值改变。

（9）串替换：StrRep(s, t, r)

串 s, t, r 存在且 t 不为空，操作结果是用串 r 替换串 s 中出现的所有与串 t 相等的不重叠的子串，s 的串值改变。

以上是串的几个基本操作。其中前 5 个操作是最为基本的，它们不能用其他的操作来合成，因此通常将这 5 个基本操作称为最小操作集。

3.1.2 顺序串

因为串是数据元素类型为字符型的线性表，所以线性表的存储方式仍适用于串，如顺序存储或链式存储，通常采用顺序存储的方法，称为顺序串。也因为字符的特殊性和字符串经常作为一个整体来处理，串在存储时还有一些与一般线性表不同之处。

1．顺序存储一个字符串

通常，用一组地址连续的存储单元存储串值中的字符序列，可以定长来指明最大的字符

个数,也叫定长串。如:

```
#define MAXSIZE   256
char    s[MAXSIZE];
```

则字符串中的字符个数不能超过 256。

字符串是许多程序设计语言支持的数据类型,不同语言环境得到一个串的实际长度的方法不同,下面介绍几种标识串实际长度的方法。

1)类似顺序表,用一个指针来指向最后一个字符,这样表示的串描述如下。

```
typedef struct
  {char data[MAXSIZE];
   int curlen;
  } SeqString;
```

定义一个串变量:SeqString s;

这种存储方式可以直接得到串的长度:s.curlen+1。如图 3-1 所示。

图 3-1 串的顺序存储方式 1

2)在串尾存储一个不会在串中出现的特殊字符作为串的终结符,以此表示串的结尾。比如 C 语言中处理串的方法就是这样的,它用一个字符数组来存放一个串,在最后一个字符的后面加 '\0' 来表示串的结束。这种存储方法不能直接得到串的长度,是用判断当前字符是否是 '\0' 字符来确定串是否结束,从而求得串的长度。如图 3-2 所示。

图 3-2 串的顺序存储方式 2

3)用 s[0]存放串的实际长度,串值存放在 s[1]~s[MAXSIZE],字符的序号和存储位置一致,应用更为方便,pascal 语言就是这样的。如图 3-3 所示。

图 3-3 串的顺序存储方式 3

2.顺序串的基本运算

本小节仅讨论顺序存储情况下求串长、两个串的连接、求子串、两个串的比较等几个常用的基本运算算法,串定位操作在下节单独讲述。设串结束用 '\0' 来标识。

(1)求串长算法

【算法 3-1】 求串 s 的长度。

```
int StrLength (char s[ ])
  {int i=0;
   while(s[i]!='\0')
       i++;
   return i;
  }
```

（2）串连接

【算法 3-2】 两个串的连接算法。

```
int StrConcat1(char s1[ ], char s2[ ], char s[ ])
{ // 把两个串 s1 和 s2 首尾连接成一个新串 s
    int i=0, j, len1, len2;
    len1=StrLength(s1);
    len2=StrLength(s2);
    if (len1+ len2>MAXSIZE-1) return  0 ;     // MAXSIZE 为 s 长度不够
    i=0;
    while(s1[i]!='\0')
       {s[i]=s1[i];
        i++;
       }
    j=0;
    while(s2[j]!='\0')
       {s[i]=s2[j];
        i++; j++;
       }
    s[i]='\0';                              // 置串结束标志
    return 1;                               // 连接成功
}
```

（3）求子串

【算法 3-3】 求子串算法。

```
int StrSub (char *t, char *s, int i, int len)
   { //用 t 返回串 s 中第 i 个字符开始的长度为 len 的子串 1≤i≤串长
     int slen;
     slen=StrLength(s);
     if ( i<1|| i>slen || len<0 || len>slen-i+1)
       {printf("参数不对\n");
        return 0;
       }
     for (j=0; j<len; j++)
        t[j]=s[i+j-1];
     t[j]='\0';
     return 1;
   }
```

（4）串比较

【算法 3-4】 串比较算法。

```
int StrComp(char *s1, char *s2)
  {//若 s1=s2 返回 0，若 s1>s2 返回大于 0 的数，否则返回小于 0 的数
   int i=0;
   while (s1[i] ==s2[i]&&s1[i]!='\0')
      i++;
   return (s1[i]-s2[i]);
  }
```

许多程序设计语言为用户提供了大量的字符串函数，如在 C 语言中的"string.h"库中提供了若干处理字符串的函数，通过这些函数用户很方便地构架字符串的操作，故不再赘述。

3.1.3 模式匹配

串的模式匹配即子串定位是一种重要的串运算。设 s 和 t 是给定的两个串，在主串 s 中查找子串 t 的过程称为模式匹配。如果在 s 中找到等于 t 的子串，则称匹配成功，函数返回 t 在 s 中的首次出现的存储位置（或序号），否则匹配失败，返回 0。t 也称为模式。为了运算方便，设字符串采用定长顺序存储，且用第 3 种方式表示串长，即串的长度存放在 0 单元，串值从 1 单元存放，字符序号与存储位置一致。

1. 简单的模式匹配算法

算法思想如下：首先将 s_1 与 t_1 进行比较，若不同，就将 s_2 与 t_1 进行比较，直到 s 的某一个字符 s_i 和 t_1 相同，再将它们之后的字符对应进行比较，若也相同，则如此继续往下比较，当 s 的某一个字符 s_i 与 t 的字符 t_j 不同时，对 s 串则返回到本趟开始字符的下一个字符，即 s_{i-j+2}，对 t 串则返回到 t_1，继续开始下一趟的比较，重复上述过程。若 t 中的字符全部比完，则说明本趟匹配成功，本趟的起始位置是 i-j+1 或 i-t[0]，否则，匹配失败。

设主串 s="acabaabaabcacaabc"，模式 t="abaabcac"，匹配过程如图 3-4 所示。

依据这个思想，算法描述如下：

【算法 3-5】 简单模式匹配算法。

```
int  StrIndex_BF (char s[ ], char t[ ])
  {//从串 s 的第一个字符开始找第一个与串 t 相等的子串
   int i=1, j=1;
   while (i<=s[0] && j<=t[0] )    //都没遇到结束符
      if (s[i] ==t[j])
         {i++;
```

图 3-4 简单模式匹配过程

```
                    j++;
                }
            else {i=i-j+2;
                  j=1;
                 } //回溯
        if (j>t[0])    return (i-t[0]);        //匹配成功,返回存储位置
        else   return   0;
    }
```

该算法简称为 BF（Brute Force）算法。下面分析它的时间复杂度,设串 s 长度为 n,串 t 长度为 m。

匹配成功的情况下,考虑两种极端情况:

1）在最好情况下,每趟不成功的匹配都发生在第一对字符比较时。

例如: s="aaaaaaaaaabc"
　　　t="bc"

设匹配成功发生在 s_i 处,则字符比较次数在前面 i-1 趟匹配中共比较了 i-1 次,第 i 趟成功的匹配共比较了 m 次,所以总共比较了 i-1+m 次,所有匹配成功的可能共有 n-m+1 种,设从 s_i 开始与 t 串匹配成功的概率为 p_i,在等概率情况下 p_i=1/(n-m+1),因此最好情况下平均比较的次数是:

$$\sum_{i=1}^{n-m+1} p_i \times (i-1+m) = \sum_{i=1}^{n-m+1} \frac{1}{n-m+1} \times (i-1+m) = \frac{(n+m)}{2}$$

即匹配成功情况下,最好情况的时间复杂度是 O(n+m)。

2）在最坏情况下,每趟不成功的匹配都发生在 t 的最后一个字符。

例如: s="aaaaaaaaaaab"
　　　t="aaab"

设匹配成功发生在 s_i 处,则在前面 i-1 趟匹配中共比较了(i-1)×m 次,第 i 趟成功的匹配共比较了 m 次,所以总共比较了 i*m 次,因此最坏情况下平均比较的次数是:

$$\sum_{i=1}^{n-m+1} p_i \times (i \times m) = \sum_{i=1}^{n-m+1} \frac{1}{n-m+1} \times (i \times m) = \frac{m \times (n-m+2)}{2}$$

即匹配成功情况下,最坏情况的时间复杂度是 O(n×m)。

上述算法中匹配是从 s 串的第一个字符开始的,有时算法要求从指定位置开始,这时算法的参数表中要加一个位置参数 pos：StrIndex(shar s[ ], int pos, char t[ ]),比较的初始位置定位在 pos 处。【算法 3-5】是 pos 为 1 的情况。

*2. 改进后的模式匹配算法

BF 算法简单但效率较低,一种对 BF 算法做了很大改进的模式匹配算法是克努特（Knuth）、莫里斯（Morris）和普拉特（Pratt）同时发现的,简称 KMP 算法。

授课视频
3.1.3 模式匹配-KMP 算法

（1）KMP 算法的思想

分析【算法 3-5】的执行过程,造成 BF 算法速度慢的原因是回溯,即在某趟的匹配过程失败后,对于 s 串要回到本趟开始字符的下一个字符,t 串要回到第一个字符。而这些回溯并不是必要的。如图 3-4 所示的匹配过程,在第 3 趟匹配过程中,s_3～s_7 和 t_1～t_5

是匹配成功的，$s_8 \neq t_6$ 匹配失败，因此有了第 4 趟，即回溯到 s_4 又从 t_1 开始继续匹配，其实第 4 趟是不必要的：由图可看出，因为在第 3 趟中有 $s_4=t_2$，而 $t_1 \neq t_2$，肯定有 $t_1 \neq s_4$。同理第 5 趟也是没有必要的，所以从第 3 趟之后可以直接到第 6 趟，进一步分析第 6 趟中的第一对字符 s_6 和 t_1 的比较也是多余的，第二对字符 s_7 和 t_2 的比较也是多余的，因为在第 3 趟中已有 $s_3 \sim s_7 = t_1 \sim t_5$，它包含着 $s_6 s_7 = t_4 t_5$，而 $t_1 t_2 = t_4 t_5$，必有 $s_6 s_7 = t_1 t_2$，因此第 6 趟的比较可以从第三对字符 s_8 和 t_3 开始进行，这就是说，第 3 趟匹配失败后，指针 i 不动，而是将模式串 t 向右"滑动"，用 t_3 "对准" s_8 继续进行，依此类推。这样的处理方法指针 i 是无回溯的。

综上所述，希望某趟匹配的过程中，若在 s_i 和 t_j 匹配失败后，指针 i 不回溯，模式 t 向右"滑动"至某个位置上，使得 t_k 对准 s_i 继续向右进行。显然，现在问题的关键是串 t "滑动"到哪个位置上？不妨设位置为 k，即 s_i 和 t_j 匹配失败后，指针 i 不动，模式 t 向右"滑动"，使 t_k 和 s_i 对准继续向右进行比较，要满足这一假设，就要有如下关系成立：

$$\text{"}t_1 t_2 \cdots t_{k-1}\text{"} = \text{"}s_{i-k+1} s_{i-k+2} \cdots s_{i-1}\text{"} \tag{3-2}$$

式（3-2）等号左边是 t_k 前面的 $k-1$ 个字符，右边是 s_i 前面的 $k-1$ 个字符。
而本趟匹配失败是在 s_i 和 t_j 之处，已经得到的部分匹配结果是：

$$\text{"}t_1 t_2 \cdots t_{j-1}\text{"} = \text{"}s_{i-j+1} s_{i-j+2} \cdots s_{i-1}\text{"} \tag{3-3}$$

因为 $k<j$，所以有：

$$\text{"}t_{j-k+1} t_{j-k+2} \cdots t_{j-1}\text{"} = \text{"}s_{i-k+1} s_{i-k+2} \cdots s_{i-1}\text{"} \tag{3-4}$$

式（3-4）等号左边是 t_j 前面的 $k-1$ 个字符，右边是 s_i 前面的 $k-1$ 个字符。
通过式（3-2）和式（3-4）得到关系：

$$\text{"}t_1 t_2 \cdots t_{k-1}\text{"} = \text{"}t_{j-k+1} t_{j-k+2} \cdots t_{j-1}\text{"} \tag{3-5}$$

结论：某趟在 s_i 和 t_j 匹配失败后，如果模式串中有满足式（3-5）关系的子串存在，即：模式的前 $k-1$ 个字符与模式中 t_j 字符前面的 $k-1$ 个字符相等时，模式 t 就可以向右"滑动"至 t_k 和 s_i 对准，继续向右进行比较即可。

（2）next 函数

模式中的每一个 t_j 都对应一个 k 值，由式（3-5）可知，这个 k 值仅依赖与模式 t 本身字符序列的构成，而与主串 s 无关。用函数 next(j) 表示 t_j 对应的 k 值，根据以上分析，next 函数有如下性质：

1）next(j) 是一个整数，且 $0 \leq \text{next}(j) < j$。

2）为了使 t 的右移不丢失任何匹配成功的可能，当存在多个满足（3-5）式的 k 值时，应取最大的，这样向右"滑动"的距离最短，向右"滑动"的字符为 $j-\text{next}(j)$ 个。

3）如果在 t_j 前不存在满足（3-5）式的子串，则 $k=1$，即用 t_1 和 s_i 继续比较，这时向右"滑动"的最远，为 $j-1$ 个字符。

因此，next 函数定义如下：

$$\text{next}(j) = \begin{cases} 0 & j=1 \\ \max\{k \mid 1 \leq k < j \text{ 且 "}t_1 t_2 \cdots t_{k-1}\text{"} = \text{"}t_{j-k+1} t_{j-k+2} \cdots t_{j-1}\text{"}\} \\ 1 & \text{其他情况} \end{cases}$$

根据以上定义，模式串"abaabcac"的 next 函数值如表 3-1 所示。

表 3-1 模式串"abaabcac"的 next 函数值

j	1	2	3	4	5	6	7	8
模式串	a	b	a	a	b	c	a	c
next[j]	0	1	1	2	2	3	1	2

（3）KMP 算法

设 next 函数值已经求出并存放在数组 next 中，即 next[j]=next(j)。在求得模式的 next 函数之后，匹配可按如下进行：假设以指针 i 和 j 分别指示主串和模式中的比较字符，令 i 的初值为 pos，j 的初值为 1。若在匹配过程中 $s_i=t_j$，则 i 和 j 分别向后移动一个字符；若 $s_i \neq t_j$ 匹配失败后，则 i 不变，j 退到 next[j]位置再比较，若相等，则指针各自增 1，否则 j 再退到当前 j 的 next[j]值的位置；依此类推，直至下列两种情况：一种是 j 退到某个 next 值时字符比较相等，则 i 和 j 分别增 1 继续进行匹配；另一种是 j 退到值为 0（即模式的第一个字符失配），则此时 i 和 j 也要分别增 1，表明从主串的下一个字符起和模式的第一个字符重新开始匹配。

综上所述，在假设已有 next 函数情况下，KMP 算法如下。

【算法 3-6】 KMP 算法。

```
int StrIndex_KMP(char s[ ], char t[ ], int pos, int next[ ])
{ //从串 s 的第 pos 个字符开始找首次与串 t 匹配的子串, next 数组中为 next 函数的相关值
    int i=pos, j=1;
    while (i<=s[0] && j<=t[0] )           //没遇到结束符
        if (j==0||s[i]==t[j])
            {  i++;
               j++;
            }
        else   j=next[j];                  //右滑
    if (j>t[0])   return (i-t[0]);         //匹配成功，返回存储位置
    else   return  0;                      //匹配失败
}
```

【例 3-1】 设主串 s="aabcbabcaabcaababc"，模式 t="abcaababc"，求出该模式的 next 函数值，并画出根据 next 函数对其进行匹配过程的示意图。

该模式的 next 函数值如表 3-2 所示。

表 3-2 模式"abcaababc"的 next 函数值

j	1	2	3	4	5	6	7	8	9
模式串	a	b	c	a	a	b	a	b	c
next[j]	0	1	1	1	2	2	3	2	3

图 3-5 是利用 next 函数对其进行匹配的过程示意图。

图 3-5 利用模式 next 函数进行匹配的过程示例

（4）如何求 next 函数

由以上讨论知，next 值仅取决于模式本身而和主串无关。从分析 next 函数的定义出发用递推的方法可以求得 next 函数值。

由定义知：

$$\text{next}[1]=0; \tag{3-6}$$

设 next[j]=k，即有：

$$"t_1 t_2 \cdots t_{k-1}"="t_{j-k+1} t_{j-k+2} \cdots t_{j-1}" \tag{3-7}$$

next[j+1]=? 有两种可能情况：

第一种情况：若 $t_k=t_j$，即表明在模式串中有：

$$"t_1 t_2 \cdots t_k"="t_{j-k+1} t_{j-k+2} \cdots t_j" \tag{3-8}$$

这就是说 next[j+1]=k+1，即：

$$\text{next}[j+1]=\text{next}[j]+1 \tag{3-9}$$

第二种情况：若 $t_k \neq t_j$，即表明在模式串中有：

$$"t_1 t_2 \cdots t_k" \neq "t_{j-k+1} t_{j-k+2} \cdots t_j" \tag{3-10}$$

此时可把求 next 函数值的问题看成是一个模式匹配问题，整个模式串既是主串又是模式，而当前在匹配的过程中，已有（3-7）式成立，则当 $t_j \neq t_k$ 时应将模式向右滑动，使得第 next[k] 个字符和"主串"中的第 j 个字符相比较。若 next[k]=k′ 且 $t_k=t_j$，则说明在主串中第 j+1 个字符之前存在一个最大长度为 k′ 的子串，使得

$$"t_1 t_2 \cdots t_{k'}"="t_{j-k'+1} t_{j-k'+2} \cdots t_j" \tag{3-11}$$

因此：

$$\text{next}[j+1]=\text{next}[k]+1 \tag{3-12}$$

同理若 $t_{k'}\neq t_j$，则将模式继续向右滑动致使第 next[k']个字符和 t_j 对齐，依此类推，直至 t_j 和模式中的某个字符匹配成功或者不存在任何 k'(1<k'<k<…<j)满足（3-11），此时则有：

$$\text{next}[j+1]=1。\quad(3-13)$$

综上所述，求 next 函数值的算法如下。

【算法 3-7】 求 KMP 算法中的 nexr 函数值。

```
void GetNext(char t[ ], int next[ ])
{ //求模式 t 的 next 值并存入 next 数组中
    int j=1, k=0;
    next[1]=0;
    while (j<t[0])
      { if (k==0||t[i] ==t[k])
            {j++; k++;
             next[j]=k;
            }
        else k=next[k];
      }
}
```

BF【算法 3-5】的时间复杂度是 O(n*m)，KMP【算法 3-6】的时间复杂度是 O(n)，【算法 3-7】求 next 值的算法的时间度是 O(m)。但在一般情况下，实际的执行时间是 O(n+m)。

3.2 多维数组与特殊矩阵

本节主要介绍线性结构的应用，阐述多维数组、对称矩阵、三角矩阵、带状矩阵和稀疏矩阵与线性结构的对应关系。

3.2.1 多维数组

> 授课视频
> 3.2.1 多维数组

本节讨论多维数组中数据的逻辑结构以及其与内存单元的映象关系。

1. 数组的逻辑结构

数组是我们很熟悉的一种数据结构，它的特点是给定一组下标，能唯一确定一个数据元素。若只需一个下标就能确定一个元素的是一维数据，需要两个下标能唯一确定一个元素的是二维数据，需要 3 个下标能唯一确定一个元素的是三维数据，……。数组中的数据元素本身还可以是具有某种结构的，但要属于同一数据类型，因此数组可以看作线性表的推广。比如，一维数组可以看作一个线性表，二维数组可以看作"数据元素是一维数组"的一维数组，三维数组可以看作"数据元素是二维数组"的一维数组，依此类推。

如图 3-6 所示是一个 m 行 n 列的二维数组。

因为数组是一个具有固定格式和数量的数据有序集，每一个数据元素用唯一的一组下标来标识，因此在数组上不能做插入、删除数据元素的操作，但可以读取和更新数据。通常在各种高级语言中数组一旦被定义，每一维的大小及上下界都不能改变。

$$A=\begin{bmatrix} a_{11} & a_{12} & \cdots & a_{1n} \\ a_{21} & a_{22} & \cdots & a_{2n} \\ \vdots & \vdots & & \vdots \\ a_{m1} & a_{m2} & \cdots & a_{mn} \end{bmatrix}$$

图 3-6 m 行 n 列的二维数组

综上所述，当一个数组确定之后，基本操作如下。

1）取值操作：给定一组下标，读取其对应的数据元素。
2）赋值操作：给定一组下标，存储或修改与其相对应的数据元素。

一维数组和一个线性表对应，在此不再讨论。这里重点研究二维和三维数组，它们的应用也非常广泛，尤其是二维数组。

2. 数组的内存映像

现在来讨论数组在计算机中的存储表示。因为内存的地址空间是一维的，因此数组在内存被映象为向量，即用地址连续的一块存储空间（称为向量）作为数组的一种存储结构，数组的行列固定后，通过一个映象函数，则可根据数组元素的下标得到它的存储地址。

对于一维数组按下标顺序分配即可。

对多维数组分配时，要把它的元素映象存储在一维存储器中，一般有两种存储方式：一是以行为主序（或先行后列）的顺序存放，如 BASIC、Pascal、COBOL、C 等程序设计语言中用的是以行为主的顺序分配，即一行分配完了接着分配下一行；另一种是以列为主序（先列后行）的顺序存放，如 FORTRAN 语言中，用的是以列为主的分配顺序，即一列一列地分配。以行为主序的分配规律：最右边的下标先变化，即最右下标从小到大，循环一遍后，右边第二个下标再变，……，从右向左，最后是左下标。以列为主序分配的规律恰好相反：最左边的下标先变化，即最左下标从小到大，循环一遍后，左边第二个下标再变，……，从左向右，最后是右下标。

例如，一个 2×3 的二维数组，逻辑结构可以用图 3-7 表示。

以行为主序的内存映象如图 3-8a 所示，分配顺序：$a_{11}, a_{12}, a_{13}, a_{21}, a_{22}, a_{23}$。

以列为主序的内存映象如图 3-8b 所示，分配顺序：$a_{11}, a_{21}, a_{12}, a_{22}, a_{13}, a_{23}$。

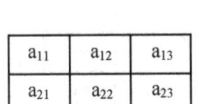

图 3-7 2×3 数组的逻辑结构   图 3-8 2×3 数组的内存映像

设有 m×n 二维数组 A_{mn}，下面按元素的下标求其地址。

以"以行为主序"的分配为例：设数组的基址为 $LOC(a_{11})$，每个数组元素占据 p 个地址单元，那么 a_{ij} 的物理地址可用线性寻址函数计算：

$$LOC(a_{ij})=LOC(a_{11})+((i-1)\times n+j-1)\times p$$

这是因为数组元素 a_{ij} 的前面有 i-1 行，每一行的元素个数为 n，在第 i 行中它的前面还有 j-1 个数组元素。

在 C 语言中，数组中每一维的下界定义为 0，则：

$$LOC(a_{ij})=LOC(a_{00})+(i\times n+j)\times p$$

推广到一般的二维数组：$A[c_1..d_1][c_2..d_2]$，则 a_{ij} 的物理地址计算函数：

$$LOC(a_{ij})=LOC(a_{c_1 c_2})+((i-c_1)\times(d_2-c_2+1)+(j-c_2))\times p \tag{3-14}$$

同理对于三维数组 A_{mnp}，即 m×n×p 数组，对于数组元素 a_{ijk} 其物理地址：

$$LOC(a_{ijk})=LOC(a_{111})+((i-1)\times n\times p+(j-1)\times p+k-1)\times p$$

推广到一般的三维数组：A[$c_1..d_1$] [$c_2..d_2$] [$c_3..d_3$]，则 a_{ijk} 的物理地址：

$$LOC(i, j)=LOC(a_{c_1 c_2 c_3})+((i-c_1)\times(d_2-c_2+1)\times(d_3-c_3+1)+(j-c_2)\times(d_3-c_3+1)+(k-c_3))\times p \quad (3-15)$$

三维数组的逻辑结构示意如图 3-9 所示，以行为主序和以列为主序的内存映像如图 3-10 所示。

图 3-9 三维数组的逻辑结构示意

图 3-10 三维数组内存映像

a) 以行为主序　b) 以列为主序

3.2.2 特殊矩阵

对于一个矩阵结构显然用一个二维数组来表示是非常恰当的，但在有些情况下，比如常见的一些特殊矩阵，如三角矩阵、对称矩阵、带状矩阵、稀疏矩阵等，从节约存储空间的角度考虑，这种存储是不太合适的。下面从这一角度来考虑这些特殊矩阵的存储方法。

1. 对称矩阵

对称矩阵的特点：在一个 n 阶方阵中，有 $a_{ij}=a_{ji}$，其中 $1\leq i, j\leq n$，如图 3-11 所示是一个

5 阶对称矩阵。对称矩阵关于主对角线对称，因此只需存储上三角或下三角部分即可，比如只存储下三角中的元素 a_{ij}，其特点是 i≥j 且 1≤i≤n，对于上三角中的元素 a_{ij}，它和对应的 a_{ji} 相等，因此当访问的元素在上三角时，直接去访问和它对应的下三角元素即可。这样，原来需要 n×n 个存储单元，现在只需要 n(n+1)/2 个存储单元了，节约了 n(n-1)/2 个存储单元，当 n 较大时，这是一部分可观的存储资源。

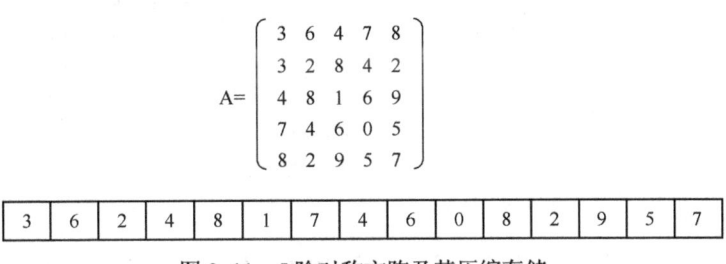

图 3-11 5 阶对称方阵及其压缩存储

如何只存储下三角部分呢？对下三角部分以行为主序顺序存储到一个向量中去，在下三角中共有 n×(n+1)/2 个元素，因此，可以按先行后列的存储顺序存储到一个长度为[n(n+1)/2]的向量中：

datatype SA[n(n+1)/2];

如图 3-12 所示，这样，原矩阵下三角中的某一个元素 a_{ij} 则对应一个 SA [k]，下面的问题是要找到 k 与 i、j 之间的映像关系。

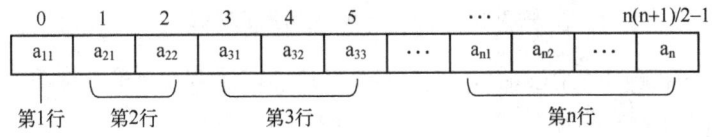

图 3-12 对称矩阵的下三角到向量的映像

对于下三角中的元素 a_{ij}，其特点是：i≥j 且 1≤i≤n，存储到 SA 中后，根据存储原则，在它前面已经存储了 i-1 行，共有 1+2+…+i-1=i×(i-1)/2 个元素，而 a_{ij} 又是它所在的行中第 j 个元素，所以在上面的排列顺序中，a_{ij} 是第 i×(i-1)/2+j 个元素，因此它在 SA 中的下标 k 与 i、j 的关系为

k=i×(i-1)/2+j-1   （0≤k<n×(n+1)/2）

若 i<j，则 a_{ij} 是上三角中的元素，因为 $a_{ij}=a_{ji}$。这样，访问上三角中的元素 a_{ij} 时则去访问和它对应的下三角中的 a_{ji} 即可，因此将上式中的行列下标交换就是上三角中的元素在 SA 中的对应关系：

k=j×(j-1)/2+i-1   （0≤k<n×(n+1)/2）

综上所述，对于对称矩阵中的任意元素 a_{ij}，若令 I=max(i, j)，J=min(i, j)，则将上面两个式子综合起来得到：

k=I×(I-1)/2+J-1   （0≤k<n×(n+1)/2）   （3-16）

这就是得到的将对称矩阵的下三角映像到向量中，存储位置 k 与元素行列下表 i、j 之间的映像函数。

2．三角矩阵

如图 3-13 所示的矩阵称为三角矩阵，其中 c 为某个常数。其中 3-13a 为下三角矩阵，主队角线以上均为同一个常数；图 3-13b 为上三角矩阵，主队角线以下均为同一个常数；下面讨论它们的压缩存储方法。

$$\begin{bmatrix} 3 & c & c & c & c \\ 6 & 2 & c & c & c \\ 4 & 8 & 1 & c & c \\ 7 & 4 & 6 & 0 & c \\ 8 & 2 & 9 & 5 & 7 \end{bmatrix} \qquad \begin{bmatrix} 3 & 4 & 8 & 1 & 0 \\ c & 2 & 9 & 4 & 6 \\ c & c & 1 & 5 & 7 \\ c & c & c & 0 & 8 \\ c & c & c & c & 7 \end{bmatrix}$$

a)   b)

图 3-13 三角矩阵

a) 下三角矩阵   b) 上三角矩阵

（1）下三角矩阵

与对称矩阵类似，不同之处在于存完下三角中的元素之后，紧接着存储对角线上方的常量，因为是同一个常数，所以存一个即可，这样一共存储了 n×(n+1)/2+1 个元素，如图 3-14 所示。

图 3-14 下三角矩阵到向量的映像

设存入向量：datetype SA[n×(n+1)/2+1]中，这种的存储方式可节约 n×(n-1)/2-1 个存储单元，SA [k]与 a_{ij} 的对应关系为

$$k = \begin{cases} i \times (i-1)/2 + j - 1 & i \geq j \\ n \times (n+1)/2 & i < j \end{cases} \qquad (3-17)$$

（2）上三角矩阵

对于上三角矩阵，存储思想与下三角类似，以行为主序顺序存储上三角部分，最后存储对角线下方的常量，如图 3-15 所示。

图 3-15 上三角矩阵到向量的映像

对于第 1 行，存储 n 个元素，第 2 行存储 n-1 个元素……第 p 行存储(n-p+1)个元素，a_{ij} 的前面有 i-1 行，共存储

$$n + (n-1) + \cdots + (n-i+1) = \sum_{p=1}^{i-1}(n-p+1) = \frac{(i-1) \times (2n-i+2)}{2}$$

个元素，而 a_{ij} 是它所在的行中要存储的第（j-i+1）个，所以它是上三角存储顺序中的第 (i-1)*(2n-i+2)/2+(j-i+1)个，因此它在 SA 中的下标为 k=(i-1)×(2n-i+2)/2+j-i。

综上，SA[k]与 a_{ij} 的对应关系为

$$k = \begin{cases} (i-1) \times (2n-i+2)/2 + j - i & i \leq j \\ n \times (n+1)/2 & i > j \end{cases} \quad (3-18)$$

3．带状矩阵

形如图 3-16a 所示的矩阵 A 称为带状矩阵，如果存在最小正数 m，满足|i-j|≥m 时，a_{ij}=0，这时称 w=2m-1 为矩阵 A 的带宽。如图 3-16a 是一个 w=3(m=2)的带状矩阵。

$$A = \begin{pmatrix} a_{11} & a_{12} & 0 & 0 & 0 \\ a_{21} & a_{22} & a_{23} & 0 & 0 \\ 0 & a_{43} & a_{33} & a_{34} & 0 \\ 0 & 0 & a_{43} & a_{44} & a_{45} \\ 0 & 0 & 0 & a_{54} & a_{55} \end{pmatrix} \quad B = \begin{pmatrix} 0 & a_{11} & a_{12} \\ a_{21} & a_{22} & a_{23} \\ a_{32} & a_{33} & a_{34} \\ a_{43} & a_{44} & a_{45} \\ a_{54} & a_{55} & 0 \end{pmatrix}$$

a)   b)

	0	1	2	3	4	5	6	7	8	9	10	11	12
C=	a_{11}	a_{12}	a_{21}	a_{22}	a_{23}	a_{32}	a_{33}	a_{34}	a_{43}	a_{44}	a_{45}	a_{54}	a_{55}

c)

图 3-16 带状矩阵及到向量的映像

a) w=3 的 5 阶带状矩阵 b) 压缩为 5×3 的矩阵 c) 压缩为向量

带状矩阵也称为对角矩阵。由图 3-16a 可看出，在这种矩阵中，所有非零元素都集中在以主对角线为中心的带状区域中，即除了主对角线和它的上下方若干条对角线的元素外，所有其他元素都为零（或同一个常数 c）。

带状矩阵 A 也可以采用压缩存储。一种压缩方法是将 A 压缩到一个 n 行 w 列的二维数组 B 中，如图 3-16b 所示，b_{11} 是 0，a_{11} 对应在 b_{12} 的位置，a_{12} 对应在 b_{13} 的位置……依次对应，a_{ij} 映像为 $b_{i'j'}$，映像关系为

$$\begin{cases} i' = i \\ j' = j - i + m \end{cases} \quad (3-19)$$

另一种压缩方法是将带状矩阵压缩到向量 C 中去，按以行为主序，顺序存储带上的元素，如图 3-16c 所示，按其压缩规律，可建立由 a_{ij} 到 C[k]的映像函数。

如对于一个 n 阶带状矩阵，当 w=3 时，第 1 行有两个非零元素，从第 2 行开始到第 n-1 行每行有 3 个元素，第 n 行有两个非零元素。

那么，当 i≥2 时，前 i-1 行共有 3×(i-1) -1 个元素，而第 i 行的 3 个元素为：$a_{i,i-1}$，a_{ii}，$a_{i,i+1}$，而它们将顺次存放在 C[3×(i-1)-1]、C[3×(i-1)]、C[3×(i-1)+1]中，因此可构造出以下映像关系：

$$k = 3 \times (i-1) - 1 + (j-i+1) = 2 \times i + j - 3 \quad (3-20)$$

可以验证，当 i=1 时，映像关系也成立。

3.2.3 稀疏矩阵

设 m×n 矩阵中有 t 个非零元素且 t<<m×n，这样的矩阵称为稀疏矩阵。很多科学管理及工程计算中，常会遇到阶数很高的大型稀疏矩阵。如果按常规分配方法，顺序分配在计算机内，那将是相当浪费内存的。为此提出另外一种存储方法，仅仅存放非零元素。但对于这类矩阵，通常零元素分布没有规律，为了能找到相应的元素，所以仅存储非零元素的值是不够的，还要记下它所在的行和列。于是采取如下方法：将非零元素所在的行、列以及它的值构成一个三元组（i, j, v），然后再按某种规律存储这些三元组，这种方法可以节约存储空间。下面讨论稀疏矩阵的压缩存储方法。

1. 稀疏矩阵的三元组表存储

将三元组按行优先，同一行中列号从小到大的规律排列成一个线性表，称为三元组表，采用顺序存储方法存储该表。如图 3-17 所示的稀疏矩阵 A 对应的三元组表如图 3-18 所示。

$$A = \begin{pmatrix} 15 & 0 & 0 & 22 & 0 & -15 \\ 0 & 11 & 3 & 0 & 0 & 0 \\ 0 & 0 & 0 & 6 & 0 & 0 \\ 0 & 0 & 0 & 0 & 0 & 0 \\ 91 & 0 & 0 & 0 & 0 & 0 \\ 0 & 0 & 0 & 0 & 0 & 0 \end{pmatrix}$$

	i	j	v
1	1	1	15
2	1	4	22
3	1	6	-15
4	2	2	11
5	2	3	3
6	3	4	6
7	5	1	91

图 3-17 稀疏矩阵　　　　　图 3-18 三元组表

显然，要唯一表示一个稀疏矩阵，还需要在存储三元组表的同时存储该矩阵的行、列，为了运算方便，矩阵的非零元素的个数也同时存储。这种存储的思想实现如下：

```
#define SMAX    1024        //一个足够大的数
typedef   struct
{int i, j;                   //非零元素的行、列
 datatype   v;               //非零元素值
}SPNode;                     //三元组类型
typedef   struct
{int mu, nu, tu;             //矩阵的行、列及非零元素的个数
 SPNode    data[SMAX];       //三元组表
} SPMatrix;                  //三元组表的存储类型
```

这样的存储方法确实节约了存储空间，但矩阵的运算从算法上可能会变得复杂些。下面讨论这种存储方式下的稀疏矩阵的两种运算：转置和相乘。

（1）稀疏矩阵的转置

设矩阵 A 表示一个 m×n 的稀疏矩阵，其转置矩阵 B 则是一个 n×m 的稀疏矩阵，定义 A、B 均为 SPMatrix 存储类型，由 A 求 B 想到的是：首先将 A 的行、列转化成 B 的列、行；再将 A.data 中每一三元组的行列交换后转化到 B.data 中。看上去以上两点完成之后，似乎完成了 B，其实不然。因为前面规定三元组表中的存储是按一行一行且每行中的元素是按

列号从小到大的规律顺序存放的，因此 B 也必须按此规律实现。A 的转置 B 如图 3-19 所示，图 3-20 是它对应的三元组存储，就是说，在 A 的三元组存储基础上得到 B 的三元组表存储（为了理解方便，三元组表 data 从分量 1 起用，以下同）。

算法思路：

1）A 的行、列转成 B 的列、行。

2）在 A 表中依次找第 1 列的、第 2 列的、直到最后一列，并将找到的每个三元组的行、列交换后顺序存储到 B 表中。

$$A = \begin{pmatrix} 15 & 0 & 0 & 0 & 91 & 0 \\ 0 & 11 & 0 & 0 & 0 & 0 \\ 0 & 3 & 0 & 0 & 0 & 0 \\ 22 & 0 & 6 & 0 & 0 & 0 \\ 91 & 0 & 0 & 0 & 0 & 0 \\ -15 & 0 & 0 & 0 & 0 & 0 \end{pmatrix}$$

	i	j	v
1	1	1	15
2	1	5	91
3	2	2	11
4	3	2	3
5	4	1	22
6	4	3	6
7	6	1	-15

图 3-19 A 的转置 B　　　　图 3-20 B 的三元组表

稀疏矩阵转置算法如下。

【算法 3-8】稀疏矩阵转置算法。

```
SPMatrix  * TransM1 (SPMatrix *A)
  { SPMatrix *B;
    int p, q, col;
    B=(SPMatrix *)malloc(sizeof(SPMatrix));   //申请存储空间
    B->mu=A->nu; B->nu=A->mu; B->tu=A->tu;    //稀疏矩阵的行、列、元素个数
    if (B->tu>0)                              //有非零元素则转换
     {q=1;
      for (col=1; col<=(A->nu); col++)        //按 A 的列序转换
        for (p=1; p<= (A->tu); p++)           //扫描整个三元组表
          if (A->data[p].j==col )
            {B->data[q].i= A->data[p].j;
             B->data[q].j= A->data[p].i;
             B->data[q].v= A->data[p].v;
             q++;
            }
     }
    return B;                                 //返回的是矩阵 B 的指针
  }
```

分析该算法，其时间主要耗费在 col 和 p 的二重循环上，所以时间复杂度为 O(n×t)（设 m、n 是原矩阵的行、列，t 是稀疏矩阵的非零元素个数），显然当非零元素的个数 t 和 m×n 同数量级时，算法的时间复杂度为 $O(m \times n^2)$，和通常存储方式下矩阵转置算法相比，可能节约了一定量的存储空间，但算法的时间性能更差一些。

【算法 3-8】的效率低的原因是算法要从 A 的三元组表中寻找第 1 列、第 2 列、……要

反复搜索 A 表，若能直接确定 A 中每一个三元组在 B 中的位置，则对 A 表扫描一次即可。这是可以做到的。因为 A 中第 1 列的第 1 个非零元素一定存储在 B.data[1]，如果还知道第一列的非零元素的个数，那么第 2 列的第 1 个非零元素在 B 表中的位置便等于：（1+A 中第 1 列非零元素的个数），第 3 列的第 1 个非零元素在 B 表中的位置便等于：（第 2 列的第 1 个非零元素在 B 表中的位置+A 中第 2 列非零元素的个数），……，如此类推，因为 A 中三元组的存放顺序是先行后列，对同一行来说，必定先遇到列号小的元素，这样扫描一遍 A 表即可使每一个三元组对号入座到 B 表中。

根据这个想法，需引入两个向量来实现：num[n+1] 和 cpot[n+1]，num[col]表示矩阵 A 中第 col 列的非零元素个数（为了方便理解均从 1 分量起用），cpot［col］初始值表示矩阵 A 中的第 col 列的第一个非零元素在 B.data 中的位置。于是，cpot 的初始值为

    cpot[1]=1;
    cpot[col]=cpot[col-1]+num[col-1]; 2≤col≤n

矩阵 A 的 num 和 cpot 的值如图 3-21 所示。

col	1	2	3	4	5	6
cpot[col]	1	3	4	5	7	7
num[col]	2	1	1	2	0	1

图 3-21 矩阵 A 的 num 和 cpot 的值

依次扫描 A 表，当扫描到一个 col 列元素时，直接将其存放在 B 表的第 cpot[col]个位置上，然后 cpot[col]加 1，cpot[col]中始终是下一个 col 列元素在 B 表中的位置。

按以上思路，改进的稀疏矩阵转置算法如下。

【算法 3-9】 稀疏矩阵转置。

```
SPMatrix * TransM2 (SPMatrix *A)
  { SPMatrix *B;
     int   i, j, k;
     int num[n+1], cpot[n+1];
     B=(SPMatrix *)malloc(sizeof(SPMatrix));          //申请存储空间
     B->mu=A->nu;  B->nu=A->mu;  B->tu=A->tu;         //稀疏矩阵的行、列、元素个数
     if (B->tu>0)                     //有非零元素则转换
       {for (i=1; i<=A->nu; i++)   num[i]=0;
        for (i=1; i<=A->tu; i++)             //求矩阵 A 中每一列非零元素的个数
           {j= A->data[i].j;
             num[j]++;
           }
         cpot[1]=1;                  //求矩阵 A 中每一列第一个非零元素在 B.data 中的位置
         for(i=2; i<=A->nu; i++)
              cpot[i]= cpot[i-1]+num[i-1];
         for(i=1; i<= (A->tu); i++)   //扫描三元组表
            {j=A->data[i].j;          //当前三元组的列号
              k=cpot[j];              //当前三元组在 B.data 中的位置
```

```
            B->data[k].i= A->data[i].j ;
            B->data[k].j= A->data[i].i ;
            B->data[k].v= A->data[i].v;
            cpot[j]++;
        }
    }
    return B;     //返回的是转置矩阵的指针
}
```

分析这个算法的时间复杂度：这个算法中有 4 个循环，分别执行 n, t, n-1, t 次，在每个循环中，每次迭代的时间是一常量，因此总的计算量是 O(n+t)。当然它所需要的存储空间比前一个算法多了 2 个长度为 n 的整型向量。

（2）稀疏矩阵的乘积

已知稀疏矩阵 $A(m_1 \times n_1)$ 和 $B(m_2 \times n_2)$，求乘积 $C(m_1 \times n_2)$。

稀疏矩阵 A、B、C 及它们对应的三元组表 A.data、B.data、C.data 如图 3-22 所示。

$$A=\begin{bmatrix} 3 & 0 & 0 & 7 \\ 0 & 0 & 0 & -1 \\ 0 & 2 & 0 & 0 \end{bmatrix} \quad B=\begin{bmatrix} 4 & 1 \\ 0 & 0 \\ 1 & -1 \\ 0 & 2 \end{bmatrix} \quad C=\begin{bmatrix} 12 & 17 \\ 0 & -2 \\ 0 & 0 \end{bmatrix}$$

	i	j	v
1	1	1	3
2	1	4	7
3	2	4	-1
4	3	2	2

	i	j	v
1	1	1	4
2	1	2	1
3	3	1	1
4	3	2	-1
5	4	2	2

	i	j	v
1	1	1	12
2	1	2	17
3	2	2	-2

a) 　　 　 b) 　　 　 c)

图 3-22 稀疏矩阵 A、B、C 及对应的三元组表
a) A.data　b) B.data　c) C.data

由矩阵乘法规则知：

$$C(i,j)=A(i,1)\times B(1,j)+A(i,2)\times B(2,j)+\cdots+A(i,n)\times B(n,j)=\sum_{k=1}^{n}A(i,k)*B(k,j)$$

这就是说，只有 A(i, k) 与 B(k, p)（即 A 元素的列与 B 元素的行相等的两项）才有相乘的机会，且当两项都不为零时，乘积中的这一项才不为零。

矩阵用二维数组表示时，传统的矩阵乘法：A 的第一行与 B 的第一列对应相乘累加后得到 c_{11}，A 的第一行再与 B 的第二列对应相乘累加后得到 c_{12}……因为现在是按三元组表存储的，而三元组表是按行为主序存储的，即同一行的非零元素其三元组是相邻存放的，同一列的非零元素其三元组并未相邻存放，因此在 B.data 中反复搜索某一列的元素是很费时的，因此改变一下求值的顺序，以求 c_{11} 和 c_{12} 为例，如图 3-23 所示。

即因为 a_{11} 第 1 列的元素，它只有可能和 B 中第 1 行的非零元素相乘，a_{12} 只有可能和 B 中第 2 行的非零元素相乘……a_{ij} 只有可能和 B 中第 j 行的非零元素相乘，而同一行的非零元是相邻存放的，所以求 c_{11} 和 c_{12} 同时进行，即同时求出 C 的同一行元素：求 $a_{11}\times b_{11}$ 累加到 c_{11}，求 $a_{11}\times b_{12}$ 累加到 c_{12}，再求 $a_{12}\times b_{21}$ 累加到 c_{11}，再求 $a_{12}\times b_{22}$ 累加到

c_{12}……当然只有 a_{ik} 和 b_{kj}（列号与行号相等）且均不为零（三元组存在）时才相乘，并且累加到 c_{ij} 当中。

$c_{11}=$	$c_{12}=$	解 释
$a_{11} \times b_{11}+$	$a_{11} \times b_{12}+$	a_{11} 只与 B 中第 1 行元素相乘
$a_{12} \times b_{21}+$	$a_{12} \times b_{22}+$	a_{12} 只与 B 中第 2 行元素相乘
$a_{13} \times b_{31}+$	$a_{13} \times b_{32}+$	a_{13} 只与 B 中第 3 行元素相乘
$a_{14} \times b_{41}$	$a_{14} \times b_{42}$	a_{14} 只与 B 中第 4 行元素相乘

图 3-23　求 C 矩阵一行的解释

为了运算方便，设一个累加器：datatype temp[n+1]；用来存放当前行中 c_{ij} 的值，当前行中所有元素全部算出之后，再存放到 C.data 中。

为了便于 B.data 中寻找 B 中的第 k 行第 1 个非零元素，与前面类似，需引入 num 和 rpot 两个向量。num[k]表示矩阵 B 中第 k 行的非零元素的个数；rpot[k]表示 B 中第 k 行的第 1 个非零元素在 B.data 中的位置。于是有

　　rpot[1]=1;
　　rpot[k]=rpot[k-1]+num[k-1];　　　2≤k≤n

例如，对于矩阵 B 的 num 与 rpot 的值如图 3-24 所示。

row	1	2	3	4
rpot[col]	1	3	3	5
num[col]	2	0	2	1

图 3-24　矩阵 B 的 num 与 rpot 的值

根据以上分析，稀疏矩阵的乘法运算的粗略步骤如下。

1）申请乘积矩阵 C 的空间，初始化。

2）求 B 的 num，rpot。

3）做矩阵乘法。将 A 表中三元组的列值与 B 表中三元组的行值相等的非零元素相乘，并将具有相同下标的乘积元素相加。

稀疏矩阵的乘积算法如下。

【算法 3-10】　稀疏矩阵的乘积。

```
SPMatrix *MulSMatrix (SPMatrix *A, SPMatrix *B)
{ //稀疏矩阵 A(m₁×n₁)和 B(m₂×n₂) 用三元组表存储，求 A×B
    SPMatrix    *C;                              // 乘积矩阵的指针
    int p,q,i,j,k,r;
    datatype temp[n+1];                          //临时存储 C 的当前行
    int num[B->mu+1], rpot[B->mu+1];
    if (A->nu!=B->mu)    return NULL;            //A 的列与 B 的行不相等
    C=(SPMatrix *)malloc(sizeof(SPMatrix));      //申请 C 矩阵的存储空间
    C->mu=A->mu;
    C->nu=B->nu;
    if (A->tu*B->tu==0)
        {C->tu=0;
         return C;
        }
    for (i=1; i<= B->mu; i++)    num[i]=0;       //求矩阵 B 中每一行非零元素的个数
        for (k=1; k<=B->tu; k++)
        { i= B->data[k].i;
```

```
                num[i]++;
            }
        rpot[1]=1;                      //求矩阵 B 中每一行第一个非零元素在 B.data 中的位置
        for (i=2; i<=B->mu; i++)
            rpot[i]= rpot[i-1]+num[i-1];
        r=0;                            //计数 C 中非零元素的个数
        p=1;                            //指示 A.data 中当前非零元素的位置
        for (i=1; i<=A->mu; i++)
            {for (j=1; j<=B->nu; j++)   temp[j]=0;     //$c_{ij}$ 的累加器初始化
                while (A->data[p].i==i )              //求第 i 行的
                    {k=A->data[p].j;                  //A 中当前非零元素的列号
                        if (k<B->mu)   t=rpot[k+1]-1;
                        else   t=B->tu;               //确定 B.data 中第 k 行最后一个非零元素的位置
                        for (q=rpot[k]; q<=t; q++;)   //B 中第 k 行的每一个非零元素
                            {j=B->data[q].j;
                             temp[j]=temp[j]+A->data[p].v * B->data[q].v
                            }
                        p++;
                    } // while
                for (j=1; j<=B->nu; j++)
                    if (temp[j] )
                        {r++;
                         C->data[r]={i,j,temp[j] };
                        }
            } // for (i)
        C->tu=r;
        return C;
    }
```

分析上述算法的时间性能如下。

1）求 num 的时间复杂度为 O(B->nu+B->tu)。
2）求 rpot 的时间复杂度为 O(B->mu)。
3）求 temp 的时间复杂度为 O(A->mu×B->nu)。
4）求 C 的所有非零元素的时间复杂度为 O(A->tu×B->tu/B->mu)。
5）压缩存储的时间复杂度为 O(A->mu×B->nu)。

所以总的时间复杂度为 O(A->mu×B->nu+(A->tu×B->tu)/B->nu)。

2. 稀疏矩阵的十字链表存储

三元组表可以看作稀疏矩阵的顺序存储，但对于有些操作如加法、乘法时，非零项数目及非零元素的位置会发生变化，这种表示方法可能不便。本节将介绍稀疏矩阵的一种链式存储结构——十字链表，它具备链式存储的特点。在某些情况下，采用十字链表表示稀疏矩阵更为合适。

如图 3-25 所示是一个稀疏矩阵的十字链表示意。

用十字链表表示稀疏矩阵的基本思想：将每个非零元素存储为一个结点，结点由 5 个域组成，其结构如图 3-25b 所示，其中 row 域存储非零元素的行号，col 域存储非零元素的列号，v 域存储本元素的值，right，down 是两个指针域。

稀疏矩阵中每一行的非零元素结点按其列号从小到大顺序由 right 域链成一个单链表，同样每一列中的非零元素按其行号从小到大顺序由 down 域也链成一个单链表。即每个非零元素 a_{ij} 既是第 i 行链表中的一个结点，又是第 j 列链表中的一个结点，这样整个矩阵就构成了一个十字交叉的链表，因此称其为"十字链表"。将所有行链表的头指针组成一个指针数组 rlink，将所有列链表的头指针组成一个指针数组 clink。采用这种方法，如图 3-25a 所示的稀疏矩阵就可以表示为如图 3-25c 所示的十字链表。

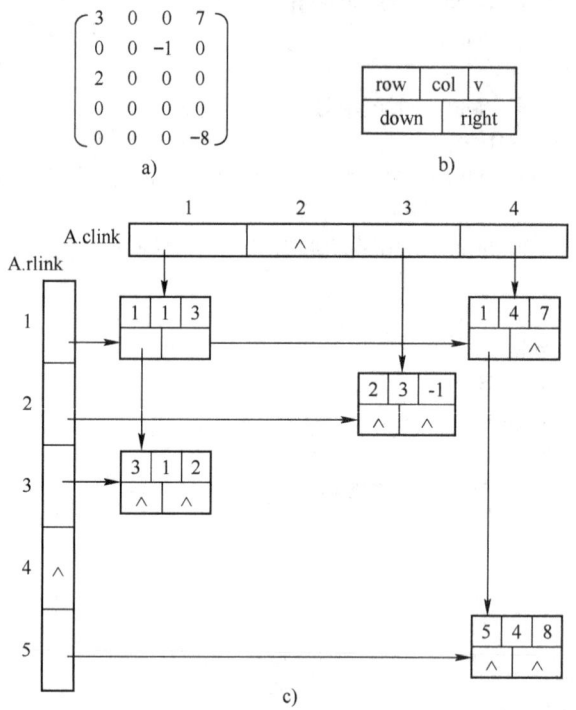

图 3-25　稀疏矩阵示意

a) 稀疏矩阵 A　b) 十字链表的结点结构　c) 稀疏矩阵 A 的十字链表

综上所述，十字链表结点的结构定义如下。

```
typedef  struct  mnode
  { int  row, col;
    datatype  v;
    struct mnode  *down , *right;
  } MNode，*MLink;
```

十字链表类型可定义为

```
typedef struct
  { int mu, nu, tu;              //存储矩阵的行、列及非零元素个数
    MNode *rlink[MAXROW], *clink[MAXCOL];
                                 // rlink[i]和,clink[i]分别放第 i 行和第 i 列的头指针
  } CrossLink;
```

下面完成两个算法：创建一个稀疏矩阵的十字链表的算法和用十字链表表示的两个稀疏矩阵的相加的算法。

（1）建立稀疏矩阵 A 的十字链表

算法的设计思想：首先输入稀疏矩阵的行数、列数、非零项的数目，然后建立和初始化行指针数组和列指针数组。接下来逐个输入表示非零元的三元组（i, j, a_{ij}），并将每个结点按其列号的大小插入到第 i 个行链表中去，同时也按其行号的大小将该结点插入到第 j 个列链表中去。

建立稀疏矩阵的十字链表算法如下。

【算法 3-11】 建立稀疏矩阵的十字链表。

```
CrossLink   *CreatCrossLink ( )
  {// 创建十字链表存储的稀疏矩阵
   CrossLink  *H;
   MNode *p, *q;
   int i, j, v;
   H=( CrossLink *)malloc(sizeof(CrossLink));
   scanf("%d, %d, %d", H->mu, H->nu, H->tu);    //读入矩阵的行、列及非零元素个数
   for(k=1; k<= H->mu; k++)   H->rlink[k]=NULL;  //初始化行指针数组
   for(k=1; k<= H->nu; k++)   H->clink[k]=NULL;  //初始化列指针数组
   for(k=1; k<= H->tu; k++)
    {scanf("%d, %d, %d", i, j, v);              //读入一个三元组，设元素的值为 int
     p=(MNode *)malloc(sizeof(MNode));          //申请十字链表的结点
     p->row=i ; p->col=j; p->v=v;               //填装信息
                                                //以下是将*p 插入到行链表中去，且按列号有序
     q= H->rlink[i];
     if (q==NULL|| q->col>j)
       { p->right=q; H->rlink[i]=p; }           //插入的*p 为第 1 个结点
     else {//寻找*p 在第 i 行的位置
            while(q->right&&q->right->col)<j) q=q->right;
            p->right=q->right; q->right=p;     //完成*p 在行链上的插入
          }
     //以下是将*p 插入到列链表中去，且按行号有序
     q= H->clink[j];
       if (q==NULL|| q->row<i)
           {H->clink[i]=p; p->down==NULL; }    //插入*p 为第 1 个结点
        else {                                  //寻找*p 在第 i 行的位置
              while(q->down&&(q->down->row)<i)  q=q->down;
              p->down=q->down; q->down=p;      //完成*p 在列链上的插入
             }
    }
    return(H);
  }
```

以上算法中，由于每个结点插入时都要在行链表和列链表中寻找插入位置，所以插入每个结点到相应的行链表和列链表的总的时间复杂度为 O(tu×s)，s=max(mu, nu)。该算法对三

元组的输入顺序没有要求。如果输入三元组时按以行为主序（或列）输入，则每次将新结点插入到链表的尾部，可以将建立十字链表的算法改进为时间复杂度为 $O(tu)$ 数量级的。

（2）两个十字链表表示的稀疏矩阵的加法

已知十字链表存储的两个稀疏矩阵 A 和 B，要求生成同样采用十字链表方式存储的稀疏矩阵 C，其中 C=A+B。

由矩阵的加法规则知，只有 A 和 B 行列对应相等，二者才能相加。因而 C 中的非零元素 c_{ij} 只可能有以下 3 种情况：

$$c_{ij}=\begin{cases} a_{ij} & b_{ij}=0 \\ b_{ij} & a_{ij}=0 \\ a_{ij}+b_{ij} & a_{ij}\neq 0 \text{ 且 } b_{ij}\neq 0 \end{cases}$$

整个运算从矩阵的第一行起逐行进行。对每一行都从行链表的头指针开始，分别找到 A 和 B 在该行中的第一个非零元素结点后开始比较，然后按不同情况分别处理。设 pa 和 pb 分别指向 A 和 B 的十字链表中行号相同的两个结点，生成 C 中结点 pc 的 3 种情况可表示如下。

1）若 pa->col<pb->col 或者 pb==NULL，则 pc->v=pa->v，pa 指针向右推进。

2）若 pa->col>pb->col 或者 pa==NULL，则 pc->v=pb->v，pb 指针向右推进。

3）若 pa->col==pb->col 且 pa->v+pb->v≠0，则 pc->v=pa->v+pb->v，pa 和 pb 指针都向右推进。

新生成结点 pc 不仅要插入到十字链表 C 的行链表中，还要考虑其在列链表中的插入。为了方便在链表尾的插入，为每一个行链表及每一个列链表设置尾指针，构成行尾指针数组 rl_rear[]和列尾指针数组 cl_rear[]。

十字链表表示的稀疏矩阵相加算法具体实现如下。

【算法 3-12】 十字链表表示的稀疏矩阵相加算法。

```
CrossLink   *AddCrossLink (CrossLink *HA, CrossLink *HB)
{CrossLink *HC;
MNode *pa, *pb, *pc;
MNode * rl_rear [m+1], * cl_rear [n+1];              //行、列尾指针数组
int i,k;
if (HA->mu!=HB->mu||HA->nu!=HB->nu)   return NULL;
HC=(CrossLink *)malloc(sizeof(CrossLink ));
HC->mu=HA->mu; HC->nu=HA->nu;
for(k=1; k<=HC->mu; k++)   HC->rlink[k]=NULL;        //初始化 HC 行指针数组
for(k=1; k<=HC->nu; k++)   HC->clink[k]=NULL;        //初始化 HC 列指针数组
for(k=1; k<= HC->mu; k++)   rl_rear[k]=HC->rlink[k]; //初始化行链尾指针数组
for(k=1; k<= HC->nu; k++)   cl_rear[k]=HC->clink[k]; //初始化列链尾指针数组
for(i=1; i<= HC->mu; i++)                            //按行进行加法运算
   {pa=HA->rlink[i]; pb=HB->rlink[i];      // pa、pb 分别指向 A、B 中第一个非零元素
    while(pa||pb)                          //当前行未处理完时
      {if (pa && pb && pa->col==pb->col && pa->v+pb->v==0)
```

```
                {pa=pa->right;  pb=pb->right;}          //若 pa、pb 的列号相等且元素的和为 0
            else {pc=(MNode *)malloc(sizeof(MNode));    //生成 C 中结点 pc
                pc->row=i;                              // pc 的行号
                pc->right=NULL; pc->down=NULL;          //初始化 pc 的 right 、down 指针
                 if (pa->col<pb->col || pb==NULL)       //第一种情况
                    {pc->col=pa->col; pc->v=pa=>v;
                      pa=pa->right;
                    }
                 else if (pa->col>pb->col || pa==NULL)  //第二种情况
                     {pc->col=pb->col; pc->v= pb->v;
                       pb=pb->right;
                     }
                 else { pc->col=pa->col; pc->v=pa->v+pb->v;   //第三种情况
                        pa=pa->right; pb=pb->right;
                      }
                 }
            if (HC->rlink[i]==NULL)                     //将*pc 插入到 HC 的行链表中
                {HC->rlink[i]=pc; rl_rear[i]=pc;}
            else {rl_rear[i]->right=pc; rl_rear[i]=pc;}
            if (HC->clink[pc->col]==NULL)               //将*pc 插入到 HC 的列链表中
                {HC->clink[pc->col]=pc; cl_rear[pc->col]=pc;}
            else {rl_rear[pc->col]->down=pc; rl_rear[pc->col]=pc;}
          }
        } //while(pa||pb)
    return(HC);
  }
```

整个算法的主要过程是对 A 和 B 的十字链表逐行进行扫描，其时间性能主要取决于 A 和 B 中非零元的数目，因此算法的时间复杂度为 O(HA->tu+HB->tu)。

3.3 广义表

本节将基本线性结构的定义进行扩展，给出广义表的定义、性质、基本操作和存储方式。

3.3.1 广义表的基本概念

广义表，又称为列表（Lists，用复数形式以与统称的表 List 的区别），是线性表的推广。

1. 广义表的定义

线性表是由 n 个数据元素组成的有限序列。其中每个组成元素被限定为单元素，有时这种限制需要拓宽。例如，中国举办的某体育项目国际邀请赛，参赛队清单可采用如下的表示形式：

（俄罗斯队，巴西队，（国家队，河北队，四川队），古巴队，美国队，（），日本队）

在这个拓宽了的线性表中，韩国队应排在美国队的后面，但由于某种原因未参加，成为空表。国家队、河北队、四川队均作为东道主的参赛队参加，构成一个小的线性表，成为原线性表的一个数据项。这种拓宽了的线性表就是广义表。

广义表（Generalized Lists）是 n（n≥0）个数据元素 $a_1, a_2, \cdots, a_i, \cdots, a_n$ 的有序序列，一般记作：

$$ls=(a_1, a_2, \cdots, a_i, \cdots, a_n) \tag{3-21}$$

其中：ls 是广义表的名称，n 是它的长度。a_i（1≤i≤n）是 ls 的成员，它可以是单个元素，也可以是一个广义表，分别称为广义表 ls 的单元素和子表。

当广义表 ls 非空时，称第一个元素 a_1 为 ls 的表头（head），称其余元素组成的子表（$a_2, \cdots, a_i, \cdots, a_n$）为 ls 的表尾（tail）。

显然，广义表的定义是递归的。

为书写清楚起见，通常用大写字母表示广义表，用小写字母表示单个数据元素，广义表用括号括起来，括号内的数据元素用逗号分隔开。下面是一些广义表的例子：

    A=()
    B=(e)
    C=(a, (b, c, d))
    D=(A, B, C)
    E=(a, E)
    F=(( ))

2．广义表的性质

从上述广义表的定义和例子可以得到广义表的下列重要性质：

1）广义表是一种多层次的数据结构。广义表的元素可以是单元素，也可以是子表，而子表的元素还可以是子表。

2）广义表可以是递归的表。广义表的定义并没有限制元素的递归，即广义表也可以是其自身的子表。例如表 E 就是一个递归的表。

3）广义表可以为其他表所共享。例如，表 A、表 B、表 C 是表 D 的共享子表。在 D 中可以不必列出子表的值，而用子表的名称来引用。

广义表的上述特性对于它的使用价值和应用效果起到很大的作用。

广义表可以看成是线性表的推广，线性表是广义表的特例。广义表的结构相当灵活，在某种前提下，它可以兼容线性表、数组、树和有向图等各种常用的数据结构。

当二维数组的每行（或每列）作为子表处理时，二维数组即为一个广义表。

另外，树和有向图也可以用广义表来表示。

由于广义表不仅集中了线性表、数组、树和有向图等常见数据结构的特点，而且可有效地利用存储空间，因此在计算机的许多应用领域都有成功使用广义表的实例。

3．广义表的基本运算

广义表有如下两个重要的基本操作。

1）Head(ls)：取表头操作。

2）Tail(ls)：取表尾操作。

根据广义表的表头、表尾的定义可知，对于任意一个非空的列表，其表头可能是单元素也可能是列表，而表尾必为列表。例如对前面给出的广义表有：

Head(B)=e,　　Tail(B)=( );
Head(C)=a,　　Tail(C)=((b, c, d));
Head(D)=A,　　Tail(D)=(B, C);
Head(E)=a,　　Tail(E)=(E);
Head(F)=( ),　　Tail(F)=( );

此外，在广义表中可以定义与线性表类似的一些操作，如建立、插入、删除、拆开、连接、复制、遍历等。

1) CreateLists(ls)：根据广义表的书写形式创建一个广义表 ls。
2) IsEmpty(ls)：若广义表 ls 空，则返回 True；否则返回 False。
3) Length(ls)：求广义表 ls 的长度。
4) Depth(ls)：求广义表 ls 的深度。
5) Locate(ls, x)：在广义表 ls 中查找数据元素 x。
6) Merge(ls1, ls2)：以 ls1 为头、ls2 为尾建立广义表。
7) CopyGList(ls1, ls2)：复制广义表，即按 ls1 建立广义表 ls2。

3.3.2 广义表的存储

由于广义表中的数据元素可以具有不同的结构，因此难以用顺序的存储结构来表示。而链式的存储结构分配较为灵活，易于解决广义表的共享与递归问题，所以通常都采用链式的存储结构来存储广义表。在这种方式下，每个数据元素可用一个结点表示。

按结点形式的不同，广义表的链式存储结构又可以分为两种不同的存储方式：一种称为头尾表示法，另一种称为孩子兄弟表示法。

1. 头尾表示法

若广义表不空，则可分解成表头和表尾；反之，一对确定的表头和表尾可唯一地确定一个广义表。头尾表示法就是根据这一性质设计而成的一种存储方法。

由于广义表中的数据元素既可能是列表也可能是单元素，相应地在头尾表示法中结点的结构形式也有两种：一种是表结点，用以表示列表；另一种是元素结点，用以表示单元素。在表结点中应该包括一个指向表头的指针和指向表尾的指针；而在元素结点中应该包括所表示单元素的元素值。为了区分这两类结点，在结点中还要设置一个标志域，如果标志为 1，则表示该结点为表结点；如果标志为 0，则表示该结点为元素结点。

头尾表示法的结点形式如图 3-26 所示。

图 3-26　头尾表示法的结点形式

a) 表结点　b) 元素结点

其形式定义说明如下。

```
typedef  struct   GLNode
  { int tag;           //标志域,用于区分元素结点和表结点,tag=0 为单元素,tag=1 为子表
    union              //元素结点和表结点的共用部分
      {datatype data;  //data 是元素结点的值域
       struct
         {struct GLNode *hp, *tp
         }ptr;         //ptr 是表结点的指针域,ptr.hp 和 ptr.tp 分别指向表头和表尾
      }data_ptr;
  }*GList;              //头尾表示法的结点类型
```

对于 3.3.1 节所列举的广义表 A、B、C、D、E、F,若采用头尾表示法的存储方式,其存储结构如图 3-27 所示。

从存储结构示例中可以看出,采用头尾表示法容易分清列表中单元素或子表所在的层次。例如,在广义表 D 中,单元素 a 和 e 在同一层次上,而单元素 b、c、d 在同一层次上且比 a 和 e 低一层,子表 B 和 C 在同一层次上。另外,最高层的表结点的个数即为广义表的长度。例如,在广义表 D 的最高层有 3 个表结点,其广义表的长度为 3。

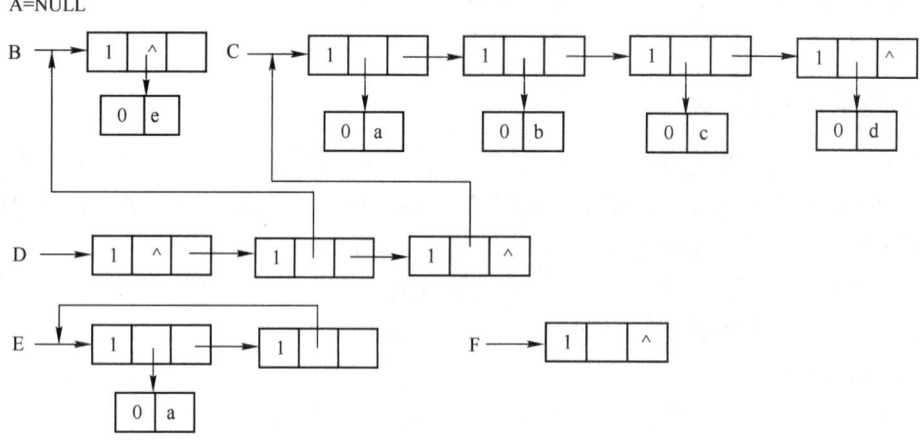

图 3-27 广义表的头尾表示法存储结构示例

2. 孩子兄弟表示法

广义表的另一种表示法称为孩子兄弟表示法。在孩子兄弟表示法中,也有两种结点形式:一种是有孩子结点,用以表示列表;另一种是无孩子结点,用以表示单元素。在有孩子结点中包括一个指向第一个孩子(长子)的指针和一个指向兄弟的指针;而在无孩子结点中包括一个指向兄弟的指针和该元素的元素值。为了能区分这两类结点,在结点中还要设置一个标志域。如果标志为 1,则表示该结点为有孩子结点;如果标志为 0,则表示该结点为无孩子结点。其形式定义如下:

```
typedef struct GLENode
 {int tag;             //标志域,用于区分元素结点和表结点,tag=0 为单元素,tag=1 为子表
  union                //元素结点和表结点的共用部分
   {datatype data;     //元素结点的值域
```

```
        struct GLENode *hp;            //表结点的表头指针
    }data_hp;
    struct GLENode *tp;                //指向下一个结点
}*EGList;                              //孩子兄弟表示法的结点类型
```

孩子兄弟表示法的结点形式如图 3-27 所示。

图 3-28 孩子兄弟表示法的结点形式

a) 有孩子结点 b) 无孩子结点

对于 3.3.1 节中所列举的广义表 A、B、C、D、E、F，若采用孩子兄弟表示法，其存储结构如图 3-29 所示。从图 3-28 的存储结构示例中可以看出，采用孩子兄弟表示法时，表达式中的左括号"("对应存储表示中的 tag=1 的结点，且最高层结点的 tp 域必为 NULL。

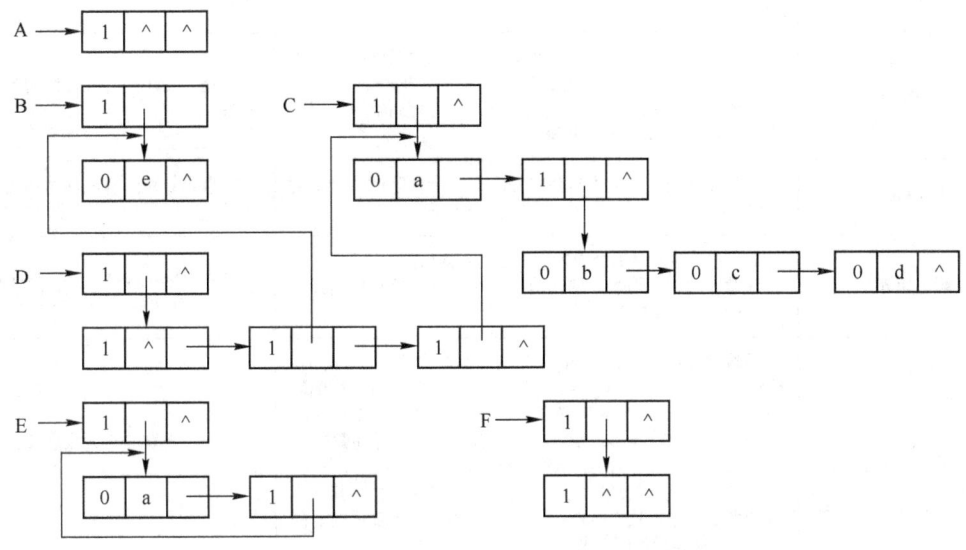

图 3-29 广义表的孩子兄弟表示法存储结构示意

有关广义表的基本操作及其他，在此不再讨论，感兴趣的读者可参考其他文献。

3.4 本章知识点小结

知 识 点	描 述	学 习 要 求
字符串线性结构的特点	每个数据元素仅由一个字符组成的一种特殊的线性表	理解字符串作为线性结构的特殊性
字符串的顺序存储	采用顺序存储结构存储串，可以采用静态存储分配也可以采用动态存储分配	掌握存储方式的定义及各自特点

(续)

知 识 点	描 述	学 习 要 求
字符串的链式存储	采用链式存储结构存储串，有简单链式存储和块链式存储两种方式	掌握存储方式的定义及各自特点
字符串的堆存储	将串名与串值分开存储，串名存储在索引表中，串值存储在堆空间中；串名通过索引表对应到堆空间中的串值；索引表的形式可以有多种；可以根据每个字符串的长度动态地在堆空间中申请相应大小的存储空间	掌握各种索引表方式下的堆存储方式的定义及各自特点
字符串的基本运算	求串长、串赋值、串连接、串比较、求子串、串插入、串删除、串匹配、串替换 注意：求串长、串赋值、串连接、串比较、求子串为最基本的 5 种字符串操作，其他 4 种字符串操作可由这 5 种基本操作表示	掌握操作过程以及在不同存储方式下的实现
数组	多维数组是线性结构的推广，可将 n 维数组看作是 n-1 维数组构成的线性表	掌握多维数组与线性结构的对应关系
对称矩阵	一种特殊矩阵；n 阶方阵的元素满足性质：$a_{ij}=a_{ji}$（$0 \leq i, j \leq n-1$）	掌握对称矩阵与线性结构的对应关系
三角矩阵	以主对角线划分，有上三角矩阵和下三角矩阵两种；主对角线以下，不包括主对角线中的元素，均为常数 c，称为上三角矩阵；主对角线以上，不包括主对角线中的元素，均为常数 c，称为下三角矩阵	掌握三角矩阵与线性结构的对应关系
带状矩阵	非零元素集中在以主对角线为中心的带状区域中，也称带状矩阵	掌握带状矩阵与线性结构的对应关系
稀疏矩阵	矩阵中非零元素的个数远小于矩阵元素总数的矩阵 注意：以三元组表示的稀疏矩阵在运算前后存储的行、列优先顺序要保持统一	掌握稀疏矩阵的三元组表示及其在这种表示下的矩阵运算实现
广义表	是线性表的推广；是 n 个元素的有限序列（$a_1, a_2, \cdots, a_n$）；其中 a_i 或者是原子或者是广义表；a_1 称为广义表的表头，（$a_2, \cdots, a_n$）称为广义表的表尾；通常记为 LS=（$a_1, a_2, \cdots, a_n$），LS 为广义表的名称；广义表的定义是递归的。广义表的存储有头尾表示法和孩子兄弟表示法。 注意：广义表的递归定义表明其结构的递归性，其基本操作可通过递归技术实现；区分广义表表头和表尾的目的是为了存储和操作广义表	掌握广义表的相关概念及其存储表示

练习题

习题解答
第 3 章 习题解答

一、选择题

1. 串的长度是指（　　）。
   A．串中所含不同字母的个数　　　　B．串中所含字符的个数
   C．串中所含不同字符的个数　　　　D．串中所含非空格字符的个数

2. 已知在模式匹配中的模式串 S="aaab"，其 next 数组值为（　　）。
   A．0123　　　　B．1123　　　　C．1231　　　　D．1211

3. 二维数组 M 的成员是 6 个字符（每个字符占一个存储单元）组成的串，行下标 i 的范围为 0～8，列下标 j 的范围为 1～10，则存放 M 至少需要　(1)　字节；M 的第 8 列和

第 5 行共占___(2)___字节；若 M 按行优先方式存储，元素 M[8][5]的起始地址与当 M 按列优先方式存储时的___(3)___元素的起始地址一致。

(1) A．90　　　　　B．180　　　　　C．240　　　　　D．540
(2) A．108　　　　 B．114　　　　　C．54　　　　　　D．60
(3) A．M[8][5]　　 B．M[3][10]　　 C．M[5][8]　　　 D．M[0][9]

4．数组 A 中，每个元素的存储占 3 个单元，行下标 i 为 1～8，列下标 j 为 1～10，从首地址 SA 开始连续存放在存储器内，存放该数组至少需要的单元个数是___(1)___，若该数组按行存放，元素 A[8][5]的起始地址是___(2)___，若该数组按列存放，元素 A[8][5]的起始地址是___(3)___。

(1) A．80　　　　　B．100　　　　　C．240　　　　　D．270
(2) A．SA+141　　　B．SA+144　　　 C．SA+222　　　　D．SA+225
(3) A．SA+141　　　B．SA+180　　　 C．SA+117　　　　D．SA+225

5．稀疏矩阵采用压缩存储，一般有（　　）两种方法。
　　A．二维数组和三维数组　　　　　　B．三元组和散列
　　C．三元组表和十字链表　　　　　　D．散列和十字链表

二、判断题

1．串相等是指两个串的长度相等。
2．串既可以采用顺序存储，也可以采用链式存储。
3．KMP 算法的特点是在模式匹配时指示主串的指针不会变小。
4．稀疏矩阵压缩存储后，必会失去随机存取功能。
5．串是字符的有限序列，空串是由空格构成的串。
6．数组是线性结构的一种推广，因此与线性表一样，可以对它进行插入、删除等操作。
7．若采用三元组存储稀疏矩阵，把每个元素的行下标和列下标互换，就完成了对该矩阵的转置运算。
8．若一个广义表的表头为空表，则此广义表亦为空表。
9．若一个广义表的表尾为空表，则此广义表亦为空表。
10．所谓取广义表的表尾就是返回广义表中最后一个元素。

三、简答题

1．KMP 算法较朴素的模式匹配算法有哪些改进？
2．设字符串 S="aabaabaabaac"，P="aabaac"，试求：
（1）给出 S 和 P 的 next 值。
（2）若 S 作为主串，P 作模式串，试给出利用 KMP 算法的匹配过程。
3．考虑对 KMP 算法能否再做改进。
4．说明一维数组与有序表的异同。
5．简述数组与字符串属于线性表的理由。
6．假设按行优先存储整数数组 A[9][3][5][8]时，第一个元素的字节地址是 100，每个整数占 4 字节。问下列元素的存储地址是什么？
（1）a_{0000}　　（2）a_{1111}　　（3）a_{3125}　　（4）a_{8247}
7．假设一个准对角矩阵：

$$\begin{pmatrix} a_{11} & a_{12} & & & & & & \\ a_{21} & a_{22} & & & & & & \\ & & a_{33} & a_{34} & & & & \\ & & a_{43} & a_{44} & & & & \\ & & & & \ldots & & & \\ & & & & a_{ij} & & & \\ & & & & & & a_{2m-1,2m-1} & a_{2m-1,2m} \\ & & & & & & a_{2m,2m-1} & a_{2m,2m} \end{pmatrix}$$

按以下方式存储于一维数组 B[4m] 中 （m 为一个整数）：

0	1	2	3	4	5	6	…	k	…	4m-1	4m
a_{11}	a_{12}	a_{21}	a_{22}	a_{33}	a_{34}	a_{43}	…	a_{ij}	…	$a_{2m-1,2m}$	$a_{2m,2m-1}$	$a_{2m,2m}$

写出下标转换函数 k=f(i, j)。

8. 设有 n×n 的带宽为 3 的带状矩阵 A，将其 3 条对角线上的元素存于数组 B[3][n] 中，使得元素 B[u][v]=a_{ij}，试推导出从（i，j）到 (u, v)的下标变换公式。

9. 现有如下图所示的稀疏矩阵 A，要求画出以下各种表示方法。

（1）三元组表表示法。

（2）十字链表法。

$$\begin{pmatrix} 0 & 0 & 0 & 22 & 0 & -15 \\ 0 & 13 & 3 & 0 & 0 & 0 \\ 0 & 0 & 0 & -6 & 0 & 0 \\ 0 & 0 & 0 & 0 & 0 & 0 \\ 91 & 0 & 0 & 0 & 0 & 0 \\ 0 & 0 & 28 & 0 & 0 & 0 \end{pmatrix}$$

10. 画出下列广义表的头尾表示存储结构示意图。

（1）A=((a, b, c), d, (a, b, c))。

（2）B=(a, (b, (c, d), e), f)。

四、算法设计题

1. 利用 C 的库函数 strlen，strcpy 和 strcat 写一个算法 void StrInsert(char *S, char *T, int i)，将串 T 插入到 S 的第 i 个位置上。若 i 大于 S 的长度，则插入不执行。

2. 利用 C 的库函数 strlen，strcpy（或 strncpy）写一个算法 void StrDelete(char *S, int i, int m)，删除串 S 中从位置 i 开始的连续的 m 个字符。若 i≥strlen(S)，则没有字符被删除；若 i+m≥strlen(S)，则将 S 中从位置 i 开始直至末尾的字符均被删去。

3. 采用顺序结构存储串，编写一个函数，求串 s 和串 t 的一个最长的公共子串。

4. 采用顺序存储结构存储串，编写一个函数，计算一个子串在一个字符串中出现的次数，如果该子串不出现，则次数为 0。

5. 假设稀疏矩阵 A 和 B（具有相同的大小 m×n）都采用三元组表存储，编写一个算法计算 C=A+B，要求 C 也采用三元组表存储。

6．假设稀疏矩阵 A 和 B（分别为 m×n 和 n×l 矩阵）采用三元组表存储，编写一个算法计算 C=A×B，要求 C 也是采用稀疏矩阵的三元组表存储。

7．假设稀疏矩阵只存放其非 0 元素的行号、列号和数值，以一维数组顺次存放，以行号为-1 作为结束标志。例如如下所示的稀疏矩阵 M：

$$M = \begin{pmatrix} 1 & 0 & 0 & 0 & 10 & 0 & 0 & 0 & 0 \\ 0 & 0 & 0 & 0 & 0 & 0 & 0 & 0 & 0 \\ 0 & 0 & 0 & 0 & 0 & 0 & 0 & 0 & 5 \\ 0 & 0 & 0 & 0 & 0 & 0 & 0 & 0 & 0 \\ 0 & 0 & 0 & 0 & 0 & 0 & 0 & 0 & 0 \end{pmatrix}$$

则存在一维数组 D 中：

D[0]=1，D[1]=1，D[2]=1，D[3]=1，D[4]=5

D[5]=10，D[6]=3，D[7]=9，D[8]=5，D[9]=-1

现有两个如上方法存储的稀疏矩阵 A 和 B，它们均为 m 行 n 列，分别存放在数组 A 和 B 中，编写求矩阵加法 C=A+B 的算法，C 亦放在数组 C 中。

8．已知 A 和 B 为两个 n×n 阶的对称矩阵，输入时，对称矩阵只输入下三角形元素，按压缩存储方法存入一维数组 A 和 B 中，编写一个计算对称矩阵 A 和 B 乘积的算法。

9．设计算法，对 n×n 矩阵，通过行变换使其每行元素的平均值按递增顺序排序。

10．有一整数数组 T[n]，设计算法，要求不用循环，实现按下标顺序输出数组元素。

实验题

题目　格式化文本

1．问题描述

待排版的一段文本存放在一个文本文件中，要求设计一个程序对文本进行格式化排版，即按指定格式对这段文本排版，实现分段、分页等功能，排版后的文本输出到另一个文本文件中。

2．基本要求

（1）从输入文件"input.txt"中读取待排版文本。

（2）排版要求：

1）这段文本由多行文字组成，每一行包含多个单词，单词之间由一个或多个空格分隔；每行的字符不超过 60 个，假设一个单词不可被分割存放在两行中。

2）待排版文本中除了普通的文本字符外，特殊字符"#"表示其后面的正文应另起一行，即表示新的一段开始，新段的段首应向右缩进 4 个字符，要求排版后的文本中不再出现"#"符号。

3）格式化的文本参数包含：页长（每页的行数）、页宽（每行的字符数）、页眉（每页正文前的空行数）、页脚（每页正文后的空行数）、起始页号（从 1 开始编号）。

（3）将待排版文本格式化后在屏幕显示，同时保存到输出文件"output.txt"中。

3．提示与分析

（1）主要数据类型

1）格式化文本的参数。

```
typedef struct
  {int PgLength;              //页长
   int PgWedth;               //页宽
   int HLength;               //页眉
   int FLength;               //页脚
   int SpgNum;                //起始页码
  }FormatPm;
```

2）待排版的文本。

```
#define  N 3000
typedef char SourceText[N];
SourceText st;
```

3）格式化的文本。

```
typedef struct
  {FormatPm   parameters;
   char   text[page][row][col];    //页号、行号、列号
  }FormatText;
FormatText   ft;
```

（2）基本功能分析

1）从输入文件"input.txt"中读入待排版的文本到数组 st 中，同时识别普通字符与特殊字符，并做出适当的处理。

2）读入格式化文本的参数信息：页长、页宽、页眉等。

3）格式化排版。首先，初始化结构体变量 ft.parameters。然后，根据页眉 Hlength 的值设置若干空行，即 row 的初始值为 HLength；根据 SpgNum 设置页号 page 的初始值；设置 col 值为 0。

依次扫描 st 中字符 st[k]：

● 若 st[k]='#'，开始新的一行，即 row++，若 row 超出页长 PgLength，开始新的一页，即 page++，同时相应修改 row 和 col 的值；再从 ft.text[page][row][0]开始，依次写入 4 个空格字符。

● 否则，判断当前字符 st[k]是否空格。

若非空格，如果 st[k]是一个新单词的开始，统计此单词的字符数 n，若 n 小于当前行剩余列数（PgWedth-col），则向 ft.text 中写入此单词，同时 k+=n; col+=n；否则开始下一行，即 row++；若 row 超出页长 PgLength，开始新的一页，col=0；写入单词，k+=n。

若 st[k]为空格，向 ft.text 中写入一个空格，col++；接下来，判断 st 中是否为连续 m 个空格，不再写入 ft.text，令 k+=m。

依此类推，处理 st 中的字符至结束。

4）从结构体遍历 ft. parameters 中读取格式化参数信息，按此指定格式将 ft.text 中内容分页，页内分行，逐行地将字符显示到屏幕上，同时写到输出文件"output.txt"中。

4．测试数据

请读者自行指定 1～3 篇没有排版的英文文章进行测试。

5．选作内容

1）单词可以被连词符"-"分隔为前后两部分，并分别存放在某行的末尾及下一行的开头。

2）允许用户在输入文件中指定分页符，排版后实现人为分页。

3）用户在程序运行时可重新指定格式化的文本参数：页长、页宽等。

4）由用户在程序运行时指定待排版文件及输出文件的文件名。

第4章 树 结 构

在前面几章里讨论的数据结构都属于线性结构，线性结构的特点是逻辑结构简单，易于进行查找、插入和删除等操作，其主要用于对客观世界中具有单一的前驱和后继的数据关系进行描述，而现实中的许多事物的关系并非这样简单，如人类社会的族谱、各种社会组织机构以及城市交通、通信等，这些事物中的联系都是非线性的，采用非线性结构进行描绘会更加明确和便利。

所谓非线性结构，是指在该结构中至少存在一个数据元素，有两个或两个以上的直接前驱（或直接后继）元素。树结构和图结构就是其中十分重要的非线性结构，可以用来描述客观世界中广泛存在的层次结构和网状结构的关系，如前面提到的族谱、城市交通等。在本章及第 5 章将重点讨论这两类非线性结构的有关概念、存储结构、在各种存储结构上所实施的一些运算以及相关的应用。

【主要内容提示】
- 二叉树的概念、性质和存储
- 二叉树的递归遍历与非递归遍历
- 线索二叉树的概念、存储及应用
- 最优二叉树的概念、构造及哈夫曼编码
- 树和森林的存储、与二叉树的相互转换、遍历及应用

教学课件
第 4 章 树结构

4.1 引言

本节通过大家熟悉的问题引出树的定义及相关的概念。

4.1.1 问题提出

线性结构是指元素之间至多有一个前驱元素或一个后继元素的情况，然而在现实生活中或数学抽象中还有一种情况是元素至多有一个前驱元素，而可以有多个后继元素的情况，称之为树结构。看下面这些问题，它们涉及的数据元素之间的关系是怎样的。

问题 1：组织结构层次关系的存储与查找。
问题 2：家族族谱中家族成员之间的关系表示与查找。
问题 3：图书馆中图书的分类关系的建立。
问题 4：0-1 背包问题求解中，穷举所有可能的解。

0-1 背包问题：给定 n 种物品和一背包。物品 i 的重量是 w_i，其价值为 v_i，背包的容量为 C。问应如何选择装入背包的物品，使得装入背包中物品的总价值最大？该问题可抽象成如下的数学表达，在满足式（4-1）的条件下，求得到式（4-2）的 x 序列的取值。

$$\begin{cases} \sum_{i=1}^{n} w_i x_i \leqslant C \\ x_i \in \{0,1\}, 1 \leqslant i \leqslant n \end{cases} \tag{4-1}$$

$$\max \sum_{i=1}^{n} v_i x_i \tag{4-2}$$

该问题解的空间树如图 4-1 所示（简化为 3 个物品的背包问题），每一条由结点 A 到最下层结点的路径为一种可能的解决方案。

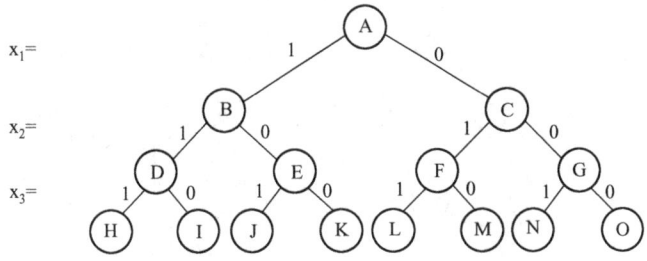

图 4-1 3 个物品的 0-1 背包问题解的空间树

问题 5：n 皇后问题，在 n×n 格的棋盘上放置彼此不受攻击的 n 个皇后。按照国际象棋的规则，皇后可以攻击与之处在同一行或同一列或同一斜线上的棋子。n 皇后问题等价于在 n×n 格的棋盘上放置 n 个皇后，任何两个皇后不放在同一行或同一列或同一斜线上。第 1 章中的图 1-1 是四皇后问题得到的棋盘布局的状态树。

上述前 3 个问题对应的是数据元素之间的逻辑关系相似，都是从一个源结点开始，产生分支的组织机构、家族成员或下一层次的图书分类，再由下一层产生下面的分支，这样直到最下层。它们都具有树的特征，此外还有一个共同点就是每个结点的分支数不一定相等。问题 4 和问题 5 的解空间也属于树结构，与前 3 个问题不同的是问题 4 每个结点的分支数都是 2，问题 5 每个结点的分支数都是 4。

本章将详细讨论上述问题涉及的树结构的存储、搜索，进而推广到对多棵树（称为森林）的存储和搜索问题的解决。

4.1.2 相关概念

1. 树的定义

树（Tree）是 n（n≥0）个有限数据元素的集合。当 n=0 时，称这棵树为空树；在一棵非空树 T 中有以下两点表现。

1）有一个特殊的数据元素称为树的根结点，根结点没有前驱结点。

2）若 n>1，除根结点之外的其余数据元素被分成 m（m>0）个互不相交的集合 T_1，T_2，…，T_m，其中每一个集合 T_i（1≤i≤m）本身又是一棵树，树 T_1，T_2，…，T_m 称为这个根结点的子树。

可以看出，在树的定义中用了递归概念，即用树来定义树。

图 4-2a 是一棵具有 9 个结点的树，即 T={A, B, C, …, H, I}，结点 A 为树 T 的根结点，除根结点 A 之外的其余结点分为两个不相交的集合：T_1={B, D, E, F, H, I}和T_2={C, G}，T_1

和 T_2 构成了结点 A 的两棵子树，它们本身也分别是一棵树。例如，子树 T_1 的根结点为 B，其余结点又分为 3 个不相交的集合：T_{11}={D}、T_{12}={E, H, I}和 T_{13}={F}。T_{11}、T_{12} 和 T_{13} 是子树 T_1 的根结点 B 的 3 棵子树。如此可继续向下分为更小的子树，直到每棵子树只有一个根结点为止。

从树的定义和图 4-2a 的示例可以看出，树具有下面两个特点。
1）树的根结点没有前驱结点，除根结点之外的所有结点有且只有一个前驱结点。
2）树中所有结点可以有零个或多个后继结点。

由此特点可知，图 4-2b～d 所示的都不是树结构。

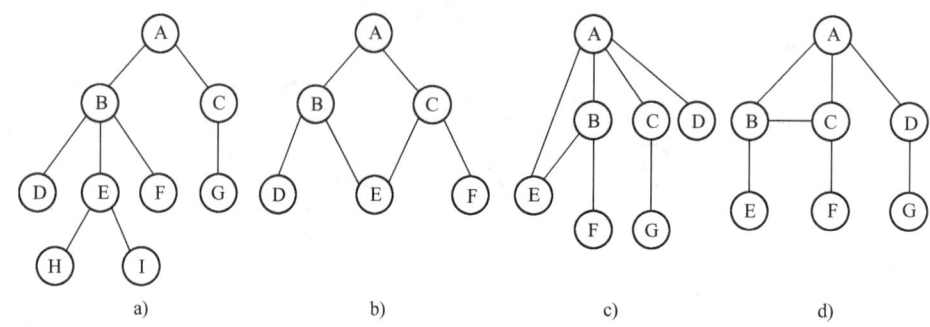

图 4-2 树结构和非树结构示意图
a）一棵树结构 b）非树结构 1 c）非树结构 2 d）非树结构 3

2．树的相关术语

1）结点的度：结点所拥有的子树的个数称为该结点的度。

2）叶结点：度为 0 的结点称为叶结点，或者称为终端结点。

3）分支结点：度不为 0 的结点称为分支结点，或者称为非终端结点。一棵树的结点除叶结点外，其余的都是分支结点。

4）左孩子、右孩子、双亲、兄弟：树中一个结点的子树的根结点称为这个结点的孩子。在二叉树中，左子树的根称为左孩子，右子树的根称为右孩子。反过来这个结点称为它孩子结点的双亲。具有同一个双亲的孩子结点互称为兄弟。

5）路径、路径长度：如果一棵树中的一串结点 $n_1, n_2, \cdots, n_k$ 有如下关系：结点 n_i 是 n_{i+1} 的父结点（1≤i<k），就把 $n_1, n_2, \cdots, n_k$ 称为一条由 n_1 至 n_k 的路径，这条路径的长度是 k-1。

6）祖先、子孙：在树中，如果有一条路径从结点 M 到结点 N，那么 M 就称为 N 的祖先，而 N 称为 M 的子孙。

7）结点的层数：规定树的根结点的层数为 1，其余结点的层数等于它的双亲结点的层数加 1。

8）树的深度：树中结点的最大层数称为树的深度。

9）树的度：树中各结点度的最大值称为该树的度。

10）有序树和无序树：如果一棵树中结点的各子树从左到右是有次序的，即若交换了某结点各子树的相对位置，则构成不同的树，称这棵树为有序树；反之，则称为无序树。

11）森林：零棵或有限棵不相交的树的集合称为森林。自然界中树和森林是不同的概念，但在数据结构中，树和森林只有很小的差别。任何一棵树，删去根结点就变成了森林。

4.2 二叉树

二叉树结构是树结构中最简单和应用最广泛的类型。

授课视频
4.2 二叉树

4.2.1 二叉树的概念

1. 二叉树的定义

二叉树（Binary Tree）是有限个数据元素的集合，该集合或者为空，或者由一个称为根的元素及两个不相交的、被分别称为根的左子树和根的右子树的树组成。当集合为空时，称该二叉树为空二叉树。在二叉树中，一个元素也称作一个结点。

二叉树是有序的，即若将其左、右子树颠倒，就成为另一棵不同的二叉树。即使树中结点只有一棵子树，也要区分它是左子树还是右子树。因此二叉树具有 5 种基本形态，如图 4-3 所示。

图 4-3 二叉树的五种基本形态

a) 空二叉树 b) 只有根结点 c) 左子树 d) 右子树 e) 根结点有非空的左右子树

2. 二叉树的相关术语

（1）满二叉树

如果一棵二叉树每一层的结点个数都达到了最大，这棵二叉树称作满二叉树。如图 4-4a 所示。对于满二叉树，所有的分支结点都存在左子树和右子树，所有的叶子都在最下面这一层。若所有结点要么是含有左右子树的分支结点，要么是叶子结点，但由于其叶子未在同一层上，则不是满二叉树，如图 4-4b 所示。

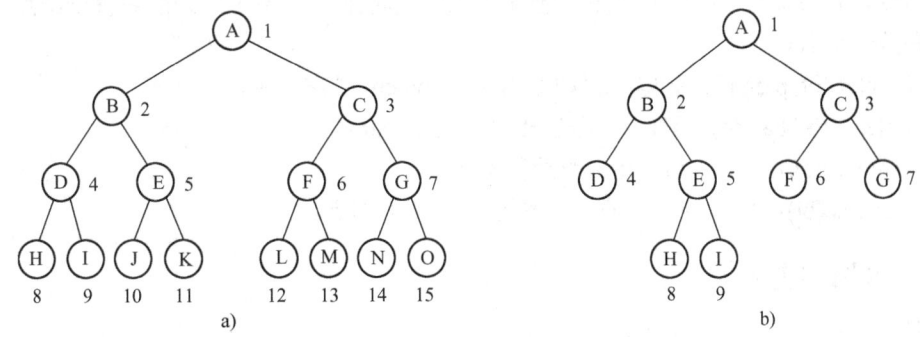

图 4-4 满二叉树和非满二叉树示意图

a) 一棵满二叉树 b) 一棵非满二叉树

（2）完全二叉树

一棵深度为 k 的有 n 个结点的二叉树，对其结点按从上至下、从左到右的顺序进行编号，如果编号为 i（1≤i≤n）的结点与满二叉树中编号为 i 的结点在二叉树中的位置相同，则称这棵二叉树为完全二叉树。

完全二叉树的特点：叶子结点只能出现在最下层和次最下层，且最下层的叶子结点集中在树的左部。显然，一棵满二叉树必定是一棵完全二叉树，而完全二叉树未必是满二叉树。如图 4-5a 所示为一棵完全二叉树，4-4b 和图 4-5b 都不是完全二叉树。

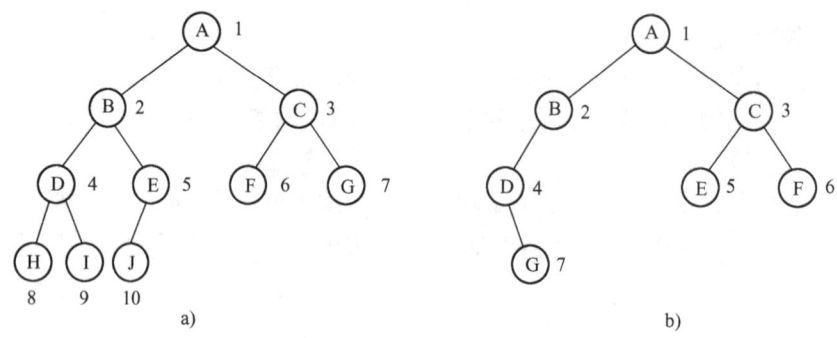

图 4-5　完全二叉树和非完全二叉树的对比
a）完全二叉树　b）非完全二叉树

3．二叉树的基本操作

二叉树的基本操作通常有以下几种。

1）Initiate(bt)：建立一棵空二叉树。

2）Create(x, lbt, rbt)：生成一棵以 x 为根结点的数据域信息，以二叉树 lbt 和 rbt 为左子树和右子树的二叉树。

3）InsertL(bt, x, parent)：将数据域信息为 x 的结点插入到二叉树 bt 中作为结点 parent 的左孩子结点。如果结点 parent 原来有左孩子结点，则将结点 parent 原来的左孩子结点作为结点 x 的左孩子结点。

4）InsertR(bt, x, parent)：将数据域信息为 x 的结点插入到二叉树 bt 中作为结点 parent 的右孩子结点。如果结点 parent 原来有右孩子结点，则将结点 parent 原来的右孩子结点作为结点 x 的右孩子结点。

5）DeleteL(bt, parent)：删除二叉树 bt 中结点 parent 的左子树。

6）DeleteR(bt, parent)：删除二叉树 bt 中结点 parent 的右子树。

7）Search(bt, x)：在二叉树 bt 中查找数据元素 x。

8）Traverse(bt)：按某种方式遍历二叉树 bt 的全部结点。

4.2.2　二叉树的主要性质

性质 1　一棵非空二叉树的第 i 层上最多有 2^{i-1} 个结点（i≥1）。

证明　该性质可由数学归纳法证明。

当 i=1 时，只有一个根结点，这时 $2^{i-1}=2^0=1$，命题成立。

假设当 i=k 时，命题成立，即第 k 层最多有 2^{k-1} 个结点；那么当 i=k+1 时，由于二叉树的每个结点最多有两个孩子结点，因此第 k+1 层的结点数最多是第 k 层的 2 倍，即 $2\times2^{k-1}=2^{(k+1)-1}$，命题成立。

性质 2 一棵深度为 k 的二叉树中，最多具有 2^k-1 个结点。

证明 设第 i 层的结点数为 x_i（$1 \leqslant i \leqslant k$），深度为 k 的二叉树的结点数为 M，由性质 1 可知，x_i 最多为 2^{i-1}，则有

$$M = \sum_{i=1}^{k} x_i \leqslant \sum_{i=1}^{k} 2^{i-1} = 2^k - 1$$

性质 3 对于一棵非空的二叉树，若叶子结点数为 n_0，度数为 2 的结点数为 n_2，则有

$$n_0 = n_2 + 1$$

证明 设 n 为二叉树的结点总数，n_1 为二叉树中度为 1 的结点数，则有

$$n = n_0 + n_1 + n_2 \tag{4-3}$$

在二叉树中，除根结点外，其余结点都有唯一的一个进入分支。设 B 为二叉树中的分支数，那么有

$$B = n - 1 \tag{4-4}$$

这些分支是由度为 1 和度为 2 的结点发出的，一个度为 1 的结点发出一个分支，一个度为 2 的结点发出两个分支，所以有

$$B = n_1 + 2n_2 \tag{4-5}$$

综合式（4-3）～式（4-5）可以得到

$$n_0 = n_2 + 1$$

性质 4 具有 n 个结点的完全二叉树的深度 k 为 $\lfloor \log_2 n \rfloor + 1$。

证明 根据完全二叉树的定义和性质 2 可知，当一棵完全二叉树的深度为 k、结点个数为 n 时，有

$$2^{k-1} - 1 < n \leqslant 2^k - 1$$

即

$$2^{k-1} \leqslant n < 2^k$$

对不等式取对数，有

$$k - 1 \leqslant \log_2 n < k$$

由于 k 是整数，所以有 $k = \lfloor \log_2 n \rfloor + 1$。

性质 5 对于具有 n 个结点的完全二叉树，如果按照从上至下和从左到右的顺序对二叉树中的所有结点从 1 开始顺序编号，则对于任意的编号为 i 的结点有如下性质。

1）如果 i>1，则编号为 i 的结点的双亲结点的编号为 $\lfloor i/2 \rfloor$；如果 i=1，则序号为 i 的结点是根结点，无双亲结点。

2）如果 2i≤n，则编号为 i 的结点的左孩子结点的编号为 2i；如果 2i>n，则序号为 i 的结点无左孩子。

3）如果 2i+1≤n，则编号为 i 的结点的右孩子结点的编号为 2i+1；如果 2i+1>n，则序号为 i 的结点无右孩子。

证明：因为 1）可以由 2）和 3）推导出，所以这里只需证明 2）和 3）。

当 i=1 时，该结点为根结点，若 2≤n，则由编码规则可知，编号为 2 的结点必是根结点的左孩子；若 2>n，则不存在编号为 2 的结点，即此时根结点没有左孩子。同样若 3≤n，

编号为 3 的结点必是根结点的右孩子；若 3>n，则不存在编号为 3 的结点，即根结点没有右孩子。

当 i>1 时，分两种情况讨论：

① 当编号为 i 的结点为第 j 层的第一个结点时，由编码规则和性质 2 可知，$i=2^{j-1}$，而其左孩子必为第 j+1 层的第一个结点，编号为 2^j，$2^j=2\times 2^{j-1}=2i$，若 2i>n，则其没有左孩子；其右孩子必为第 j+1 层的第二个结点，编号为 2^j+1，$2^j+1=2\times 2^{j-1}+1=2i+1$，若 2i+1>n，则其没有右孩子。

② 当编号为 i 的结点为第 j 层（$1\leq j<\lfloor \log_2 n \rfloor$）的某个结点（$2^{j-1}\leq i<2^j$）时，假设命题成立，即若 2i<n，则其左孩子编号为 2i，若 2i+1<n，则其右孩子编号为 2i+1。那么编号为 i+1 的结点，或者为编号为 i 的结点的右兄弟或堂兄弟，或者是第 j+1 层的第一个结点，其左孩子的编号为 2i+2=2(i+1)，左孩子的编号为 2i+3=2(i+1)+1，命题成立。

若对二叉树的根结点从 0 开始编号，则相应的 i 号结点的双亲结点的编号为(i-1)/2，左孩子的编号为 2i+1，右孩子的编号为 2i+2。

本书中，如无特别声明，二叉树根结点的编号从 1 开始。

4.2.3 二叉树的存储

1. 顺序存储结构

所谓二叉树的顺序存储，就是用一组连续的存储单元存放二叉树中的结点。一般是按照二叉树结点从上至下、从左到右的顺序存储的。这样，对于任意一棵二叉树，其结点在存储位置上的前驱或后继关系并不一定就是它们在逻辑上的邻接关系。只有通过一些方法直接或间接地确定某结点在逻辑上的前驱结点和后继结点，这种存储才是有意义的。因此，依据二叉树的性质，完全二叉树和满二叉树采用顺序存储比较合适，树中结点的序号可以唯一地反映出结点之间的逻辑关系，这样既能够最大可能地节省存储空间，又可以利用结点的存储位置确定结点在二叉树中的位置及结点之间的关系。

图 4-5a 所示的完全二叉树的顺序存储示意如图 4-6 所示。

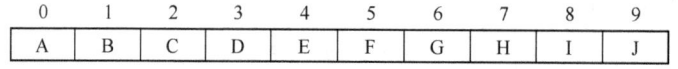

图 4-6 完全二叉树的顺序存储示意

对于一般的二叉树，如果仍按从上至下和从左到右的顺序将树中的结点顺序存储在一维数组中，则通过存储位置不能够反映二叉树中结点之间的逻辑关系，只有增添一些并不存在的空结点，使之成为一棵完全二叉树的形式（称之为完全化），然后再顺序存储。

如图 4-7 给出了一棵非完全二叉树完全化后的顺序存储状态示意。

显然，对于一棵非完全二叉树完全化后可能需要增加一些空结点，这种存储对于非完全二叉树，可能会造成空间上的大量浪费，这时是不宜用顺序存储结构的。

最坏的情况是蜕化树情况（如右单支树），如图 4-8 所示，一棵深度为 k 的右单支树，只有 k 个结点，却需分配 2^k-1 个存储单元。

二叉树的顺序存储结构可描述为：

```
#define MAXNODE   1024              //二叉树的最大结点数,可根据实际情况进行修改
typedef datatype SqBiTree[MAXNODE]; //0号单元存放根结点
```

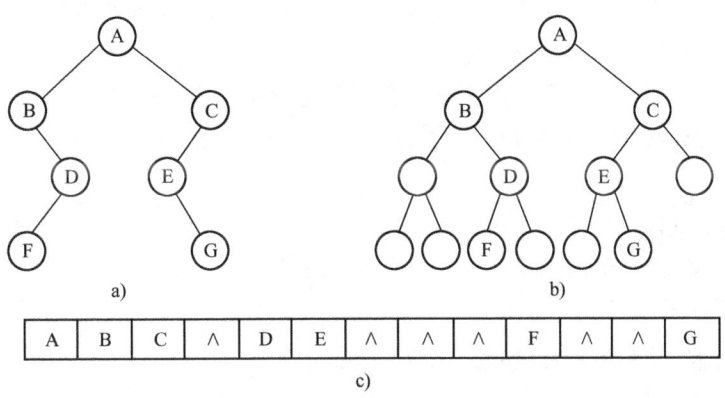

图 4-7 一般二叉树及其顺序存储示意

a) 一棵非完全二叉树　b) 完全化后的二叉树　c) 完全化后二叉树顺序存储状态

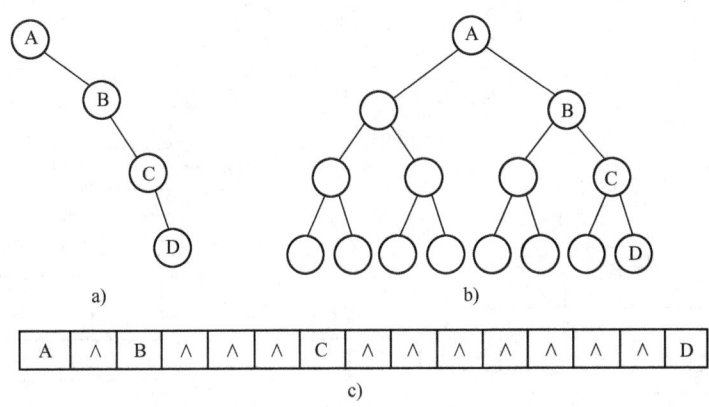

图 4-8 右单支二叉树及其顺序存储示意

a) 一棵右单支二叉树　b) 完全化后的右单支二叉树　c) 完全化后的右单支二叉树的顺序存储状态

定义一个顺序存储的二叉树变量:

　　SqBiTree bt;

即将 bt 为含有 MAXNODE 个 datatype 类型元素的一维数组。

2．链式存储结构

所谓二叉树的链式存储结构是指用链表来表示一棵二叉树,即用链来指示元素之间的逻辑关系。通常有下面两种形式。

(1) 二叉链表存储

链表中每个结点由 3 个域组成,除了数据域外,还有两个指针域,分别用来给出该结点左孩子和右孩子所在的链结点的存储地址。结点的存储结构为:

| lchild | data | rchild |

其中，data 域存放某结点的数据信息；lchild 与 rchild 分别存放指向左孩子和右孩子的指针，当左孩子或右孩子不存在时，相应指针域值为空（用符号∧或 NULL 表示）。

有时为了操作的方便，也可以为二叉链表加上一个头结点，根结点的指针存放在头结点的左孩子指针域，右孩子指针域置为空。

图 4-9 给出了一棵二叉树及其对应的二叉链表存储示意。

二叉树的二叉链表存储结构可描述为：

```
typedef  struct bitnode
{ datatype   data;
struct bitnode   *lchild;*rchild;        //左右孩子指针
} BiTNode, *BiTree;
```

定义一个指向二叉树的指针变量：BiTree   t;

图 4-9 二叉树及其二叉链表存储示意
a) 一棵二叉树   b) 不带头结点的二叉链表   c) 带头结点的二叉链表

（2）三叉链表存储

二叉链表存储可以直接找到结点的孩子结点，但不能直接找到其双亲结点，用三叉链表存储可以解决这一问题，有时给运算带来方便。

三叉链表的每个结点由 4 个域组成，具体结构为：

| lchild | data | rchild | parent |

其中，data、lchild 以及 rchild 三个域的意义同二叉链表结构；parent 域为指向该结点双亲结点的指针。这种存储结构既便于查找孩子结点，又便于查找双亲结点；但是，相对于二叉链表存储结构而言，它增加了空间开销。

图 4-10 给出了图 4-9a 所示二叉树对应的三叉链表存储示意。

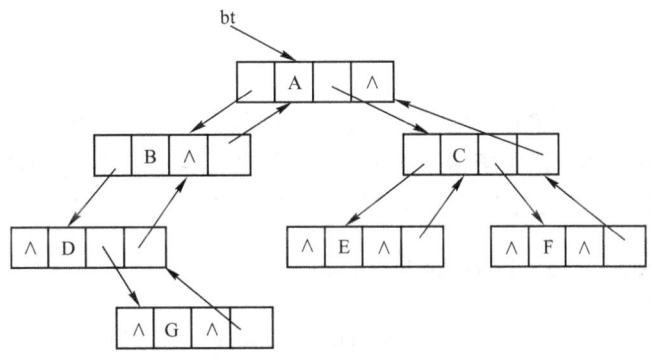

图 4-10　二叉树及三叉链表存储示意

尽管在二叉链表中无法由结点直接找到其双亲，但由于二叉链表结构灵活，操作方便，对于一般情况的二叉树，甚至比顺序存储结构还节省空间。因此，二叉链表是最常用的二叉树存储方式。如不加特殊说明，本书后面所涉及的二叉树的链式存储都是指二叉链表结构。

4.2.4　二叉树基本运算的实现

算法的实现依赖于具体的存储结构，当二叉树采用不同的存储结构时，上述各种操作的实现算法是不同的。下面讨论基于二叉链表存储结构的基本操作的实现算法。

1) Initiate(bt)：建立一棵空的二叉树 bt，并返回 bt。在二叉树根结点前建立头结点，就如同在单链表前建立的头结点，可以方便后边的一些操作实现。二叉树带不带头结点，可根据具体需要而定。

【算法 4-1a】　建立一棵空的带头结点的二叉树。

```
BiTree Initiate ()         //初始建立一棵带头结点的二叉树
{ BiTNode  *bt;
  bt=(BiTNode *)malloc(sizeof(BiTNode));
  bt->lchild=NULL;
  bt->rchild=NULL;
  return bt;
}
```

若要建立不带头结点的二叉树，可描述如下。

【算法 4-1b】　建立一棵空的不带头结点的二叉树。

```
BiTree Initiate ()         //初始建立一棵不带头结点的二叉树
 {BiTNode   *bt;
  bt=NULL;
  return bt;
 }
```

在主函数中，可以通过如下方式调用 Initiate 函数：

main ( )

```
    {BiTree  t;
     t =Initiate ();
      …
    }
```

2）Create(x, lbt, rbt)：建立一棵以 x 为根结点的数据域信息，以二叉树 lbt 和 rbt 为左右子树的二叉树。建立成功时返回所建二叉树结点的指针；建立失败时返回空指针。

【算法 4-2】 生成一棵以 x 为根结点的数据域值以 lbt 和 rbt 为左右子树的二叉树。

```
BiTree Create(elemtype x, BiTree lbt, BiTree rbt)
  {BiTree  p;
   if ((p=(BiTNode *)malloc(sizeof(BiTNode)))==NULL) return NULL;
   p->data=x;
   p->lchild=lbt;
   p->rchild=rbt;
   return p;
  }
```

3）InsertL(bt, x, parent)：将数据域信息为 x 的结点插入到二叉树 bt 中作为结点 parent 的左孩子结点。如果结点 parent 原来有左孩子结点，则将结点 parent 原来的左孩子结点作为结点 x 的左孩子结点。

【算法 4-3】 在二叉树 bt 中的 parent 所指结点和其左子树之间插入数据元素为 x 的结点。

```
BiTree InsertL(BiTree bt，elemtype x，BiTree parent)
   {BiTree  p;
    if (parent==NULL)
    {printf("\n 插入出错");
      return NULL;
    }
    if ((p=(BiTNode *)malloc(sizeof(BiTNode)))==NULL) return NULL;
    p->data=x;
    p->lchild=NULL;
    p->rchild=NULL;
    if (parent->lchild==NULL) parent->lchild=p;
    else {p->lchild=parent->lchild;
       parent->lchild=p;
      }
    return bt;
  }
```

4）InsertR(bt, x, parent)：功能类同于 3），算法略。

5）DeleteL(bt, parent)：在二叉树 bt 中删除 parent（意为 parent 所指结点，以下同）的左子树。当 parent 结点或 parent 结点的左孩子为空时删除失败。删除成功时返回根结点指针；删除失败时返回空指针。

【算法 4-4】 在二叉树 bt 中删除 parent 的左子树。

```
BiTree  DeleteL(BiTree bt, BiTree parent)
   {BiTree  p;
    if (parent==NULL||parent->lchild==NULL)
      { printf("\n 删除出错");
        return NULL;
      }
    p=parent->lchild;
    parent->lchild=NULL;
    free(p);          //当*p 为非叶子结点时,这样删除仅释放了所删子树根结点的空间
                      //若要删除子树分支中的结点,需用后面介绍的遍历操作来实现
    return bt;
   }
```

6) DeleteR(bt, parent):功能类同于 5),只是删除结点*parent 的右子树。算法略。

操作 Search(bt, x)实际是遍历操作 Traverse(bt) 的特例,关于二叉树的遍历操作的实现,将在 4.3 节重点介绍。

4.3 二叉树的遍历

二叉树的遍历是指按照某种顺序访问二叉树中的每个结点,使每个结点被访问一次且仅被访问一次。

遍历是二叉树中经常要用到的一种操作。因为在实际应用问题中,常常需要按一定顺序对二叉树中的每个结点逐个进行访问,或查找具有某一特点的结点,然后对这些满足条件的结点进行处理。通过一次完整的遍历,可使二叉树中结点信息由非线性排列变为某种意义上的线性序列。也就是说,遍历操作使非线性结构线性化。

由二叉树的定义可知,一棵二叉树由根结点、根结点的左子树和根结点的右子树 3 部分组成。因此,只要依次遍历这 3 部分,就可以遍历整个二叉树。若以 D、L、R 分别表示访问根结点、遍历根结点的左子树、遍历根结点的右子树,则二叉树的遍历方式有 6 种:DLR、LDR、LRD、DRL、RDL 和 RLD。如果限定先左后右,则只有前 3 种方式,即 DLR(称为先序遍历)、LDR(称为中序遍历)和 LRD(称为后序遍历)。

4.3.1 递归方法实现二叉树的遍历

1. 先序遍历

先序遍历的递归过程:若二叉树为空,遍历结束;否则应按下列顺序遍历。

授课视频
4.3.1 递归方法实现二叉树的遍历

1)访问根结点。
2)先序遍历根结点的左子树。
3)先序遍历根结点的右子树。

【算法 4-5】 先序遍历二叉树的递归算法。

```
void PreOrder(BiTree bt)
{
```

```
    if (bt==NULL) return;          //递归调用的结束条件
    Visit(bt);                      //访问根结点
    PreOrder(bt->lchild);           //先序递归遍历 bt 的左子树
    PreOrder(bt->rchild);           //先序递归遍历 bt 的右子树
}
```

对于如图 4-9a 所示的二叉树，按先序遍历所得到的结点序列为：A B D G C E F。

在算法中，用函数 Visit(p)表示访问 p 所指的结点（以下同）。这里的访问是一种抽象的说法，访问的具体内容因具体问题而定，这里不涉及。

2．中序遍历

中序遍历的递归过程：若二叉树为空，遍历结束；否则应按下列顺序遍历。

1）中序遍历根结点的左子树。
2）访问根结点。
3）中序遍历根结点的右子树。

【算法 4-6】 中序遍历二叉树的递归算法。

```
void InOrder(BiTree bt)
  {if (bt==NULL) return;        //递归调用的结束条件
   InOrder(bt->lchild);          //中序递归遍历 bt 的左子树
   Visit(bt);                    //访问根结点
   InOrder(bt->rchild);          //中序递归遍历 bt 的右子树
  }
```

对于如图 4-9a 所示的二叉树，按中序遍历所得到的结点序列为：D G B A E C F。

3．后序遍历

后序遍历的递归过程：若二叉树为空，遍历结束。否则应按下列顺序遍历。

1）后序遍历根结点的左子树。
2）后序遍历根结点的右子树。
3）访问根结点。

【算法 4-7】 后序遍历二叉树的递归算法。

```
void PostOrder(BiTree bt)
  {if (bt==NULL) return;         //递归调用的结束条件
   PostOrder(bt->lchild);         //后序递归遍历 bt 的左子树
   PostOrder(bt->rchild);         //后序递归遍历 bt 的右子树
   Visit(bt);                     //访问根结点
  }
```

对于如图 4-9a 所示的二叉树，按后序遍历所得到的结点序列为：G D B E F C A。

图 4-11 是以图 4-9a 所示二叉树的中序遍历为例，给出的从执行 InOrder(bt)调用开始，算法 InOrder 执行的踪迹（&A 表示结点 A 的地址，以Φ表示空指针）。图中每条语句前面的数字顺序是执行的顺序（为了清晰起见，在下图中没有标明返回的路线，可根据执行顺序明确判断出来）。

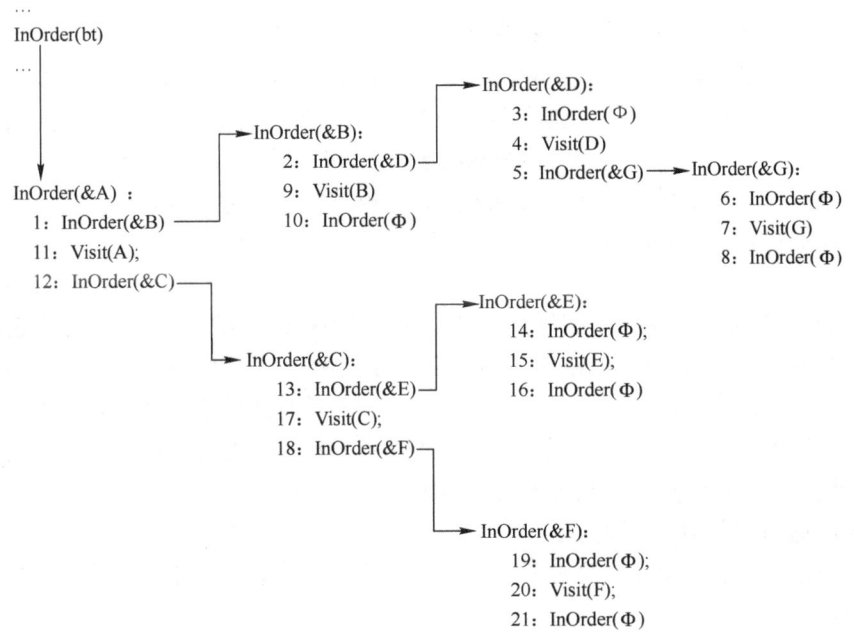

图 4-11 中序遍历递归调用踪迹示意

4.3.2 非递归方法实现二叉树的遍历

授课视频
4.3.2 非递归方法实现二叉树的遍历

前面给出的二叉树先序、中序和后序 3 种遍历算法都是递归算法。当给出二叉树的链表存储结构以后，用具有递归功能的程序设计语言很方便就能实现上述算法。然而，并非所有程序设计语言都允许递归；另一方面，递归程序虽然简洁，但可读性一般不好，执行效率也不高。因此，就存在如何把一个递归算法转化为非递归算法的问题。解决这个问题的方法可以通过对 3 种遍历方法的实质过程的分析得到。

对于如图 4-12 所示的二叉树，其先序、中序和后序遍历都是从根结点 A 开始的，且在遍历过程中经过结点的路线也是一样的，只是访问的时机不同而已。图 4-12 中所示的从根结点左外侧开始，由根结点右外侧结束的曲线称为包络线，就是二叉树遍历时的路线。沿着该路线按△标记的结点读得的序列为先序序列，按*标记读得的序列为中序序列，按⊕标记读得的序列为后序序列。

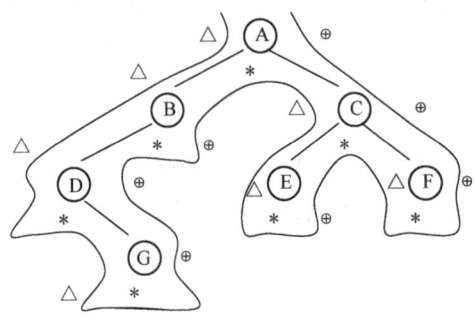

图 4-12 遍历图 4-9a 的路线示意

这一路线是从根结点开始沿左子树深入下去，当深入到最左端，无法再深入下去时，则返回，再逐一进入刚才深入时遇到结点的右子树，再进行如此的深入和返回，直到最后从根结点的右子树返回到根结点为止。先序遍历是在深入时遇到结点就访问，中序遍历是在从左子树返回时遇到结点访问，后序遍历是在从右子树返回时遇到结点就访问。

在这一过程中，返回结点的顺序与深入结点的顺序相反，即后深入先返回，正好符合栈结构后进先出的特点。因此，可以用栈来帮助实现这一遍历路线。

在沿左子树深入时，深入一个结点入栈一个结点，若为先序遍历，则在入栈之前访问之；当沿左分支深入不下去时，则返回，即从堆栈中弹出前面压入的结点并到它的右子树去；若为中序遍历，则此时访问该结点，然后从该结点的右子树继续深入；若为后序遍历，则需要后序遍历它的右子树，之后再访问该结点，因此需将此结点再次入栈，然后从该结点的右子树继续深入，与前面类同，仍为深入一个结点入栈一个结点，深入不下去再返回，直到第二次从栈里弹出该结点，即从右子树返回时，才访问它。

（1）先序遍历的非递归实现

在下面算法中，二叉树以二叉链表存放，一维数组 stack[MAXNODE]用以实现栈，变量 top 是栈顶指针。

【算法 4-8】 先序遍历的非递归算法。

```
void NRPreOrder(BiTree bt)
{                                               //非递归先序遍历二叉树
    BiTNode* stack[MAXNODE], p;                 //设足够大的栈空间
    int top=-1;                                 //栈初始化为空
    if (bt==NULL) return;
    p=bt;                                       //p 指向根结点
    while(!(p==NULL&&top==-1))                  //指针 p 为空且栈空时结束
        { while(p!=NULL)
            {Visit (p);                         //访问当前结点
              top++;
              stack[top]=p;                     //将当前指针 p 压栈
              p=p->lchild;                      //指针指向 p 的左孩子结点
            }
          if (top<0)   return;                  //栈空时结束
          else   { p=stack[top];
                  top - -;                      //从栈中弹出栈顶元素
                  p=p->rchild;                  //到栈顶元素右子树
                }
        }
}
```

在上述算法中，为了算法的简洁易读假设了栈的空间足够的大，入栈时没检查是否溢出。需要注意的是，入栈的信息是结点的指针而不是结点的数据。

对于如图 4-12 所示的二叉树，用该算法进行遍历过程中，栈 stack 和当前指针 p 的变化情况以及树中各结点的访问次序如表 4-1 所示。

表 4-1 二叉树先序遍历非递归过程

步骤	指针 p	访问结点值	栈内
初态	A		空
1	A	A	（A入）A
2	B	B	（B入）A，B
3	D	D	（D入）A，B，D
4	∧（D左）		（D出）A，B
5	G	G	（G入）A，B，G
6	∧（G左）		（G出）A，B
7	∧（G右）		（B出）A
8	∧（B右）		（A出）空
9	C（A右）	C	（C入）C
10	E	E	（E入）C，E
11	∧（E左）		（E出）C
12	∧（E右）		（C出）空
13	F（C右）	F	（F入）F
14	∧（E左）		（F出）空
15	∧（F右）		需要出栈，栈空，算法结束

（2）中序遍历的非递归实现

中序遍历的非递归算法的实现，只需将先序遍历的非递归算法中的 Visit(p->data)移到 p=stack[top]和 p=p->rchild 之间即可。

（3）后序遍历的非递归实现

由前面的讨论可知，后序遍历与先序遍历和中序遍历不同，在后序遍历过程中，结点第一次出栈是在它的左子树后序遍历完毕之后，遍历顺序转向出栈结点的右子树，因为还未访问该结点，故还需再次入栈，当该结点的右子树后序遍历完毕之后，此时访问该结点，该结点真正出栈。为了区别同一个结点指针的两次出栈，可在第二次入栈后将地址改为负值。因为第一次的出栈和第二次的入栈连续进行，因此不用再做出栈和入栈操作，仅需要将地址改为负值就表明已经第二次入栈（注意当通过栈顶地址访问结点时要恢复其正值才能使用）。

根据以上分析，后序遍历二叉树的非递归算法如下。

在算法中，一维数组 stack[MAXNODE]用于实现栈，top 为栈顶指针，p 指向当前要处理的结点。

【算法 4-9】 二叉树后序遍历的非递归的实现。

```
void NRPostOrder(BiTree bt)
{
    BiTNode *stack[MAXNODE];
    int top;
```

```
BiTNode *p;
if (bt==NULL) return;
top=-1;
p=bt;                               //p 指向根结点
while(!(p==NULL&&top==-1))          //指针 p 为空且栈也为空时结束
   { while(p!=NULL)
     {                              //将当前指针 p 压栈，设栈空间足够大
       top++;
       stack[top]=p;
       p=p->lchild;                 //指针指向 p 的左孩子结点
     }
     if (top>-1)                    //栈不空
        if(stack[top]>0)            //第一次在栈中
           { p=stack[top]->rchild;  //转向右子树
             stack[top]=-stack[top];//相当于结点第一次出栈、第二次进栈
           }
        else {                      //第二次在栈中
              p=-stack[top];        //出栈，访问
              top--;
              Visit (p);
              p=NULL;
             }
   }
}
```

4.3.3 队列方法实现二叉树的层次遍历

因为二叉树是一种层次结构，所以也可按层次遍历。

所谓二叉树的层次遍历，是指从二叉树的第一层（根结点）开始，从上至下逐层遍历，在同一层中，则按从左到右的顺序对结点逐个访问。对于如图 4-12 所示的二叉树，按层次遍历所得到的结点序列为：A B C D E F G。

下面讨论层次遍历的算法。

由层次遍历的定义可以推知，在进行层次遍历时，对一层结点访问完后，再按照它们的访问次序对各个结点的左孩子和右孩子顺序访问，这样一层一层进行，先遇到的结点先访问，这与队列的操作原则比较吻合。因此，在进行层次遍历时，可设置一个队列结构，遍历从二叉树的根结点开始，首先将根结点指针入队列，然后从队头取出一个元素，每取一个元素，执行下面两个操作。

1）访问该元素所指结点。

2）若该元素所指结点的左、右孩子结点非空，则将该元素所指结点的左孩子指针和右孩子指针顺序入队。

此过程不断进行，当队列为空时，二叉树的层次遍历结束。

在下面的层次遍历算法中，一维数组 Queue[MAXNODE]实现队列的空间，front 和 rear

授课视频
4.3.3 队列方法实现二叉树的层次遍历

分别作为队头和队尾指针，队头指针指向当前队头元素的前一位置，队空时 front==rear，不空时 front>rear。

【算法 4-10】 层次遍历二叉树。

```
void LevelOrder(BiTree bt)
  {BiTNode *queue[MAXNODE];
    int front, rear;
    if (bt==NULL) return;
    front=-1;
    rear=0;
    queue[rear]=bt;
    while(front!=rear)                    //队列非空时
      {front++;                           //出队列
       Visit (queue[front]);              //访问队首结点的数据域
       if (queue[front]->lchild!=NULL)    //将队首结点的左孩子结点入队列
         { rear++;
           queue[rear]=queue[front] ->lchild;
         }
       if (queue[front]->rchild!=NULL)    //将队首结点的右孩子结点入队列
         { rear++;
           queue[rear]=queue[front]->rchild;
         }
      }
  }
```

4.4 二叉树遍历的应用

二叉树的许多运算都是建立在二叉树的遍历上。在二叉树遍历算法中，访问结点，即操作 Visit(bt) 具有更一般的意义，需根据具体问题，对结点进行不同的操作。下面介绍几个遍历操作的典型应用。

4.4.1 构造二叉树的二叉链表存储

构建一棵二叉树的二叉链表也是按照遍历的过程进行的，这里按照先序遍历的过程构建。首先建立二叉树带空指针的先序次序，依此作为构建时结点的输入顺序，如对于如图 4-9 所示的二叉树，输入序列为：ABD0G000CE00F00（0 表示空）。为了简化问题，设数据元素的类型为字符型。

算法实现如下。

【算法 4-11】 建立二叉树的二叉链表。

```
void CreateBinTree(BinTree *T)
  {//以先序遍历序列构造二叉链表存储的二叉树
    char ch;
    scanf("%c", &ch);
```

```
            if (ch=='0')
                *T=NULL;                                    //读入0时,将相应结点置空
            else
                { *T=(BinTNode*)malloc(sizeof(BinTNode));   //生成结点空间
                  (*T)->data=ch;
                  CreateBinTree(&((*T)->lchild));           //构造二叉树的左子树
                  CreateBinTree(&((*T)->rchild));           //构造二叉树的右子树
                }
        }
    main()
      {  BiTree bt;
         CreateBinTree(&bt);
           …
      }
```

4.4.2 在二叉树中查找值为 x 的数据元素

在二叉树 bt 中查找数据元素值为 x 的结点,查找成功时返回指向该结点的指针;查找失败时返回空指针。

算法思路是按照遍历的过程进行查找,在遍历算法中访问根结点时做数据域的比较即可。算法实现如下。

【算法4-12】 在二叉树 bt 中查找值为 x 的数据元素。

```
    BiTree   Search(BiTree bt, datatype x)
      {BiTree  p;
       if(bt)
         {if (bt->data==x) return bt;                       //查找成功返回
          if (bt->lchild)    p=Search(bt->lchild, x);       //若有左子树,在左子树中继续查找
          if(p) return p;
          if (bt->rchild)    p=Search(bt->rchild, x);       //若有右子树,在右子树中继续查找
          if (p) return p;
              }
        return NULL;                                        //查找失败返回
       }
```

4.4.3 统计给定二叉树中叶子结点的数目

【算法4-13】 统计二叉树 bt 中叶子结点的个数。

```
       int CountLeaf2(BiTree   bt)
         { //bt 为根结点的指针,返回值为 bt 的叶子数
            if (bt==NULL) return(0);
            if (bt->lchild==NULL && bt->rchild==NULL)
              return(1);             //若 bt 为叶子,返回 1
           return(CountLeaf2(bt->lchild)+CountLeaf2(bt->rchild));
                        //若 bt 为分支结点,叶子数目等于 bt 的左右子树中的叶子之和
        }
```

4.4.4 由遍历序列恢复二叉树

授课视频
4.4.4 由遍历序列恢复二叉树

从前面讨论的二叉树的遍历知道，任意一棵二叉树结点的先序序列和中序序列都是唯一的。反过来，若已知结点的先序序列和中序序列，能否确定这棵二叉树呢？这样确定的二叉树是否是唯一的呢？回答是肯定的。

根据定义，二叉树的先序遍历是先访问根结点，其次再按先序遍历方式遍历根结点的左子树，最后按先序遍历方式遍历根结点的右子树。这就是说，在先序序列中，第一个结点一定是二叉树的根结点。另一方面，中序遍历是先遍历左子树，然后访问根结点，最后再遍历右子树。这样，根结点在中序序列中必然将中序序列分割成两个子序列，前一个子序列是根结点的左子树的中序序列，而后一个子序列是根结点的右子树的中序序列。根据这两个子序列，在先序序列中找到对应的左子序列和右子序列。在先序序列中，左子序列的第一个结点是左子树的根结点，右子序列的第一个结点是右子树的根结点。这样，就确定了二叉树的 3 个结点。同时，左子树和右子树的根结点又可以分别把左子序列和右子序列划分成两个子序列，如此递归下去，当取尽先序序列中的结点时，便可以得到一棵二叉树。

同样的道理，由二叉树的后序序列和中序序列也可唯一确定一棵二叉树。

下面通过一个例子，给出由二叉树的先序序列和中序序列构造唯一的一棵二叉树的实现算法。

已知一棵二叉树的先序序列为：A B C D E F G H I，中序序列为：B C A E D G H F I。试恢复该二叉树。

首先，由先序序列可知，结点 A 是二叉树的根结点。其次，根据中序序列，在 A 之前的所有结点都是根结点左子树的结点，在 A 之后的所有结点都是根结点右子树的结点，由此得到如图 4-13a 所示的状态。然后，再对左子树进行分解，得知 B 是左子树的根结点，又从中序序列知道，B 的左子树为空，B 的右子树只有一个结点 C。接着对 A 的右子树进行分解，得知 A 的右子树的根结点为 D；而结点 D 把其余结点分成两部分，即左子树为 E，右子树为 F、G、H、I，如图 4-13b 所示。接下去的工作就是按上述原则对 D 的右子树继续分解下去，最后得到如图 4-13c 所示的二叉树。

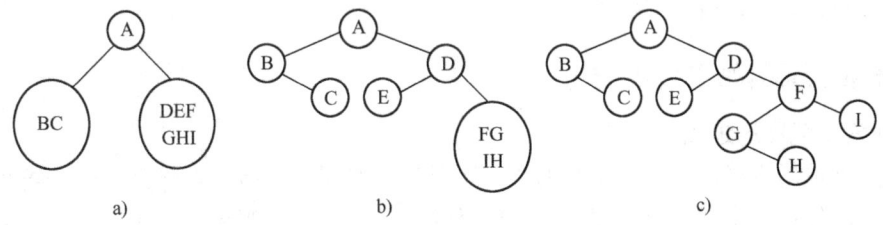

图 4-13 一棵二叉树的恢复过程示意图
a) 确定根结点的左右子树的中序序列　b) 确定左右子树的先序序列　c) 由先序序列和中序序列建立子树

上述过程是一个递归过程，其递归算法的思想是：先根据先序序列的第一个元素建立根结点；然后在中序序列中找到该元素，确定根结点的左、右子树的中序序列；再在先序序列中确定左、右子树的先序序列；最后由左子树的先序序列与中序序列建立左子树，由右子树的先序序列与中序序列建立右子树。

下面是用 C 语言描述的该算法。假设二叉树的先序序列和中序序列分别存放在一维数组 preod[n] 与 inod[n] 中（n 是二叉树结点的个数），并假设二叉树各结点的数据值均不相同。

【算法 4-14】 根据先序序列和中序序列恢复二叉树。

```
void ReBiTree(char preod[ ], char inod[ ], int n, BiTree *root)
   {if (n<=0)    *root=NULL;
    else   PreInOd(preod, 1, n, inod, 1, n, root);
   }
void PreInOd(char preod[ ], int i, int j, char inod[ ], int k, int h, BiTree *t)
   {// preod [i...j]为先序子序列, inod[k...h]为中子序列, *t 指向子树的根
    *t=(BiTNode *)malloc(sizeof(BiTNode));
    (*t)->data=preod[i];                      //先序序列的第一个结点是子树的根
    m=k;
    while (inod[m]!=preod[i])
         m++;                                 //在中序序列中寻找根结点的位置
    if (m==k) (*t)->lchild=NULL;
    else   PreInOd(preod, i+1, i+m-k, inod, k, m-1, &((*t)->lchild));
                                              //递归调用，生成左子树
    if (m==h) (*t)->rchild=NULL
    else   PreInOd(preod, i+m-k+1, j, inod, m+1, h, &((*t)->rchild));
                                              //递归调用，生成右子树
   }
```

需要说明的是，数组 preod 和 inod 的元素类型可根据实际需要来设定，这里设为字符型。

另外，如果只知道二叉树的先序序列和后序序列，则不能唯一确定一棵二叉树。请读者思考其原因。

4.5 线索二叉树

在前面介绍的二叉树的遍历中，不是用递归就是用堆栈或队列，本节将讨论通过构建线索二叉树来简化对二叉树遍历的实现。

4.5.1 线索二叉树的定义及结构

1. 线索二叉树的定义

按照某种遍历方式对二叉树进行遍历，可以把二叉树中所有结点排列为一个线性序列。在该序列中，除第一个结点外，每个结点有且仅有一个直接前驱结点；除最后一个结点外，每个结点有且仅有一个直接后继结点。但是，二叉树中每个结点在这个序列中的直接前驱结点和直接后继结点是什么，在二叉树的存储结构中并没有反映出来，只能在对二叉树遍历的动态过程中得到这些信息。为了保留结点在某种遍历序列中直接前驱和直接后继的位置信息，可以利用二叉树的二叉链表存储结构中的那些空指针域来指示。这些指向直接前驱结点和指向直接后继结点的指针被称为线索（thread），加了线索的二叉树称为线索二叉树。

线索二叉树将为二叉树的遍历提供许多方便。

2. 线索二叉树的结构

一个具有 n 个结点的二叉树若采用二叉链表存储结构，共有 2n 个指针域，在 2n 个指针域中只有 n-1 个指针域是用来存储结点孩子的地址，而另外 n+1 个指针域存放的都是空指针。因此，可以利用这些空指针域存放线索。当结点的左孩子为空时（lchild==NULL），用左指针域存储该结点在某种遍历序列中的直接前驱结点的存储地址，当结点的右孩子为空时（rchild==NULL），用右指针域存储该结点在某种遍历序列中的直接后继结点的存储地址；对于那些非空的指针域，则仍然存放指向该结点左、右孩子的指针，这样，就得到了一棵线索二叉树。

由于序列可由不同的遍历方法得到，因此，线索树有先序线索二叉树、中序线索二叉树和后序线索二叉树 3 种。把二叉树改造成线索二叉树的过程称为线索化。

图 4-14a、b、c 是二叉树进行先序线索、中序线索、后序线索化后的示意图，图中实线表示指针，虚线表示线索。

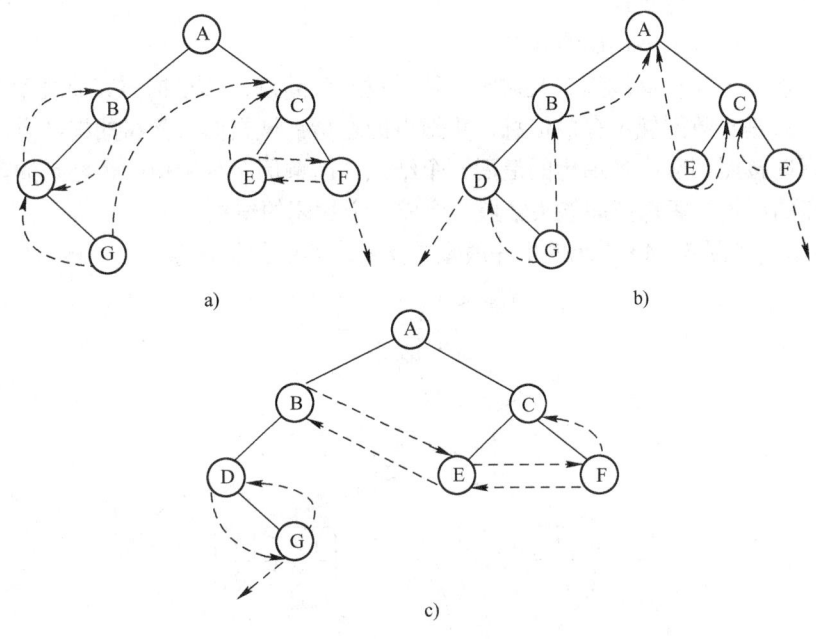

图 4-14 线索二叉树
a) 先序线索二叉树 b) 中序线索二叉树 c) 后序线索二叉树

无论是指向孩子结点的指针（称为指针）还是线索，都是所指向结点的地址，在程序中如何区别某结点的指针域内存放的是指针还是线索？通常可以采用下面两种方法来实现。

1）改变原二叉链表结点结构，为每个结点增设两个标志位域 ltag 和 rtag，令：

$$ltag = \begin{cases} 0 & \text{lchild 指向结点的左孩子} \\ 1 & \text{lchild 指向结点的前驱结点} \end{cases}$$

$$rtag = \begin{cases} 0 & \text{rchild 指向结点的右孩子} \\ 1 & \text{rchild 指向结点的后继结点} \end{cases}$$

每个标志位只需占 1 位，这样就只需增加很少的存储空间。结点的结构为

| ltag | lchild | data | rchild | rtag |

其定义如下。

```
typedef struct BiThrNode
{   datatype data;
    struct BiThrNode  *lchild;
    struct BiThrNode  *rchild;
    unsigned ltag;
    unsigned rtag;
}BiThrNodeType, *BiThrTree;
```

2）不改变原二叉链表结点结构，仅在作为线索的地址前加一个负号，即负的地址表示线索，正的地址表示指针。这种方法没有增加存储的开销，但在操作时必须对得到的地址通过判断才知道是指针还是线索。

本书中按第一种方法来存储线索二叉树。

为了操作便利，在存储线索二叉树时往往增设一头结点，其结构与其他线索二叉树的结点结构一样，只是其数据域不存放信息，头结点的左指针域指向二叉树的根结点，右指针域指向自己或指向按照相应序列遍历的最后一个结点，而遍历序列中第一个结点的前驱线索和最后一个结点的后继线索都指向该头结点，形成一个封闭的结构。

图 4-15 给出了图 4-14b 所示的中序线索二叉链表存储结构示意。

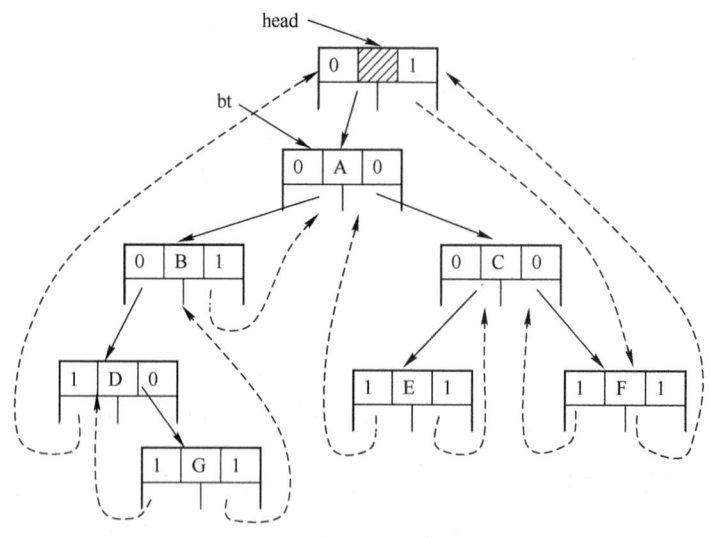

图 4-15　中序线索二叉树的存储结构示意

4.5.2　线索二叉树的构建

建立线索二叉树，或者说对二叉树线索化，实质上就是遍历一棵二叉树。在遍历过程中，访问结点的操作是检查当前结点的左、右指针域是否为空，如果为空，将它们改为指向

前驱结点或后继结点的线索。为实现这一过程，设指针 pre 始终指向刚刚访问过的结点，即若指针 p 指向当前结点，则 pre 指向它的前驱，以便增设线索。

另外，在对一棵二叉树加线索时，必须首先申请一个头结点，建立头结点与二叉树的根结点的指向关系。对二叉树线索化后，还需建立最后一个结点与头结点之间的线索。

下面是建立中序线索二叉树的递归算法，其中 pre 为全局变量。

【算法 4-15】 建立中序线索二叉树。

```
BiThrNodeType   *pre;                              // pre 指示当前遍历结点的前驱点
BiThrTree   InOrderThr(BiThrTree T)
  {                                                //中序遍历 T，并将其中序线索化
    BiThrTree    head;
    head=(BiThrNodeType*)malloc(sizeof(BiThrNodeType));  //设申请头结点成功
    head->ltag=0;    head->rtag=1;                 //建立头结点
    head->rchild=head;                             //右指针回指
    if (!T) head->lchild =head;                    //若二叉树为空，则左指针回指
    else { head->lchild=T;   pre=head;
        InThreading(T);                            //中序遍历进行中序线索化
        pre->rchild=head;
        pre->rtag=1;                               //最后一个结点线索化
        head->rchild=pre;
        }
    return head;
  }
void InTreading(BiThrTree p)
  {                                                //通过中序遍历进行中序线索化
    if (p)
     { InThreading(p->lchild);                     //左子树线索化
       if (p->lchild==NULL)                        //前驱线索
         {p->ltag=1;
          p->lchild=pre;
         }
       if (pre->rchild==NULL)                      //后继线索
         {pre->rtag=1;
          pre->rchild=p;
         }
       pre=p;
       InThreading(p->rchild);                     //右子树线索化
     }
  }
```

4.5.3 线索二叉树的遍历

1. 在中序线索树上查找任意结点的中序前驱结点

对于中序线索二叉树上的任一结点，寻找其中序的前驱结点，有以下两种情况。

1) 如果该结点的左标志为 1，那么其左指针域所指向的结点便是它的前驱结点。

2）如果该结点的左标志为 0，表明该结点有左孩子，根据中序遍历的定义，它的前驱结点是以该结点的左孩子为根结点的子树的最右结点，即沿着其左子树的右指针链向下查找，当某结点的右标志为 1 时，它就是所要找的前驱结点。

【算法 4-16】 在中序线索二叉树上寻找结点 p 的中序前驱结点。

```
BiThrNodeType  * InPreNode(BiThrTree p)
 {                                          //在中序线索二叉树上寻找结点 p 的中序前驱结点
   BiThrNodeType   * pre;
   pre=p->lchild;
   if (p->ltag!=1)
      while (pre->rtag==0) pre=pre->rchild;
   return(pre);
 }
```

2．在中序线索树上查找某结点的中序后继结点

与上类似，在中序线索树上查找某结点的中序后继结点也分为两种情况。

1）如果该结点的右标志为 1，那么其右指针域所指向的结点便是它的后继结点。

2）如果该结点的右标志为 0，表明该结点有右孩子，根据中序遍历的定义，它的后继结点是以该结点的右孩子为根结点的子树的最左结点，即沿着其右孩子的左指针链向下查找，当某结点的左标志为 1 时，它就是所要找的后继结点。

【算法 4-17】 在中序线索二叉树上寻找结点 p 的中序后继结点。

```
BiThrNodeType  * InPostNode(BiThrTree p)
 {                                          //在中序线索二叉树上寻找结点 p 的中序后继结点
   BiThrNodeType   * post;
   post=p->rchild;
   if (p->rtag!=1)
      while (post->ltag==0) post=post->lchild;
   return(post);
 }
```

在先序线索二叉树中寻找结点的后继结点以及在后序线索二叉树中寻找结点的前驱结点可以采用同样的方法分析和实现，读者不难仿照上面算法来写出，这里不再赘述。但若要在先序线索二叉树中寻找结点的前驱结点以及在后序线索二叉树中寻找结点的后继结点，线索的作用就不大，只能通过遍历实现。

3．线索树的遍历

以中序为例，利用在中序线索二叉树上寻找后继结点和前驱结点的算法，就可以遍历到二叉树的所有结点，即先找到按某序遍历的第一个结点，然后再依次查询其后继；或先找到按某序遍历的最后一个结点，然后再依次查询其前驱。这样，既不用栈也不用递归就可以访问到二叉树的所有结点。

【算法 4-18】 遍历中序线索二叉树。

```
BiThrTree Search (BiThrTree head)
 {                                                          // head 为头结点
```

```
    BiThrNodeType *p;
    p=head->lchild;                                    //指向根结点
    while (p->ltag==0&&p!=head) p=p->lchild;           //找中序遍历的第一个结点
    while (p!=head )
        { p=InPostNode(p);
          Visit(p);
        }
}
```

读者可依据线索树的特点，思考先序线索树和后序线索树上的遍历实现，这里就不再赘述。

4．在中序线索二叉树上的更新

线索二叉树的更新是指，在线索二叉树中插入一个结点或者删除一个结点。一般情况下，这些操作有可能破坏原来已有的线索，因此，在修改指针时，还需要对线索做相应的修改。一般来说，这个过程的代价几乎与重新进行线索化相同。这里仅讨论一种比较简单的情况，即在中序线索二叉树中插入一个结点 p，使它成为结点 s 的右孩子。

下面分两种情况来分析。

1）若 s 的右子树为空，如图 4-16a 所示，则插入结点 p 之后成为如图 4-16b 所示的情形。在这种情况中，s 的后继将成为 p 的中序后继，s 成为 p 的中序前驱，而 p 成为 s 的右孩子。二叉树中其他部分的指针和线索不发生变化。

2）若 s 的右子树非空，如图 4-16c 所示，插入结点 p 之后如图 4-16d 所示。s 原来的右子树变成 p 的右子树，由于 p 没有左子树，故 s 成为 p 的中序前驱，p 成为 s 的右孩子；又由于 s 原来的后继成为 p 的后继，因此还要将本来指向 s 的前驱左线索改为指向 p。

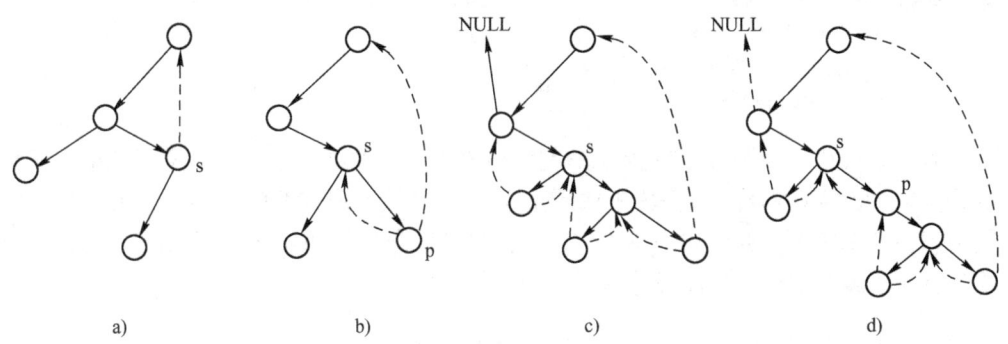

图 4-16　中序线索树更新位置右子树不为空

a) 中序线索树更新位置右子树为空　b) 插入点 p 后　c) 中序线索树更新位置右子树不为空　d) 插入点 p 后

下面给出上述操作的算法。

【算法 4-19】 线索二叉树的更新。

```
        void InsertThrRight(BiThrTree s, BiThrTree p)
        {                          //在中序线索二叉树中插入结点 p 使其成为结点 s 的右孩子
          BiThrTree w;
          p->rchild=s->rchild;
```

```
    p->rtag=s->rtag;
    p->lchild=s;
    p->ltag=1;              //将 s 变为 p 的中序前驱
    s->rchild=p;
    s->rtag=0;              //p 成为 s 的右孩子
    if(p->rtag==0)
                            //当 s 的右子树不空时，找到 s 的后继 w，变 w 为 p 的后继，p 为 w 的前驱
    {w=InPostNode(p);       //在以 p 为根结点的子树上找中序遍历下的第一个结点
     w->lchild=p;
    }
}
```

4.6 最优二叉树

授课视频
4.6 最优二叉树

最优二叉树是二叉树中的典型应用，下面将通过简单示例阐明最优二叉树的概念，并重点介绍其在哈夫曼编码中的应用。

4.6.1 最优二叉树的概念

先看一个例子，要编制一个将百分制转换为五级分制的程序。显然，此程序很简单，利用条件语句便可完成。如：

```
       if (a<60) b=" bad";
       else if (a<70) b=" pass"
           else if (a<80) b=" general"
               else if (a<90) b=" good"
                   else b=" excellent";
```

这个判定过程可用如图 4-17a 所示的判定树来表示。如果上述程序需反复使用，而且每次的数据量很大，则应考虑上述程序的质量问题，即其操作所需要的时间。因为在实际中，学生的成绩在 5 个等级上的分布是不均匀的，假设其分布规律如表 4-2 所示，则 80％以上的数据需进行 3 次或 3 次以上的比较才能得出结果。

表 4-2 学生成绩分布规律

分数	0～59	60～69	70～79	80～89	90～100
比例	0.05	0.15	0.40	0.30	0.10

若按如图 4-17b 所示的判定过程进行判定，可使大部分的数据经过较少的比较次数就能得出结果。但由于每个判定框都有两次比较，将这两次比较分开，得到如图 4-17c 所示的判定树，按此判定树可写出相应的程序。假设有 10 000 个输入数据，若按如图 4-17a 的判定过程进行操作，则总共需进行 31500 次比较；而若按如图 4-17c 的判定过程进行操作，则总共仅需进行 22 000 次比较。

由此可见，同一个问题，采用不同的判定树来解决，效率是不一样的。我们希望出现概

率高的结果能够更快地被搜索到,这样就提出了一个问题:以怎样的顺序搜索效率最高?这就是最优树要解决的问题。

图 4-17 转换五级分制的判定过程

以下是几个相关的基本概念。

(1) 结点的权

在实际问题中,二叉树中的每个叶子结点经常对应一个有实际意义的数据,如不及格结点对应 0.05,及格结点对应 0.15,中等结点对应 0.4,良好结点对应 0.3,优秀结点对应 0.1,这个数据称为该结点的权。

(2) 带权路径长度

在前面介绍过路径和结点的路径长度的概念,而二叉树的路径长度则是指由根结点到所有叶子结点的路径长度之和。如果二叉树中的叶子结点都具有一定的权值,则可将这一概念加以推广。

设二叉树具有 n 个带权值的叶结点,那么从根结点到各个叶子结点的路径长度与相应结点权值的乘积之和叫作二叉树的带权路径长度,记为

$$WPL = \sum_{k=1}^{n} W_k \times L_k$$

式中,W_k 为第 k 个叶子结点的权值;L_k 为第 k 个叶子结点的路径长度。

如图 4-18 所示的二叉树,它的带权路径长度值

图 4-18 一个带权二叉树

$$WPL=2\times2 +4\times2+5\times2+3\times2=28$$

给定一组具有确定权值的叶子结点,可以构造出不同的带权二叉树。例如,给出 4 个叶结点,设其权值分别为 1,3,5,7,我们可以构造出形状不同的多个二叉树。这些形状不同的二叉树的带权路径长度将各不相同。

图 4-19 给出了其中 5 个不同形状的二叉树。这 5 棵树的带权路径长度分别为:

图 4-19a:WPL=1×2+3×2+5×2+7×2=32

图 4-19b:WPL=1×3+3×3+5×2+7×1=29

图 4-19c:WPL=1×2+3×3+5×3+7×1=33

图 4-19d： WPL=7×3+5×3+3×2+1×1=43
图 4-19e： WPL=7×1+5×2+3×3+1×3=29

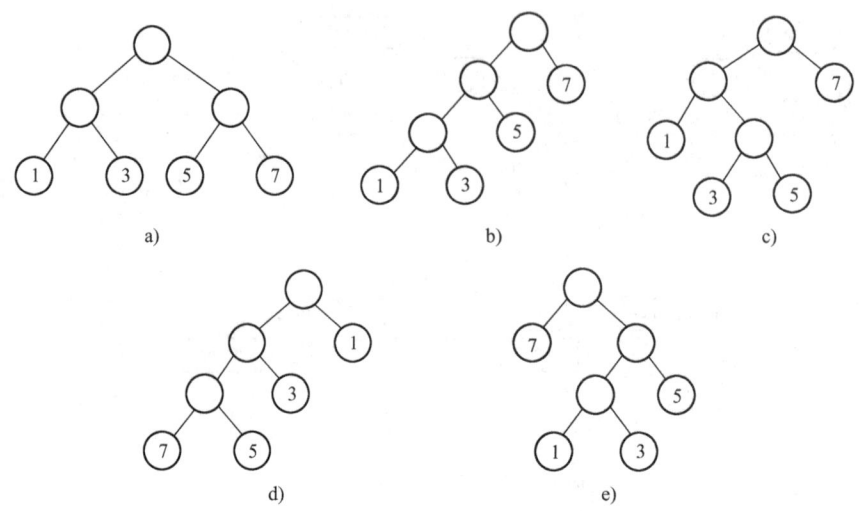

图 4-19 具有相同叶子结点和不同带权路径长度的二叉树

（3）哈夫曼（Haffman）树

哈夫曼树也称最优二叉树。由上面的例子可见，由相同权值的一组叶子结点所构成的二叉树可能有不同的形态和不同的带权路径长度，具有最小带权路径长度的二叉树称为哈夫曼（Haffman）树，也称最优二叉树。

4.6.2 最优二叉树的构造

那么如何找到带权路径长度最小的二叉树（即哈夫曼树）呢？根据哈夫曼树的定义，一棵二叉树要使其 WPL 值最小，必须使权值越大的叶子结点越靠近根结点，而权值越小的叶子结点越远离根结点。

哈夫曼（Haffman）依据这一特点提出了一种方法，这种方法的基本思想是：

1）由给定的 n 个权值 $\{w_1, w_2, \cdots, w_n\}$ 构造 n 棵只有一个结点的二叉树，从而得到一个二叉树的集合 $F=\{T_1, T_2, \cdots, T_n\}$。

2）在 F 中选取根结点的权值最小和次小的两棵二叉树作为左、右子树构造一棵新的二叉树，这棵新的二叉树根结点的权值为其左、右子树根结点权值之和。

3）在集合 F 中删除作为左、右子树的两棵二叉树，并将新建立的二叉树加入到集合 F。

4）重复 2）和 3）两步，当 F 中只剩下一棵二叉树时，这棵二叉树就是所要建立的哈夫曼树。

图 4-20 给出了前面提到的叶子结点权值集合为 W={1, 3, 5, 7}的哈夫曼树的构造过程。可以计算出其带权路径长度为 29。由此可见，对于同一组给定叶子结点所构造的哈夫曼树，树的形状可能不同，但带权路径长度值是相同的，且一定是最小的。

下面讨论如何实现构造哈夫曼树。为了方便操作，用静态链表作为哈夫曼树的存储。结点的结构形式如下：

图 4-20 哈夫曼树的构造过程
a) 第1步 b) 第2步 c) 第3步 d) 第4步

| weight | lchild | rchild | parent |

其中，weight 域保存结点的权值，lchild、rchild 和 parent 域分别保存该结点的左、右孩子结点指针和其双亲结点的指针（静态指针）。在构建过程中，通过 parent 域的值来确定某结点是不是一棵二叉树的根结点，因为每次都选择根结点的权值为最小和次最小的两棵树，当某结点的 parent 的值为-1，说明它没双亲结点，是一个二叉树的根结点。初始时每个结点的 parent 的值为-1，当某两个结点已合并到了哈夫曼树中时，该结点 parent 的值为其双亲结点的地址，就不会是-1 了，最后只有根结点的 parent 指针为-1。

用数组 HFMTree 对哈夫曼树进行存储。根据二叉树的性质可知，具有 n 个叶子结点的哈夫曼树共有 2n-1 个结点，所以数组 HFMTree 的大小设置为 2n-1。构造哈夫曼树时，首先将由 n 个字符构成的 n 个叶子结点存放到数组 HFMTree 的前 n 个分量中，然后根据前面介绍的哈夫曼方法的基本思想，不断将最小和次最小的两个子树合并为一个较大的子树，每次构成的新子树的根结点顺序放到 HFMTree 数组中。

如图 4-20 所示的哈夫曼树最后的 HFMTree 表示如图 4-21 所示。

	weight	lchild	rchild	parent
0	7	-1	-1	6
1	5	-1	-1	5
2	3	-1	-1	4
3	1	-1	-1	4
4	4	3	2	5
5	9	4	1	6
6	16	0	5	-1

图 4-21 图 4-20 所示哈夫曼树的 HFMTree 表示

根据以上分析，定义以下数据结构，设叶子结点的个数为 n：

typedef struct

```
{int weight;
 int parent;
 int lchild;
 int rchild;
} HNodeType;
HNodeType    HFMTree [2*n-1];
```

下面给出哈夫曼树的构造算法。

【算法 4-20】 哈夫曼树的构造。

```
#define MAXVALUE 10000           //为找最小，定义一个较大的数
void   Create _HuffMTree (HNodeType HFMTree [ ], int n)
  {//构造的哈夫曼树存储于 HFMTree [ ]，n 为叶子结点的个数
   int m1, x1, m2, x2;           // x1 和 x2 存储最小和次最小权值，m1 和 m2 存储其位置
   int i, j;
   for (i=0;i<2*n-1;i++)         //HFMTree 初始化
     { HuffMTree [i].weight=0;
       HFMTree [i].parent=-1;
       HFMTree [i].lchild=-1;
       HFMTree [i].rchild=-1;
     }
   for (i=0;i<n;i++)
     scanf("%d", & HFMTree [i].weight);   //输入 n 个叶子结点的权值，设为整型
   for (i=0;i<n-1;i++)           //构造哈夫曼树
     {x1=x2=MAXVALUE;
      m1=m2=0;
      for (j=0;j<n+i;j++)
        { if (HFMTree [j].parent==-1&& HFMTree [j].weight<x1 )
          {                      //找出根结点具有最小和次最小权值的两棵树
            x2=x1; m2=m1;
            x1= HFMTree [j].weight; m1=j;
          }
          else if (HFMTree [j].parent==-1&&HFMTree[j].weight<x2)
            { x2=HFMTree[j].weight;
              m2=j;
            }
        }
      HFMTree[m1].parent=n+i; HFMTree[m2].parent=n+i;   //将找出的两棵子树合并
      HFMTree[n+i].weight= HFMTree[m1].weight+HFMTree[m2].weight;
      HFMTree[n+i].lchild=m1; HFMTree[n+i].rchild=m2;
     }
  }
```

4.6.3 最优二叉树的应用——哈夫曼编码

在数据通信中，经常需要将传送的文字转换成由二进制字符 0，1 组成的二进制串，称之为编码。例如，假设要传送的电文为 ABACCDA，电文中只含有 A，B，C，D 四种字符，若这 4 种字符采用如图 4-22a 所示的编码，则电文的代码为 000010000100100111000，长度为 21。在传送电文时，总是希望传送时间尽可能短，这就要求电文代码尽可能短，显然，这种编码方案产生的电文代码不够短。表 4-22b 所示为另一种编码方案，用此编码对上述电文进行编码所建立的代码为 00010010101100，长度为 14。在这种编码方案中，4 种字符的编码均为两位，是一种等长编码。如果在编码时考虑字符出现的频率，让出现频率高的字符采用尽可能短的编码，出现频率低的字符采用稍长的编码，构造一种不等长编码，则电文的代码就可能更短。如当字符 A，B，C，D 采用如图 4-22c 所示的编码时，上述电文的代码为 0110010101110，长度仅为 13。

字符	编码
A	000
B	010
C	100
D	111

字符	编码
A	00
B	01
C	10
D	11

字符	编码
A	0
B	110
C	10
D	111

字符	编码
A	01
B	010
C	001
D	10

a)　　　　　　　b)　　　　　　　c)　　　　　　　d)

图 4-22　字符的 4 种不同的编码方案

a) 长度为 21　b) 长度为 14　c) 长度为 13　d) 有二义性的编码

哈夫曼树可用于构造使电文的编码总长最短的编码方案。具体做法如下：设需要编码的字符集合为 $\{d_1, d_2, \cdots, d_n\}$，它们在电文中出现的次数或频率集合为 $\{w_1, w_2, \cdots, w_n\}$，首先以 $\{d_1, d_2, \cdots, d_n\}$ 作为叶子结点，$\{w_1, w_2, \cdots, w_n\}$ 作为它们的权值，构造一棵哈夫曼树，规定哈夫曼树中的左分支代表 0，右分支代表 1，则从根结点到每个叶子结点所经过的路径分支组成的 0 和 1 的序列便为该结点对应字符的编码，称之为哈夫曼编码。

例如，对图 4-20 所得到的哈夫曼树进行编码的过程如图 4-23 所示。其中权值为 7 的字符编码为 0，权值为 5 的字符编码为 10，权值为 3 的字符编码为 110，权值为 1 的字符编码为 111。可看出权值越大编码长度越短，权值越小编码长度越长。

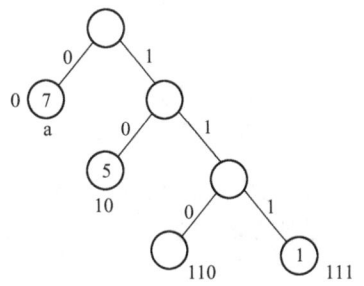

图 4-23　根据哈夫曼树进行编码

在哈夫曼编码树中，树的带权路径长度的含义是各个字符的码长与其出现次数或频度的乘积之和，也就是电文的代码总长或平均码长，所以采用哈夫曼树构造的编码是一种能使电文代码总长最短的不等长编码。

在建立不等长编码时，必须使任何一个字符的编码都不是另一个字符编码的前缀，这样才能保证译码的唯一性。例如表 4-22d 的编码方案，字符 A 的编码 01 是字符 B 的编码 010 的前缀部分，这样对于代码串 0101001，既是 AAC 的代码，也是 ABD 和 BDA 的代码，因此，这样的编码不能保证译码的唯一性，称之为具有二义性的译码，显然这样的编码是不可用的。

　　采用哈夫曼树进行编码，则不会产生上述二义性问题。因为在哈夫曼树中，每个字符结点都是叶结点，它们不可能在根结点到其他字符结点的路径上，所以一个字符的哈夫曼编码不可能是另一个字符的哈夫曼编码的前缀，从而保证了译码的唯一性。

　　下面讨论实现哈夫曼编码的算法。

　　实现哈夫曼编码的算法可分为两部分。

　　1）构造哈夫曼树。

　　2）在哈夫曼树上求叶结点的编码。

　　在求哈夫曼编码时，若从根结点出发到每个叶子的方向进行要比从每个叶结点出发到根结点方向进行困难得多。从叶子结点开始，沿结点的双亲链域回退到根结点，每回退一步，就走过了哈夫曼树的一个分支，从而得到一位哈夫曼码值，直到根结点为止。但一个字符的哈夫曼编码是从根结点到相应叶子结点的方向所经过的路径上各分支所组成的 0 和 1 序列，因此按逆方向先得到的分支代码为所求编码的低位码，后得到的分支代码为所求编码的高位码。

　　设置存放各字符哈夫曼编码信息的数据结构如下。

bit	start

其中，分量 bit 为一维数组，用来保存字符的哈夫曼编码，start 表示该编码在数组 bit 中的开始位置。

　　用结构数组 HuffCode 存储各字符的编码。对于第 i 个字符，它的哈夫曼编码存放在 HuffCode[i].bit 中的从 HuffCode[i].start 到 n-1 的分量上。

　　数据结构定义如下。

```
        typedef struc
          {int bit[n];              //n 为叶结点的个数，设为已知
           int start;
          } HCodeType;
        HCodeType   HuffCode[n];    //各字符的编码
```

　　设已经建立好的哈夫曼树已存放在数组 HFMTree 中，哈夫曼编码算法描述如下。

【算法 4-21】　哈夫曼编码。

```
        void HaffmanCode(HNodeType HFMTree[ ], HCodeType HuffCode[ ])
           {HCodeType   cd;              //字符编码的缓冲变量
            int i, j, c, p;
            for (i=0; i<n; i++)          //求每个叶子结点的哈夫曼编码
               {cd.start=n-1;
                c=i;
                p= HFMTree [c].parent;
                while(p!=-1)             //由叶子结点向上直到根结点
                    { if (HFMTree[p].lchild==c)  cd.bit[cd.start]=0;
```

```
            else   cd.bit[cd.start]=1;
            cd.start − −;
            c=p;
            p=HFMTree[c].parent;
        }
        for (j=cd.start+1;j<n;j++)    //保存求出的每个叶结点的哈夫曼编码和编码起始位
            HuffCode[i].bit[j]=cd.bit[j];
        HuffCode[i].start=cd.start+1;
    }
}
```

对于图 4-23 所示的各字符编码最后在 HuffCode 中的表示如图 4-24 所示。

HuffCode	bit				start
	0	1	2	3	
0				0	3
1			1	0	2
2		1	1	0	1
3		1	1	1	1

图 4-24 哈夫曼编码在 HuffCode 中的表示

4.7 树和森林

本节将讨论普通树结构的基本操作、存储表示、遍历以及与二叉树的对应关系等内容。

4.7.1 树的基本操作与表示

1．树的基本操作

树的基本操作通常有以下几种。

1）Initiate(t)：初始化一棵空树 t。

2）Root(x)：求结点 x 所在树的根结点。

3）Parent(t, x)：求树 t 中结点 x 的双亲结点。

4）Child(t, x, i)：求树 t 中结点 x 的第 i 个孩子结点。

5）RightSibling(t, x)：求树 t 中结点 x 的第一个右边兄弟结点。

6）Insert(t, x, i, s)：把以 s 为根结点的树插入到树 t 中作为结点 x 的第 i 棵子树。

7）Delete(t, x, i)：在树 t 中删除结点 x 的第 i 棵子树。

8）Tranverse(t)：是树的遍历操作，即按某种方式访问树 t 中的每个结点，且使每个结点只被访问一次。

2．树的表示

树的表示方法有以下 4 种，各用于不同的目的。

（1）直观表示法

树的直观表示法就是以倒着的分支树的形式表示，图 4-25a 就是一棵树的直观表示。其特点就是对树的逻辑结构的描述非常直观，是数据结构中最常用的树的描述方法。

（2）嵌套集合表示法

所谓嵌套集合是指对于一些集合，其中任何两个集合，或者不相交，或者一个包含另一个。用嵌套集合的形式表示树，就是将根结点视为一个大的集合，其若干棵子树构成这个大集合中若干个互不相交的子集，如此嵌套下去，即构成一棵树的嵌套集合表示。图 4-25b 就是图 4-25b 这棵树的嵌套集合表示。

（3）凹入表示法

树的凹入表示法如图 4-25c 所示，主要用于树的屏幕和打印输出。

（4）广义表表示法

树用广义表表示，就是将根作为由子树森林组成的表的名字写在表的左边，这样依次将树表示出来。图 4-25d 就是图的广义表表示。

图 4-25　树的 4 种表示

a）直观表示法　b）嵌套集合表示法　c）凹入表示法　d）广义表表示法

4.7.2 树的存储

授课视频
4.7.2 树的存储

在计算机中，树的存储有多种方式，既可以采用顺序存储结构，也可以采用链式存储结构，但无论采用何种存储方式，都要求存储结构不但能存储各结点本身的数据信息，还要能唯一反映树中各结点之间的逻辑关系。下面介绍几种基本的树的存储方式。

1．双亲链表表示法

由树的定义可以知道，树中的每个结点都有唯一的一个双亲结点，根据这一特性，可用一组连续的存储空间存储树中的各个结点，每个结点中除了存放本身的信息外还有其双亲结点存储位置，树的这种存储方法称为双亲链表表示法。

如图 4-26 所示就是一棵树及双亲静态链表存储示意。

可以看到有一个结点的 parent 域的值为-1，表示该结点无双亲结点，即该结点是一个根结点。

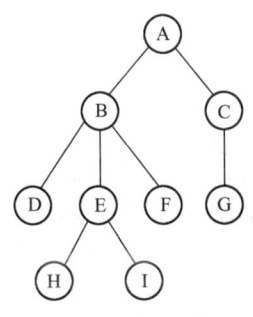

序号	data	parent
0	A	-1
1	B	0
2	C	0
3	D	1
4	E	1
5	F	1
6	G	2
7	H	4
8	I	4

图 4-26 一棵树及双亲静态链表存储示意

其存储表示可描述为:

```
#define MAXNODE     1024
//树中结点的最大个数，可根据实际情况进行修改
typedef struct
  {datatype   data;
   int   parent;
  } PNode;
PNode   t[MAXNODE];
```

树的双亲表示法对于实现 Parent(t, x)操作和 Root(x) 操作很方便，但若求某结点的孩子结点，即实现 Child(t, x, i) 操作时，则需要查询整个数组。此外，这种存储方式不能反映各兄弟结点之间的关系，所以实现 RightSibling(t, x) 操作也比较困难。在实际中，如果需要实现这些操作，可在结点结构中增设存放第一个孩子的域和存放第一个右兄弟的域，就能较方便地实现上述操作了。

2．指向孩子的链表表示法

（1）多重链表法

由于树中每个结点都有零个或多个孩子结点，因此，可以令每个结点包括一个结点信息域和多个指针域，每个指针域指向该结点的一个孩子结点，通过各个指针域值反映出树中各结点之间的逻辑关系。在这种表示法中，树中每个结点有多个指针域，形成了多条链表，所以这种方法又常称为多重链表法。

在一棵树中，各结点的度数各异，因此结点的指针域个数的设置有以下两种方法。

1）每个结点指针域的个数等于该结点的度数。

2）每个结点指针域的个数等于树的度数。

对于方法 1），它虽然在一定程度上节约了存储空间，但由于树中各结点是不同构的，各种操作不容易实现，所以这种方法很少采用；方法 2）中各结点是同构的，各种操作相对容易实现，但为此付出的代价是存储空间的浪费。图 4-27 是图 4-26 所示的树的多重链表法存储结构示意。显然，方法 2）适用于各结点的度数相差不大的情况。

树中结点的存储表示可描述为:

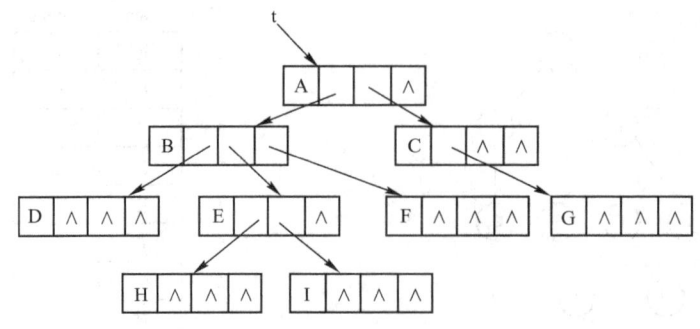

图 4-27 树的多重链表法存储结构示意

```
#define MAXSON   …                    //树的度数
typedef struct TreeNode
  {datatype data;
   struct TreeNode   *son[MAXSON];
  }MSNode;
```

定义指向树的根结点的指针：MSNode   *t;

（2）孩子链表表示法

孩子链表存储方法的思想：树中每一个数据元素对应一个结点，结点中有两部分信息，一是其本身的数据信息，二是其孩子链表的头指针，即将每个数据元素的孩子们链接成一个孩子链表，将链表的头指针和它们的双亲信息组成了一个结点，再将这些结点顺序存储起来。

图 4-28 是一棵树及其对应的孩子链表表示示意。

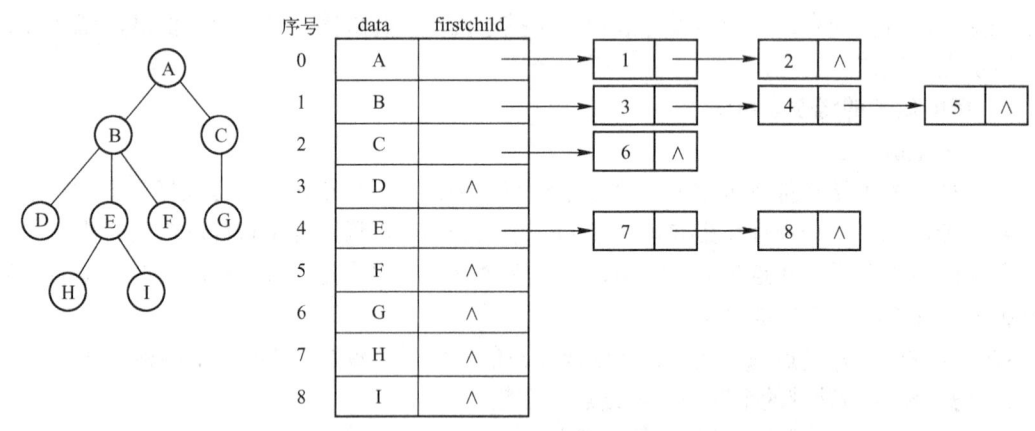

图 4-28 一棵树及其对应的孩子链表表示示意

这种存储方法中有两种结点：一种是主结点（顺序存储的结点），树中每个结点都有一个这样的结点，另一种是孩子链表中的结点。主结点由两个域组成，一个用来存放元素的数据信息，另一个用来存放指向孩子单链表的指针。孩子结点也由两个域组成，一个存放孩子对应自身结点的存储序号，另一个是指针域，指向它的下一个兄弟。

在用孩子链表方法存储的树中，查找双亲比较困难，查找孩子却十分方便，故适用于对孩子操作多的应用。

存储表示可描述为：

```
#define MAXNODE   …                  //树中结点的最多个数
typedef struct childnode
  {int childcode;
   struct childnode *nextchild;
  }ChildNode;
typedef struct
  {datatype   data;
   ChildNode *firstchild;
  }SNode;
SNode t[MAXNODE];
```

3．双亲孩子链表表示法

双亲孩子链表表示法是将双亲表示法和孩子链表表示法相结合的结果。在孩子链表表示法的基础上，主结点又加上了其双亲的静态指针。

图 4-29 给出了图 4-28 所示树的双亲孩子链表表示示意。

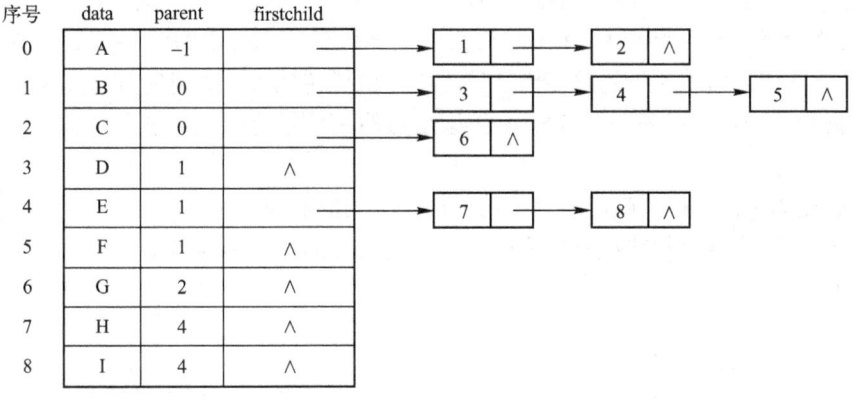

图 4-29　图 4-28 所示树的双亲孩子链表表示示意

4．孩子兄弟链表表示法

孩子兄弟链表表示法是一种常用的存储结构。其方法：在树中每个元素对应一个结点，每个结点除其信息域外，有两个指针域，分别指向该结点的第一个孩子结点和下一个兄弟结点。

图 4-30 给出了一棵树及其对应的孩子兄弟链表表示示意。

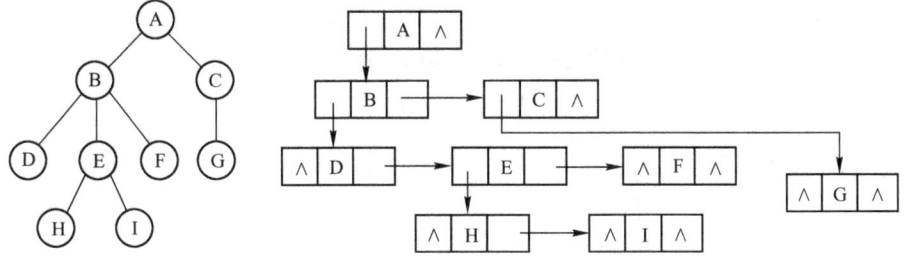

图 4-30　一棵树及其孩子兄弟链表表示示意

在这种存储结构下,树中结点的存储表示可描述为:

```
typedef struct csnode
{ datatype data;
    struct csnode  *lchild;
    struct csnode  *nextsibling;
}CSNode, *CSTree;
```

4.7.3 树和森林与二叉树之间的转换

从树的孩子兄弟表示法可以看到,如果设定一定规则,就可用二叉树结构表示树和森林,这样,对树的操作实现就可以借助二叉树存储,利用二叉树上的操作来实现。本节将讨论树和森林与二叉树之间的转换方法。

授课视频
4.7.3 树和森林与二叉树之间的转换

1. 树转换为二叉树

对于一棵无序树,树中结点的各孩子的次序是无关紧要的,而二叉树中结点的左、右孩子结点是有区别的。为避免发生混淆,我们约定树中每一个结点的孩子结点按从左到右的次序顺序编号。如图 4-31a 所示的一棵树,根结点 A 有 B、C、D 三个孩子,可以认为结点 B 为 A 的第一个孩子结点,结点 C 为 A 的第二个孩子结点,结点 D 为 A 的第三个孩子结点。

转换的方法依据树的孩子兄弟存储方法,将一棵树转换为二叉树的方法如下。

1)将树中每个结点的第一个孩子留作该结点的左孩子,删除它与其他孩子结点之间的连线。

2)从结点的第二个孩子起,将其作为其原左兄弟的右孩子。

可以证明,树作这样的转换所构成的二叉树是唯一的。如图 4-31a 所示的树转换的二叉树如图 4-31b 所示。

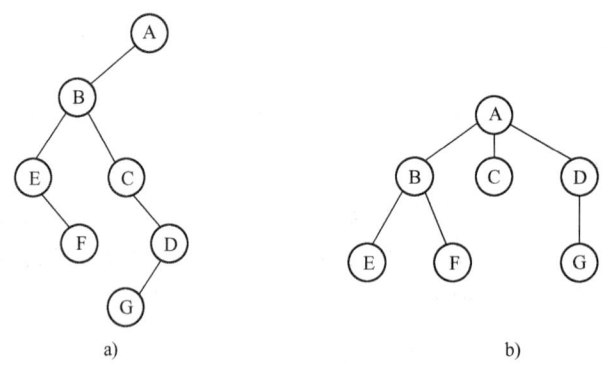

图 4-31 一棵树和转换的二叉树
a) 一棵树 b) 转换为二叉树

由上面的转换可以看出,在二叉树中,左分支上的各结点在原来的树中是父子关系,而右分支上的各结点在原来的树中是兄弟关系。由于树的根结点没有兄弟,所以变换后的二叉树的根结点的右子树必为空。

事实上,一棵树采用孩子兄弟表示法所建立的存储结构与它所对应的二叉树的二叉链表存储结构是完全相同的。图 4-31a 所示树的孩子兄弟存储可以解释为它对应的二叉树 4-31b 的二叉链表存储。

2．森林转换为二叉树

由森林的概念可知，森林是若干棵树的集合，只要将森林中各棵树的根视为兄弟，每棵树又可以用二叉树表示，这样，森林也同样可以用二叉树表示。

森林转换为二叉树的方法如下。

1）将森林中的每棵树转换成相应的二叉树。

2）第一棵二叉树不动，从第二棵二叉树开始，依次把后一棵二叉树的根结点作为前一棵二叉树根结点的右孩子，当所有二叉树连起来后，此时所得到的二叉树就是由森林转换得到的二叉树。

图 4-32 给出了森林及其转换为二叉树的过程。

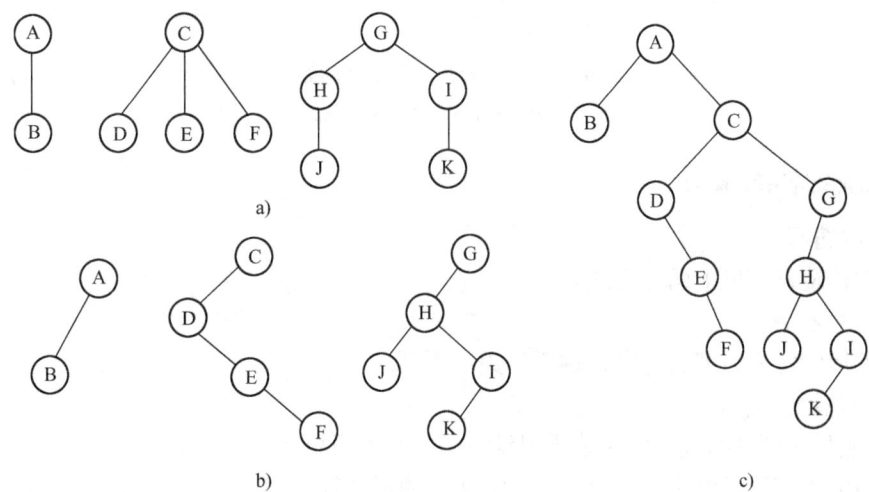

图 4-32　森林及其转换为二叉树的过程
a) 森林　b) 森林中每棵树转换为二叉树　c) 所有二叉树连接后的二叉树

3．二叉树转换为树和森林

以上讨论了树和森林转换为二叉树的方法，显然这一转换过程是可逆的。即二叉树中某结点若是其双亲的左孩子，则在对应的树中它是原双亲结点的第一个孩子；二叉树中某结点若是其双亲的右孩子，则在树中成为它在原二叉树中的双亲结点的右兄弟。根据树和森林转换为二叉树的方法可知，若一棵二叉树根结点的右子树为空，则对应一棵树，原二叉树的根结点还是对应的树的根结点；若一棵二叉树根结点的右子树为非空，根结点及其左子树对应一棵树，根结点的右孩子及其右孩子的左子树对应第二棵树，……，即对应的森林中至少有两棵以上的树，原二叉树的根结点对应森林中第一棵树的根结点，其右孩子对应第二棵树的根结点，其右孩子的右孩子对应第三棵树的根结点……。

还可以采用以下机械的方法转换，具体过程如图 4-33 所示。

1）若某结点是其双亲的左孩子，则把该结点的右孩子、右孩子的右孩子……都与该结点的双亲结点用线连起来（见图 4-33a 和 b）。

2）删除原二叉树中所有的双亲结点与右孩子结点的连线（见图 4-33c）。

3）整理由 1）、2）两步所得到的树或森林，使之结构层次分明（见图 4-33d）。

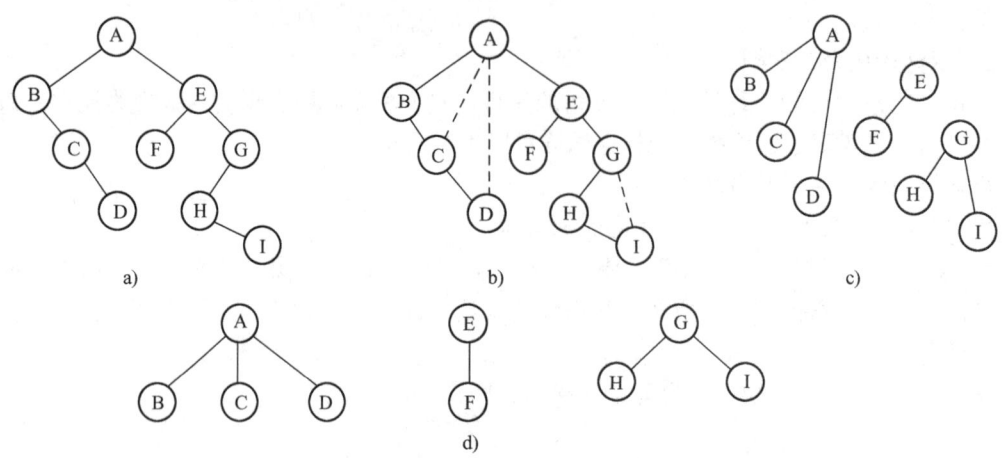

图 4-33 二叉树还原为森林的过程
a）一棵二叉树 b）加连线 c）删除与右孩子的连线 d）还原后的森林

4.7.4 树或森林的遍历

1．树的遍历

树的遍历通常有以下两种方式。

（1）先序遍历

先序遍历的定义为若树为空，遍历结束；否则：

1）访问根结点。

2）按照从左到右的顺序先序遍历根结点的每一棵子树。

按照树的先序遍历的定义，对图 4-31a 所示的树进行先序遍历，得到结果序列：

$$ABEFCDG$$

（2）后序遍历

后序遍历的定义为若树为空，遍历结束；否则：

1）按照从左到右的顺序后序遍历根结点的每一棵子树。

2）访问根结点。

按照树的后序遍历的定义，对图 4-31a 所示的树进行后序遍历，得到结果序列：

$$EFBCGDA$$

根据树与二叉树的转换关系以及树和二叉树的遍历定义可以推知，树的先序遍历与其转换的相应二叉树的先序遍历的结果序列相同；树的后序遍历与其转换的相应二叉树的中序遍历的结果序列相同。因此，树的遍历算法是可以采用相应二叉树的遍历算法来实现的。

2．森林的遍历

森林的遍历也有先序遍历和后序遍历两种方式。

（1）先序遍历

先序遍历的定义为若森林为空，遍历结束；否则：

1）访问森林中第一棵树的根结点。

2）先序遍历第一棵树的根结点的子树。
3）先序遍历去掉第一棵树后的子森林。
对于图 4-32a 所示的森林进行先序遍历，得到结果序列：

$$ABCDEFGHJIK$$

（2）后序遍历
后序遍历的定义为若森林为空，遍历结束；否则：
1）后序遍历第一棵树的根结点的子树。
2）访问森林中第一棵树的根结点。
3）后序遍历去掉第一棵树后的子森林。
对于图 4-32a 所示的森林进行后序遍历，得到结果序列：

$$BADEFCJHKIG$$

根据森林与二叉树的转换关系以及森林和二叉树的遍历定义可以推知，森林的先序遍历和后序遍历与所转换的二叉树的先序遍历和中序遍历的结果序列相同。

4.7.5 树的应用

树的应用十分广泛，在后面介绍的排序和查找常用的两项技术中，就有以树结构组织数据进行操作的。本节仅讨论树在判定树和集合表示与运算方面的应用。

1．集合的表示

集合是一种常用的数据表示方法，对集合可以作多种操作，假设集合 S 由若干个元素组成，可以按照某一规则把集合 S 划分成若干个互不相交的子集合。例如，集合 S={1, 2, 3, 4, 5, 6, 7, 8, 9, 10}，可以被分成如下 3 个互不相交的子集合：

$$S1=\{1, 2, 4, 7\}$$
$$S2=\{3, 5, 8\}$$
$$S3=\{6, 9, 10\}$$

集合 {S1, S2, S3} 就称为集合 S 的一个划分。

此外，在集合上还有最常用的一些运算，比如集合的交、并、补、差以及判定一个元素是否是集合中的元素等。

为了有效地对集合执行各种操作，可以用树结构表示集合。用树中的一个结点表示集合中的一个元素，树结构采用双亲表示法存储。例如，集合 S1、S2 和 S3 可分别表示为图 4-34a、b、c 所示的结构。将它们作为集合 S 的一个划分，存储在一维数组中，如图 4-35 所示。

数组元素结构的存储表示描述如下。

```
typedef struct
  {datatype  data;
   int    parent;
  }NodeType；
```

其中 data 域存储结点本身的数据，parent 域为指向双亲结点的指针，即存储双亲结点在数组中的序号。

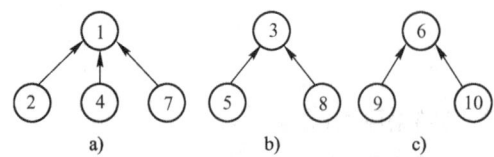

序号	data	parent
0	1	−1
1	2	0
2	3	−1
3	4	0
4	5	2
5	6	−1
6	7	0
7	8	2
8	9	5
9	10	5

图 4-34 集合的树结构表示

a) 集合 S1 b) 集合 S2 c) 集合 S3

图 4-35 集合 S1、S2、S3 的树结构存储示意

2. 集合的运算

当集合采用这种存储表示方法时，很容易实现集合的一些基本操作。

例如，求两个集合的并集，就可以简单地把一个集合的树根结点作为另一个集合的树根结点的孩子结点。如求上述集合 S1 和 S2 的并集，可以表示为

$$S1 \cup S2 = \{1, 2, 3, 4, 5, 7, 8\}$$

该结果的树结构表示如图 4-36 所示。

集合并运算的算法实现如下。

【算法 4-22】 集合并运算。

```
void Union(NodeType a[ ], int i, int j)
   {//合并以数组 a 第 i 个元素和第 j 个元素为根结点的集合
   if (a[i].parent!=-1||a[j].parent!=-1)
      {printf("\n 调用参数不正确"); return; }
   a[j].parent=i;    //将 i 置为两个集合共同的根结点
   }
```

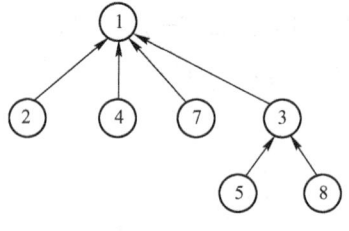

图 4-36 S1∪S2 的树结构

如果要查找某个元素所在的集合，可以沿着该元素的双亲域向上查，当查到某个元素的双亲域值为-1 时，该元素就是所查元素所属集合的树根结点，算法如下。

【算法 4-23】 查找集合体。

```
int Find(NodeType a[ ], elemtype x)
   {//在数组 a 中查找值为 x 的元素所属的集合，若找到，返回树根结点在数组 a 中的序号；
   //否则，返回-1 常量 MAXNODE 为数组 a 的最大容量
   int i=0, j;
   while (i<MAXNODE && a[i].data!=x) i++;
   if (i>=MAXNODE) return -1;       //值为 x 的元素不属于该组集合，返回-1
   j=i;
   while (a[j].parent!=-1) j=a[j].parent;
   return j;                         //j 为该集合的树根结点在数组 a 中的序号
   }
```

4.8 本章知识点小结

知识点	描述	学习要求
二叉树的定义	二叉树是 n（n≥0）个结点的有限集，它或者为空（n=0），或者由一个根结点及两棵互不相交的、分别称为这个根的左子树和右子树的二叉树组成。左子树和右子树又是一棵二叉树。 注意：二叉树定义的递归性使得可以采用递归的算法实现其上面的操作；二叉树的定义确定了二叉树的 5 种基本形态，可作为二叉树基本操作和应用算法思路分析的出发点	理解二叉树定义的递归性
树的定义	树是 n（n≥0）个结点的有限集 T，T 为空时称为空树，否则它满足如下两个条件，①有且仅有一个特定的称为根的结点；②其余的结点可分为 m（m≥0）个互不相交的子集 $T_1, T_2, \cdots, T_m$，其中每个子集本身又是一棵树，并称为根的子树。 注意：递归定义的树可以用递归的方法实现其上面的操作	理解树定义中的递归性
满二叉树	若二叉树中每一层结点的个数都达到了最大，则称之为一棵满二叉树	掌握满二叉树的特征，能进行判别
完全二叉树	若一棵二叉树至多只有最下面的两层上结点的度数可以小于 2，并且最下一层上的结点都集中在该层最左边的若干位置上，则此二叉树称为完全二叉树。满二叉树是完全二叉树的特例。 注意：一般完全二叉树采用顺序存储	掌握完全二叉树的特征，能进行判别
二叉树的性质	性质 1：二叉树的第 i 层上最多有 2^{i-1} 个结点。 性质 2：深度为 k 的二叉树最多有 2^k-1 个结点。 性质 3：任意一棵二叉树中，若终端结点的个数为 n_0，度数为 2 的结点为 n_2，则：$n_2=n_0-1$。 性质 4：具有 n 个结点的完全二叉树的深度 $k=\lfloor \log_2 n \rfloor +1$。 性质 5：对于具有 n 个结点的完全二叉树，按层次从上至下，每层从左至右对每个结点进行编号，则编号为 i 的结点有如下性质： ① 若 i=1，则 k_i 为根结点，无双亲，否则 k_i 的双亲编号为 i/2。 ② 若 2i≤n，则 k_i 有左孩子，左孩子的编号为 2i，否则，k_i 无左孩子，k_i 肯定是叶子。 ③ 若 2i+1≤n，则 k_i 有右孩子，右孩子的编号为 2i+1，否则，k_i 无右孩子。 ④ 除根外，编号为奇数的结点为其双亲的右孩子，偶数结点为其双亲的左孩子。 注意：性质 5 中如果根结点的编号从 0 开始，结点与左右孩子结点编号的对应关系会发生变化	掌握二叉树的 5 个性质
二叉树的存储	顺序存储（适于完全二叉树的存储）、二叉链表、三叉链表	能够根据需要选择适合的存储方法
二叉树的先序遍历	若二叉树非空，则先访问根结点，再先根遍历左子树，最后先根遍历右子树。 算法实现提示：可以用递归方式实现，也可用非递归方式实现，访问结点的时机是在第一次遇到结点的时候，即进入其左子树之前时访问。在用非递归方法实现时，需要用栈或其他别的方式记住当前进入的是哪个点的左子树，以便将来返回时可进入其右子树	熟练掌握二叉树的先序遍历方法、递归的遍历算法和非递归的遍历算法
二叉树的中序遍历	若二叉树非空，则先中序遍历左子树，再访问根结点，最后中序遍历右子树。 算法实现提示：可以用递归方式实现，也可用非递归方式实现，访问结点的时机是在第二次遇到结点时，即进入其左子树之后并从其左子树返回时访问。在用非递归方法实现时，需要用栈或其他别的方式记住当前进入的是哪个点的左子树，以便将来返回时可访问该结点并进入其右子树	熟练掌握二叉树的中序遍历方法、递归的遍历算法和非递归的遍历算法
二叉树的后序遍历	若二叉树非空，则先后根遍历左子树，再后根遍历右子树，最后访问根结点	熟练掌握二叉树的后序遍历方法、递归的遍历算法和

(续)

知识点	描述	学习要求
二叉树的后序遍历	算法实现提示：可以用递归方式实现，也可用非递归方式实现。访问结点的时机是在第三次遇到结点的时候，即进入其左子树之后返回，又进入其右子树之后返回时才访问该结点。在用非递归方法实现时，需要用栈或其他别的方式记住当前进入的是哪个点的左子树，同时还需要设置标记标识返回前进入的是左子树还是右子树，以便将来从右子树返回时访问该结点	非递归的遍历算法
二叉树的层次遍历	从二叉树的根结点开始，按自上而下、从左到右的顺序进行遍历。算法实现提示：可以利用队列帮助实现遍历	熟练掌握二叉树的层次遍历方法和遍历算法
由二叉树的遍历序列恢复二叉树	由二叉树的先序和中序恢复二叉树；由二叉树的中序和后序恢复二叉树；由二叉树的中序和层次遍历恢复二叉树。注意：由二叉树的先序和后序、先序和层次遍历、后序和层次遍历均不能唯一地确定一棵二叉树	能够画出对应的二叉树写出相应算法
线索二叉树的定义	利用二叉链表中的 n+1 个空指针域存放指向结点在某种遍历次序下的前驱和后继结点的指针，为了区别指向左右孩子结点的指针，把前者称为线索，加了线索的二叉链表称为线索链表，相应的二叉树称为线索二叉树。按中序线索建立的线索树称为中序线索树；同理，有先序线索树和后序线索树	能够根据线索二叉树的定义画出中序线索树、先序线索树和后序线索树
线索二叉树的存储	在二叉链表中为每个结点的 lchild 域和 rchild 域分别加标记 ltag 和 rtag，取值为 1，则为线索，否则取值为 0	能够定义线索二叉树的存储
线索二叉树的创建	可通过对二叉树进行先序、中序和后序遍历创建相应的线索二叉树	能够写出线索二叉树的创建算法
线索二叉树的遍历	遍历不加线索的二叉树（二叉链表存储）时，通常用递归方法，不用递归方法时，就要用到栈；遍历线索二叉树则不需要递归和堆栈，其时间复杂度为 O(n)	能够写出对中序线索树进行中序遍历的算法
最优二叉树的概念	在权为 $w_1, w_2, \cdots, w_n$ 的 n 个叶子所构成的所有二叉树中，带权路径长度最小（即树的代价最小）的二叉树称为最优二叉树或哈夫曼树。注意：最优二叉树的形状不唯一，带权路径长度是唯一的	掌握构造最优二叉树的方法，并会计算二叉树的带权路径长度
前缀码	为了保证解码的唯一性，因此在编码时要求字符集中任一字符的编码都不是其他字符编码的前缀，这种编码称为前缀码。注意：采用最优二叉树方法构造的哈夫曼编码就是前缀码	理解前缀码的概念，并能进行判别
平均码长	设对 n 个字符 $\{c_1, c_2, \cdots, c_n\}$ 进行编码，设字符 c_i 出现的概率为 p_i，码长为 l_i，则平均码长 $= \sum_{i=1}^{n} p_i l_i$	能够计算编码的评价码长
最优前缀码	平均码长最小的前缀码为最优前缀码	理解最优前缀码
哈夫曼编码	由哈夫曼树求得的编码是最优前缀码，称为哈夫曼编码	掌握哈夫曼编码的求法
树的存储	双亲表示法、孩子链表表示法、双亲孩子链表表示法、孩子兄弟表示法	能够定义并建立相应方法的树存储
树与二叉树的相互转换	转换规则：① 原树的根为转换后二叉树的根；② 原树中每个非终端结点的第一个孩子转换后成为其双亲的左孩子；③ 原树中每个结点右边的第一个兄弟孩子转换后成为它的右孩子。树转换为二叉树后的特点：① 所转换成的二叉树其根结点的右子树为空；② 其二叉链表可解释为原树的孩子—兄弟链表。二叉树转换成树是上述规则的逆过程	掌握树与二叉树的相互转换以及转换后二叉树的特点
森林与二叉树的相互转换	转换规则：将森林中第二棵树的树根结点视为第一棵树树根的第一个兄弟，第三棵树的树根结点视为第二棵树树根的第一个兄弟，依此类推，仍按树的转换规则进行即可。二叉树转换成森林是上述规则的逆过程	掌握森林与二叉树的相互转换以及转换后二叉树的特点

(续)

知识点	描述	学习要求
树的遍历	先根遍历：若树 T 非空，则：① 访问根结点 R；② 依次先根遍历 R 的各个子树 $T_1, T_2, \cdots, T_k$。 后根遍历：若树 T 非空，则：① 依次后根遍历 R 的各个子树 $T_1, T_2, \cdots, T_k$；② 访问根 R	掌握树的遍历方法
森林的遍历	先序遍历：若森林 F 非空，则：① 访问其第一棵树的根结点；② 先序遍历第一棵树的根的子树；③ 先序遍历去掉第一棵树后的子森林。 后序遍历：若森林 F 非空，则：① 后序遍历第一棵树的根结点的子树；② 访问第一棵树的根结点；③ 中序遍历去掉第一棵树后的子森林	掌握森林的遍历方法
树和森林的遍历与其转换的二叉树的遍历次序的关系	树和森林的先序遍历和后序遍历与所转换的二叉树的先序遍历和中序遍历的结果序列对应相同。 注意：正因为有这样的对应关系，所以对树和森林的遍历可通过对相应二叉树的遍历实现	理解树和森林的遍历与其转换的二叉树遍历次序的关系
树表示集合及其运算	集合是一种常用的数据结构，采用树结构表示集合，树中的一个结点表示集合中的一个元素，具有同一树根的结点在同一集合中，因此能够很方便地判定一个元素是否属于一个集合，以及实现集合上的交、并、补、差等基本运算。表示集合的树常采用双亲表示法存储。 注意：可扩展阅读第 8 章的 8.3 节的相关内容	理解用树表示集合的方法以及集合运算的实现

练习题

习题解答
第 4 章 习题解答

一、选择题

1. 下列说法正确的是（　　）。
   A．二叉树中任何一个结点的度都为 2
   B．二叉树的度为 2
   C．一棵二叉树的度可小于 2
   D．任何一棵二叉树中至少有一个结点的度为 2

2. 以二叉链表作为二叉树的存储结构，在具有 n 个结点的二叉链表中（n>0），空链域的个数为（　　）。
   A．2n-1　　　　B．n-1　　　　C．n+1　　　　D．2n+1

3. 线索化二叉树中，某结点*p 没有孩子的充要条件是（　　）。
   A．p->lchild=NULL　　　　　　B．p->ltag=1 且 p->rtag=1
   C．p->ltag=0　　　　　　　　　D．p->lchild=NULL 且 p->ltag=1

4. 如果结点 A 有 3 个兄弟，而且 B 是 A 的双亲，则 B 的度是（　　）。
   A．3　　　　　B．4　　　　　C．5　　　　　D．1

5. 某二叉树 T 有 n 个结点，设按某种顺序对 T 中的每个结点进行编号，编号值为 1,2,…,n。且有如下性质：T 中任意结点 v，其编号等于左子树上的最小编号减 1，而 v 的右子树的结点中，其最小编号等于 v 左子树上结点的最大编号加 1，这是按（　　）编号的。
   A．中序遍历序列　　B．先序遍历序列　　C．后序遍历序列　　D．层次顺序

6. 设 F 是一个森林，B 是由 F 转换得到的二叉树，F 中有 n 个非终端结点，B 中右指针域为空的结点有（　　）个。
   A．n-1　　　　B．n　　　　　C．n+1　　　　D．n+2

7. 一棵完全二叉树上有 1001 个结点，其中叶子结点的个数是（   ）。
    A．500   B．501   C．490   D．495
8. 设森林 F 中有 3 棵树，第一、第二和第三棵树的结点个数分别为 N1，N2 和 N3。与森林 F 对应的二叉树根结点的右子树上的结点个数是（   ）。
    A．N1   B．N1+N2   C．N2   D．N2+N3
9. 任何一棵二叉树的叶结点在先序、中序、后序遍历序列中的相对次序（   ）。
    A．不发生改变 B．发生改变   C．不能确定   D．以上都不对
10. 若一棵二叉树的后序遍历序列为 dabec，中序遍历序列为 debac，则先序遍历序列为（   ）。
    A．cbed   B．decab   C．deabc   D．cedba
11. 若一棵二叉树的先序遍历序列为 abdgcefh，中序遍历的序列为 dgbaechf，则后序遍历的结果为（   ）。
    A．gcefha   B．gdbecfha   C．bdgaechf   D．gdbehfca
12. 一棵非空二叉树的先序遍历序列与后序遍历序列正好相反，则该二叉树一定满足（   ）。
    A．所有的结点均无左孩子   B．所有的结点均无右孩子
    C．只有一个叶子结点   D．是一棵满二叉树
13. 设高度为 h 的二叉树上只有度为 0 和度为 2 的结点，则此类二叉树中所包含的结点数至少为（   ）。
    A．2×h   B．2×h-1   C．2×h+1   D．h+1
14. 一个具有 567 个结点的二叉树的高 h 为（   ）
    A．9   B．10   C．9～566   D．10～567
15. 给一个整数集合{3, 5, 6, 7, 9}，与该整数集合对应的哈夫曼树是（   ）
    A.   B.   C.   D.

二、判断题
1. 二叉树的基本形态有 5 种。
2. 由树转换成二叉树，其根结点的右子树总是空的。
3. 先根遍历一棵树和先序遍历与该树对应的二叉树，其结果不同。
4. 先根遍历森林和先序遍历与该森林对应的二叉树，其结果不同。
5. 完全二叉树中，若一个结点没有左孩子，则它必是叶子。
6. 对于有 N 个结点的二叉树，其高度为 $\lfloor \log_2 N \rfloor +1$。
7. 若一个结点是某二叉树子树的中序遍历序列中的最后一个结点，则它必是该子树的

先序遍历序列中的最后一个结点。

8．若一个结点是某二叉树子树的中序遍历序列中的第一个结点，则它必是该子树的后序遍历序列中的第一个结点。

9．不使用递归也可实现二叉树的先序、中序和后序遍历。

10．先序遍历二叉树的序列中，任何结点的子树的所有结点不一定跟在该结点之后。

11．先序和中序遍历用线索树方式存储的二叉树，不必使用栈。

12．在后序线索二叉树中，在任何情况下都能很方便地找到任意结点的后继。

13．哈夫曼树是带权路径长度最短的树，路径上权值较大的结点离根较近。

14．在哈夫曼编码中，出现频率相同的字符编码长度也一定相同。

15．用一维数组存放二叉树时，总是以先序遍历存储结点。

16．由先序序列和后序序列能唯一确定一棵二叉树。

17．由先序序列和中序序列能唯一确定一棵二叉树。

18．对一棵二叉树进行层次遍历时，应借助于一个栈。

19．完全二叉树可采用顺序存储结构实现存储，非完全二叉树则不能。

20．满二叉树一定是完全二叉树，反之未必。

三、简答题

1．一棵度为 2 的树与一棵二叉树有何区别？树与二叉树之间有何区别？

2．对于如图 4-37 所示二叉树，试给出：

1）它的顺序存储结构示意图。

2）它的二叉链表存储结构示意图。

3）它的三叉链表存储结构示意。

3．对于如图 4-38 所示的树，试给出：

1）双亲数组表示法示意图。

2）孩子链表表示法示意图。

3）孩子兄弟链表表示法示意图。

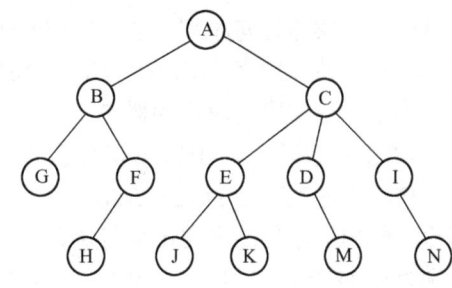

图 4-37　简答题 2　　　　　　　　　图 4-38　简答题 3

4．画出如图 4-39 所示的森林经转换后所对应的二叉树，并指出森林中满足什么条件的结点在二叉树中是叶子。

5．将如图 4-40 所示的二叉树转换成相应的森林。

6．证明：在结点数多于 1 的哈夫曼树中不存在度为 1 的结点。

图 4-39 简答题 4
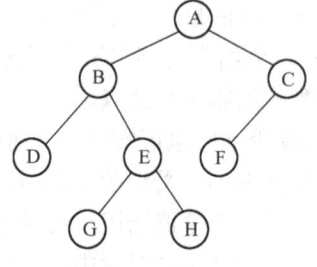
图 4-40 简答题 5

7. 证明：若哈夫曼树中有 n 个叶结点，则树中共有 2n-1 个结点。

8. 证明：由二叉树的先序序列和中序序列可以唯一地确定一棵二叉树。

9. 给定两个遍历序列，能否构建一棵唯一的二叉树？

10. n 个结点可以组合成多少棵不同形态的二叉树？

11. 已知一棵度为 m 的树中有 n_1 个度为 1 的结点，n_2 个度为 2 的结点……n_m 个度为 m 的结点，问该树中共有多少个叶子结点？有多少个非终端结点？

12. 在具有 n（n>1）个结点的树中，深度最小的那棵树其深度是多少？它共有多少叶子和非叶子结点？深度最大的那棵树其深度是多少？它共有多少叶子和非叶子结点？

13. 设高度为 h 的二叉树上只有度为 0 和度为 2 的结点，问该二叉树的结点数可能达到的最大值和最小值。

14. 对于 4 叉树（每个结点最多有 4 个孩子结点），假定只有一个结点的树的高度为 0，100 个结点的 4 叉树的最大可能高度是多少？有 n 个结点的 4 叉树的最小高度是多少？

15. 求表达式 a+b*(c-d)-e/f 的波兰式（前缀式）和逆波兰式（后缀式）。

16. 什么是线索二叉树？建立线索二叉树的目的是什么？

17. 画出和下列已知序列对应的树 T。
    树的先根次序访问序列为 GFKDAIEBCHJ。
    树的后根访问次序为 DIAEKFCJHBG。

18. 画出和下列已知序列对应的森林 F。
    森林的先根次序访问序列为 ABCDEFGHIJKL。
    森林的后根访问次序为 CBEFDGAJIKLH。

19. 画出和下列已知序列对应的树 T。
    二叉树的层次序列为 ABCDEFGHIJ。
    二叉树的中序次序为 DBGEHJACIF。

20. 假设已知用于通信的电文由字符集{a, b, c, d, e, f, g}中的字母构成。它们在电文中出现的频度分别为{0.31, 0.16, 0.10, 0.08, 0.11, 0.20, 0.04}。
    1）为这 7 个字母设计哈夫曼编码。
    2）对这 7 个字母进行等长编码，至少需要几位二进制数？哈夫曼编码比等长编码使电文总长压缩多少？

四、算法设计题

1. 给定一棵用二叉链表表示的二叉树，其根指针为 root，试写出求二叉树结点的数目的算法。

2．请设计一个算法，要求该算法把二叉树的叶结点按从左至右的顺序链成一个单链表。二叉树按 lchild-rchild 方式存储，链接时用叶结点的 rchild 域存放链指针。

3．请分别用递归和非递归方法实现查找二叉树中的最大元素的算法。

4．给定一棵用二叉链表表示的二叉树，其根指针为 root，试写出求二叉树的深度的算法。

5．给定一棵用二叉链表表示的二叉树，其根指针为 root，试写出求二叉树各结点的层数的算法。

6．给定一棵用二叉链表表示的二叉树，其根指针为 root，试写出将二叉树中所有结点的左、右子树相互交换的算法。

7．找出二叉树中同一层结点数据之和最大的层。

8．一棵具有 n 个结点的完全二叉树采用顺序结构存储，试设计非递归算法对其进行先序遍历。

9．二叉树中查找值为 x 的结点，试设计打印值为 x 的结点的所有祖先结点算法。

10．已知一棵二叉树的后序遍历序列和中序遍历序列，写出可以确定这棵二叉树的算法。

11．编写算法判断一棵二叉链表表示的二叉树是否是完全二叉树。

12．有 n 个结点的完全二叉树存放在一维数组 A[1..n]中，试据此建立一棵用二叉链表表示的二叉树。

13．编写算法判定两棵二叉树是否相似。所谓两棵二叉树 s 和 t 相似，即要么它们都为空或都只有一个结点，要么它们的左右子树都相似。

14．对于一棵给定的二叉树，输出所有从根结点到叶子结点的路径。

15．给定一棵带有 3 个指针（左指针、右指针和下一个兄弟指针）的二叉树。假设下一个兄弟指针初始化为空，设计算法来填充下一个兄弟指针。

16．对以孩子兄弟链表表示的树编写计算树的深度的算法。

17．对以孩子链表表示的树编写计算树的深度的算法。

18．对以双亲链表表示的树编写计算树的深度的算法。

19．0-1 背包问题：给定 n 种物品和一背包。物品 i 的重量是 w_i，其价值为 v_i，背包的容量为 C。编写算法实现选择装入背包的物品，使得装入背包中物品的总价值最大。

20．n 皇后问题：按照国际象棋的规则，皇后可以攻击与之处在同一行或同一列或同一斜线上的棋子，n 皇后问题等价于在 n×n 的棋盘上放置 n 个皇后，任何两个皇后不放在同一行或同一列或同一斜线上。请设计算法找出一个 n×n 格的棋盘上放置 n 个皇后并使其不能互相攻击的所有方案。

实验题

题目　哈夫曼编码/译码器

1．问题描述

哈夫曼编码是一种应用广泛而有效的数据压缩技术。利用哈夫曼编码进行通信可以大大提高信道利用率，加快信息传输速度，降低传输成本。数据压缩的过程称为编码，解压缩的过程称为译码。进行信息传递时，发送端通过一个编码系统对待传数据（明文）预先编码，而接收端将传来的数据（密文）进行译码。要求设计这样的一个简单的哈夫曼编码/译码系统。

2. 基本要求

系统应具备如下几项功能。

1）构造哈夫曼树及哈夫曼编码：从终端读入字符集大小 n、n 个字符以及 n 个对应的权值，建立哈夫曼树；利用已经建好的哈夫曼树求每个叶结点的哈夫曼编码，并保存。

2）编码：利用已构造的哈夫曼编码对"明文"文件中的正文进行编码，然后将结果存入"密文"文件中。

3）译码：将"密文"文件中的 0、1 代码序列进行译码。

4）打印"密文"文件：将文件以紧凑格式显示在终端上，每行 30 个代码；同时，将此字符形式的编码文件保存。

5）打印哈夫曼树及哈夫曼编码：将已在内存中的哈夫曼树以凹入表形式显示在终端上，同时将每个字符的哈夫曼编码显示出来；并保存到文件。

3. 提示与分析

1）采用静态链表作为哈夫曼树的存储结构。

2）求哈夫曼编码时使用一维结构数组 HffCode 作为哈夫曼编码信息的存储。

3）基本功能分析。

① 初始化：从键盘接收字符集大小 n，以及 n 个字符和 n 个权值。

② 建立哈夫曼树：构造哈夫曼树，即将 HNode 数组中的各个位置的各个域都添上相关的值，并将这个结构体数组存于文件 HTree.txt 中。

③ 构造哈夫曼编码：为从文件 HTree.txt 中读入相关的字符信息进行哈夫曼编码，然后将结果存入 HNode.txt 中，同时将字符与 0、1 代码串的一一对应关系打印到屏幕上。

④ 编码：利用已构造的哈夫曼编码（HNode.txt）对文件 SourceFile.txt（明文）中的正文进行编码，然后将结果存入文件 CodeFile.txt（密文）中。

⑤ 译码：将文件 CodeFile.txt（密文）中的代码按照③中建立的编码规则将其翻译成字符集中字符所组成的字符串形式，进行译码，结果存入文件 TextFile.txt（明文）中（如果正确，TextFile.txt 的内容与 SourceFile.txt 的内容一致）。

⑥ 打印哈夫曼树：从 HNode 数组中读入相关的结点信息，以凹入表方式将各个结点以及叶子结点的权值和左分支上的 0 和右分支上的 1 画出来。

4. 选作内容

1）系统能够统计待编码文本中所使用的字符和出现的频率，并据此自动构造哈夫曼编码。

2）实现各个转换操作的源/目文件，均可由用户在选择该操作时指定和命名。

3）修改你的系统，对你的系统的源程序进行编码和译码（主要是将行尾符编/译码问题）。

4）以直观的形式在屏幕显示哈夫曼树。

第5章 图 结 构

图结构（简称为图）是一种比树结构更复杂的非线性结构。在图结构中，任意两个结点之间都可能相关，即结点之间的邻接关系可以是任意的。因此，图结构被用于描述各种复杂的数据对象，在自然科学、社会科学和人文科学等许多领域有着非常广泛的应用。

【主要内容提示】
- 图的基本概念、逻辑结构、存储结构
- 图的遍历及应用
- 图的最小生成树
- 图的经典应用求最短路径、拓扑排序、关键路径

教学课件
第5章 图结构

5.1 引言

本节将通过大家熟悉的问题引出图结构的相关概念及图结构要解决的问题。

5.1.1 问题提出

除了前两章讨论的线性结构和树结构，还有一种常见的数据逻辑结构：图结构，即元素之间可以有多个前驱元素和多个后继元素。图结构在日常生活中经常见到，如中国地图、公园的游览路线图、动物园的动物展馆分布图等。图结构在科学研究中经常用于对问题的抽象表示，以便于对问题求解的研究。下面一些常见问题，都可以通过图结构来表示并求解。

问题1：寻求走迷宫问题的解。

问题2：从公园入口处寻找一条参观某处景点的最短路径。

问题3：在几个村落之间铺设通信线路，如何铺设最省钱。

问题4：计算机科学与技术专业的大学生，本科4年需要学习公共基础课、专业基础课、专业课40多门，每门课程都有先修课程的要求，如何合理安排课程的教学顺序，使学生能够顺利完成学业。

问题5：GPS系统给出的最佳行车路线的推荐。

问题6：工程中最短工期和关键活动的确定。

问题7：地图的着色问题，即使地图中相邻区域着不同的颜色，如何选择满足条件的着色方案。我们也可以用图表示这个问题，即用结点表示各个区域，区域相邻则结点之间就有连接的边，这样地图的着色问题就变成图的结点着色问题：给出将相邻结点着不同颜色的方案。

上述各个问题都涉及一种相对复杂的数据之间的逻辑结构——图结构，要想让计算机帮助我们解决上述各个问题，首先就要掌握如何存储图结构，然后进一步考虑如何按照一定的顺序搜索到图的每个点和每条边，这是解决上述各个问题的基础。

5.1.2 相关概念

1. 图的定义

图（Graph）由一个顶点集合 V_n 和一个边（或者弧）集合 E_n 组成，通常记为：$G=(V_n, E_n)$，其中 V_n 中有 n（n>0）个顶点，E_n 中有 e（e>=0）条边，且每一条边都依附于 V_n 中的两个顶点 v_i，v_j（i, j=0, 1, …, n-1），该边用顶点偶对来表示，记为(v_i, v_j)。

如图 5-1 所示的无向图 G_1 给出了一个图的示例，在该图中，

其顶点集合：$V_1=\{v_0, v_1, v_2, v_3, v_4\}$

其边集合：$E_1=\{(v_0, v_1), (v_0, v_3), (v_1, v_2), (v_2, v_3), (v_2, v_4), (v_1, v_4)\}$

2. 图的相关术语

（1）无向图

在一个图中，如果任意两个顶点构成的偶对$(v_i, v_j)\in E_n$ 是无序的，即顶点之间的连线是没有方向的，则称该图为无向图。如图 5-1 所示是一个无向图 G_1。无向图中的(v_i, v_j)和(v_j, v_i)是同一条边。

（2）有向图

在一个图中，如果两个顶点之间的边是有方向的，即构成的偶对$(v_i, v_j)\in E_n$ 是有序的，则称该图为有向图。为了区别无向图，有向图的边用$<v_i, v_j>$表示，在有向图中的$<v_i, v_j>$和$<v_j, v_i>$不是同一条边。有向边也称为弧，箭头一端成为弧头，另一端为弧尾。

如图 5-2 所示是一个有向图 G_2，可表示为

$G_2=(V_2, E_2)$

$V_2=\{v_0, v_1, v_2, v_3\}$

$E_2=\{<v_0, v_1>, <v_0, v_2>, <v_2, v_3>, <v_3, v_0>\}$

图 5-1　无向图 G_1

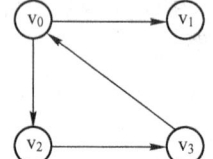
图 5-2　有向图 G_2

（3）邻接点、邻接边

若(v_i, v_j)存在，即 v_i 和 v_j 之间有边，互相称之为邻接点，(v_i, v_j)称为 v_i 和 v_j 邻接边。对于有向图，若$<v_i, v_j>$存在，则称 v_i 邻接至 v_j，或称 v_j 邻接自 v_i。

（4）完全图

在一个无向图中，如果任意两顶点都有一条边直接连接，则称该图为无向完全图。在一个有向图中，如果任意两顶点之间都有方向互为相反的两条弧相连接，则称该图为有向完全图。显然，在一个含有 n 个顶点的无向完全图中，有 n(n-1)/2 条边。在一个含有 n 个顶点的有向完全图中，有 n(n-1)条边。

（5）稠密图、稀疏图

若一个图接近完全图，则称其为稠密图；边数很少的图称为稀疏图。

（6）顶点的度、入度和出度

顶点的度是指依附于某顶点 v 的边数，通常记为 TD(v)。在有向图中，要区别顶点的入度与出度的概念。顶点 v 的入度是指以顶点 v 为终点的边的数目，记为 ID(v)；顶点 v 的出度是指以顶点 v 为始点的边的数目，记为 OD(v)。显然，TD(v)=ID(v)+OD(v)。

例如，在 G_1 中有：

$TD(v_0)=2 \quad TD(v_1)=3 \quad TD(v_2)=3 \quad TD(v_3)=2 \quad TD(v_4)=2$

在 G_2 中有：

$ID(v_0)=1 \quad OD(v_0)=2 \quad TD(v_0)=3$

$ID(v_1)=1 \quad OD(v_1)=0 \quad TD(v_1)=1$

$ID(v_2)=1 \quad OD(v_2)=1 \quad TD(v_2)=2$

$ID(v_3)=1 \quad OD(v_3)=1 \quad TD(v_3)=2$

根据以上的定义可知，对于具有 n 个顶点、e 条边的图，顶点 v_i 的度 $TD(v_i)$ 与顶点的个数以及边的数目满足关系：

$$e = \left(\sum_{i=1}^{n} TD(v_i)\right) / 2$$

（7）边的权、网图

与边有关的数据信息称为权。

实际应用中，权值可以有某种含义。比如，在一个反映城市交通线路的图中，边上的权值可以表示该条线路的长度或者等级；对于一个电子线路图，边上的权值可以表示两个端点之间的电阻、电流或电压值；对于反映工程进度的图而言，边上的权值可以表示从前一个工程到后一个工程所需要的时间等等。边上带权的图称为带权图或网图或网络（Network）。如图 5-3 所示，就是一个无向网图。如果边是有方向的带权图，则就是一个有向网图。

（8）路径和路径长度

顶点 v_p 到顶点 v_q 之间的路径是指一个从顶点 v_p 到顶点 v_q 的顶点序列 $v_p, v_{i1}, v_{i2}, \cdots, v_{im}, v_q$。其中，$(v_p, v_{i1}), (v_{i1}, v_{i2}), \cdots, (v_{im}, v_q)$ 分别为图中的边。对于有向图则是有向边 $<v_p, v_{i1}>, <v_{i1}, v_{i2}>, \cdots, <v_{im}, v_q>$。路径上边的数目称为路径长度。

图 5-3 一个无向网图

如图 5-1 所示无向图 G_1 中，$v_0 \to v_3 \to v_2 \to v_4$ 与 $v_0 \to v_1 \to v_4$ 是从顶点 v_0 到顶点 v_4 的两条路径，路径长度分别为 3 和 2。

如图 5-2 所示有向图 G_2 中，$v_0 \to v_2 \to v_3$ 是从顶点 v_0 到顶点 v_3 的一条路径，路径长度为 2。

（9）回路、简单路径、简单回路

若一条路经的始点和终点是同一个点，则该路径为回路或者环（cycle）；若路径中的顶点不重复出现，则该路径称为简单路径。前面提到的图 5-1 中 v_0 到 v_4 的两条路径都为简单路径。除第一个顶点与最后一个顶点之外，其他顶点不重复出现的回路称为简单回路，或者简单环。如图 5-2 中的 $v_0 \to v_2 \to v_3 \to v_0$。

（10）子图

对于图 G=(V_n, E_n)，若存在 V'是 V 的子集，E'是 E_n 的子集，且 E'中的边都依附于 V'中的点，则称图 G'=(V', E')是 G 的一个子图。

图 5-4 所示给出了 G_1 和 G_2 的两个子图 G_1' 和 G_2'。

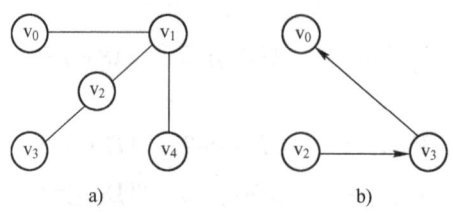

图 5-4　图 G_1 和 G_2 的子图 G_1' 和 G_2'

a) G_1 的子图 G_1'　b) G_2 的子图 G_2'

（11）连通的、连通图、连通分量

在无向图中，如果从一个顶点 v_i 到另一个顶点 v_j（i≠j）有路径，则称顶点 v_i 和 v_j 是连通的。如果图中任意两顶点都是连通的，则称该图是连通图。无向图的极大连通子图称为连通分量。图 5-5a 是一个非连通图 G_3，它有两个连通分量，如图 5-5b 所示。而对于连通图而言，连通分量就是它本身。

（12）强连通图、强连通分量

对于有向图来说，若图中任意一对顶点 v_i 和 v_j（i≠j）之间，既有从 v_i 到 v_j 的路径，也有从 v_j 到 v_i 的路径，则称该有向图是强连通图。有向图的极大强连通子图称为强连通分量。图 5-2 是一个非强连通图 G_2，它有两个强连通分量，如图 5-6 所示。

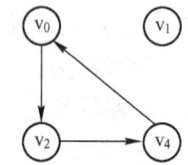

图 5-5　无向图 G_3 及两个连通分量　　　　图 5-6　有向图 G_2 的两个强连通分量

a) 无向非连通图 G_3　b) G_3 的两个连通分量

（13）连通图（或子图）的生成树

所谓连通图 G 的生成树，是包含 G 的全部 n 个顶点的一个极小连通子图，它必定包含且仅包含 G 的 n-1 条边。

图 5-4a 中 G_1' 就是图 5-1 中 G_1 的一棵生成树。在生成树中添加任意一条属于原图中的边必定会产生回路，因为新添加的边使其所依附的两个顶点之间会产生第二条路径。若生成树中减少任意一条边，则必然不能连通 n 个顶点。

（14）非连通图的生成森林

在非连通图中，由每个连通分量都可得到一个极小连通子图，即一棵生成树，这些连通分量的生成树就组成了一个非连通图的生成森林。

5.1.3 图的基本操作

1）CreatGraph(G)：建立图 G 的存储。
2）DestroyGraph(G)：释放图 G 占用的存储空间。
3）GetVex(G, v)：在图 G 中找到顶点 v，并返回顶点 v 的相关信息。
4）PutVex(G, v, value)：在图 G 中找到顶点 v，并将 value 值赋给顶点 v。
5）InsertVex(G, v)：在图 G 中增添新顶点 v。
6）DeleteVex(G, v)：在图 G 中，删除顶点 v 以及所有和顶点 v 相关联的边或弧。
7）InsertArc(G, v, w)：在图 G 中增添一条从顶点 v 到顶点 w 的边或弧。
8）DeleteArc(G, v, w)：在图 G 中删除一条从顶点 v 到顶点 w 的边或弧。
9）Traverse(G, v)：在图 G 中，从顶点 v 出发遍历图 G。
10）LocateVex(G, u)：在图 G 中找到顶点 u，返回该顶点在图中存储位置。
11）FirstAdjVex(G, v)：在图 G 中，返回 v 的第一个邻接点。若顶点在 G 中没有邻接点，则返回"空"。
12）NextAdjVex(G, v, w)：在图 G 中，返回 v 的（相对于 w 的）下一个邻接点。若 w 是 v 的最后一个邻接点，则返回"空"。

需要注意的是：在一个图中，顶点是没有先后次序的，但当我们在对它的存储中确定了顶点的次序后，存储中的顶点次序构成了顶点之间的相对次序。同样的道理，对一个顶点的邻接点，也根据存储顺序决定了第 1 个，第 2 个……

5.2 图的存储方法

图是一种结构复杂的数据结构，不仅表现在各个顶点的度可以千差万别，而且顶点之间的逻辑关系也不确定。从图的定义可知，一个图的信息包括两部分，即图中顶点的信息以及描述顶点之间的关系——边或者弧的信息。因此无论采用什么方法建立图的存储结构，都要完整、准确地反映这两方面的信息。

下面介绍几种常用的图的存储结构。

5.2.1 邻接矩阵

邻接矩阵法的存储基本思想是，对于图中的 n 个顶点采用顺序存储，任意两个顶点之间是否有邻接关系即是否有边，则用一个 n×n 的矩阵来表示。规定矩阵的元素为：

$$a_{ij} = \begin{cases} 1 & 若(v_i,v_j)（有向图为<v_i,v_j>）是 E_n 中的边 \\ 0 & 若(v_i,v_j)（有向图为<v_i,v_j>）不是 E_n 中的边 \end{cases}$$

若 G 是网图，则邻接矩阵可定义为：

$$a_{ij} = \begin{cases} w_{ij} & 若(v_i,v_j)（有向图为<v_i,v_j>）是 E_n 中的边 \\ 0 或 \infty & 若(v_i,v_j)（有向图为<v_i,v_j>）不是 E_n 中的边 \end{cases}$$

其中，w_{ij} 表示边(v_i, v_j)或$<v_i, v_j>$上的权值；∞ 表示一个计算机允许的、大于所有边上权值的数,或者用一个能够在程序中识别的特殊值来表示。

图 5-7a 和图 5-7b 分别是一个无向图和一个有向图的邻接矩阵。

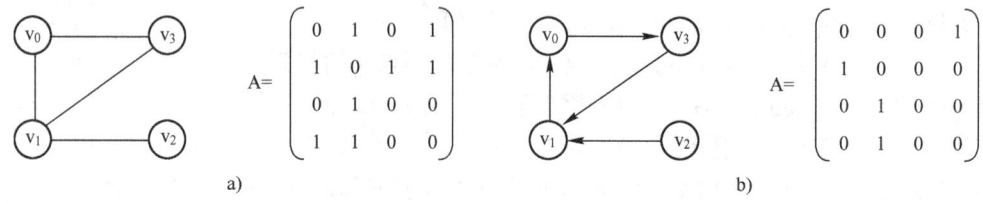

图 5-7 邻接矩阵

a) 一个无向图的邻接矩阵 b) 一个有向图的邻接矩阵

图 5-8 是一个无向网的邻接矩阵。

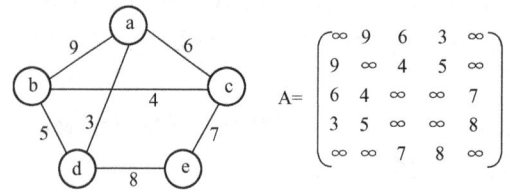

图 5-8 一个无向网的邻接矩阵

从图的邻接矩阵存储方法容易看出,这种表示具有以下特点。

1)无向图的邻接矩阵一定是一个对称矩阵。因此,在具体存放邻接矩阵时只需存放上(或下)三角矩阵的元素即可,当然这样的存储可能会使一些操作比较烦琐。

2)对于无向图,邻接矩阵的第 i 行(或第 i 列)非零元素(或非∞元素)的个数是第 i 个顶点的度 $TD(v_i)$。

3)对于有向图,邻接矩阵的第 i 行(或第 i 列)非零元素(或非∞元素)的个数是第 i 个顶点的出度 $OD(v_i)$(或入度 $ID(v_i)$)。

根据邻接矩阵的存储思想可知,用邻接矩阵方法存储图,很容易确定图中任意两个顶点之间是否有边相连;但是,要确定图中有多少条边,则必须按行(或列)对每个元素进行检测,所花费的时间代价很大。这是用邻接矩阵存储图的局限性。

根据以上的设计思想,可以用一个一维数组顺序存储顶点信息,用一个二维数组表示顶点间的邻接关系,称之为邻接矩阵,定义如下。

```
#define    MaxVerNum   …                          //定义能存储的足够大的顶点个数
typedef   char   VertexType;                      //VertexType 为顶点类型,设为字符型
typedef   int    EdgeType;                        //EdgeType 为边的权值类型,设为整型
typedef   struct
  { VertexType   vexs[MaxVerNum];                 //顶点表
    EdgeType   edges[MaxVerNum][MaxVerNum];       //邻接矩阵
    int vnum, enum;                               //顶点数和边数
  }MGraph;
```

需要说明:

在图中没有一个特殊的顶点是"第一个,第二个,……",因此存储时也是如此,顶点

在数组中的存储顺序可以依实际问题的某个顺序人为地来规定，一旦顶点在数组中的存储顺序确定，就构成了顶点之间的相对次序，邻接矩阵一定要与其对应，除了顶点数组的每个分量中的顶点信息域中存放的是顶点的信息，其他地方存放的都是顶点在数组中的下标。如不加说明，在其他的存储方法中也是如此。

建立一个有向图的邻接矩阵存储的算法如下。

【算法 5-1】 建立一个有向图的邻接矩阵存储。

```
void CreateMGraph(MGraph *G)
{ //建立有向图 G 的邻接矩阵存储
  int i, j, k, w;
  printf("请输入顶点数和边数\n");
  scanf("%d, %d", &G->vnum, &G->enum);
  for (i=0;i<G->vnum;i++)   scanf("%c", &(G->vexs[i]));      //输入顶点信息，建立顶点表
  for (i=0;i<G->vnum;i++)
     for (j=0;j<G->vnum;j++)
        G->edges[i][j]=0;    //初始化邻接矩阵
  for (k=0;k<G->enum;k++)
  {scanf("%d, %d", &i, &j);           //依次输入 e 条边，每一条边用顶点的序号对偶表示
   G->edges[i][j]=1;                  //若为无向图，还要建立(j, i)边，即 G->edges[j][i]=1;
  }
}
```

5.2.2 邻接表

邻接矩阵是图的顺序存储方法，邻接表是图的顺序存储与链式存储结合的存储方法。邻接表表示法类似于树的孩子链表表示法。其存储思想：每一条边存储一个结点，把某个顶点 v_i 所有邻接边（有向图中以 v_i 为弧尾的）链接成一个单链表，将该单链表的头指针和这个顶点的信息作为顶点结点依次顺序存储起来，就构成了图的邻接表。图 5-9a 给出了无向图 5-7a 对应的邻接表。

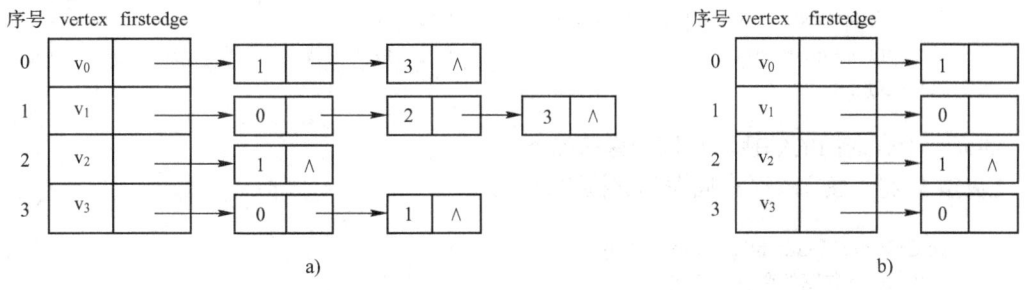

图 5-9 邻接表

a) 无向图 5-7a 的邻接表 b) 有向图 5-7b 的邻接表

在邻接表中有两种结点结构，如图 5-10 所示。

一种是顶点结点的结构，它由顶点域（vertex）和指向第一条邻接边的指针域（firstedge）构成；另一种是边（即邻接表）结点结构，它由邻接点域（adjvex）和指向下一

条邻接边的指针域（next）构成。

```
顶点域  边表头指针              邻接点域  指针域
vertex  firstedge               adjvex   next
     a)                              b)
```

图 5-10 邻接表中的两种结点结构

a) 顶点结点 b) 边结点

边的存储注意两点：

1）一条边由两个顶点构成，在边结点中却只有一个顶点的信息，这是因为在同一个链表中的边都是该点的邻接边，即这些边和同一个顶点相关联，因此就省略了该顶点，只存储了它的邻接点 adjvex。

2）adjvex 存放的是邻接点在数组中存储的下标，而不是顶点的信息，顶点的信息只存放在顶点结点的 vertex 域中。

对于网图的边结点可根据需要再增设一个存储边上信息（如权值等）的域（info），网图的边结点结构如图 5-11 所示。

```
邻接点域  边上信息  指针域
adjvex    info     next
```

图 5-11 网图的边结点结构

根据上述思想设计的邻接表表示的定义如下。

```
#define   MaxVerNum   …              //定义能存储的足够大的顶点个数
    typedef struct node
      {int adjvex;                    //邻接点域
       struct node *next;             //指向下一个邻接点（或边）的指针域
       …                              //若要表示边上信息，则应增加相关数据域 info
      }EdgeNode;                      //边结点
    typedef struct vnode
      {VertexType vertex;             //顶点域
       EdgeNode *firstedge;           //第一条边的指针
      }VertexNode;                    //顶点结点
    typedef struct{
       VertexNode   AdjList[MaxVerNum]; //邻接表
       int vnum, enum;                //顶点数和边数
    }ALGraph;
```

建立一个有向图的邻接表存储的算法如下。

【算法 5-2】 建立一个有向图的邻接表存储。

```
void CreateALGraph(ALGraph   *G)
  {//建立有向图的邻接表存储
   int i, j, k;
   EdgeNode * s;
   printf("请输入顶点数和边数\n");
   scanf("%d, %d", &G->vnum, &G->enum);
   for (i=0; i<G->vnum; i++)                //建立顶点表
     {scanf("%c", &( G->AdjList[i].vertex));  //读入顶点信息
      G->AdjList[i].firstedge=NULL;           //顶点的边表头指针设为空
```

```
        }
    for (k=0; k<G->enum; k++)                        //建立边表
      {scanf("%d, %d", &i, &j);                      //读入边<v_i, v_j>的顶点序号对偶
        s=(EdgeNode*)malloc(sizeof(EdgeNode));       //生成新边表结点 s
        s->adjvex=j;                                 //邻接点序号为j
        s->next=G-> AdjList[i].firstedge;            //将新边表结点 s 插入到顶点 v_i 的边表头部
        G->AdjList[i].firstedge=s;
      }
}
```

若建立的是无向图的邻接表,则需要将边(v_i, v_j)同时也插入到 v_j 的邻接边表中。

若无向图中有 n 个顶点和 e 条边,则它的邻接表需 n 个头结点和 2e 个边结点。显然,在边稀疏($e\ll n(n-1)/2$)的情况下,用邻接表表示图比邻接矩阵节省存储空间,当和边相关的信息较多时更是如此。

在无向图的邻接表中,顶点 v_i 的度为第 i 个链表中的边结点数;而在有向图中,第 i 个链表中的结点个数只是顶点 v_i 的出度,为求入度,必须遍历整个邻接表:在所有链表中,其邻接点域的值为 i 的结点个数是顶点 v_i 的入度,当然为了操作上的方便,有时可在顶点结点中加一个域,用来存放顶点的入度或其他信息。

有时需要建立有向图的逆邻接表,在逆邻接表中是把以每个顶点为弧头的边连接在一起的,即以顶点的入度边形成一个边表。例如图 5-12 所示为有向图 G_2(见图 5-2)的邻接表和逆邻接表。

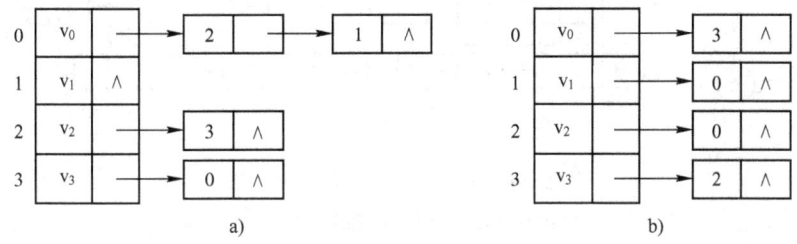

图 5-12 图 5-2 的邻接表和逆邻接表
a) 邻接表 b) 逆邻接表

在建立邻接表或逆邻接表时,输入的顶点信息若为顶点的编号,则建立邻接表的复杂度为 O(n+e),若输入的是顶点的信息,需要通过查找才能得到顶点在图中位置,则时间复杂度为 O(n×e)。

在邻接表上容易找到任一顶点的第一个邻接点和下一个邻接点,但要判定任意两个顶点(v_i, v_j)之间是否有边或弧相连,则需搜索 v_i 或 v_j 的邻接边表,不如邻接矩阵方便。

*5.2.3 十字链表

十字链表(Orthogonal List)是有向图的一种存储方法,它实际上是有向图的邻接表与逆邻接表的结合,即把每一条边的边结点分别组织到以弧尾顶点为头结点的链表和以弧头顶点为头顶点的链表中。在十字链表表示中,顶点表结点和边表结点的结构分别如图 5-13a 和 b 所示。

顶点值域	指针域	指针域
vertex	firstin	firstout

a)

弧尾结点	弧头结点	弧上信息	指针	指针
tailvex	headvex	info	hlink	tlink

b)

图 5-13　十字链表顶点表、边表的弧结点结构示意

a) 十字链表顶点表结点结构　b) 十字链表边表的弧结点结构

在弧结点中有 5 个域：弧尾结点（tailvex）、弧头结点（headvex）、指针（hlink）、指针（tlink）和弧上信息（info）。其中，弧尾结点（tailvex）域和弧头结点（headvex）域分别指示弧尾和弧头这两个顶点在图中的位置；指针（hlink）域指向弧头相同的下一条弧；指针（tlink）域指向弧尾相同的下一条弧；弧上信息（info）域指向该弧的相关信息。弧头相同的弧在同一链表上，弧尾相同的弧也在同一链表上。它们的头结点即为顶点结点，由 3 个域组成。其中，vertex 域存储顶点的相关信息，如顶点的名称等；firstin 和 firstout 为两个链域，分别指向以该顶点为弧头或弧尾的第一个弧结点。

图 5-14 是有向图 G_4 及其对应的十字链表示意。

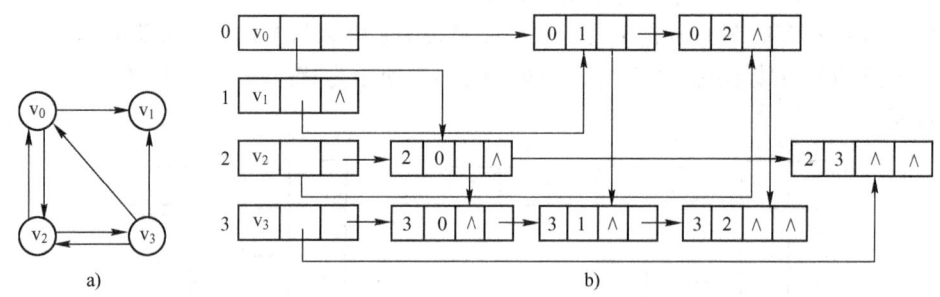

图 5-14　有向图及其十字链表示意

a) 有向图 G_4　b) 有向图的十字链表

若将有向图的邻接矩阵看成是稀疏矩阵的话，则十字链表也可以看成是邻接矩阵的链表存储结构。

有向图的十字链表存储表示的形式描述如下。

```
#define   MaxVerNum   …              //定义能存储的足够大的顶点个数
typedef   struct arcbox
{ int    tailvex, headvex;            //该弧的尾和头顶点的位置
  struct   arcbox  *hlink, *tlink;    //分别为弧头相同和弧尾相同的弧的链域
  infotype   info;                    //该弧相关信息的指针
}ArcBox;                              //弧结点
typedef   struct vexnode
{ VertexType   vertex;
  arcbox  *fisrtin, *firstout;        //分别指向该顶点第一条入弧和出弧
}VexNode;                             //顶点结点
typedef struct{
```

```
    VexNode  xlist[MaxVerNum];           //顶点结点向量
    int vnum, enum;                      //顶点数和边数
}OLGraph;
```

下面给出建立有向图十字链表存储的算法。

【算法 5-3】 建立一个有向图的十字链表存储。

```
void CreateOLGraph (OLGraph *G)
{ //采用十字链表表示, 构造有向图 G
    int i, j, k;
    ArcBox *p;
    printf("请输入顶点数和边数\n";
    scanf("%d, %d",&G->vnum, &G->enum);
    for (i=0; i<G->vnum; i++)                    //构造表头向量
      { scanf("%c", &(G->xlist[i].vertex));      //输入顶点值
        G->xlist[i].firstin=G->xlist[i].firstout =NULL;  //初始化指针
      }
    for(k=0; k<G->enum; k++)                     //输入各弧并构造十字链表
      { scanf("%d, %d", &i, &j);                 //读入边<V_i, V_j>的顶点对应序号
        p=(ArcBox *) malloc (sizeof(ArcBox));    //申请一个弧结点
        p->tailvex=i; p->tlink= G->xlist[i].firstout;
        p->headvex =j; p->hlink=G->xlist[j].firstin;  //对弧结点赋值
        G->xlist[j].fisrtin=G->xlist[i].firstout=p;   //完成在入弧和出弧链头的插入
          input( p->info);                       //若弧含有相关信息, 则输入, 否则舍去
      }
}
```

在十字链表中既容易找到以 v_j 为尾的弧, 也容易找到以 v_i 为头的弧, 因而容易求得顶点的出度和入度（若需要，可在建立十字链表的同时求出）。同时, 由【算法 5-3】可知, 建立十字链表的时间复杂度和建立邻接表是相同的。在有向图的一些应用中, 十字链表是很有用的工具。

*5.2.4 邻接多重表

邻接多重表（Adjacency Multilist）主要用于存储无向图。这是因为用邻接表存储无向图时, 每条边的两个边结点分别在以该边所依附的两个顶点为头结点的链表中, 这给图的某些操作带来不便。例如, 对已访问过的边做标记, 或者要删除图中某一条边等, 都需要找到表示同一条边的两个结点。因此, 邻接多重表对此作了改进, 和十字链表类似, 每一条边用一个结点表示, 同时链接在两个链表中, 这样使得一些操作更简便。

邻接多重表的顶点表结点结构和边表结点结构如图 5-15 所示。

其中, 顶点表由两个域组成, vertex 域存储和该顶点相关的信息, firstedge 域指示第一条依附于该顶点的边; 边表结点由 6 个域组成, mark 为标记域, 可用以标记该条边是否被搜索过; ivex 和 jvex 为该边依附的两个顶点在图中的位置; ilink 指向下一条依附于顶点 ivex 的边; jlink 指向下一条依附于顶点 jvex 的边; info 为和边相关的信息（当信息数据块较大时可为指向数据块的指针）。

图 5-15 邻接多重表结点结构

a) 顶点表结点结构 b) 边表结点结构

如图 5-16 所示为无向图 G_1 及邻接多重表。在邻接多重表中，所有依附于同一顶点的边链接在同一链表中，由于每条边依附于两个顶点，则每个边结点同时链接在两个链表中。可见，对无向图而言，其邻接多重表和邻接表的差别，仅仅在于同一条边用一个结点表示还是用两个结点表示。因此，除了在边结点中增加一个标志域外，邻接多重表所需的存储量和邻接表为同一个量级的。在邻接多重表上，各种基本操作的实现亦和邻接表相似。

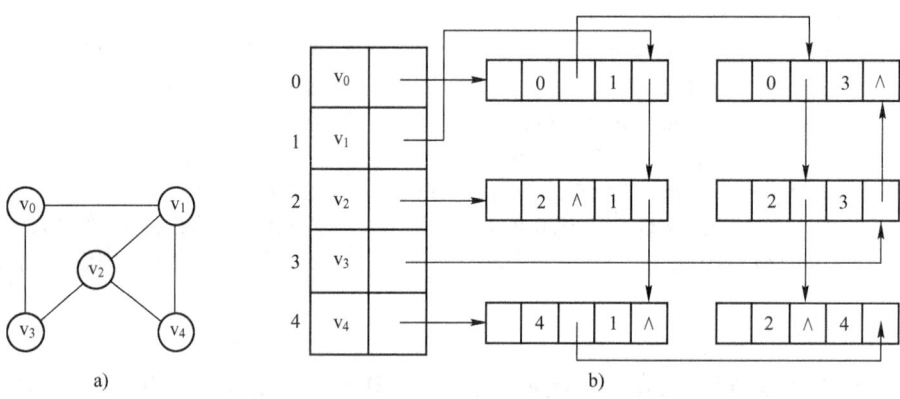

图 5-16 无向图 G_1 及邻接多重表

a) 无向图 G_1 b) 邻接多重表

邻接多重表存储表示的形式描述如下。

```
#define   MaxVerNum  …                //定义能存储的足够大的顶点个数
typedef struct ebox
   {int   mark;                       //访问标记,0 表示未访问,1 表示访问过
    int   ivex, jvex;                 //该边依附的两个顶点的位置
    struct ebox *ilink, *jlink;       //分别指向依附这两个顶点的下一条边
    InfoType info;                    //该边信息指针
   }EBox;                             //边结点类型
typedef struct vexbox
   { VertexType data;
     EBox *firstedge;                 //指向第一条依附该顶点的边
   }VexBox;                           //顶点结点类型
typedef struct
   { VexBox   AdjMuList[MaxVerNum];   //顶点结点向量
```

```
    int   vnum, enum;          //顶点数和边数
} AMLGraph;
```

5.3 图的遍历

图的遍历是指从图中的任一顶点出发，对图中的所有顶点访问一次且只访问一次。图的遍历操作和树的遍历操作功能相似。图的遍历是图的一种基本操作，图的许多其他操作都是建立在遍历操作的基础之上。

由于图结构本身的复杂性，所以图的遍历操作也较复杂，主要表现在以下 4 个方面。

1）在图结构中，没有一个"自然"的首结点，图中任意一个顶点都可作为第一个被访问的结点。

2）在非连通图中，从一个顶点出发，只能够访问它所在的连通分量上的所有顶点，因此，还需考虑如何选取下一个出发点以访问图中其余的连通分量。

3）在图结构中，如果有回路存在，那么一个顶点被访问之后，有可能沿回路又回到该顶点。

4）在图结构中，一个顶点可以和其他多个顶点相连，当这样的顶点访问过后，存在如何选取下一个要访问的顶点的问题。

下面分别介绍图的深度优先搜索和广度优先搜索两种遍历方法。

5.3.1 深度优先搜索

深度优先搜索（Depth First Search，DFS）遍历类似于树的先根遍历，是树的先根遍历的推广。

授课视频
5.3.1 深度优先搜索

假设初始状态是图中所有顶点未曾被访问，则深度优先搜索可从图中某个顶点 v 出发，访问此顶点，然后依次从 v 的未被访问的邻接点出发深度优先遍历该图，直至图中所有和 v 有路径的顶点都被访问到；若此时图中尚有顶点未被访问，则另选图中一个未曾被访问的顶点作起始点，重复上述过程，直至图中所有顶点都被访问到为止。显然这个定义是递归的。

以图 5-17 的无向图 G_5 为例进行图的深度优先搜索。

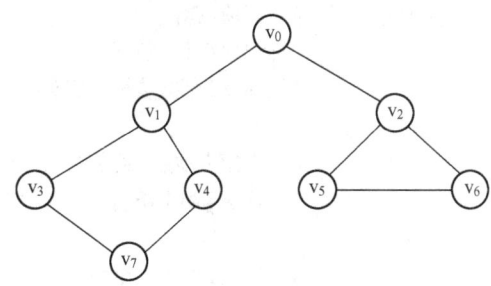

图 5-17　一个无向图 G_5

假设从顶点 v_0 出发进行深度优先搜索，在访问了顶点 v_0 之后，选择邻接点 v_1。因为 v_1 未曾访问，则从 v_1 出发进行深度优先搜索：即访问 v_1 之后，选择 v_1 的一个未被访问的邻接点如 v_3，继续从 v_3 出发进行深度优先搜索，依次类推，接着从 v_7、v_4 出发进行深度优先搜

索。在访问了 v_4 之后，由于 v_4 的邻接点都已被访问，则搜索回到 v_7，同样理由，搜索继续回到 v_3、v_1 直至 v_0，此时由于 v_0 的另一个邻接点未被访问，则搜索又从 v_0 到 v_2，再继续进行下去，由此得到的顶点访问序列为

$$v_0 \to v_1 \to v_3 \to v_7 \to v_4 \to v_2 \to v_5 \to v_6$$

在遍历过程中必须能够区分顶点是否已被访问，因此需附设访问标志数组 flag[N]，用 flag[0]…flag[N-1]来表示相应的顶点是否访问过，其初值为 0，一旦某个顶点被访问，则其相应的分量置为 1。

按照深度有限的定义，从图的某一顶点 v 出发，进行深度优先遍历的形式化算法如下（其中 Graph 为图的形式化存储类型，以下同）。

【算法 5-4】 图的深度优先遍历。

```
#define   MaxVerNum   …              //定义能存储的足够大的顶点个数
int flag[MaxVerNum]={0};
void DFSTraverse (Graph *G, int v )
 {//从顶点 v 出发深度优先遍历图 G
    Visited(v); flag[v]=1;            //访问顶点 v，并置访问标记
    for(w=FisrAdjVex(G, v); w; w=NextAdjVex(G, v, w))
      if (!flag[w])
         DFSTraverse (G, w);         //对顶点 v 的尚未访问的邻接顶点 w 递归调用 DFSTraverse
 }
```

上面算法只是一个形式化的算法，【算法 5-5】给出了对用邻接表存储的图进行深度优先遍历的过程。

【算法 5-5】 深度优先遍历邻接表存储的图。

```
#define MaxVerNum   …                //图中最多的顶点个数
int flag[MaxVerNum]={0};
void DFS(ALGraph *G, int i)
{  //以顶点 i 为出发点，对邻接表存储的图 G 进行 DFS 搜索
    EdgeNode *p;
    Visited(G->AdjList[i].vertex);    //访问顶点 vi
    flag[i]=1;                         //标记顶点 i 已访问
    p=G->AdjList[i].firstedge;         //取顶点 i 邻接边链表的头指针
    while(p)
    {j=p->adjvex;                      //依次搜索顶点 i 的邻接点顶点 j
       if (!flag[j])                   //若顶点 j 尚未访问，则以顶点 j 为出发点深度搜索
          DFSAL(G, j);
       p=p->next;                      //找顶点 i 的下一个邻接点
    }
}
void DFSTraverseAL(ALGraph *G)
 {//对邻接表存储的图 G 进行深度优先遍历
    int i;
```

```
        for (i=0; i<G->vnum; i++)
            if (!flag[i]) DFS(G, i);          //若 v_i 未访问过,从 v_i 开始 DFS 搜索
    }
```

分析上述算法,在遍历时,如果图是连通的,DFS 函数只需被外界函数调用一次,图中的各个顶点就全部得到访问。如果图是非连通的,DFS 函数被外界函数调用一次仅访问了包括出发点的连通分量,要想访问其他连通分量,必须找另一个连通分量上的顶点作出发点,有几个连通分量就要调用几次 DFS 函数才能访问全图,因此需要 DFSTraverseAL 函数。虽然对 DFS 函数的调用出现在循环中,对每个顶点都可以调用一次 DFS 函数,但一旦某个顶点被标志成已访问,就不再从它出发进行搜索,所以实质上是图中有几个连通分量,通过 DFSTraverseAL 就会调用几次 DFS 函数。

遍历图的过程实质上是对每个顶点查找其邻接点的过程,其耗费的时间则取决于所采用的存储结构。当用二维数组表示邻接矩阵图的存储结构时,查找每个顶点的邻接点的时间复杂度为 $O(n^2)$,其中 n 为图中顶点数。而当以邻接表作图的存储结构时,找邻接点的时间复杂度为 $O(e)$,其中 e 为无向图中边的数或有向图中弧的数。由此,当以邻接表作存储结构时,深度优先搜索遍历图的时间复杂度为 $O(n+e)$。

5.3.2 广度优先搜索

广度优先搜索(Breadth First Search,BFS)遍历类似于树的按层次遍历的过程。

假设从图中某顶点 v 出发,在访问了 v 之后,依次访问 v 的各个未曾访问过的邻接点,然后按照访问的顺序,再分别从这些邻接点出发依次访问它们的邻接点,并使"先被访问的顶点的邻接点"先于"后被访问的顶点的邻接点"被访问,直至图中所有已被访问的顶点的邻接点都被访问到。若此时图中尚有顶点未被访问,则另选图中一个未曾被访问的顶点作起始点,重复上述过程,直至图中所有顶点都被访问到为止。换句话说,广度优先搜索遍历图的过程中以 v 为起始点,由近至远,依次访问和 v 有路径相通且路径长度为 1,2,…的顶点。

例如,对图 5-17 所示无向图 G_5 进行广度优先搜索遍历,首先访问 v_0,再访问 v_0 的邻接点 v_1 和 v_2,然后依次访问 v_1 的邻接点 v_3 和 v_4,v_2 的邻接点 v_5 和 v_6,最后访问 v_3 的邻接点 v_7,因为 v_4、v_5、v_6、v_7 的邻接点均已被访问,并且图中所有顶点都被访问,因此完成了图的遍历。广度优先搜索得到的顶点序列为

$$v_0 \to v_1 \to v_2 \to v_3 \to v_4 \to v_5 \to v_6 \to v_7$$

与深度优先搜索类似,在遍历的过程中也需要一个访问标志数组 flag,并且,为了广度搜索,需附设队列依次存储已访问过的顶点。

从图的某一顶点 v 出发,进行广度优先遍历的形式化算法如下。

【算法 5-6】 图的广度优先遍历。

```
    int flag[N]={0};                          //全局数组初始化为 0
    void    BFSTraverse(Graph *G, int v)
        {//以顶点 v 为出发点广度优先遍历图 G
```

```
                InitQueue(Q);                              //置空的队列 Q
                if (!flag[v])                              //v 尚未访问
                   { EnQueue(Q, v);                        //v 入队
                     flag[v]=1;                            //置访问标记
                     while (!QueueEmpty(Q))                //队列不空
                      { DeQueue(Q, u);                     //队头元素出队
                        Visited (u);                       //访问该顶点
                        for(w=FirstAdjVex(G, u); w; w=NextAdjVex(G, u, w))
                           if (!flag[w])                   //依次将尚未访问的邻接顶点
                             { EnQueue(Q, w); flag[w]=1;}  //入队列，置访问标记
                      }
                   }
             }
```

同样，上面算法未给出图的具体存储方法，【算法 5-7】给出了图以邻接矩阵为存储结构，对图 G 进行广度优先遍历的过程，注意队列的使用。

【算法 5-7】 广度优先遍历邻接矩阵存储的图。

```
             #define MaxVerNum   ...                       //图中最多的顶点个数
             int flag[MaxVerNum]={0};
             void BFSM(MGraph *G, int i)
                {//以顶点 i 为出发点，对邻接矩阵存储的图 G 进行 BFS 搜索
                 int j;
                 int Q[MaxVerNum], front, rear;            //定义队列空间和队头队尾变量
                 front=0;rear=-1;                          //初始化为空
                 Visited(G->vexs[i]);                      //访问顶点 i
                 flag[i]=1;                                //置访问标志
                 rear++;Q[rear]=i;                         //出发点顶点 i 入队
                 while (front<=rear)                       //当队不空
                   {i= Q[front]; front++;                  //出队
                    for (j=0; j<G->vnum; j++)              //依次搜索顶点 i 的邻接点
                       if (G->edges[i][j]==1 && !flag[j])  //若邻接点顶点 j 未访问
                          { Visited(G->vexs[j]);           //访问顶点 j
                            flag[j]=1;                     //置访问标志
                            rear++;Q[rear]=j;              //访问过的顶点 j 入队
                          }
                   }
                }
             void BFSTraverseAL(MGraph *G)                 //广度优先遍历以邻接矩阵存储的图 G/
                {// 图 G 以邻接矩阵存储，N 是顶点个数，对 G 进行广度优先遍历
                 int i;
                 for (i=0;i<G->vnum;i++)
                    if (!flag[i]) BFS(G, i);               //若顶点 i 未访问，从顶点 i 开始 BFS 搜索
                }
```

同样，对于一个连通图一次调用 BFS 就能访问所有的顶点，对于非连通图只能遍历包括出发点的连通分量，如遍历其他的连通分量，需再选择其他连通分量上的顶点作出发点。

分析上述算法可知，每个顶点至多进一次队列。遍历图的过程实质是通过边或弧找邻接点的过程，因此广度优先搜索遍历图的时间复杂度和深度优先搜索遍历相同，两者不同之处仅仅在于对顶点访问的顺序不同。

5.3.3 应用图的遍历判定图的连通性

可以利用图的遍历算法来判定一个图的连通性。

1. 无向图的连通性

在对无向图进行遍历时，对于连通图，仅需从图中任一顶点出发，进行深度优先搜索或广度优先搜索，便可访问到图中所有顶点。对非连通图，则需从多个顶点出发进行搜索，而每一次从一个新的起始点出发，在搜索过程中得到的顶点访问序列是包含出发点的这个连通分量中的顶点集。例如，图 5-18a 是一个非连通图 G_3，图 5-18b 是它的邻接表，对它进行深度优先遍历，需在【算法 5-5】中两次调用 DFS（即分别从顶点 A 和 D 出发），得到的顶点访问序列分别为

A B F E   C D

这两个顶点集分别加上所有依附于这些顶点的边，便构成了非连通图 G_3 的两个连通分量，如图 5-18c 所示。

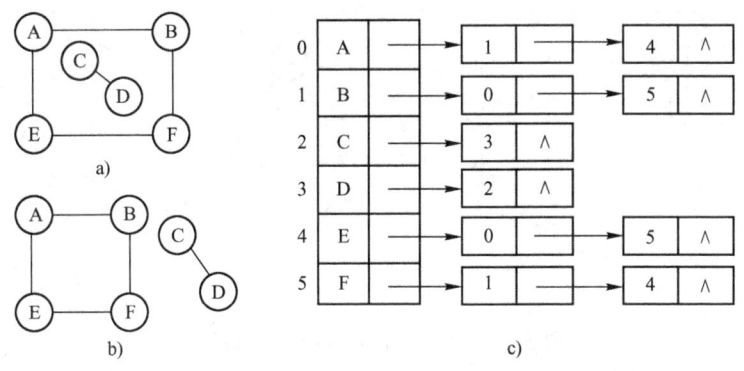

图 5-18 无向图的连通性

a) 非连通图 G_3 b) G_3 的邻接表   c) G_3 的两个连通分量

因此，要想判定一个无向图是否为连通图或有几个连通分量，就可设一个计数变量 count，初始时取值为 0，在【算法 5-5】中 DFSTraverseAL 函数的 for 循环中，每调用一次 DFS 函数，就给 count 增 1。这样，当整个算法结束时，依据 count 的值，就可确定图的连通性了。

2. 有向图的连通性

有向图的连通性不同于无向图的连通性，可分为弱连通、单侧连通和强连通。对有向图的强连通性以及强连通分量的判定，可通过对以十字链表为存储结构的有向图的深度优先搜索实现。

由于强连通分量中的结点相互可达，故可先按出度深度优先搜索，记录下访问结点的顺序和连通子集的划分，再按入度深度优先搜索，对前一步的结果再划分，最终得到各强连通分量。若所有结点在同一个强连通分量中，则该图为强连通图。

5.4 生成树与最小生成树

本节讨论由图如何得到生成树以及最小生成树的获得方法：Prim 算法和 Kruskal 算法。

5.4.1 生成树和生成森林

在本节中将通过对图的遍历，得到图的生成树或生成森林。

设 $G =(V_n, E_n)$，则从图中任一顶点出发遍历图时，必定将 E_n 分成两个集合 $T(G)$ 和 $B(G)$，其中 $T(G)$ 是遍历图过程中历经的边的集合；$B(G)$ 是剩余的边的集合。显然，$T(G)$ 和图 G 中所有顶点一起构成连通图 G 的极小连通子图。按照 5.1.2 节的定义，它是连通图的一棵生成树，并且由深度优先搜索得到的为深度优先生成树，由广度优先搜索得到的为广度优先生成树。例如，图 5-19a 和图 5-19b 所示分别为图 5-17 所示无向连通图 G_5 的深度优先生成树和广度优先生成树。图中虚线为集合 $B(G)$ 中的边，实线为集合 $T(G)$ 中的边。

对于非连通图，通过这样的遍历，得到的是生成森林。例如，如图 5-20 所示为一棵非连通图 G_6 及它的深度优先生成森林，它由 3 棵深度优先生成树组成。

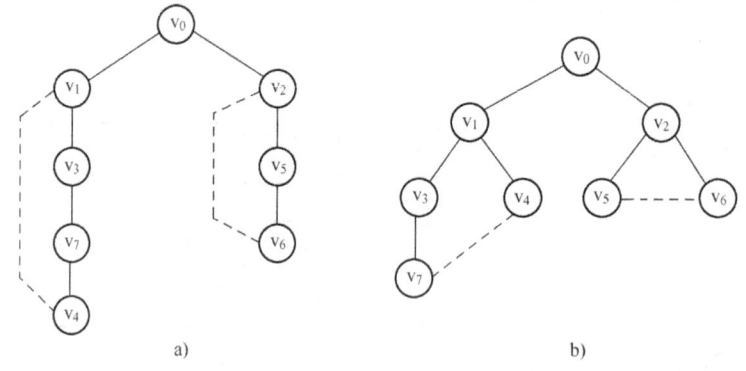

图 5-19 由图 5-17 G_5 得到的生成树

a) G_5 的深度优先生成树　b) G_5 的广度优先生成树

设以孩子兄弟链表作为生成森林的存储结构，则【算法 5-8】是生成非连通图的深度优先生成森林的形式化算法。【算法 5-8】的时间复杂度和遍历相同。

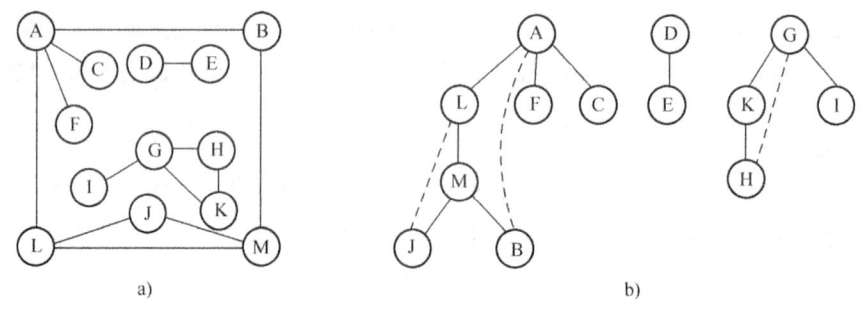

图 5-20 非连通图 G_6 及其生成森林

a) 一个非连通无向图 G_6　b) G_6 的深度优先生成森林

【算法 5-8】 建立无向图的深度优先生成森林的孩子兄弟链表。

```
#define MaxVerNum  …                              //图中最多的顶点个数
int flag[MaxVerNum]={0};
void DFSForest(Graph *G, CSTree *T)
{ //建立无向图 G 的深度优先生成森林 T，森林用孩子兄弟链表存储
    CSNode *p,*q;                                 //CSNode 是孩子兄弟存储方法的结点类型
    *T=NULL;
      for(v=0;v<G->vnum; v++)
        if (!flag[v])                             //顶点 v 为新的生成树的根结点
          { p=( CSNode *)malloc(sizeof(CSNode));  //分配根结点
            p={GetVex(G, v), NULL, NULL};         //给根结点赋值
            if (!(*T)) *T=p;                      //T 是第一棵生成树的根
            else  q->nextsibling=p;               //前一棵的根的兄弟是其他生成树的根
            q=p;                                  //q 指示当前生成树的根
            DFSTree(G, v, &p);                    //建立以 p 为根的生成树
            }
}
void   DFSTree(Graph *G, int v, CSTree *T)
 {//从第 v 个顶点出发深度优先遍历图 G，建立以*T 为根的生成树
  // Graph 是图 G 的形式存储类型，CSTree 是指向 CSNode 的指针类型
    CSNode *p, *q, *w;
    int first;                                    //first 用于标记是否访问了第一个孩子
   flag[v]=1;
   first=1;
     for(w=FirstAdjVex(G, v); w; w=NextAdjVex(G, v, w))
       if(!flag[w])
          {p=( CSNode *)malloc(sizeof (CSNode));  //分配孩子结点
           *p={GetVex(G, w), NULL, NULL};
           if (first)           //w 是 v 的第一个未被访问的邻接顶点，作为根的左孩子结点
             {*T->lchild=p;
               first=0;
              }
            else q->nextsibling=p;   //w 是 v 的其他未被访问的邻接顶点，作为上一邻接点的右兄弟
           q=p;
           DFSTree(G, w, &q);   //从第 w 个顶点出发深度优先遍历图 G，建立以 q 为根的生成子树
          }
}
```

5.4.2 最小生成树

由生成树的定义可知，无向连通图的生成树不是唯一的。连通图的一次遍历所经过的边的集合及图中所有顶点的集合就构成了该图的一棵生成树，对连通图的不同遍历，如遍历出发点不同或存储点的顺序不同，就可能得到不同的生成树。图 5-21a、b 和 c 所示的均为图 5-17 所示 G_5 的无向连通图的生成树。

根据生成树的概念可知，对于有 n 个顶点的无向连通图，无论其生成树的形态如何，所

有生成树中都有且仅有 n-1 条边。

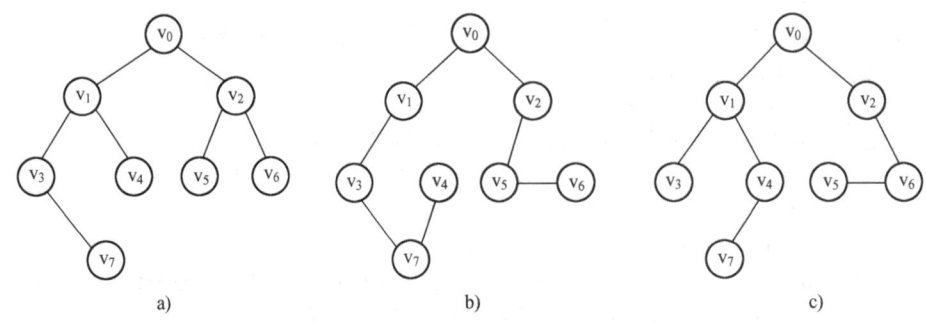

图 5-21 无向连通图 G_5 的 3 棵生成树

如果无向连通图是一个带权图,那么,它的所有生成树中必有一棵边的权值总和最小的生成树,称这棵生成树为最小代价生成树,简称为最小生成树。

最小生成树的概念可以应用到许多实际问题中。例如有这样一个问题:以尽可能低的总造价建造城市间的通信网络,把 10 个城市联系在一起。在这 10 个城市中,任意两个城市之间都可以建造通信线路,每条通信线路的造价依据城市间的距离等情况的不同而不同。这样,可以构造一个通信线路造价网络,在网络中,每个顶点表示城市,顶点之间的边表示城市之间可构造通信线路,每条边的权值表示该条通信线路的造价,要想使总的造价最低,实际上就是寻找该网络的最小生成树。

最小生成树的构造算法可依据下述最小生成树的 MST 性质得到。

MST 性质:设 $G=(V_n, E_n)$ 是一个连通网络,U 是顶点集 V_n 的一个真子集。若(u, v)是 G 中所有的一个端点在 U(即 $u \in U$)而另一个端点不在 U(即 $v \in V_n-U$)里的边中,具有最小权值的一条边,则一定存在 G 的一棵最小生成树包括此边(u, v)。

可以用反证法对 MST 的性质证明:首先假设 G 的任何一棵最小生成树中都不含此边(u, v),设 T 是 G 的一棵最小生成树,但不包含边(u, v)。由于 T 是树且是连通的,因此有一条从 u 到 v 的路径,且该路径上必有一条连接两顶点集 U 和 V_n-U 的边(u', v'),其中 $u' \in U$,$v' \in V_n-U$,否则 u 和 v 不连通。当把边(u, v)加入树 T 时,得到一个含有边(u, v)的回路。若删去边(u', v'),则上述回路即被消除,由此得到另一棵生成树 T',T'和 T 的区别仅在于用边(u, v)取代了 T 中的边(u', v')。因为(u, v)的权≤(u', v')的权,故 T'的权≤T 的权,因此 T'也是 G 的最小生成树,它包含边(u, v),与假设矛盾。MST 性质得以证明。

下面介绍两种依据 MST 性质构造最小生成树的方法:普里姆(Prim)算法和克鲁斯卡尔(Kruskal)算法。

5.4.3 构造最小生成树的 Prim 算法

授课视频
5.4.3 构造最小生成树的 Prim 算法

假设 $G=(V_n, E_n)$ 为一网图,其中 V_n 为网图中所有顶点的集合,E_n 为网图中所有带权边的集合。设置两个新的集合 U 和 T,其中集合 U 用于存放 G 的最小生成树中的顶点,集合 T 存放 G 的最小生成树中的边。令集合 U 的初值为 $U=\{u_0\}$(设从顶点 u_0 出发构造最小生成树),集合 T 的初值为 T={}。Prim 算法的思想是,从所有 $u \in U$,$v \in V_n-U$ 的边中,选取具有最小权值的边(u, v),

将顶点 v 加入集合 U 中，将边(u, v)加入集合 T 中，如此不断重复，直到 U=V_n 时，最小生成树构造完毕，这时集合 T 中包含了最小生成树的所有边。

Prim 算法可用下述过程描述，其中用 w_{uv} 表示顶点 u 与顶点 v 边上的权值。

1）U={u_0}，T={}；
2）while (U≠V_n)
   { (u, v) =min{w_{uv}|u∈U; v∈V_n-U };
     T=T+{(u, v)}；U=U+{v}；
   }
3）结束。

图 5-22a 所示是一个无向网图，图 5-22b～h 给出了从顶点 v_0 出发得到其最小生成树的过程。

图 5-22　Prim 算法构造最小生成树的过程示意

为实现 Prim 算法，需考虑如何表示最小生成树。

这里设置 3 个辅助向量 cost[N]、tree[N]、flag[N]，其中 cost 用来保存属于集合 U 中的顶点连通但不属于集合 U 中的每一顶点的边中具有最小边的权值，cost 的最终值是最小生成树中每条边的权值；数组 tree 对应 cost，用来保存依附于该边的在集合 U 中的顶点，如 tree[4]=1，说明当前这条边是(1, 4)，即用顶点 v_1 连通的顶点 v_4，其权值为 cost[4]；flag 仍为标志数组，用来标明某一点是否进入了 U。

设定一个构造最小生成树的起始点，这样 cost 的初值为起始点到其余各点之间边的权。

不失一般性，设原点为 u_0，即初始状态时 U={u_0}，相应的表示则有：flag[0]=1；它表示顶点 u_0 已加入集合 U 中。然后从一端顶点属于 U，而另一端顶点不属于 U（即 V_n-U）的所有边中选取权值最小的边，设为(u_0, u_k)，此边便是选中的第一条最小生成树中的边，它使得 u_k 也加入到集合 U 中，因此置 flag[k]=1，表明顶点 u_k 已加入集合 U 中。由于顶点 u_k 从集合 V_n-U 进入集合 U，依次检测所有(u_k, u_j)(u_j∈V_n-U)边的权值是否小于原来保存的最小边的权值，即用新进入 U 的点 u_k 连通未进入 U 的点是否代价更小，若是，则更新 cost[j]为新的更小的边的权值，同时 tree[j]更新为 k，重复操作 n-1 次选取之后，最后 tree 中即为所建立的最小生成树。

表 5-1 给出了用上述算法构造如图 5-22a 所示的最小生成树的过程中，数组 tree、cost 以及集合 U 的变化情况，读者可进一步加深对 Prim 算法的了解。

表 5-1 用 Prim 算法构造最小生成树过程中各参数的变化示意

顶点	(1)(初始状态) cost tree	(2) cost tree	(3) cost tree	(4) cost tree	(5) cost tree	(6) cost tree	(7) cost tree
0	0　0	0　0	0　0	0　0	0　0	0　0	0　0
1	**50**　0	50　0	50　0	50　0	50　0	50　0	50　0
2	60　0	60　0	60　0	**52**　3	52　3	**45**　6	45　6
3	∞　0	65　1	**50**　4	50　4	50　4	50　4	50　4
4	∞　0	**40**　1	40　1	40　1	40　1	40　1	40　1
5	∞　0	∞　0	70　4	**30**　3	30　3	30　3	30　3
6	∞　0	∞　0	∞　0	42　3	42　3	42　3	42　3
U	{v_0}	{v_0, v_1}	{v_0, v_1, v_4}	{v_0, v_1, v_4, v_3}	{v_0, v_1, v_4, v_3, v_5}	{v_0, v_1, v_4, v_3, v_5, v_6}	{v_0, v_1, v_4, v_3, v_5, v_6, v_2}
T	{}	{(v_0, v_1)}	{(v_0, v_1), (v_1, v_4)}	{(v_0, v_1), (v_1, v_4) (v_4, v_3)}	{(v_0, v_1), (v_1, v_4), (v_4, v_3), (v_3, v_5)}	{(v_0, v_1), (v_1, v_4), (v_4, v_3), (v_3, v_5), (3, 6)}	{(v_0, v_1), (v_1, v_4), (v_4, v_3), (v_3, v_5), (v_3, v_6), (v_6, v_2)}

图中带下画线的数字是即将选入到 T 中的边，带方框的数字是最终在 T 中的边，黑体的数字代表得到更新的边。

设无向网用邻接矩阵存储，Prim 算法如下。

【算法 5-9】 用 Prim 算法构造无向连通网的最小生成树。

```
#define MaxVerNum …       //定义能存储的足够大的顶点个数
#define MAXCOST …         //定义 MAXCOST 为一个足够大的常量值
void Prim(MGraph *G, int tree[MaxVerNum], int cost[MaxVerNum])
  {//从 v0 的顶点出发，建立连通网的最小生成树
   //建立的最小生成树存于数组 tree 中，对应的边值在 cost 中
   int flag[MaxVerNum]={0};
   int i, j, k, mincost;
   for (i=1;i<G->vnum;i++)
      {cost[i]=G->edges[0][i];   //从存储序号为 0 的 v0 顶点出发生成最小生成树
       tree[i]=0;
      }
   flag[0]=1;                    //v0 进入 U 集合
   tree[0]=-1;                   //v0 最小生成树的根结点，没有双亲
   for (i=1;i<G->vnum;i++)       //寻找当前最小权值的边
      {mincost=MAXCOST;
       for(j=1;j<G->vnum;j++)
```

```
            {if (flag[j]==0&&cost[j]<mincost )
              {mincost=cost[j];
                k=j;                    //记忆最小的边
              }
            }
          flag[k]=1;                    //k 进入了 U 集合
          for (j=1;j<G->vnum;j++)       //是否用新点 k 连通不在 U 的顶点
            if (flag[j]==0&&G->edges[k][j]<cost[j])
              {cost[j]=G->edges[k][j];
                tree[j]=k;
              }
        }
    }
```

在 Prim 算法中，第一个 for 循环的执行次数为 n-1，第二个 for 循环中又包括了两个 for 循环，执行次数为 $2(n-1)^2$，所以 Prim 算法的时间复杂度为 $O(n^2)$。

5.4.4 构造最小生成树的 Kruskal 算法

Kruskal 算法是一种按照网中边的权值递增的顺序构造最小生成树的方法，其基本思想：设无向连通网为 $G=(V_n, E_n)$，令 G 的最小生成树为 $T=(V_T, E_T)$，其初态为 $V_T=V_n$，$E_T=\{\}$，即开始时顶点集 T 为 V_n，边集 E_T 为空，此时 T 中没有边，即各顶点各自构成一个连通子图。然后从没有进入 E_T 的边集（E_n-E_T）中不断选取权值最小的边，若该边的两个顶点属于 T 的两个不同的连通子图，加入该边不构成回路，则将此边作为最小生成树的边加入到 E_T 中；若该边的加入造成回路，则舍去此边，选取下一条权值较小的边，如此下去，选取 n-1 次后，此时 E_T 中必有 n-1 条边，n-1 条边连通了 n 个顶点，连通子图的个数为 1，此连通子图便为 G 的一棵最小生成树。

对于图 5-22a 所示的网，按照 Kruskal 方法构造最小生成树的过程如图 5-23b~f 所示。在构造过程中，按照网中边的权值由小到大的顺序，不断选取当前未被选取的边集中权值最小的边。依据生成树的概念，n 个结点的生成树，有 n-1 条边，故反复上述过程，直到选取了 n-1 条边为止，就构成了一棵最小生成树。

下面讨论 Kruskal 算法的实现。

该算法的难点在于选取一条权值较小的边后是否将其加入到 E_T 中。根据上面的讨论，如此时这条边的两个顶点属于 T 中的同一个连通子图就舍去，否则就加入。

有关的数据结构如下。

1．边的表示

```
#define   MaxVerNum   …
#define   MaxEdgNum   …
typedef struct
  { int v1;
    int v2;        // v1、v2 是两个顶点的序号
```

```
            int cost;        //边的权值
        } EdgeType;
        EdgeType edges[MaxEdgNum], T[MaxVerNum];
```

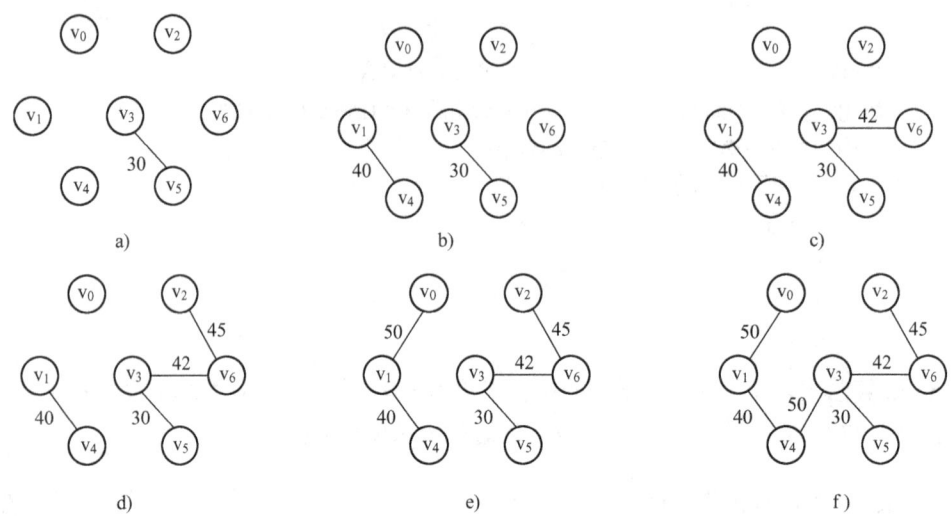

图 5-23　Kruskal 算法构造最小生成树的过程示意

向量 edges 存储网中所有的边，每个分量 edges[i]代表网中的一条边，其中 edges[i].v1 和 edges[i].v2 表示该边的两个顶点的序号（0..G->vnum-1），edges[i].cost 表示这条边的权值，最终最小生成树的边存放在 T[G->vnum-1]。

为了简化操作，方便选取当前权值最小的边，设事先已把数组 edges 中的各边按照其权值由小到大的顺序排列。图 5-22a 所示网图的 edges 数组如图 5-24 所示。

v1	3	1	3	2	0	3	2	0	1	4
v2	5	4	6	6	1	4	3	2	3	5
cost	30	40	42	45	50	50	52	60	65	70

图 5-24　图 5-22a 的 edges 数组

2. 数组 int father[G->vnum]

因为总是要确定两个顶点是否属于同一个集合（一个连通子图中包含的顶点认为是一个集合），因此设计一个数组 int father[G->vnum]，利用 father[i]，可以通过回溯的方法最终确定顶点 i 所在的集合（找到集合的根结点，集合的表示及合并采用 4.7.5 节所介绍的方法）。其初值为 father[i]=-1(i=0, 1, …, G->vnum-1)，表示各个顶点在不同的集合上，然后依次取出 edges 数组中没有选入 T 中的最小边的两个顶点，查找它们所属的集合，若不在一个集合中就选中这条边，即把这条边加入到 T 中，因此连通了两个集合。

为此设 vf1 和 vf2 为两顶点所在集合的根结点，若 vf1 不等于 vf2，表明这条边的两个顶点不属于同一集合，则将这条边作为最小生成树的边选入到 T 中，并合并它们所属的两个集合。father 数组的变化情况如表 5-2 所示。

表 5-2　father 数组的变化

father[ ]	0	1	2	3	4	5	6	加入的边	对应的顶点集合
	-1	-1	-1	-1	-1	-1	-1		
	-1	-1	-1	-1	-1	3	-1	(v_3, v_5)	(v_3, v_5)
	-1	-1	-1	-1	1	3	-1	(v_1, v_4)	$(v_3, v_5), (v_1, v_4)$
	-1	-1	-1	-1	1	3	3	(v_3, v_6)	$(v_3, v_5, v_6), (v_1, v_4)$
	-1	-1	-1	2	1	3	3	(v_2, v_6)	$(v_3, v_5, v_6, v_2), (v_1, v_4)$
	-1	0	-1	2	1	3	3	(v_0, v_1)	$(v_3, v_5, v_6, v_2), (v_1, v_4, v_0)$
	2	0	-1	2	1	3	3	(v_3, v_4)	$(v_3, v_5, v_6, v_2, v_1, v_4, v_0)$

下面用 C 语言实现 Kruskal 算法，其中函数 Find 的作用是寻找顶点 v 的集合，返回其所在的集合的根结点。

【算法 5-10】 Kruskal 方法构造无向网的最小生成树。

```
#define MaxVerNum    …
void Kruskal(Graph *G, EdgeType edges[ ], EdgeType T[ ])
  {//用 Kruskal 方法构造图的最小生成树
   //edge 中是图中各条边，且已按其权值从小到大有序，最小生成树的边在 T 中
    int father[MaxVerNum];
    int i, j, vf1, vf2;
    for (i=0;i<G->vnum;i++) father[i]=-1;
    i=0;j=0;
    while(i<G->enum && j<G->vnum-1)
     { vf1=Find(father, edges[i].v1);
       vf2=Find(father, edges[i].v2);
       if (vf1!=vf2)
          { father[vf2]=vf1;
            T[j]=edges[i];
            j++;
          }
       i++;
     }
  }
int Find(int father[ ], int v)
  {//寻找顶点 v 所在树的根结点
    int t;
    t=v;
    while(father[t]>=0)
        t=father[t];
    return(t);
  }
```

在 Kruskal 算法中，边的数目 e 大于 n，算法的时间耗费主要在边的排序上，排序算法的渐进下界为 $O(n\log_2 n)$，故 Kruskal 算法的时间复杂度为 $O(e \times \log_2 e)$。

5.5 最短路径

最短路径问题是图的应用中又一个比较典型的问题。如，某地区的公路网构成一个图，图中的 n 个顶点表示 n 个城市，每条边表示某两个城市之间的公路，边上的权值表示其距离。我们希望能从城市 A 到城市 B 的若干条路径中找到路径长度最短的那条路径，这就是最短路径问题。在无权图上两个顶点之间的最短路径是指边数最少的路径，在带权图中是指路径上的总权值最小的路径。本节重点讨论如何求得从一个源点到其他各点的最短路径。

5.5.1 从一个源点到其他各点的最短路径

设给定带权有向图 $G=(V_n, E_n)$ 和源点 $v_m \in V_n$，求从 v_m 到 G 中其余各顶点的最短路径。

下面就介绍解决这一问题的算法。

> 授课视频
> 5.5.1 从一个源点到其他各点的最短路径

迪杰斯特拉（Dijkstra）提出了一个按路径长度（边的个数）递增的次序产生最短路径的算法，即先求得只有 1 条边的最短路径，再求得有 2 条边组成的最短路径，3 条边组成的最短路径……。该算法的基本思想：设置两个顶点的集合 S 和 T（$T+S=V_n$），集合 S 中存放已找到最短路径的顶点，集合 T 存放当前还未找到最短路径的顶点。初始状态时，集合 S 中只包含源点 v_m，然后不断从集合 T 中选取路径长度最短的顶点 v_j 加入到集合 S 中，集合 S 每加入一个新的顶点 v_j，都要检测是否修改从顶点 v_m 到集合 T 中剩余顶点的最短路径长度值：集合 T 中各顶点新的最短路径长度值为原来所保存的最短路径长度值与从源点 v_m 到顶点 v_j 的最短路径长度值加上从 v_j 到该顶点的路径长度值中的较小者。此过程不断重复，直到集合 T 的顶点全部加入到 S 中为止。

Dijkstra 算法的正确性可以用反证法加以证明。假设下一条最短路径的终点为 v_x，那么，该路径必然或者是弧(v_m, v_x)，或者是中间只经过集合 S 中的顶点而到达顶点 v_x 的路径。因为假若此路径上除 v_x 之外有一个或一个以上的顶点不在集合 S 中，那么必然存在另外的终点不在 S 中而路径长度比此路径还短的路径，这与按路径长度递增的顺序产生最短路径的前提相矛盾，所以此假设不成立。

下面介绍实现 Dijkstra 算法的思路。为了理解上的方便，在下面的讨论中 G->vnum 个顶点表示为 v_0 到 $v_{G->vnum-1}$，这样 v_i 的存储序号就是 i。

1. 相关的数据结构

1）用邻接矩阵来表示带权有向图：MGraph×G。其中，G->edges[i][j]表示弧$<v_i, v_j>$上的权值。若$<v_i, v_j>$不存在，则置 G->edges[i][j]为∞（表示一个能够识别的特殊的数）。

2）辅助向量 float D[ ]用来存源点到其余各点的最短路径长度。

3）辅助向量 int P[ ]用来存储源点到其余各点的最短路径。因为求得最短路径的顺序是依路径中包含的边的数目按递增顺序进行的，因此尽管路径用顶点序列来表示，我们对每条路径仅需要保存终点的前驱点即可。因此可以用一个向量 P 来存放相应的路径，向量 P 的每个分量中存放的仅是终点的前驱点，通过回溯的方法可以找到相应的最短路径。如 P[5]=3，说明到 v_5 的最短路径最后一段是从 v_3 到达的，而怎样到达的 v_3，在 v_3 的路径有存储。

4）辅助向量 int final[N]用来表示集合 S。其中，final[j]=0，表示顶点 j 未进入集合 S；

final[j]=1，表示顶点 j 进入集合 S，即它的最短路径已求得。这样，它的初值除了源点对应的分量为 1 其余全为 0。

2. 算法实现的思路

先来看向量 D 的初值：若从源点 v_m 到顶点 v_i 有弧，则 D[i]为弧上的权值；否则置 D[i]为∞。在运行过程中，每个分量 D[i]表示到当前为止，所找到的从源点到每个顶点 v_i 的最短路径的长度。算法结束后则是最终的最短路径长度。显然，初始状态下具有最小值的 D[j]：即 D[j]=Min{D[i]| $v_i \in V$}，就是找到的从源点出发的第一条最短路径，此路径为<v_m, v_j>。

刚刚找到了 v_j 的最短路径，那么，下一条长度次短的最短路径是哪一条呢？假设该次短路径的终点是 v_k，显然，这条路径或者是(v_m, v_k)，即从 v_m 到 v_k 弧上的权值，其值为 D[k]；或者是 <v_m, v_j>+<v_j, v_k>，即先从 v_m 到 v_j（v_j 是刚求得最短路径的点），再由 v_j 到 v_k，其值为：

$$D[j]+G\text{->edges}[j][k]$$

因此当找到了某一点的最短路径长度之后，修改从源点 v_m 出发到集合 V_n–S（未求得最短路径的点）上任一顶点 v_k 可能的最短路径长度。

如果   D[j]+G->edges[j][k]<D[k]
则修改 D[k]为：   D[k]=D[j]+G->edges[j][k]
相应的路径修改为：   P[k]=j

依据前面介绍的算法思想，那么下一条所求得的最短路径的终点就是满足下式的 v_k，

$$D[k]=Min\{D[i]| v_i \in V-S\}$$

而此时对应的路径长度就是 D[k]。

根据以上分析，可以得到如下描述的算法思路：

1）向量 D 表示从源点 v_m 出发到达图上其余各顶点（终点）v_i 的可能最短路径长度，其初值为：

D[i]=G->edges[m][i] （设 m 为源点的存储序号） $v_i \in V_n$

2）选择 v_j，使得： D[j]=Min{D[i]| $v_i \in V_n$-S}
则 v_j 就是当前求得的从源点 v_m 出发的一条最短路径的终点，将 v_j 加入到 S 中：

S＝S∪{v_j}

3）修改从源点 v_m 出发到集合 V_n–S 上任一顶点 v_k 可能的最短路径长度。如果：

D[j]+ edges[j][k]<D[k]

则修改 D[k]为：

D[k]=D[j]+ edges[j][k]

重复操作 2）和 3）共 n–1 次。由此求得从源点 v_m 到图上其余各顶点的最短路径。

如图 5-25 所示一个有向带权图 G_8 和它的邻接矩阵。

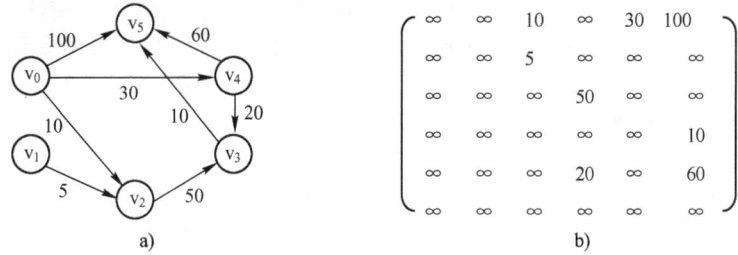

图 5-25　一个有向带权图 G_8 及其邻接矩阵

a) 有向带权图 G8　b) 邻接矩阵

表 5-3 给出了设源点为顶点 v_0 的情况下, 在求从源点到其余各顶点的最短路径的过程中, 数组 D 和数组 P 的变化状况。

表 5-3 用 Dijkstra 算法构造单源点最短路径过程中各参数的变化示意

顶点	求从顶点 0 到各终点的最短路径过程中向量 D 和向量 P 的变化过程								
	D[ ]	P[ ]	D[ ]	P[ ]	D[ ]	P[ ]	D[ ]	P[ ]	D[ ] P[ ]
0	0	−1							
1	∞	0	∞	0	∞	0	∞	0	∞ 0
2	**10** (v_0, v_2)	0							
3	∞	−2	60 (v_0, v_2, v_3)	2	**50** (v_0, v_4, v_3)	4			
4	30 (v_0, v_4)	0	**30** (v_0, v_4)	0					
5	100 (v_0, v_5)	0	100 (v_0, v_5)	0	90 (v_0, v_4, v_5)	4	**60** (v_0, v_4, v_3, v_5)	3	
v_j	2 (v_2)		4 (v_4)		3 (v_3)		5 (v_5)		
S	\{v_0, v_2\}		\{v_0, v_2, v_4\}		\{v_0, v_2, v_3, v_4\}		\{v_0, v_2, v_3, v_4, v_5\}		

【算法 5-11】为 Dijkstra 算法的实现。在算法实现中, 不失一般性假设源点为顶点 v_0。

【算法 5-11】 求单源点到图上其余各顶点的最短路径——Dijkstra 算法。

```
#define MaxVerNum…
void ShortestPath(MGraph *G, int P[MaxVerNum], float D[MaxVerNum])
{//设源点为顶点 0, 求到其余顶点的最短路径
   //D[v]存放从源点顶点 0 到终点 v 最短路径其长度
   //P[v]存放相应的最短路径终点的前驱点
   //常量 INFINITY 是为邻接矩阵中的∞
   int final[MaxVerNum]={1, 0};
   for (i=0;i<G->vnum; i++)
     {D[i]=G->edges[0][i];
      P[i]=0;
     }
   D[0]=0; final[0]=1; P[0]=-1;        //初始化, 源点属于 S 集
   for(i=1; i<G->vnum; i++)
     {//开始主循环, 每次求得源点到某个顶点 k 的最短路径, 并将 k 加到 S 集
       min=INFINITY+1;                 //为了将没有路径的点最后选中, 初始化∞+1
       for (k=0; k<G->vnum; j++)       //从未进入 S 的点中找最小的 D[k]
         if (final[k] ==0&& D[k]<min)  //顶点 k 没进入 S 中且当前的路径更短
           {j=k;                       //具有更小路径的点存储在 j 中
            min=D[k];
           }
       final[j]=1;                     //将 j 加入 S 集合
       for(k=0; k<G->vnum; k++)        //更新其他没进入 S 的点的当前最短路径及长度
         if (final[k] ==0&&( D[j]+G->edges[j][k]<D[k]))   //对 k∈V−S 的点
           { D[k]=D[j]+G->edges[j][k]; //将 D[k]修改为更短路径长度
```

```
                    P[k]=j;              //记忆对应的路径,将 k 的前驱结点改为 j
                }
            }
        for(i=1;i<G->vnum;i++)           //输出各最短路径的长度及路径上的结点
           {printf("%f: %d", D[i], i);
            pre=P[i];
            while(pre>=0)
                {printf("←%d", pre);
                 pre=P[pre];
                }
            printf("\n");
           }
    }
```

输出的结果为（各结点用结点的序号表示）：

  ∞： 0
  10 ： 2←0
  50 ： 3←4←0
  30 ： 4←0
  60 ： 5←3←4←0

下面分析一下这个算法的运行时间。第一个 for 循环的时间复杂度是 O(n)，第二个 for 循环共进行 n-1 次，每次执行的时间是 O(n)。所以总的时间复杂度是 $O(n^2)$。如果用带权的邻接表作为有向图的存储结构，则虽然修改 D 的时间可以减少，但由于在 D 向量中选择最小的分量的时间不变，所以总的时间仍为 $O(n^2)$。

如果只希望找到从源点到某一个特定的终点的最短路径，但是，从上面求最短路径的原理来看，这个问题和求源点到其他所有顶点的最短路径一样复杂，其时间复杂度也是 $O(n^2)$。

*5.5.2 每一对顶点之间的最短路径——弗洛伊德算法

解决这个问题的一个办法是：每次以一个顶点为源点，重复调用迪杰斯特拉算法 n 次。这样，便可求得每一对顶点之间的最短路径，总的时间复杂度为 $O(n^3)$。

弗洛伊德（Floyd）算法也是一种用于寻找给定的加权图中顶点间最短路径的算法。该算法名称以创始人之一、1978 年图灵奖获得者、斯坦福大学计算机科学系教授罗伯特·弗洛伊德命名。

通过 Floyd 计算图 G=(V, E)中各个顶点的最短路径时，需要引入一个矩阵 S，矩阵 S 中的元素 S[i][j]表示顶点 i（第 i 个顶点）到顶点 j（第 j 个顶点）的距离。

假设图 G 中顶点个数为 N，则需要对矩阵 S 进行 N 次更新。初始时，矩阵 S 中顶点 S[i][j]的距离为顶点 i 到顶点 j 的权值；如果 i 和 j 不相邻，则 S[i][j]=∞。接下来开始，对矩阵 S 进行 N 次更新。第 1 次更新时，如果"S[i][j]的距离" > "S[i][0]+S[0][j]"（S[i][0]+S[0][j]表示 "i 与 j 之间经过第 1 个顶点的距离"），则更新 S[i][j]为"S[i][0]+S[0][j]"。同理，第 k 次更新时，如果"S[i][j]的距离">"S[i][k]+S[k][j]"，则更新 S[i][j]为"S[i][k]+S[k][j]"。更新 N 次之后，操作完成。

算法描述：

1）S 是记录各个顶点间最短路径的矩阵。S[i][j]记录 v_i 顶点到 v_j 顶点的最短路径长度；P[i][j]记录 v_i 顶点到 v_j 顶点的最短路径中，v_j 顶点的前驱顶点数组的下标值。

2）初始化 S。矩阵 S 中顶点 S[i][j]的距离为顶点 v_i 到顶点 v_j 的权值；如果 v_i 和 v_j 不相邻，则 S[i][j]=∞。即 S 矩阵中最初值为图 G 的邻接矩阵。

3）初始化 P，P[i][j]初始化为 j，表示最短路径为（$v_i v_j$）；k=0。

4）若 k>n-1，执行 6）；否则以顶点 v_k 为中介点，若 S[i][j]>S[i][k]+S[k][j]，则设置 S[i][j]=S[i][k]+S[k][j]，P[i][j]=k。

5）k++；执行 4）。

6）结束。

如图 5-26 所示无向网图 G_9 及邻接矩阵。

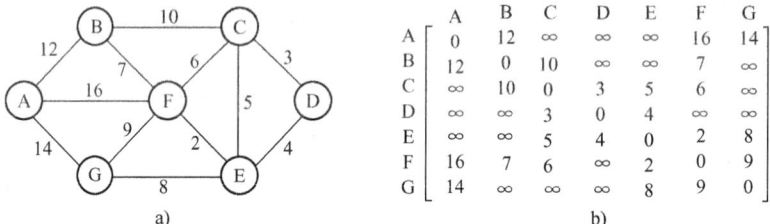

图 5-26 无向网图 G_9 及邻接矩阵

a) 无向网图 G_9 b) G_9 邻接矩阵

第 1 步：初始化 S 矩阵，如图 5-26b 所示。初始化 P 矩阵，如图 5-27 所示。

$$\begin{bmatrix} & A & B & C & D & E & F & G \\ A & 0 & 1 & 2 & 3 & 4 & 5 & 6 \\ B & 0 & 1 & 2 & 3 & 4 & 5 & \underline{0} \\ C & 0 & 1 & 2 & 3 & 4 & 5 & \underline{6} \\ D & 0 & 1 & 2 & 3 & 4 & 5 & 6 \\ E & 0 & 1 & 2 & 3 & 4 & 5 & 6 \\ F & 0 & 1 & 2 & 3 & 4 & 5 & 6 \\ G & 0 & \underline{0} & 2 & 3 & 4 & 5 & 6 \end{bmatrix}$$

图 5-27 初始化 P 矩阵

第 2 步：以顶点 A 为中介点更新 S 矩阵，如图 5-28 所示。

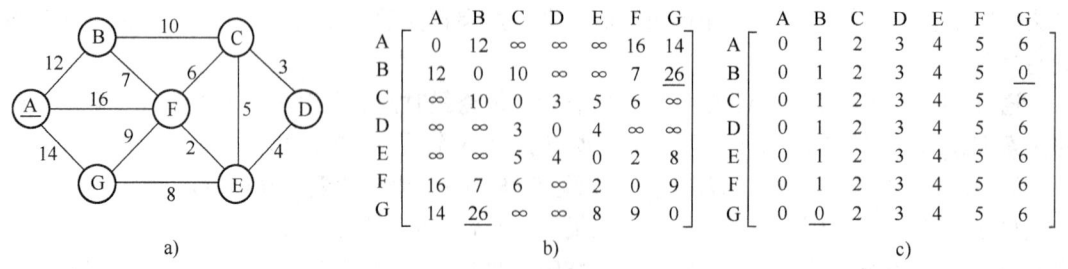

图 5-28 以 A 为中介点更新 S 矩阵和 P 矩阵

a) G_9 b) S 矩阵 1 c) P 矩阵 1

第3步：以顶点 B 为中介点更新 S 矩阵，如图 5-29 所示。

图 5-29　以 B 为中介点更新 S 矩阵和 P 矩阵
a) G_9　b) S 矩阵 2　c) P 矩阵 2

第4步：以顶点 C 为中介点更新 S 矩阵，如图 5-30 所示。

图 5-30　以 C 为中介点更新 S 矩阵和 P 矩阵
a) G_9　b) S 矩阵 3　c) P 矩阵 3

第5步：以顶点 D 为中介点更新 S 矩阵，如图 5-31 所示。

图 5-31　以 D 为中介点更新 S 矩阵和 P 矩阵
a) G_9　b) S 矩阵 4　c) P 矩阵 4

第6步：以顶点 E 为中介点更新 S 矩阵，如图 5-32 所示。

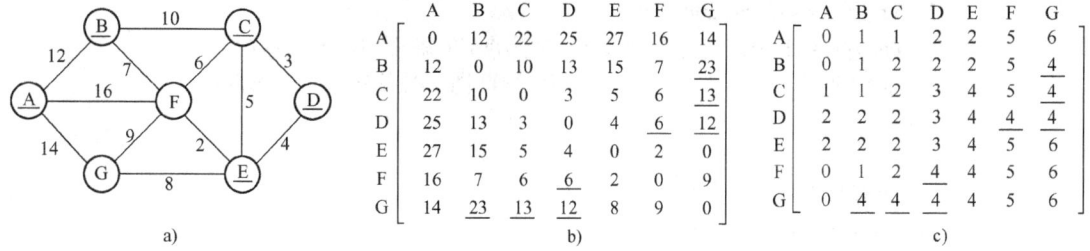

图 5-32　以 E 为中介点更新 S 矩阵和 P 矩阵
a) G_9　b) S 矩阵 5　c) P 矩阵 5

第 7 步：以顶点 F 为中介点更新 S 矩阵，如图 5-33 所示。

图 5-33　以 F 为中介点更新 S 矩阵和 P 矩阵

a) G_9　b) S 矩阵 6　c) P 矩阵 6

第 8 步：以顶点 G 为中介点更新 S 矩阵，如图 5-34 所示。

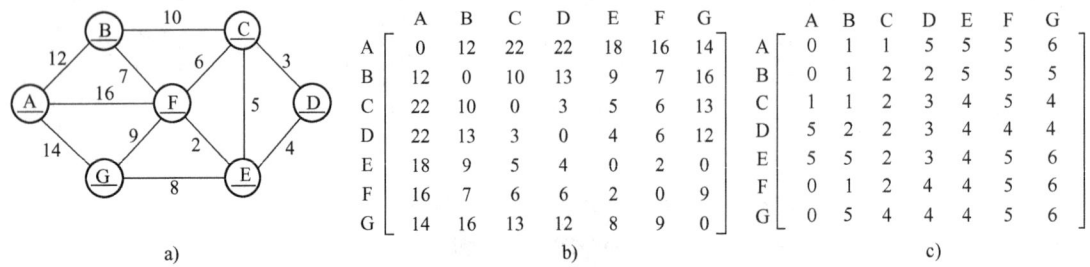

图 5-34　以 G 为中介点更新 S 矩阵和 P 矩阵

a) G_9　b) S 矩阵 7　c) P 矩阵 7

【**算法 5-12**】　求图上任意两点之间的最短路径——Floyd 算法。

```
#define    MaxVerNum    ...
void floyd(MGraph *G, int path[][MaxVerNum], int dist[][MaxVerNum])
{ //path 存储路径。path[i][j]=k 表示，"顶点 i"到"顶点 j"的最短路径会经过顶点 k
  //dist 长度数组。dist[i][j]=sum 表示，"顶点 i"到"顶点 j"的最短路径的长度是 sum
    int i, j, k;
    int tmp;
    // 初始化
    for (i = 0; i < G->vnum; i++)
    {   for (j = 0; j < G->vnum; j++)
        { dist[i][j] = G->edges[i][j]; // "顶点 i"到"顶点 j"的路径长度为"i 到 j 的权值"
          path[i][j] = j;              // "顶点 i"到"顶点 j"的最短路径是经过顶点 j
        }
    }
    // 计算最短路径
    for (k = 0; k < G->vexnum; k++)
    {   for (i = 0; i < G->vexnum; i++)
        { for (j = 0; j < G->vexnum; j++)
```

```
            {//如果经过下标为 k 顶点路径比原两点间路径更短，则更新 dist[i][j]和 path[i][j]
                tmp = (dist[i][k] ==INF || dist[k][j] ==INF) ? INF : (dist[i][k] + dist[k][j]);
                if (dist[i][j] > tmp)
                 { //"i 到 j 最短路径"对应的值设，为更小的一个(即经过 k)
                     dist[i][j] = tmp;
                    // "i 到 j 最短路径"对应的路径，经过 k
                     path[i][j] = k;
                 }
            }
        }
    }
    //打印 floyd 最短路径的结果
    printf("floyd: \n");
    for (i = 0; i < G->vnum; i++)
    {
        for (j = 0; j < G->vnum; j++)
        {printf("v%d 到 v%d 的最短路径长度：%2d\n", i, j, dist[i][j]);
         printf("路径为：v%d", j);
         if(path[i][j]==j) printf("→v%d\n", i);
         else{k=j;
             while (path[i][k]!=k)
                {k=path[i][k];
                 printf("→v%d", k);
                }
                printf("→v%d\n", i);
            }
        }
        printf("\n");
    }
}
```

容易分析得到，Floyd 算法的时间复杂度为 $O(n^3)$。

5.6 拓扑排序

本节主要介绍有向无环图的概念，AOV 网与拓扑排序。

授课视频
5.6 拓扑排序

5.6.1 有向无环图的概念

一个无环的有向图称作有向无环图（Directed Acycline Graph，DAG 图）。DAG 图是一类较有向树更一般的特殊有向图，图 5-35 给出了有向树、DAG 图和有向图的例子。有向无环图是描述含有公共子式的表达式的有效工具。

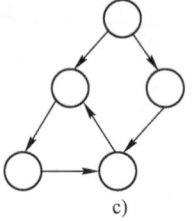

图 5-35 有向树、DAG 图和有向图示意

a) 有向树   b) DAG 图   c) 有向图

例如，表达式((a+b)*(b*(c+d)+(c+d)*e)*((c+d)*e)可以用第 4 章讨论的二叉树来表示，如图 5-36 所示。仔细观察该表达式，可发现有一些相同的子表达式，如(c+d)和(c+d)*e 等，在二叉树中，它们也重复出现。若利用有向无环图，则可实现对相同子式的共享，从而节省存储空间。例如图 5-37 所示为表示同一表达式的有向无环图。

 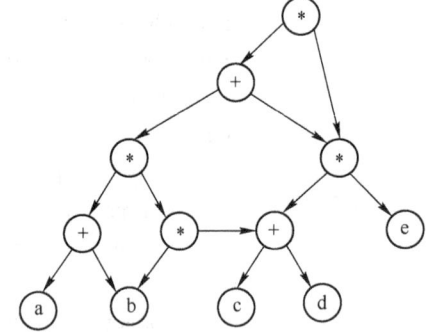

图 5-36 用二叉树描述表达式　　　　　图 5-37 描述表达式的有向无环图

检查一个有向图是否存在环要比无向图复杂。对于无向图来说，若深度优先遍历过程中遇到回边（即指向已访问过的顶点的边），则必定存在环；而对于有向图来说，这条回边有可能是指向深度优先生成森林中另一棵生成树上顶点的弧。但是，如果从有向图上某个顶点 v 出发的遍历，在 DFS(v)结束之前出现一条从顶点 u 到顶点 v 的回边，由于 u 在生成树上是 v 的子孙，则有向图必定存在包含顶点 v 和 u 的环。

有向无环图是描述一项工程或系统进行过程的有效工具。除最简单的情况之外，几乎所有的工程（Project）都可分为若干个称作活动（Activity）的子工程，而这些子工程之间，通常受着一定条件的约束，如其中某些子工程的开始必须在另一些子工程完成之后。对整个工程和系统，人们关心的是两个方面的问题：一是工程能否顺利进行；二是估算整个工程完成所必需的最短时间。以下两节将详细介绍这样两个问题是如何通过对有向图进行拓扑排序和关键路径操作来解决的。

5.6.2 AOV 网与拓扑排序

1. AOV 网

所有的工程或者某种流程可以分为若干个小的工程或阶段，这些小的工程或阶段就称为活动。若以图中的顶点来表示活动，有向边表示活动之间的优先关系，则这样活动在顶点上的有向图称为 AOV 网（Activity on Vertex Network）。在 AOV 网中，若从顶点 i 到顶点 j 之间存在一条有向路径，称顶点 i 是顶点 j 的前驱，或者称顶点 j 是顶点 i 的后继。若<i, j>是图中的弧，则称顶点 i 是顶点 j 的直接前驱，顶点 j 是顶点 i 的直接后驱。

AOV 网中的弧表示了活动之间存在的制约关系。例如，计算机专业的学生必须完成一系列规定的基础课和专业课才能毕业。学生按照怎样的顺序来学习这些课程呢？这个问题可以看成是一个大的工程，其活动就是学习每一门课程。这些课程的名称与相应代号如表 5-4 所示。

表 5-4 计算机专业的课程设置及其关系

课程代号	课程名	先行课程代号	课程代号	课程名	先行课程代号
c_0	程序设计导论	无	c_6	计算机原理	c_4
c_1	高等数学	无	c_7	算法分析	c_3
c_2	离散数学	c_0, c_1	c_8	高级语言	c_0
c_3	数据结构	c_2, c_8	c_9	编译系统	c_3, c_8
c_4	普通物理	c_1	c_{10}	操作系统	c_3, c_6
c_5	人工智能	c_3			

表中，c_0、c_1 是独立于其他课程的基础课，而有的课却需要有先行课程，比如，学完"离散数学"和"高级语言"后才能学"数据结构"等，先行条件规定了课程之间的优先关系。这种优先关系可以用如图 5-38 所示的有向图来表示。其中，顶点表示课程，有向边表示前提条件。若课程 i 为课程 j 的先行课，则必然存在有向边〈i, j〉。在安排学习顺序时，必须保证在学习某门课之前，已经学习了其先行课程。

类似的 AOV 网的例子还有很多，比如大家熟悉的计算机程序，任何一个可执行程序也可以划分为若干个程序段（或若干语句），由这些程序段组成的流程图也是一个 AOV 网。

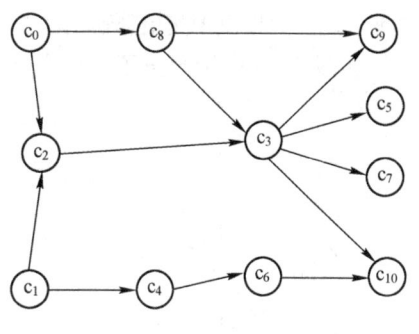

图 5-38 一个 AOV 网实例

2. 拓扑排序

离散数学中的偏序集合与全序集合的概念如下。

若集合 A 中的二元关系 R 是自反的、非对称的和传递的，则 R 是 A 上的偏序关系。集合 A 与关系 R 一起称为一个偏序集合。

若 R 是集合 A 上的一个偏序关系，如果对每个 a、b∈A 必有 aRb 或 bRa，则 R 是 A 上的全序关系。集合 A 与关系 R 一起称为一个全序集合。

偏序关系经常出现在我们的日常生活中。例如，若把 A 看成一项大的工程必须完成的一批活动，则 aRb 意味着活动 a 必须在活动 b 之前完成。比如，对于前面提到的计算机专业的学生必修的基础课与专业课，由于课程之间的先后依赖关系，某些课程必须在其他课程以前讲授，这里的 aRb 就意味着课程 a 必须在课程 b 之前学完。

AOV 网所代表的一项工程中活动的集合显然是一个偏序集合。为了保证该项工程得以顺利完成，必须保证 AOV 网中不出现回路；否则，意味着某项活动应以自身作为能否开展的先决条件，这是荒谬的。

测试 AOV 网是否具有回路（即是否是一个有向无环图）的方法，就是在 AOV 网的偏序集合下构造一个线性序列，该线性序列具有以下性质：

1）在 AOV 网中，若顶点 i 优先于顶点 j，则在线性序列中顶点 i 仍然优先于顶点 j。

2）对于网中原来没有优先关系的一对顶点，如图 5-38 中的 c_1 与 c_2，在线性序列中也建立一个先后关系，或者顶点 i 优先于顶点 j，或者顶点 j 优先于 i。

满足这样性质的线性序列称为拓扑有序序列。构造拓扑序列的过程称为拓扑排序。也可以说，拓扑排序就是由某个集合上的一个偏序得到该集合上的一个全序的操作。

若某个 AOV 网中所有顶点都在它的拓扑序列中，则说明该 AOV 网不会存在回路，这时的拓扑序列集合是 AOV 网中所有活动的一个全序集合。以图 5-38 中的 AOV 网为例，可以得到不止一个拓扑序列，c_0, c_1, c_2, c_8, c_3, c_9, c_5, c_7, c_4, c_6, c_{10} 就是其中之一。显然，对于任何一项工程中各个活动的安排，必须按拓扑有序序列中的顺序进行才是可行的。

3. 拓扑排序算法

对 AOV 网进行拓扑排序的方法和步骤如下。

1）从 AOV 网中选择一个没有前驱的顶点（该顶点的入度为 0），输出它到拓扑序列中。

2）从网中删除该顶点，并且删除从该顶点发出的全部有向边。

3）重复上述两步，直到剩余的网中不再存在没有前驱的顶点为止。

这样操作的结果有两种：一种是网中全部顶点都被输出，这说明网中不存在有向回路；另一种就是网中顶点未被全部输出，剩余的顶点均存在前驱顶点，这说明网中存在有向回路。

如图 5-39 所示给出了在一个 AOV 网上实施上述步骤的例子。

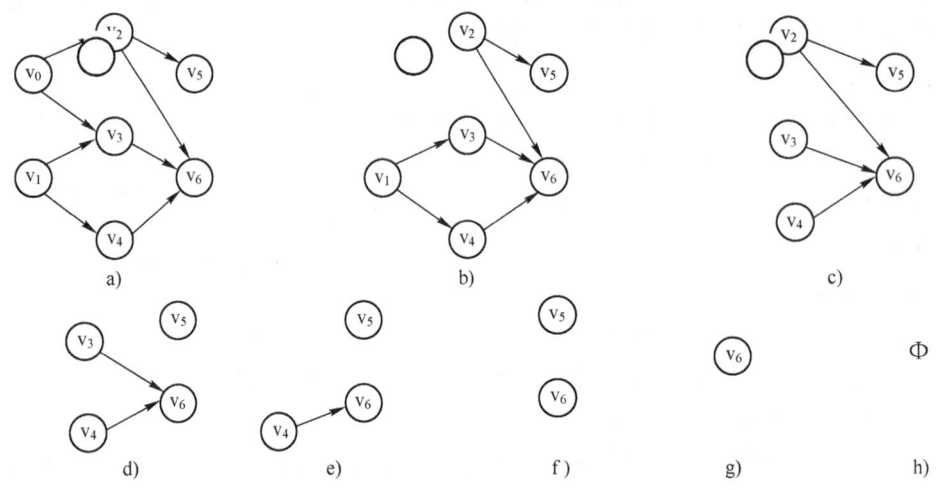

图 5-39 求一拓扑序列的过程

a）初始 AOV 网　b）输出 v_0 后　c）输出 v_1 后　d）输出 v_2 后　e）输出 v_3 后　f）输出 v_4 后　g）输出 v_5 后　h）输出 v_6 后

这样得到一个拓扑序列：v_0, v_1, v_2, v_3, v_4, v_5, v_6。

设 AOV 网采用邻接表存储，并且为了方便操作，在邻接表中顶点结点中增加一个记录顶点入度的数据域，即顶点结构：

| indegree | vertex | firstedge |

其中，vertex、firstedge 的含义如前所述；indegree 为记录顶点入度的数据域。边结点的结构同 5.2.2 节所述。

顶点表结点结构的描述改为：

```
typedef struct vnode                //顶点表结点
{ int    indegree                   //存放顶点入度
  VertexType vertex;                //顶点域
  EdgeNode  * firstedge;            //边表头指针
}VertexNode;
```

图 5-39a 中的 AOV 网其邻接表如图 5-40 所示。

为了方便找到入度为 0 的点，用一个队列将入度为 0 的点及时保存起来：当某一个顶点进入到拓扑序列中，把由它邻接到的所有邻接点的入度都要减 1，之后若为 0 则将该点入队，等待进入到拓扑序列中。

拓扑排序的算法步骤：

1）将没有前驱（入度为 0）的顶点入队。
2）将队首元素出队，输出（进入到拓扑序列中），并把该顶点发出的所有有向边删除。
3）将新的入度为 0 的顶点再入队。
4）重复 2）～3），直到队空，或者是已经输出全部顶点，或者剩下的顶点中没有入度为 0 的顶点为止。

图 5-40　图 5-39a 所示的一个 AOV 网的邻接表

下面是拓扑排序算法的实现，采用队列 Q 来存放当前未处理过的入度为 0 的顶点。在算法中的，设 Queue 为队列的形式化存储类型，对队列的操作采用了模块化的调用，其中队列初始化（申请对空间，置空队）：Init_Queue(Q)；入队操作：In_Queue(Q, x)；出队操作：Out_Queue(Q, x)。

【算法 5-13】 有向网的拓扑排序。

```
int Top_Sort (ALGraph *G, int Tsort[ ])
{//图 G 用邻接表存储，顶点结点带入度域，求其拓扑序列；其拓扑序列存入 Tsort 向量
  Queue Q;              //Q 为一队列
  int m=0;              //m 为计数器，记录已输出的顶点数目
  Init_Queue(Q);        //初始化队列 Q
  for (i=0;i<G->vnum;i++)  //依次将入度为 0 的顶点入队
    if (G->AdjList[i].indegree==0) In_Queue(Q, i);
```

```
        while (!EmptyQueue (Q))
          {Out_Queue(Q, &j);
            Tsort[m]=j;          //点j 进入拓扑序列中
            m++;
            p= G->AdjList[j].firstedge;    //p 指向当前输出结点的边表
            while (p)                       //对当前输出结点的各邻接点依次处理
              {k=p->adjvex;
                G->AdjList[k].indegree--;   //当前输出顶点邻接点的入度减1
                if(G->AdjList[k].indegree==0)  //新的入度为0的顶点入队
                  In_Queue(Q, k);
                p=p->next;                  //找到下一个邻接点
              }
          }
        if (m<G->vnum)
          {printf("网络有回路");
           return 0;
          }                      //图中有环路存在
        else return 1;
    }
```

对一个具有 n 个顶点 e 条边的网来说，整个算法的时间复杂度为 O(e+n)。

5.7 关键路径

本节介绍在有向无环图求关键路径上的应用。

授课视频
5.7 关键路径

5.7.1 AOE 网与关键路径

1. AOE 网

若在带权的有向图中，以顶点表示事件，以有向边表示活动，边上的权值表示活动的开销（如该活动持续的时间），则此带权的有向图称为 AOE 网（Activity on Edge Network）。

如果用 AOE 网来表示一项工程，那么，仅仅考虑各个子工程之间的优先关系还不够，更多的是关心整个工程完成的最短时间是多少，哪些活动的延期将会影响整个工程的进度，而加速这些活动是否会提高整个工程的效率。因此，通常在 AOE 网中列出完成预定工程计划所需要进行的活动，每个活动计划完成的时间，要发生哪些事件以及这些事件与活动之间的关系，从而可以确定该项工程是否可行，估算工程完成的时间以及确定哪些活动是影响工程进度的关键。

AOE 网具有以下两个性质。

1）只有在某顶点所代表的事件发生后，从该顶点出发的各有向边所代表的活动才能开始。

2）只有在进入到某顶点的各有向边所代表的活动都已经结束，该顶点所代表的事件才能发生。

图 5-41 给出了一个具有 15 个活动、11 个事件的假想工程的 AOE 网。v_0，v_1，$\cdots$，v_{10} 分别表示事件；$<v_0, v_1>$，$<v_0, v_2>$，$\cdots$，$<v_9, v_{10}>$ 分别用 a_1，a_2，$\cdots$，a_{15} 表示，代表这些活动。其中，v_0 称为源点，是整个工程的开始点，其入度为 0；v_{10} 为终点也叫汇点，是整个工程的结束点，其出度为 0。

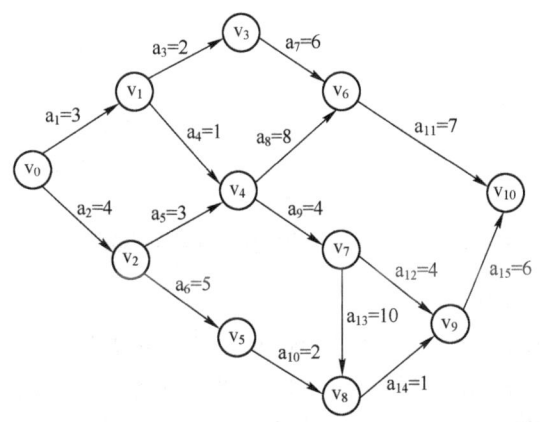

图 5-41 一个 AOE 网实例

对于 AOE 网，仍采用邻接表存储，顶点结点与 AOV 网相同。其中，邻接表中边结点的 info 域为该边的权值，即该有向边代表的活动所持续的时间。边结点重新定义如下：

```
typedef  struct node
   {int adjvex;                  //邻接点域
    struct node *next;           //指向下一个邻接点（或边）的指针域
    int info;                    //边的权值，表示持续时间，设为整型
   }EdgeNode;                    //边表结点
```

2．关键路径

由于 AOE 网中的某些活动能够同时进行，故完成整个工程所必须花费的时间应该为源点到终点的最大路径长度（这里的路径长度是指该路径上的各个活动所需时间之和）。从源点到汇点具有最大路径长度的路径称为关键路径，关键路径长度就是整个工程所需的最短工期，关键路径上的活动称为关键活动。这就是说，要缩短整个工期，必须加快关键活动的进度。

利用 AOE 网进行工程管理时要需解决的主要问题如下：

1) 计算完成整个工程的最短周期。
2) 确定关键路径，以找出哪些活动是影响工程进度的关键。

5.7.2 关键路径的确定

为了在 AOE 网中找出关键路径，需要定义几个参量。

（1）事件的最早发生时间 ve[k]

ve[k]是指事件 k 发生的最早时间，它的值是从源点到顶点 k 的最长路径。这个时间决定了所有从顶点 k 发出的有向边所代表的活动能够开工的最早时间。根据 AOE 网的性质，只有进入 v_k 的所有活动 $<v_j, v_k>$ 都结束时，v_k 代表的事件才能发生；而活动 $<v_j, v_k>$ 的最早结束时间为 ve[j]+info($<v_j, v_k>$)，如图 5-42a 所示，所以计算 v_k 发生的最早时间的方法如下：

$$\begin{cases} ve[l]=0 \\ ve[k]=\text{Max}\{ve[j]+\text{info}(<v_j, v_k>)\} \quad <v_j, v_k>\in p[k] \end{cases} \qquad (5-1)$$

其中，p[k]表示所有到达 v_k 的有向边的集合；info($<v_j, v_k>$)为有向边 $<v_j, v_k>$ 上的权值。

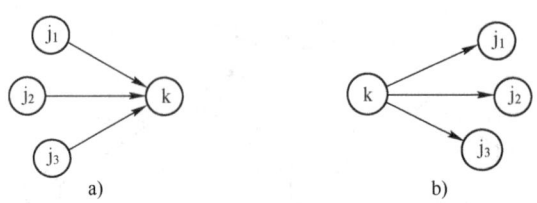

图 5-42 事件 v_k 的最早发生时间和最迟发生时间

（2）事件的最迟发生时间 vl[k]

vl[k]是指在不推迟整个工期的前提下，事件 v_k 允许的最晚发生时间。设有向边<v_k, v_j>代表从 v_k 出发的活动，为了不拖延整个工期，v_k 发生的最迟时间必须保证不推迟从事件 v_k 出发的所有活动<v_k, v_j>的终点 v_j 的最迟时间 vl[j]。如图 5-42b 所示，vl[k]的计算方法如下：

$$\begin{cases} vl[n]=ve[n] \\ vl[k]=\text{Min}\{vl[j]-\text{info}(<v_k-v_j>)\} \end{cases} \quad <v_k, v_j>\in s[k] \quad (5\text{-}2)$$

其中，s[k]为所有从 v_k 发出的有向边的集合。

（3）活动 a_i 的最早开始时间 e[i]

若活动 a_i 是由弧<v_k, v_j>表示，如图 5-43 所示，根据 AOE 网的性质，只有事件 v_k 发生了，活动 a_i 才能开始。也就是说，活动 a_i 的最早开始时间应等于事件 v_k 的最早发生时间。因此有：

图 5-43 活动的最早和最晚开始时间

$$e[i]=ve[k] \quad (5\text{-}3)$$

（4）活动 a_i 的最晚开始时间 l[i]

活动 a_i 的最晚开始时间指在不推迟整个工程完成日期的前提下，必须开始的最晚时间。即 a_i 的最晚开始时间要保证事件 v_j 的最迟发生时间不拖后。因此，应该有：

$$l[i]=vl[j]-\text{info}(<v_k, v_j>) \quad (5\text{-}4)$$

根据每个活动的最早开始时间 e[i]和最晚开始时间 l[i]就可判定该活动是否为关键活动，也就是那些 l[i]=e[i]的活动就是关键活动，而那些 l[i]>e[i]的活动则不是关键活动，l[i]-e[i]的值为活动的时间余量。关键活动确定之后，关键活动所在的路径就是关键路径。

下面以图 5-41 所示的 AOE 网为例，求出上述参量，来确定该网的关键活动和关键路径。

1）按照式（5-1）求事件的最早发生时间 ve[k]。

ve[0]=0

ve[1]=3

ve[2]=4

ve[3]=ve[1]+2=5

ve[4]=max{ve[1]+1, ve[2]+3}=7

ve[5]=ve[2]+5=9

ve[6]=max{ve[3]+6, ve[4]+8}=15

ve[7]=ve[4]+4=11

ve[8]=max{ve[7]+10, ve[5]+2}=21

ve[9]=max{ve[7]+4, ve[8]+1}=22

ve[10]=max{ve[6]+7, ve[9]+6}=28

2）按照式（5-2）求事件的最迟发生时间 vl[k]。

vl[10]=ve[10]=28
vl[9]=vl[10]−6=22
vl[8]=vl[9]−1=21
vl[7]=min{vl[9]−4, vl[8]−10}=11
vl[6]=vl[10]−7=21
vl[5]=vl[8]−2=19
vl[4]=min{vl[6]−8, vl[7]−4}=7
vl[3]=vl[6]−6=15
vl[2]=min{vl[4]−3, vl[5]−5}=4
vl[1]=min{vl[3]−2, vl[4]−1}=6
vl[0]=min{vl[1]−3, vl[2]−4}=0

3）再按照式（5-3）和式（5-4）求活动 a_i 的最早开始时间 e[i] 和最晚开始时间 l[i]。

活动 a_1	e[1]=ve[0]=0	l[1]=vl[1]−3=3
活动 a_2	e[2]=ve[0]=0	l[2]=vl[2]−4=0
活动 a_3	e[3]=ve[1]=3	l[3]=vl[3]−2=13
活动 a_4	e[4]=ve[1]=3	l[4]=vl[4]−1=6
活动 a_5	e[5]=ve[2]=4	l[5]=vl[4]−3=4
活动 a_6	e[6]=ve[2]=4	l[6]=vl[5]−5=14
活动 a_7	e[7]=ve[3]=5	l[7]=vl[6]−6=15
活动 a_8	e[8]=ve[4]=7	l[8]=vl[6]−8=13
活动 a_9	e[9]=ve[4]=7	l[9]=vl[7]−4=7
活动 a_{10}	e[10]=ve[5]=9	l[10]=vl[8]−2=19
活动 a_{11}	e[11]=ve[6]=15	l[11]=vl[10]−7=21
活动 a_{12}	e[12]=ve[7]=11	l[12]=vl[9]−4=18
活动 a_{13}	e[13]=ve[7]=11	l[13]=vl[8]−10=11
活动 a_{14}	e[14]=ve[8]=21	l[14]=vl[9]−1=21
活动 a_{15}	e[15]=ve[9]=22	l[15]=vl[10]−6=22

4）最后，比较 e[i] 和 l[i] 的值可判断出 a_2, a_5, a_9, a_{13}, a_{14}, a_{15} 是关键活动，关键路径如图 5-44 所示。

由上述方法得到求关键路径的算法步骤如下。

1）建立 AOE 网的存储结构。

2）从源点 v_0 出发，令 ve[0]=0，按拓扑序列中的顺序求其余各顶点的最早发生时间 ve[i]（1≤i≤n−1）。如果得到的拓扑序列中顶点个数小于网中顶点数 N，则说明网中存在环，不能求关键路径，算法终止；否则执行步骤 3）。

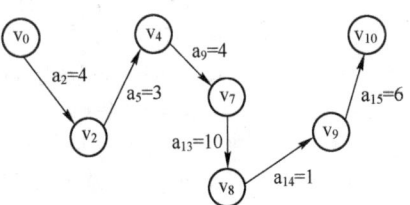

图 5-44 一个 AOE 网实例

3）从汇点 v_{n-1} 出发，令 vl[n−1]=ve[n−1]，按拓扑逆序列求其余各顶点的最迟发生时间 vl[i]（n−2≥i≥0）。

4）根据各顶点的 ve 和 vl 值，求每条弧 s 的最早开始时间 e(s) 和最迟开始时间 l[s]。若某条弧满足条件 e[s]=l[s]，则为关键活动。

由上面分析可见，第一件任务是求各个顶点的最早发生时间即 ve[0]…ve[G->vnum-1]。【算法 5-14】是这一操作的实现。

其实，求各个顶点的最早发生时间的顺序就是按照求拓扑序列的过程进行的，只是在修改某顶点入度的同时，修改它的最早发生时间。在【算法 5-13】中用队列保存了入度为 0 的点，也可以用栈来保存。在【算法 5-14】中，入度为 0 的顶点用栈 S 保存，AOE 网的拓扑序列顶点用栈 T 保存，各个顶点的入度已保存在顶点结点的 indegree 域中。栈的设计如下：

```
typedef stuct
  {int data[MaxVerNum];
   int top;
  }stack;
```

算法如下：

【算法 5-14】 求 AOE 网中各顶点事件的最早发生时间。

```
#define MaxVerNum…
#define MaxEdgNum…
int ve[MaxVerNum]={0}, vl[MaxVerNum], e[MaxEdgNum], l[MaxEdgNum];
int VertexElyTime(ALGraph *G, Stack *T)
 { //AOE 网 G 采用邻接表存储结构，求各顶点事件的最早发生时间 ve(全局变量)
   //T 为拓扑序列顶点栈，S 为零入度顶点栈
   // 若 G 无回路，则用栈 T 返回 G 的一个拓扑序列，且函数值为 1，否则为 0
   Stack S;
   S.top=-1;                               //初始化零入度顶点栈 S
   count=0;
   for (i=0; i<G->vnum; i++)               //将初入度为 0 的顶点入栈
     if (G->AdjList[i].indegree==0)
        {  S.top++;
           S.data[S.top]=i;
        }
   while (S.top!=-1)                       //当入度为 0 的顶点栈不空时
    {j=S.data[S.top];   S.top--;
     T->data[T->top]=j;  T->top++;         //进入拓扑序列
     count++;                              //计数进入拓扑序列的点
     for (p=G->AdjList[j].firstedge; p; p=p->next)  //修改顶点 j 的邻接点的入度
       {k=p->adjvex;                       //顶点 j 邻接到的顶点 k 的入度减 1
        G->AdjList[k].indegree--;
        if(G->AdjList[k].indegree == 0)    //顶点 k 的入度减 1 后若减为 0，则入栈
          {S.top++;
            S.data[S.top]=k;
          }
        if ((ve[j]+(p->info))>ve[k])       //是否修改顶点 k 的最早发生时间
           ve[k] = ve[j]+(p->info);
       }
    }
```

```
            if (count<G->vnum)   return 0;              //该有向网有回路返回 0，否则返回 1
            else   return 1;
        }
```

在求出各顶点的最早时间后，按照拓扑逆序求出各顶点的最迟发生时间，再求出各活动的最早和最迟开始时间，就可以求各关键活动。

【算法 5-15】 求出 AOE 网的关键活动。

```
        int PivotalPath(ALGraph *G)
        {//G 为 AOE 网，用邻接表存储，求出 G 的各项关键活动
            char tag;
            stack  *T;
            T=(stack *)malloc(sizeof(stack));           /建立用于产生拓扑序列的栈 T 并初始化
            T->top=-1;
            if (!VertexElyTime (G, T) ) return 0;       //该有向网有回路返回 0
            vl[0..G->vnum-1]= ve[G->vnum-1];            //初始化顶点事件的最迟发生时间
            while (T->top!=-1 )                         //按拓扑序列的逆序求各顶点的 vl 值
              { j= T->data[T->top];
                T->top--;
                for (p=G->AdjList[j].firstedge; p; p=p->next)
                  {k=p->adjvex;
                    if ((vl[k]- (p->info))<vl[j] )
                      vl[j]= vl[k]-(p->info);
                  }
              }
            printf ("顶点 1   定点 2    权值   最早   最迟   是否关键活动\n" );
            for ( j=0; j<G->vnum; j++)                  //求每个活动的最早和最迟开始时间，同时求出关键活动
                for (p=G->AdjList[j].firstedge; p; p=p->next)
                  {k= p->adjvex;
                    dut= p->info;
                    e=ve[j]; l= vl[k]-dut;
                    if(e==l) tag='*';
                    else   tag=' ';
                    printf ("%d->%d:   %d    %d    %d    %c\n", j, k, dut, e, l, tag );
                            //输出各个活动的最早和最迟开始时间，有"*"的为关键活动
                  }
            return 1;        //求出关键活动后返回 1
        }
```

5.8 本章知识点小结

知 识 点	知识点内容描述	学习要求
图的定义	由一个顶点集合 V 和一个边（或者弧）集合 E 组成，通常记为：G=(V, E)，其中 V 中有 n（n>0）个顶点，E 中有 e（e>=0）条边，且每一条边都依附于 V 中的两个顶点 v_i, v_j（i, j=0, 1, …, n-1），该无向图的边用顶点对(v_i, v_j)表示，有向图的边用顶点序偶<v_i, v_j>表示	理解图的定义
无向完全图	无向图中任意两顶点都有一条直接边相连接；在含有 n 个顶点的无向完全图中，有 n(n-1)/2 条边	掌握无向完全图的概念

(续)

知识点	知识点内容描述	学习要求
有向完全图	有向图中任意两顶点之间都有方向互为相反的两条弧相连接；在含有 n 个顶点的有向完全图中，有 n(n-1)条边	掌握有向完全图的概念
无向图的连通性	在无向图中，从一个顶点 v_i 到另一个顶点 v_j（i≠j）有路径，则顶点 v_i 和 v_j 是连通的；图中任意两顶点都是连通的，则称该图是连通图；无向图的极大连通子图（添上任意一点均为不连通的子图）称为连通分量	理解无向图连通性的概念
有向图的连通性	在有向图中，若图中任意一对顶点 v_i 和 v_j（i≠j）均有从一个顶点 v_i 到另一个顶点 v_j 的路径，也有从 v_j 到 v_i 的路径，则称该有向图是强连通图；有向图的极大强连通子图（添上任意一点均没有强连通性）称为强连通分量	理解有向图连通性的概念
图的邻接矩阵存储	邻接矩阵是表示顶点之间相邻关系的矩阵，可用于表示无向图、有向图和网图。 注意：图的邻接矩阵不仅仅存储顶点之间的关系的矩阵，还要存储顶点信息、顶点个数、边的个数。最好熟记邻接矩阵存储结构	掌握定义邻接矩阵存储图的方法
图的邻接表存储	邻接表表示法类似于树的孩子链表表示法。就是对于图 G 中的每个顶点 v_i，将所有邻接于 v_i 的顶点 v_j 连成一个单链表，这个单链表称为顶点 v_i 的邻接表。对于有向图，单链表由 v_i 的出边邻接点构成的称为邻接表；单链表由 v_i 的入边邻接点构成的称为逆邻接表。 注意：图的邻接表存储结构需要存储顶点信息表列和边表信息，在边表信息结点中，只存储相邻边在顶点数组中的下标信息	掌握定义邻接表存储图的方法，理解应用邻接表分别存储有向图和无向图的特点
图的十字链表存储	是有向图的一种存储方式，实际上是将邻接表与逆邻接表结合，即把每一条边的边结点分别组织到以弧尾顶点为头结点的链表和以弧头顶点为头顶点的链表中。这种存储方式既方便找出边也方便找入边	了解图的十字链表方法
图的邻接多重表存储	主要用于存储无向图。因为，如果用邻接表存储无向图，每条边的两个边结点分别在以这边依附的两个顶点为头结点的链表中，这会给图的一些操作带来不便。因此提出邻接多重表来存储无向图，其与十字链表类似，也是由顶点表和边表组成，只是每一条边用一个边表结点	了解图的邻接多重表方法
图的深度优先遍历	图的深度优先遍历（简称 DFS）类似于树的先序遍历，是树的先序遍历的推广。假设初始状态是图中所有顶点未曾被访问，则深度优先搜索可从图中某个顶点 v 出发，访问此顶点，然后依次从 v 的未被访问的邻接点出发深度优先遍历图，直至图中所有和 v 有路径相通的顶点都被访问到；若此时图中尚有顶点未被访问，则另选图中一个未曾被访问的顶点作为起始点，重复上述过程，直至图中所有顶点都被访问到为止。 注意：图的深度优先遍历类似于树的先序遍历，是树的先序遍历的推广。紧扣 DFS 定义，记住当前从哪个顶点进行的 DFS，结束后应该回到哪个顶点	掌握图的深度优先遍历方法
图的广度优先遍历	广度优先遍历（简称 BFS）类似于树的按层次遍历的过程。假设从图中某顶点 v 出发，在访问了 v 之后依次访问 v 的各个未曾访问过的邻接点，然后分别从这些邻接点出发依次访问它们的邻接点，并使"先被访问的顶点的邻接点"先于"后被访问的顶点的邻接点"被访问，直至图中所有已被访问的顶点的邻接点都被访问到。若此时图中尚有顶点未被访问，则另选图中一个未曾被访问的顶点作为起始点，重复上述过程，直至图中所有顶点都被访问到为止。广度优先遍历图的过程也可理解为以 v 为起始点，由近至远，依次访问和 v 有路径相通且路径长度为 1、2、…的顶点。 注意：广度优先遍历类似于树的按层次遍历的过程。紧扣 BFS 定义，记住当前访问的哪个顶点，其未曾被访问的邻接点应该依次进队列	掌握图的广度优先遍历方法
无向图连通性的判定	这是图的应用问题，即判定无向图是否连通或含有几个连通分量。 注意：在无向图中，从一个顶点 v_i 到另一个顶点 v_j（i≠j）有路径，则顶点 v_i 和 v_j 是连通的；请区分（v_i, v_j）边的概念与连通的定义。无向图的极大连通子图（连通分量），无向图的极小连通子图（生成树），区分极大、极小概念	掌握无向图连通性的判定方法
有向图连通性的判定	这是图的应用问题，即判定有向图的连通性或含有几个强连通分量	理解有向图连通性的判定方法
最小生成树概念	在连通网络的所有生成树中，各边权值总和最小的生成树；连通网络的最小生成树不一定是唯一的，但代价是唯一的	理解最小生成树的概念
构造最小生成树的 Prim 算法	算法思想：初始时，最小生成树集中仅含有一个任选的结点；选取距离最小生成树集最近的点（即距生成集最短边所关联的点）；将该点和其与生成树中的点所关联的边，添入最小生成树中；直至将所有结点添入为止。 注意：Prim 算法要求计算细心，不要漏掉最小权值边的顶点	掌握构造最小生成树的 Prim 方法
构造最小生成树的 Kruskal 算法	算法思想：在图中依次选取 n-1 条边，连接图的 n 个结点；每次选取不会产生回路的权值最小的边。 注意：Kruskal 算法主要在于边的权值从小到大排序，且选择链接不同连通分量的当前最小权值的边	掌握构造最小生成树 Kruskal 方法

(续)

知 识 点	知识点内容描述	学习要求
最短路径问题	1）单源最短路径问题：已知有向带权图（简称有向网）G=(V, E)，希望找出从某个源点 s∈V 到 V 中其余顶点的最短路径。而其他的最短路径问题均可用单源最短路径算法予以解决。 2）单目标最短路径问题：找出图中每一顶点 v 到某指定顶点 u 的最短路径。只需将图中每条边反向，可将这一问题变为单源最短路径问题，单目标 u 变为单源点 u。 3）单顶点对间最短路径问题：对于某对顶点 u 和 v，找出从 u 到 v 的一条最短路径。显然，若解决了以 u 为源点的单源最短路径问题，则上述问题也迎刃而解。而且从数量级来说，两问题的时间复杂度相同。 4）每对顶点对间最短路径问题：对图中每对顶点 u 和 v，找出 u 和 v 的最短路径问题。这一问题可用每个顶点作为源点调用一次单源最短路径问题算法予以解决	理解最短路径问题的含义

求单源点最短路径的 Dijkstra 算法	设 S 为最短路径确定的顶点集，V-S 是最短路径尚未确定的顶点集。D[v]为 u 到 v 的最短路径长度。1）初始时，将源点 u 放入 S 中；2）初始 D[v]，v∈V-S，D[v]=w<u, v>；3）选取点 k 使 D[k]=min{D[v], v∈V-S}；4）将 k 添入 S；5）若 V-S 不空，重新计算 D[v]值，其中 v∈V-S；
	if (D[v]>D[k]+w<k, v>)
	{　　D[v]=D[k]+w<k, v>;
	　　//修改源点到 v 的路径上的点为源点到 k 的路径加上点 v;
	}
	6）若 V-S 为空，则结束，否则重复步骤 3）。
	注意：Dijkstra 算法的关键在于理解"按最短路径长度递增的次序产生最短路径"，且细心计算、选择
		掌握单源点最短路径的 Dijkstra 方法

求任意两点之间的最短路径 Floyd 算法	设图 G 中顶点个数为 N，则需要对矩阵 S 进行 N 次更新。初始时，矩阵 S 中顶点 S[i][j]的距离为顶点 i 到顶点 j 的权值；如果 i 和 j 不相邻，则 S[i][j]=∞。接下来开始，对矩阵 S 进行 N 次更新。第 1 次更新时，如果"S[i][j]的距离" > "S[i][0]+S[0][j]"（S[i][0]+S[0][j]表示"i 与 j 之间经过第 1 个顶点的距离"），则更新 S[i][j]为"S[i][0]+S[0][j]"。同理，第 k 次更新时，如果"S[i][j]的距离" > "S[i][k]+S[k][j]"，则更新 S[i][j]为"S[i][k]+S[k][j]"。更新 N 次之后，操作完成。 注意：Floyd 算法关键在于通过实例理解本质，且细心计算	掌握求任意两点间最短路径的 Floyd 算法
拓扑排序的概念	对一有向图，如果从 v_i 到 v_j 存在一条路径，且在由图中所有顶点构成的线性序列中，v_i 总在 v_j 之前，那么这样的线性序列就被称为拓扑序列。构造一个有向图的拓扑序列的过程称为拓扑排序	理解拓扑排序的概念
求拓扑排序的算法	算法思想： 1）扫描顶点表，将入度为 0 的顶点入栈； 2）当栈非空时，当前栈顶元素 v_j 出栈，并输出；检查 v_j 的出边表，将每条出边<v_j, v_k>的终点 v_k 的入度减 1；若 v_k 的入度变为 0，则让 v_k 入栈。 3）重复第 2 步，直到栈为空； 4）检查输出顶点数，若小于 n，表示"图中有环，无拓扑序列"；否则算法正常结束。 说明：算法中用的是栈，也可改为队列，只是得到的是两种不同的拓扑输出序列。 注意：拓扑排序算法思想简单，无论给定图还是图的存储结构，都能进行拓扑排序	掌握拓扑排序的方法
关键路径的概念	在带权图中，以顶点表示事件，以有向边表示活动，边上的权值表示活动的开销（如该活动持续的时间），则此带权的有向图称为 AOE 网。在 AOE 网中从源点到汇点的最大长度的路径称为关键路径，关键路径上的活动称为关键活动。关键路径问题就是要找出所给 AOE 网的关键路径和关键活动	理解关键路径的概念
求关键路径的算法	算法步骤： 1）输入 e 条弧<j, k>，建立 AOE 网的存储结构； 2）从源点 v_1 出发，令 ve[0]=0，按拓扑有序求其余各顶点的最早发生时间 ve[i]（1≤i≤n-1）；如果得到的拓扑有序序列中顶点个数小于网中顶点数 n，则说明网中存在环，不能求关键路径，算法终止；否则执行步骤 3）； 3）从汇点 v_n 出发，令 vl[n-1]=ve[n-1]，按逆拓扑有序求其余各顶点的最迟发生时间 vl[i]（n-2≥i≥2）； 4）根据各顶点的 ve 和 vl 值，求每条弧 s 的最早开始时间 e[s]和最迟开始时间 l[s]；若某条弧满足条件 e[s]=l[s]，则为关键活动。 注意：求有向网图的关键路径重点在于求每个顶点所代表的事件的最早发生时间和最晚发生事件。按拓扑序列求顶点的最早发生时间，按逆拓扑序列求顶点的最迟发生时间	掌握求关键路径的方法

练习题

习题解答
第5章 习题解答

一、选择题

1. n 条边的无向图的邻接表的存储中，边结点的个数有（　　）。
   A. n　　　　　　B. 2n　　　　　　C. n/2　　　　　　D. n×n

2. n 条边的无向图的邻接多重表的存储中，边结点的个数有（　　）。
   A. n　　　　　　B. 2n　　　　　　C. n/2　　　　　　D. n×n

3. 下列（　　）的邻接矩阵是对称矩阵。
   A. 有向图　　　　B. 无向图　　　　C. AOV 网　　　　D. AOE 网

4. 最短路径的生成算法可用（　　）。
   A. 普里姆算法　　B. 克鲁斯卡尔算法　　C. 迪杰斯特拉算法　　D. 哈夫曼算法

5. 一个无向图的邻接表如图 5-45 所示。

（1）从顶点 v_0 出发进行深度优先搜索，经历的结点顺序为（　　）。
   A. v_0, v_3, v_2, v_1　　B. v_0, v_1, v_2, v_3　　C. v_0, v_2, v_1, v_3　　D. v_0, v_1, v_3, v_2

（2）从顶点 v_0 出发进行广度优先搜索，经历的结点顺序为（　　）。
   A. v_0, v_3, v_2, v_1　　B. v_0, v_1, v_2, v_3　　C. v_0, v_2, v_1, v_3　　D. v_0, v_1, v_3, v_2

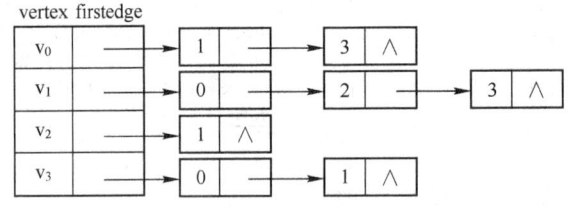

图 5-45　一个无向图的邻接表

6. 设有向图 n 个顶点和 e 条边，进行拓扑排序时，总的计算时间为（　　）。
   A. $O(n\log_2 e)$　　B. $O(en)$　　C. $O(e\log_2 n)$　　D. $O(n+e)$

7. 含有 n 个顶点 e 条边的无向连通图，利用 Kruskal 算法生成最小生成树，其时间复杂度为（　　）。
   A. $O(e\log_2 e)$　　B. $O(e×n)$　　C. $O(e\log_2 n)$　　D. $O(n\log_2 n)$

8. 关键路径是事件结点网络中（　　）。
   A. 从源点到汇点的最长路径　　　　B. 从源点到汇点的最短路径
   C. 最长的回路　　　　　　　　　　D. 最短的回路

9. 下面关于求关键路径的说法不正确的是（　　）。
   A. 求关键路径是以拓扑排序为基础的
   B. 一个事件的最早开始时间同以该事件为尾的弧的活动最早开始时间相同
   C. 一个事件的最迟开始时间为以该事件为尾的弧的活动最迟开始时间与该活动的持续时间的差
   D. 关键活动一定位于关键路径上

10. 有 10 个结点的无向图至少有（　　）条边才能确保其是连通图的。
    A. 8　　　　　　B. 9　　　　　　C. 10　　　　　　D. 11

二、判断题

1. 求最小生成树的 Prim 算法在边较少、结点较多时效率较高。
2. 图的最小生成树的形状可能不唯一。
3. 用邻接矩阵法存储一个图时，在不考虑压缩存储的情况下，所占用的存储空间大小只与图中结点个数有关，而与图的边数无关。
4. 邻接表法只用于有向图的存储，邻接矩阵对于有向图和无向图的存储都适用。
5. 任何有向网络（AOV 网络）拓扑排序的结果是唯一的。
6. 拓扑排序可以检查一个有向图是否有回路。
7. 存储无向图的邻接矩阵是对称的，故只存储邻接矩阵的下（或上）三角部分即可。
8. 十字链表可以存储无向图和有向图。
9. 任何无向连通图都存在生成树。
10. 若一个有向图的邻接矩阵对角线以下元素均为零，则该图的拓扑有序序列必定存在。
11. 连通分量是无向图中的极小连通子图。
12. 强连通分量是有向图中的极大强连通子图。
13. 用邻接矩阵 A 表示图，判定任意两个结点 v_i 和 v_j 之间是否有长度为 m 的路径相连，则只要检查 A^m 的第 i 行第 j 列的元素是否为 0 即可。
14. 缩短任意一条关键路径上活动的工期一定能够缩短整个工程的工期。
15. 改进关键活动之后，工程的关键路径有可能会改变，所以必须重新求关键路径。

三、简答题

1. 对于如图 5-46 所示的有向图，试给出：
（1）每个顶点的入度和出度。
（2）邻接矩阵。
（3）邻接表。
（4）逆邻接表。
（5）强连通分量。

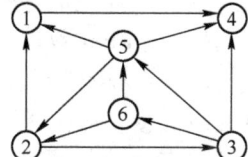

图 5-46 有向图

2. 设无向图 G 如图 5-47 所示，试给出：
（1）该图的邻接矩阵。
（2）该图的邻接表。
（3）该图的多重邻接表。
（4）从 v_1 出发的"深度优先"遍历序列。
（5）从 v_1 出发的"广度优先"遍历序列。

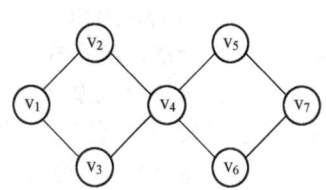

图 5-47 无向图

3. 用邻接矩阵表示图时，矩阵元素的个数与顶点个数是否相关？与边的条数是否有关？

4. 设有向图 G 如图 5-48 所示，试画出图 G 的十字链表结构，并写出图 G 的两个拓扑序列。

5. 如图 5-49 所示 AOE 网：
（1）列出各事件的最早、最迟发生时间。
（2）列出各活动的最早、最迟发生时间。
（3）找出该 AOE 网中的关键路径，并回答完成该工程需要的最短时间。

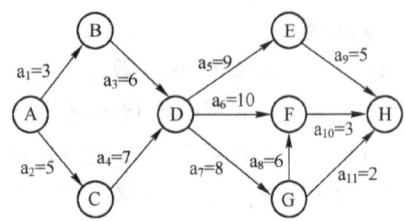

图 5-48　有向图 G　　　　　　　　　图 5-49　AOE 网

四、算法设计题

1．试以邻接矩阵为存储结构实现图的基本操作：InsertVex (G, v)、InsertArc (G, v, w)、DeleteVex (G, v)和 DeleteArc (G, v, w)。

2．试以邻接表为存储结构实现算法设计题 1 中所列图的基本操作。

3．试以十字链表为存储结构实现算法设计题 1 中所列图的基本操作。

4．试以邻接多重表为存储结构实现算法设计题 1 中所列图的基本操作。

5．对于含有 n 个顶点的有向图，编写算法由其邻接表构造相应的逆邻接表。

6．试写一算法，由有向图的邻接链表存储得到此有向图的十字链表存储。

7．写一算法，由依次输入无向图的顶点数目、边的数目、各顶点的信息和各条边的信息建立无向图的邻接多重表。

8．试写一个算法，判别以邻接表方式存储的有向图中是否存在由顶点 v_i 到顶点 v_j 的路径（$i \neq j$）。假设分别基于下述策略：

（1）图的深度优先搜索。

（2）图的广度优先搜索。

9．试修改 Prim 算法，使之能在邻接表存储结构上实现求图的最小生成森林，并分析其时间复杂度（森林的存储结构为孩子－兄弟链表）。

10．以邻接表作存储结构实现求从源点到其余各顶点的最短路径的 Dijkstra 算法。

11．现有 n 个村子以及村子和村子之间道路的统计数据表中，此表中列出了有可能建设成标准公路的若干条道路的成本，求使每个村落都有公路连通所需要的最低成本。

12．城市间紧急救援。作为一个城市的应急救援队伍的负责人，有一张地图，在地图上显示有多个分散的城市和一些连接城市的快速道路。每个城市的救援队数量和每一条连接两个城市的快速道路长度都标在地图上。当其他城市有紧急求助电话打来时任务是带领救援队尽快赶往事发地，同时，一路上召集尽可能多的救援队。

要求：输入第一行给出 4 个正整数 N、M、S、D，其中 N（2≤N≤500）是城市的个数，顺便假设城市的编号为 0～(N-1)；M 是快速道路的条数；S 是出发地的城市编号；D 是目的地的城市编号。第二行给出 N 个正整数，其中第 i 个数是第 i 个城市的救援队的数目，数字间以空格分隔。随后的 M 行中，每行给出一条快速道路的信息，分别是城市 1、城市 2、快速道路的长度，中间用空格分开，数字均为整数且不超过 500。输入保证救援可行且最优解唯一。

实验题

题目　校园导游程序

1．问题描述

到一个陌生的地方去旅游的时候，人们常常需要一个导游为自己在游玩的过程中提供很多服务，比如介绍参观景点的历史背景等相关信息，推荐到下一个景点的最佳路径，以及解答旅游者所提出的关于旅游经典的相关问询等。对于新生刚刚来到校园，对校园环境不熟悉的情况也如此，如果能够提供一个程序让新生或来访的客人自主地通过与机器的"对话"来获得相关的信息的话，将会节省大量的人力和时间，而且所提供的信息也能够做到尽可能的准确、详尽。本实验要求设计一个校园导游程序，为来访的客人提供各种信息查询服务。

2．基本要求

本次实验需要开发一个简单的校园导游程序，程序的主体功能：

1）设计你的学校的校园平面图，所含景点不少于 10 个。以图中顶点表示校内各景点，存放景点名称、简介等信息；以边表示路径，存放路径长度等相关信息。

2）显示校园平面图，方便用户直观地看到校园的全景图，并确定自己当前所在的位置。

3）为用户提供对平面图中任意场所的相关信息的查询。

4）为用户提供对平面图中任意场所的问路查询，即查询任意两个景点之间的一条最短的简单路径。

3．提示与分析

（1）主要数据结构

由于各个场所通过校园中的道路相连，各个场所和连接它们的道路构成了整个校园的地理环境，所以使用图这种数据结构对它们去进行描述。以图中的顶点表示校园内各个场所，应包含场所名称、代号、简介等信息；以边表示连接各个场所的道路，应包含道路的代号、路径的长度等信息。一般情况下，校园的道路是双向通行的。因此，校园平面图可以看作一个无向网。

图的顶点和边均使用结构体类型，整个图的数据结构可以采用书中介绍的各种表示方法，例如带权的邻接矩阵。

（2）基本功能分析

1）显示校园平面图：平面图中应醒目的标识出场所的准确名称以备用户查询。

2）查询任意场所的相关信息查询：接收用户所输入的场所名称，并将场所的简介信息反馈给用户。

3）求单源点到其他各点的最短路径的功能模块：计算并记录从校园门口到各个场所的最短路径。

4）任意场所的问路查询的功能模块：接收用户所输入的场所名称，并将计算的最短路径集合中找到的相关项信息反馈给用户。

4．测试数据

由读者根据实际情况指定。

5．选作内容

1）提供图中任意场所的问路查询，即求任意两点之间的最短路径。

2）提供校园图中多个场所的最佳访问路线查询，即求途经多个场所的最短路径。

3）校园导游图的场所和道路的修改扩充功能。

4）实现校园导游图的图形界面。

第6章 查 找

查找是数据处理中经常出现的一种操作,本章从日常用到的查找操作出发,介绍了查找表的相关概念以及查找效率的评价指标平均查找长度。依据查找表中是否存在数据的插入、删除等动态操作,将查找表分为动态查找表和静态查找表。静态查找表部分将讨论无序表的顺序查找、有序表的折半查找和其他分割方法的查找及分块查找;动态查找表部分将介绍二叉排序树、平衡二叉树(AVL树)、散列表。

【主要内容提示】
- 顺序查找
- 折半查找、分块查找
- 二叉排序树、平衡二叉树
- 散列表,散列函数,开放定址法、拉链法处理冲突

教学课件 第6章 查找

6.1 引言

在大量的信息中查找某个数据时,需要用到查找的技术。本节将介绍查找的相关概念及衡量查找效率的指标。

6.1.1 问题提出

人们在日常生活、工作中经常进行各种各样的查找:如在英汉字典中查找某个英文单词的中文解释;在新华字典中查找某个汉字的读音、含义;在对数表、平方根表中查找某个数的对数、平方根;根据索书号在图书馆借阅书籍等。计算机及计算机网络的广泛应用使得信息查询更快捷、方便、准确。要从计算机中查找特定的信息,就需要在计算机中存储包含该特定信息的表,如从计算机中查找英文单词的中文解释,就需要存储类似英汉字典这样的信息表。

查找,又称查询、检索,是在大量的数据中获取人们需要的、满足特定条件的信息或数据。在本书中,查找是指在一组数据集合中找关键码值等于给定值的某个元素或数据记录。

需要讨论的问题:面对数据查找这样的操作,该如何组织数据的存储,如何进行查找操作,各自的效率怎样。查找是许多计算机软件中非常耗时的一部分,因而,查找方法的效率格外重要。

6.1.2 相关概念

1. 查找表

查找表(Search Table)是一种以集合为逻辑结构、以查找为核心运算的数据结构。
由于集合中的数据元素之间是没有"关系"的,因此在组织查找表的数据时,不受"关

系"的约束，只需根据实际应用对查找的具体要求组织，以便实现高效率的查找。

查找表中常做的运算有建立查找表、查找、读取表元，以及对表做修改操作（如插入、删除元素）等。

若对查找表的查找过程不包括对表的修改操作，则此类查找称为静态查找（Static Search）；若在查找的同时插入表中不存在的数据元素，或从查找表中删除已存在的指定元素，则此类查找称为动态查找（Dynamic Search）。简言之，静态查找仅对查找表进行查找操作，而不能改变查找表本身；动态查找除了对查找表进行查找操作外，还可以向表中插入数据元素或删除表中数据元素。

2．关键码

关键码（Key）是数据元素（或记录）中某个数据项的值，用它可以标识一个数据元素（或记录）。能唯一确定一个数据元素（或记录）的关键码称为主关键码（Primary Key）；而不能唯一确定一个数据元素（或记录）的关键码，称为次关键码（Secondary Key）。

例如在学生信息查找表中，"学号"可看成学生的主关键码，"姓名"则可视为次关键码。

3．查找

查找（Searching）是指在含有 n 个数据元素的查找表中，找出关键码等于给定值 kx 的数据元素（或记录）。

当要查找的关键码是主关键码时，查找结果是唯一的，一旦找到，则称为查找成功。查找过程结束并给出找到的数据元素的信息，或指示该数据元素在查找表中的位置。若是整个表检索完，还没有找到，称为查找失败，此时查找结果应给出一个信息。

当关键码是次关键码时，查找结果可能不唯一，要想查得表中所有的相关数据元素需要查遍整个表，或在可以肯定查找失败时，才能结束查找过程。

4．平均查找长度

由于查找运算的主要操作是关键字的比较，所以，通常把查找过程中所进行的关键码比较次数的期望值作为衡量一个查找算法效率优劣的标准，称之为平均查找长度（Average Search Length），用 ASL 表示。对一个含 n 个数据元素的查找表，查找成功时的平均查找长度 ASL：

$$ASL = \sum_{i=1}^{n} p_i c_i \tag{6-1}$$

其中 n 是数据元素的个数，c_i 是查找第 i 个数据元素所需要的比较次数；p_i 是查找第 i 个数据元素的概率，且 $\sum_{i=1}^{n} p_i = 1$，在以后的章节中，若不特别声明，均认为查找每个数据元素的概率是相等的，即 $p_i=1/n$。

5．数据元素类型定义

本章讨论中，涉及的数据元素类型及关键码类型定义如下：

```
typedef    struct
{ keytype   key;                    //关键码字段
    …                               //其他信息
} datatype;
```

6.2 线性表查找

线性表查找属于静态查找，将查找表视为一个线性表，将其顺序或链式存储，再进行查找，因此查找思想较为简单，效率不高。如果查找表中的数据元素有一定的规律（如按关键码有序），可以利用这些信息获得较好的查找效率。

在本节中，定义线性查找表的顺序存储结构如下：

```
# define   MAXNUM…
datatype   data[MAXNUM];          //查找表存储空间
int n;                            //查找表中元素的个数
```

线性查找表链式存储其结点结构类型定义如下：

```
typedef struct node
  {datatype     data;             // 元素的数据域
   struct node * next;            // 下一个元素的指针域
  }LSNode, *LSTable;
```

6.2.1 顺序查找

顺序查找又称线性查找，是最基本的查找方法之一。其查找方法：从表的一端开始，向另一端逐个拿给定的关键码 kx 与每个元素的关键码进行比较，若相等，则查找成功，并给出数据元素在表中的位置；若整个表检索完之后，仍未找到关键码与 kx 相同的数据元素，则查找失败，给出失败信息。

顺序查找既适合于顺序存储的查找表，又适合于链式存储的查找表。

1．顺序表上的查找

像顺序表一样，查找表中的数据元素依次顺序存储。顺序查找简单，很容易按【算法 6-1a】方法实现。

【算法 6-1a】 顺序查找。

```
int Seq_Search_1 (datatype data[ ], keytype kx, int n)
{// 查找表数据存放在 data[1] 至 data[n]中，在表 data 中查找关键码为 kx 的数据元素
 // 若找到返回该元素在数组中的下标，否则返回 0
  int i=1;
  while(i<=n && data[i].key!= kx )
     i++;   // 从表头端向后查找
  if (i>n) return 0;
  else   return   i;
}
```

在【算法 6-1a】中，每次循环条件要做两个比较和一个关系与运算，如果稍加修改，会使比较减少一半，【算法 6-1b】是改进后的算法，是从表尾端向表头端查找，注意 data[0]的使用。

【算法 6-1b】 加监视哨后的顺序查找。

```
int Seq_Search_2(datatype data[ ], keytype kx, int n)
  {//查找表数据存放在 data[1]至 data[n]中,在表 data 中查找关键码为 kx 的数据元素
   //若找到返回该元素在数组中的下标,否则返回 0
   data[0].key=kx;
   i=n;
   while(data[i].key!= kx )
     i--;    // 从表尾端向前查找
   return i;
  }
```

本算法中,在进行查找之前,data[0]分量的关键码被赋值为 kx,这样在查找过程中就不必每一次都去检测整个表是否查找完毕。如果查找是成功的,那么 i 会停在找到的那个元素的位置,这时 $1 \leqslant i \leqslant n$;如果查找失败,查找也会停在 data[0]分量,即 i=0。因此,data[0]分量起到了监视哨的作用。这样一个小小的设计技巧,会大大提高查找效率。

性能分析:对于 n 个数据元素的查找表,若给定值 kx 与表中第 i 个元素关键码相等,即定位第 i 个记录时,需进行 n–i+1 次关键码比较,即 c_i=n–i+1。所以查找成功时,顺序查找的平均查找长度为:

$$ASL = \sum_{i=1}^{n} p_i \cdot (n-i+1) \tag{6-2}$$

设每个数据元素的查找概率相等,即 p_i=1/n,则等概率情况下有:

$$ASL = \sum_{i=1}^{n} \frac{1}{n}(n-i+1) = \frac{n+1}{2} \tag{6-3}$$

查找不成功时,查找表中每个关键码都要比较一次,直到监视哨单元,因此关键码的比较次数总是 n+1 次。

显然,算法的时间复杂度为 O(n)。

2. 单链表上的查找

设查找表组织为带头结点的单链表,在单链表上的顺序查找算法如下。

【算法 6-2】 单链表上的顺序查找。

```
LSNode *Link_Search (LSTable LT, keytype kx)
  {//在表 LT 中查找关键码为 kx 的数据元素,若找到返回该元素所在结点的地址,否则返回 NULL
   LSNode *p;
   p=LT–>next;                        //p 指向第一个结点
   while(p&&p–>data.key!=kx)
     p=p–>next;
   return(p);
  }
```

该算法从查找表的第一个结点开始,判断当前结点的值是否等于 kx,若等于,返回该结点的地址,否则继续查找下一个,直至找到值为 kx 的结点,或者表结束都没有找到,此时返回 NULL。算法的时间复杂度为 O(n)。

许多情况下,查找表中各数据元素的查找概率是不相等的。为了提高查找效率,查找表中的数据存放需依据"查找概率越高,比较次数越少;查找概率越低,比较次数就较多"的

原则来存储数据元素。如顺序结构的查找表可将查找概率高的元素尽量放在表尾，而链式结构的查找表可将查找概率高的元素尽量放在表头。

顺序查找的优点是思路简单，且对表中数据元素的存储方式、是否按关键码有序均无要求；缺点是平均查找长度较大，效率低，当 n 很大时，不宜采用顺序查找。

6.2.2 在顺序存储的有序表上查找

有序表是指查找表中的元素是按关键码大小的有序存储的。很多情况下，查找表中各元素关键字之间可能构成某种次序关系，如英汉字典中，字典序就是一种次序关系；学生信息表中学号也是一种次序关系。如果查找表采用顺序结构存储且按关键码有序，那么查找时可采用效率较高的算法实现。本节的讨论中假设查找表是按关键码递增有序的。

1. 折半查找

折半查找也称二分查找，它是一种效率较高的查找方法。

授课视频
6.2.2 1. 折半查找

折半查找的思想：在有序表中，取中间元素作为比较对象，若给定值与中间元素的关键码相等，则查找成功；若给定值小于中间元素的关键码，则在中间元素的左半区继续查找；若给定值大于中间元素的关键码，则在中间元素的右半区继续查找。不断重复上述查找过程，直到查找成功，或所查找的区域无数据元素，查找失败。

【例 6-1】 顺序存储的有序表关键码集合如下：

{7, 14, 18, 21, 23, 29, 31, 35, 38, 42, 46, 49, 52}

用折半查找法在表中查找关键码为 14 和 22 的数据元素。

1）设 low 和 high 指示查找区间的上下限，查找关键码为 14 的数据元素的过程如图 6-1 所示。

图 6-1 查找关键码为 14 的数据元素的过程

此时，14 与 mid 所指元素的关键码相等，查找成功，返回其地址。
2）查找关键码为 22 的数据元素的过程如图 6-2 所示。

图 6-2 查找关键码为 22 的数据元素的过程

此时，low>high，即查找区间为空，说明查找失败，返回查找失败信息。
折半查找算法如下。

【算法 6-3】 有序表上的折半查找。

```
int Binary_Search(datatype data[ ], keytype kx, int n)
  { //查找表数据存放在 data[1] 至 data[n]中，在有序顺序表中查找关键码为 kx 的数据元素
    //若找到返回该元素在表中的位置，否则，返回 0
    int mid;
    low=1; high=n;                          //设置初始区间
    while(low<=high)                        //当查找区间非空
      {mid=low + (high-low)/2;              //取区间中点，不用(low+high)/2，以防计算溢出
        if(kx= =data[mid].key) return mid;  //查找成功，返回 mid
        else if (kx<data[mid].key) high=mid-1;  //调整到左半区
          else low=mid+1;                   //调整到右半区
      }
    return  0;                              //查找失败，返回 0
  }
```

性能分析：从折半查找过程看，以表的中点为比较对象，并以中点将表分割为两个子表，

对定位到的子表继续这种操作。所以，对表中每个数据元素的查找过程，可用二叉树来描述，称这个描述查找过程的二叉树为判定树。【例6-1】中折半查找过程的判定树如图6-3所示。

可以看出，查找表中任一元素的过程，既给定元素的关键码与判定树中从根到该元素结点路径上各结点关键码的比较过程，比较次数也是该元素结点在树中的层次数。对于 n 个结点的判定树，树高为 k，则有 $2^{k-1}-1<n \leq 2^k-1$，即 $k-1<\log_2(n+1) \leq k$，所以 $k=\lceil \log_2(n+1) \rceil$。因此，折半查找在查找成功时，所进行的关键码比较次数至多为 $\lceil \log_2(n+1) \rceil$。

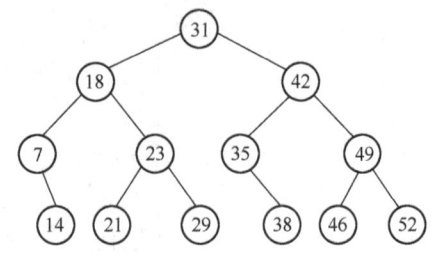

图6-3 描述【例6-1】折半查找过程的判定树

为便于讨论，以树高为 k 的满二叉树($n=2^k-1$)为例来讨论折半查找的平均查找长度。假设表中每个元素的查找是等概率的，即 $p_i=1/n$，树的第 i 层最多有 2^{i-1} 个结点，因此，折半查找的平均查找长度为

$$ASL = \sum_{i=1}^{n} p_i c_i = [1 \times 2^0 + 2 \times 2^1 + \cdots + k \times 2^{k-1}]/n$$

$$= (n+1)(\log_2(n+1)-1)/n \approx \log_2(n+1)-1 \quad (6-4)$$

所以，折半查找的时间复杂度为 $O(\log_2 n)$。

*2．插值查找

类似于平常查英文字典的方法，在查一个以字母"C"开头的英文单词时，决不会用二分查找，从字典的中间一页开始，因为知道它的大概位置是在字典的较前面部分，因此可以从前面的某处查起，这就是插值查找的基本思想。

插值查找除要求查找表是顺序存储的有序表外，还要求数据元素的关键字在查找表中均匀分布，这样，就可以按比例插值。

插值查找通过下列公式：

$$mid = low + \frac{kx - data[low].key}{data[high].key - data[low].key} \times (high - low) \quad (6-5)$$

求取中点，其中 low 和 high 分别为表的两个端点下标，kx 为给定值。

若 kx<data[mid].key，则 high=mid-1，继续左半区查找；

若 kx>data[mid].key，则 low=mid+1，继续右半区查找；

若 kx=data[mid].key，查找成功。

插值查找是平均性能最好的查找方法，但只适合于关键码均匀分布的表，其时间效率依然是 $O(\log_2 n)$。

*3．斐波那契查找

二分查找每比较一次，把查找区间划分为两个相等的区间，再对其中一个区间继续查找。可否在比较一次后，划分为不相等的两个区间呢？斐波那契就是这样的一种划分方法。斐波那契查找通过斐波那契数列对有序表进行分割，查找区间的两个端点和中点都与斐波那契数有关。斐波那契数列定义如下：

$$F(n) = \begin{cases} n & n=0 \text{ 或 } n=1 \\ F(n-1)+F(n-2) & n \geq 2 \end{cases} \quad (6-6)$$

设 n 个数据元素的有序表,且 n 正好是某个斐波那契数-1,即 n=F(k)-1 时,可用此查找方法。

斐波那契查找分割的思想:对于表长为 F(i)-1 的有序表,以相对 low 偏移量 F(i-1)-1 取中点,即 mid=low+F(i-1)-1,对表进行分割,则左子表表长为 F(i-1)-1,右子表表长为 F(i)-1-[F(i-1)-1]-1=F(i-2)-1。可见,两个子表表长也都是某个斐波那契数-1,因而,可以对子表继续分割。

设查找区间为[low..high],区间长度为 F[k]-1(若不是,可增设若干虚结点使得查找表的长度为 F(k)-1),斐波那契算法可描述如下。

【算法 6-4】 斐波那契查找算法。

```
int  Fibonacci_Search(SSTable ST, keytype kx)
{int t;
 low=1; high=F(k)-1;                    //设置初始区间
 len=F(k)-1; f=F(k-1)-1;                //len 为表长,f 为取中点的相对偏移量
 while(low<=high)                       //当查找区间非空
  {mid=low+f;                           //取区间中点
   if(kx==ST.data[mid].key)   return mid;   //查找成功,返回 mid
   else if(kx<ST.data[mid].key)
          {high=mid-1;                  //调整到左半区
           t = f;                       //调整表长
           f=len-f-1;
           len = t;                     //计算取中点的相对偏移量
          }
       else{low=mid+1;                  //调整到右半区
           len=len-f-1;                 //调整表长
           f=f-len-1;                   //计算取中点的相对偏移量
          }
  }
 return  0;                             //查找失败,返回 0
}
```

当 n 很大时,每次分割出来的两个子表的区间长度之比约为 0.618,因此该查找方法又称为黄金分割法,其平均性能比折半查找好,但其时间效率仍为 $O(\log_2 n)$;而且,在最坏情况下比折半查找差。优点是计算分割点时仅作加、减运算。

4. 分块查找

若查找表中的数据元素的关键字是按块有序的,则可以做分块查找。分块查找又称索引顺序查找,是对顺序查找的一种改进。分块查找将查找表按有序块分成若干个子表,对每个子表建立一个索引项,再将这些索引项顺序存储,形成一个索引表。每个索引项包括两个字段:关键码字段(存放对应子表中的最大关键码值)和指针字段(存放指向对应子表的起始指针),这样索引表则是按关键码有序的。查找时,分成两步进行:先根据给定值 kx 在索引表中查找,以确定所要查找的数据元素属于查找表中的哪一块,由于索引表按关键码有序,因此可用顺序查找或折半查找,然后,再进行块内查找,因为块内无序,只能进行顺序查找。

【例 6-2】 有关键码集合为{88, 43, 14, 31, 78, 8, 62, 49, 35, 71, 22, 83, 18, 52},设可以按

照某种规律分为 3 个数据块，第一块：14, 31, 8, 22, 18；第二块：43, 62, 49, 35, 52；第三块：88, 78, 71, 83。

可以看出，关键码按块有序。因此，每块建立一个索引项，最大关键码值和块的起始地址：(31, 1), (62, 6), (88, 11)。索引表及查找表如图 6-4 所示。

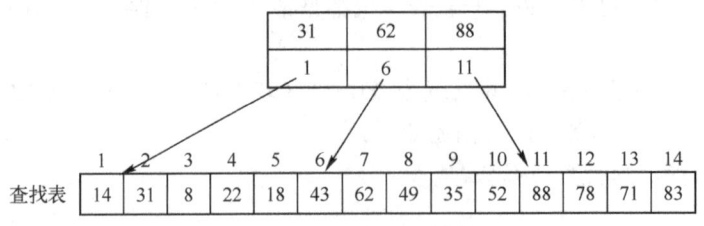

图 6-4 分块查找示例

性能分析：

分块查找由索引表查找和子表查找两步完成。设 n 个数据元素的查找表分为 m 个子表，且每个子表均为 t 个元素，则：

$$t = \frac{n}{m}$$

设在索引表上的检索也采用顺序查找，这样，分块查找的平均查找长度：

$$ASL=ASL_{索引表}+ASL_{子表}=\frac{1}{2}(m+1)+\frac{1}{2}\left(\frac{n}{m}+1\right)=\frac{1}{2}\left(m+\frac{n}{m}\right)+1 \quad (6-7)$$

可见，平均查找长度不仅和表的总长度 n 有关，而且和所分的子表个数 m 有关。可以证明，对于表长 n 确定的情况下，m 取 $\sqrt{n}$ 时，$ASL=\sqrt{n}+1$ 达到最小值。

6.3 树表查找

树表查找将查找表按照某种规律建构成树型结构。因为建构的树型结构是按某种规律建立的，因此查找过程也遵循这种规律，可以获得较高的查找效率。

6.3.1 二叉排序树

1. 二叉排序树的定义

二叉排序树（Binary Sort Tree）或者是一棵空树，或者是具有下列性质的二叉树：

1）若左子树不空，则左子树上所有结点的值均小于根结点的值；若右子树不空，则右子树上所有结点的值均大于根结点的值。

2）左右子树也分别是二叉排序树。

图 6-5 就是一棵二叉排序树。可以看出，对二叉排序树进行中序遍历，得到一个按关键码有序的序列。

下面以二叉链表作为二叉排序树的存储结构，二叉链表结点的类型定义如下：

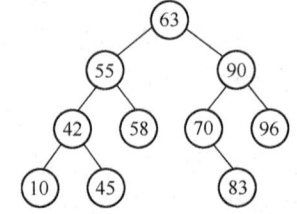

图 6-5 二叉排序树示例

```
typedef struct bistnode
{datatype data;
```

```
    struct bistnode *lchild, *rchild;
  }BiSTNode, *BiSTree;
```

2．二叉排序树中的查找

若将查找表组织为一棵二叉排序树，则根据二叉排序树的特点，查找过程如下。
1）若查找树为空，查找失败。
2）若查找树非空，将给定关键码 kx 与查找树根结点的关键码进行比较。
- 若相等，查找成功，结束查找过程。
- 若给定关键码 kx 小于根结点关键码，查找将在左子树上继续进行，转1）。
- 若给定关键码 kx 大于根结点关键码，查找将在右子树上继续进行，转1）。

二叉排序树上的查找算法如下。

【算法 6-5a】 二叉排序树上的查找（迭代）。

```
BiSTNode* BST_Search1(BiSTree t, keytype kx)
 {//在二叉排序树t上查找关键码为kx的元素，若找到，返回所在结点的地址，否则返回空指针
  p=t;
  while(p) //从根结点开始查找
    {if (kx==p->data.key) return(p);    //kx 等于当前结点 p 的关键码，查找成功
     if(kx<p->data.key) p=p->lchild;    //kx 小于 p 的关键码，转左子树继续查找
     else   p=p->rchild;                //kx 大于 p 的关键码，转右子树继续查找
    }
  return NULL;                           //查找失败
 }
```

二叉排序树的定义是递归的，在二叉排序树上的查找过程也可以用递归的算法实现。

【算法 6-5b】 二叉排序树上的查找（递归）。

```
BiSTNode* BST_Search2 (BiSTree t, keytype kx)
 {//在二叉排序树t上查找关键码为kx的元素，若找到，返回所在结点的地址，否则返回空指针
  if (t==NULL || t->data.key==kx)
       return(t);              //若树空，或者根结点的关键码等于 kx，返回 t
  else if(kx<t->data.key)
            BST_Search2(t->lchild, kx);     //kx 小于 p 的关键码，在左子树继续查找
       else  BST_Search2(t->rchild, kx);    //kx 大于 p 的关键码，在左子树继续查找
 }
```

在二叉排序树上查找元素的过程是从根结点开始的，例如，在如图 6-5 所示的二叉排序树中查找关键码 kx 为 83 的结点，首先以 kx 与根结点的关键码 63 比较，kx>63，所以在以 90 为根的右子树上继续查找；此时 kx<90，所以在以 70 为根的左子树上继续查找；kx>70，继续在以 83 为根的右子树上查找，这时 kx=83，查找成功，返回结点 83 的指针值。若查找关键码 kx 为 56 的结点，查找过程为 kx 与根结点的关键码 63 比较，kx<63，在左子树上继续查找；kx>55，在右子树上继续查找；kx<58，在左子树上继续查找，此时 58 的左子树为空，查找失败，返回空指针。

显然，在二叉排序树上进行查找时，若查找成功，是从根结点出发走一条从根到待查结点的路径；若查找失败，是从根结点出发走了一条从根到某个叶子结点或者度为 1 的结点的

路径。因而，无论查找成功或失败，关键字的比较次数不超过树的高度。当查找成功时，比较次数与所在结点的层次数有关，如在图 6-6a 所示的二叉排序树查找关键码为 10 的结点，需要进行 4 次比较；查找关键码为 25 的结点，需要进行两次比较。

二叉排序树上的查找与折半查找类似，但是在长度为 n 的有序表上进行折半查找的判定树是唯一的，而含有 n 个结点的二叉排序树却不唯一，如图 6-6a、图 6-6b 和图 6-6c 所示的 3 棵二叉排序树都是由关键码集合{8, 10, 12, 16, 25}构成，但其形态不同，在查找成功的情况下它们的平均查找长度也不同。对于图 6-6a，第 1、2、3、4 层分别有 1、2、1、1 个结点，而查找第 k 层上的结点恰好需要进行 k 次比较，因此等概率情况下，查找成功的平均查找长度为：

$$ASL_{(a)} = \sum_{i=1}^{n} p_i c_i = \frac{1}{5}(1 \times 1 + 2 \times 2 + 3 \times 1 + 4 \times 1) = \frac{12}{5} = 2.4$$

同样，图 6-6b 和图 6-6c 在查找成功时的平均查找长度为：

$$ASL_{(b)} = \sum_{i=1}^{n} p_i c_i = \frac{1}{5}(1 \times 1 + 2 \times 2 + 3 \times 2) = \frac{11}{5} = 2.2$$

$$ASL_{(c)} = \sum_{i=1}^{n} p_i c_i = \frac{1}{5}(1 \times 1 + 2 \times 1 + 3 \times 1 + 4 \times 1 + 5 \times 1) = \frac{15}{5} = 3$$

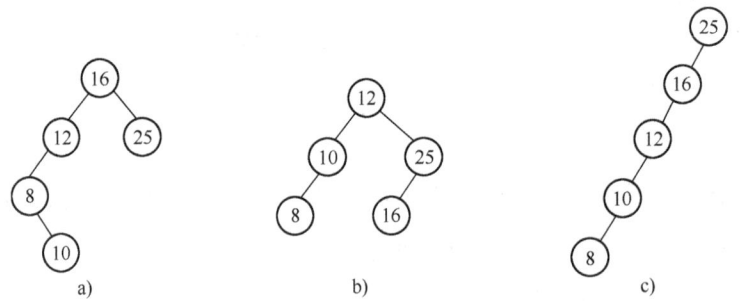

图 6-6 相同关键字集合构成的不同形态二叉排序树

a) 形态 1 b) 形态 2 c) 形态 3

由此可见，二叉排序树的查找性能与树的形态有关，最坏情况下，二叉排序树是一棵单支树，例如图 6-6c，这时树的高度最大，平均查找长度与顺序查找相同，为(n+1)/2。在最好情况下，二叉排序树的形态比较匀称，与折半查找的判定树类似，其平均查找长度大约为 $O(\log_2 n)$。

3．二叉排序树中插入一个结点

二叉排序树是一种动态的查找表，排序树的结构是在查找的过程中逐渐生成的，当遇到树中不存在的关键码时，生成新结点并将其插入到树中。

先讨论向二叉排序树中插入一个结点的过程：设待插入结点的关键码为 kx，为将其插入，先要在二叉排序树中进行查找，若查找成功，按二叉排序树定义，待插入结点已存在，不用插入；查找不成功时，则插入。因此，新插入结点一定是作为叶子结点添加上去的。

向二叉排序树中插入一个结点的算法如下。

【算法 6-6】 在二叉排序树中插入结点。

BiSTree BST_InsertNode (BiSTree t, keytype kx)

```
    {//在二叉排序树上插入关键码为 kx 的结点
     BiSTNode *f, *p, *s;
     p=t;
     while(p)                                    //寻找插入位置
     { if (kx==p->data.key)
           {printf("kx 已存在，不需插入");
            return(t);
          }
       else {f=p;                                //结点 f 指向结点 p 的双亲
             if(kx<p->data.key) p=p->lchild;
               else p=p->rchild;
            }
     }
     s=( BiSTNode *)malloc(sizeof(BiSTNode));    //申请并填装结点
     s->data.key=kx;
     s->lchild=NULL;
     s->rchild=NULL;
     if (!t) t=s;                                //向空树中插入时
     else if(kx<f->data.key)   f->lchild=s;      //插入结点 s 为结点 f 的右孩子
         else f->rchild=s;                       //插入结点 s 为结点 f 的左孩子
     return(t);
    }
```

在二叉排序树上插入一个结点的过程也可用递归算法实现，读者不难写出。

4．构造一棵二叉排序树

构造一棵二叉排序树是由空树开始逐个插入结点的过程。

【**例 6-3**】 设关键码序列为{63, 90, 70, 55, 67, 42, 98, 83, 10, 45, 58}，则构造一棵二叉排序树的过程如图 6-7 所示。

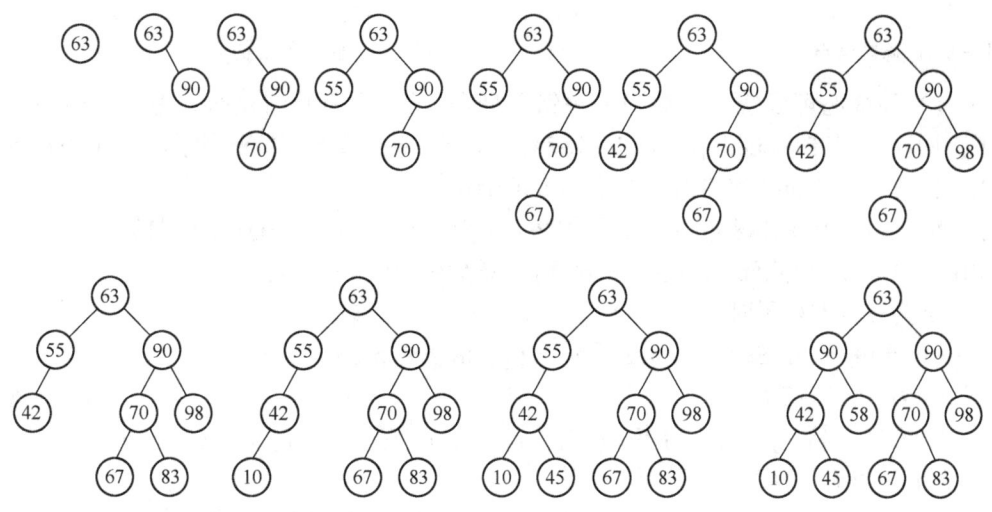

图 6-7 从空树开始建立二叉排序树的过程

按照读入的关键码序列，构造一棵二叉排序树的算法如下。

【算法 6-7】 构造一棵二叉排序树。

```
BiSTree  BST_Creat ()              //生成二叉排序树
  { BiSTree t=NULL;
    keytype kx;
    scanf("%d", &kx);              //假设关键码是整型的
    scanf（…）;                     //读入其他信息
    while(kx!=0)                   //假设读入 0 结束
       {t=BST_InsertNode(t, kx);   //向二叉排序树 t 中插入关键码为 kx 的结点
        scanf("%d", &kx);          //输入下一关键码
        scanf（…）;
       }
    return(t);
  }
```

5. 二叉排序树中删除一个结点

在二叉排序树中删除一个结点，首先进行查找，查找失败则无法删除；查找成功情况下，则需讨论如何删除该结点才能保持二叉排序树的特性。

设待删结点为*p（p 为指向待删结点的指针），其双亲结点为*f，分以下 3 种情况讨论。

1）若*p 结点为叶结点，由于删去叶结点后不影响整棵树的特性，所以，只需将被删结点的双亲结点相应指针域改为空指针，如图 6-8 所示。

2）若*p 是单支接点，即*p 结点只有右子树 P_R 或只有左子树 P_L，此时，只需将 P_R 或 P_L 替换*p 的位置即可，如图 6-9 所示。

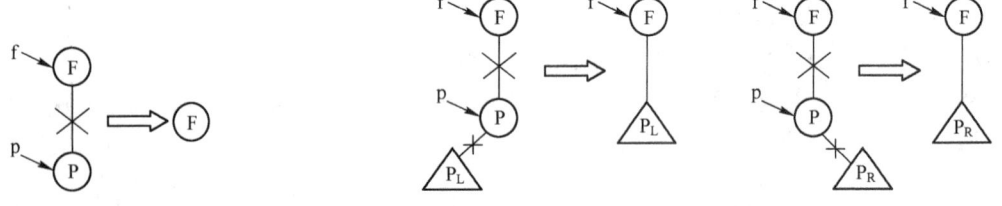

图 6-8 删除叶结点　　　　　　　图 6-9 删除单支结点

第 1）种情况可以统一到第 2）种情况处理，当 p 为叶结点时，考虑 p->rchild==NULL，同样可用 f->lchild=p->lchild（或者 f->rchild=p->lchild）来表示，即 p->lchild==NULL，相当于 f->lchild=NULL（或者 f->rchild=NULL）。

3）*p 结点既有左子树 P_L 又有右子树 P_R，可按中序遍历保持有序进行调整。

由图 6-10 知，删除*p 结点前，中序遍历以*p 为根的子树序列。

① *p 为*f 的左孩子时有：

…, P_L 子树, *p, p_r, S_R 子树, p_j, S_J 子树, …, p_2, S_2 子树, p_1, S_1 子树, *f, …

② *p 为*f 的右孩子时有：

…, *f, P_L 子树, *p, p_r, S_R 子树, p_j, S_J 子树, …, p_2, S_2 子树, p_1, S_1 子树, …

删除*p 结点后，有以下两种调整方法。

● 第 1 种方法：用*p 的右子树代替以*p 为根的子树，即以*p_1 为根的子树上升，再根据中序遍历序列，调整*p 的原左子树 P_L 作为以*p_1 为根的子树中序遍历时的第一个结点 p_r 的左子树，如图 6-10a 所示。

● 第2种方法：用*p 结点的直接后继 p_r（或直接前驱）替换*p 结点，这个结点只能是叶子或是单支结点，再按1）或2）情况删去 p_r。

如图 6-10b 所示就是以*p 结点的直接后继 p_r 替换*p。

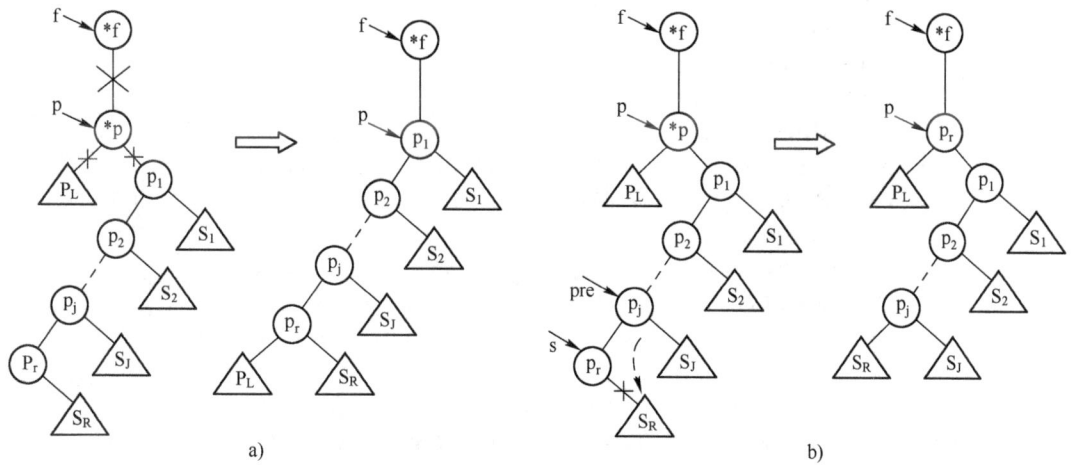

图 6-10　删除双支结点

a) 按第1种方法进行调整　b) 按第2种方法进行调整

上述两种方法删除*p 之后的中序遍历序列如下。

③ *p 为*f 的左孩子时有：

…, P_L 子树, p_r, S_R 子树, p_j, S_J 子树, …, p_2, S_2 子树, p_1, S_1 子树, *f,…

④ *p 为*f 的右孩子时有：

…, *f, P_L 子树, p_r, S_R 子树, p_j, S_J 子树, …, p_2, S_2 子树, p_1, S_1 子树, …

从③、④序列和①、②序列的对比可以看出，序列中只是少了结点*p，其他未变，还是保持排序树的特点。

根据上述的调整方法可知，按第1种方法调整，不会降低树的高度，还有可能增加树的高度；第2种方法调整，不会增加还有可能降低树的高度。

下列是按第2种方法实现一个结点的删除。

【算法 6-8】二叉排序树上删除一个结点。

```
BiSTree  BST_ DeleteNode (BiSTree t, keytype kx)
   {//在二叉排序树 t 中删除关键码为 kx 的元素，返回数根指针
   BiSTNode *f, *p, *r, *s,*pres;
   // p 指向待删结点, f 指向*p 的双亲, s 指向* p 的中序直接后继, pres 是 s 的双亲
   p=t; f= NULL;
   while (p&& p–>data.key !=kx)         //查找该结点
     {f=p;                              //f 指向结点*p 的双亲
      if(kx<p–>data.key) p=p–>lchild;
      else p=p–>rchild;
     }
   if (!p) {printf("kx 不存在，不能删除！ ");
       ruturn t;
```

```
            }
          if (p->lchild&& p->rchild)    //若待删结点既有左子树又有右子树
            { pres=p; s=p->rchild;
              while (s->lchild)         //在 p 的右子树上搜索最左下结点 s
                {pres=s;
                  s=s->lchild;
                }
              //s 指向*p 右子树上第一个中序遍历的一个结点，即*s 是*p 的中序后继
              p->data=s->data;          //用*s 结点替代*p 结点，待删除*s 结点
              r=s->rchild;              //s 的右子树上升
              if (pres= = =p)
                    pres->rchild=r;
              else   pres->lchild=r;
              free(s);
              return t;
            }
          else {       //第(1)、(2)种情况：待删除结点是叶结点或单支结点
              if (p->rchild= =NULL) r=p->lchild;
                else   r=p->rchild;
              if (f= =NULL)
                {free(p); //待删除结点是根结点
                  return r;
                }
              else if (f->lchild= =p) f->lchild=r;
              else f->rchild=r;
              free(p);
              return t;
            }
        }
```

6.3.2 平衡二叉树

授课视频
6.3.2 平衡二叉树

1．平衡二叉树的定义

由上节可知，二叉排序树的查找效率取决于二叉树的形态，而二叉排序树的形态与生成树时结点的插入次序有关。而结点的插入次序往往不能预先确定，这就需要在生成树时进行动态调整，以构造形态匀称的二叉树。本节将要讨论的平衡二叉树就是这样一种匀称的二叉排序树。为此，先定义一个平衡因子的概念。

结点的平衡因子是指该结点的左子树高度与右子树高度之差。

本书中介绍的平衡二叉树（Balanced Binary Tree），又称 AVL 树（由 Adelson-Velsky 和 Landis 在 1962 年提出），它或者是一棵空树，或者是具有下列性质的二叉排序树：根结点的平衡因子绝对值不超过 1；其左子树和右子树都是平衡二叉树。

图 6-11 给出了两棵二叉排序树，每个结点旁边所注数字是以该结点的平衡因子。由平衡二叉树定义，所有结点的平衡因子只能取–1，0，1 三个值之一。若二叉排序树中存在这样的结点，其平衡因子的绝对值大于 1，这棵树就不是平衡二叉树。如图 6-11a 所示的二叉排序树就不是平衡的。而如图 6-11b 所示的二叉排序树每个结点的平衡因子的取值都在–1，0，1 范围内，因此是一棵平衡二叉树。

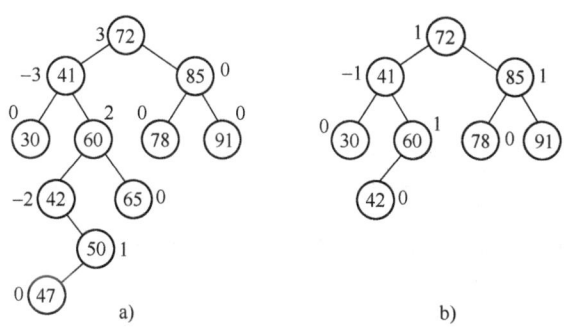

图 6-11 平衡和不平衡二叉树示例

a) 一棵不平衡的二叉树　b) 一棵平衡二叉树

对于平衡二叉树结点的类型定义如下：

```
typedef struct avlnode
    {datatype data;                     //数据元素
     int bf;                            //平衡因子
     struct avlnode *lchild, *rchild;   //左右孩子指针
    }AVLNode, *AVLTree;
```

2．平衡二叉树的插入及平衡调整

在平衡二叉树上插入或删除结点后，可能使二叉树失去平衡，因此，需要对失去平衡的树进行平衡化调整。调整后的二叉树除了各结点的平衡因子绝对值不超过 1，还必须保持二叉排序树的特性。设 a 结点为结点插入后失去平衡的最小子树根结点，对该子树进行平衡化调整归纳起来有以下 4 种情况。

（1）LL 型——右单旋调整

这种失衡是因为在失衡结点的左孩子的左子树上插入结点造成的。如图 6-12a 所示的树为插入前的二叉树，是一棵平衡的二叉树。其中，a_R 为结点 a 的右子树，b_L、b_R 分别为结点 b 的左右子树，a_R、b_L、b_R 三棵子树的高均为 h。

在如图 6-12a 所示的二叉排序树上插入结点 x，如图 6-12b 所示。结点 x 插入在结点 b 的左子树 b_L 上，导致结点 a 的平衡因子绝对值大于 1，以结点 a 为根的子树失去平衡。

调整策略：对失衡的子树做右旋转，即将结点 b 作为新的根结点，结点 a 作为结点 b 的右孩子，a 的右子树 a_R 不变，将 b 的右子树 b_R 作为 a 的左子树，b 的左子树 b_L 不变。调整后的二叉树如图 6-12c 所示。

图 6-12 LL 型调整

a) 插入前　b) 插入后，调整前　c) 调整后

【算法 6-9】 LL 型调整。

```
void LL_rotate(AVLNode **p)
    {//对*p 为根的子树，作 LL 处理，处理之后，p 指向的结点为子树的新根
     AVLNode *lp;
     lp=*p->lchild;              //lp 指向*p 左子树根结点
     *p->lchild=lp->rchild;      //lp 的右子树挂接*p 的左子树
     lp->rchild=*p;
     *p=lp;                      // *p 指向新的根结点
     *p->bf=0; *p->rchild->bf=0; //修改相关的平衡因子
    }
```

（2）RR 型——左单旋调整

这种失衡是因为在失衡结点的右孩子的右子树上插入结点造成的。如图 6-13a 所示的树为插入前的二叉树。其中，a_L 为结点 a 的左子树，b_L、b_R 分别为结点 b 的左右子树，a_L、b_L、b_R 三棵子树的高均为 h。

在如图 6-13a 所示的二叉排序树上插入结点 x，如图 6-13b 所示。结点 x 插入在结点 b 的右子树 E 上，导致结点 a 的平衡因子绝对值大于 1，以结点 a 为根的子树失去平衡。

调整策略： 对失衡的子树做左旋转，即将结点 b 作为新的根结点，结点 a 作为结点 b 的左孩子，a 的左子树 a_L 不变，将 b 的左子树 b_L 作为 a 的右子树，b 的右子树 b_R 不变。调整后的二叉树如图 6-13c 所示。

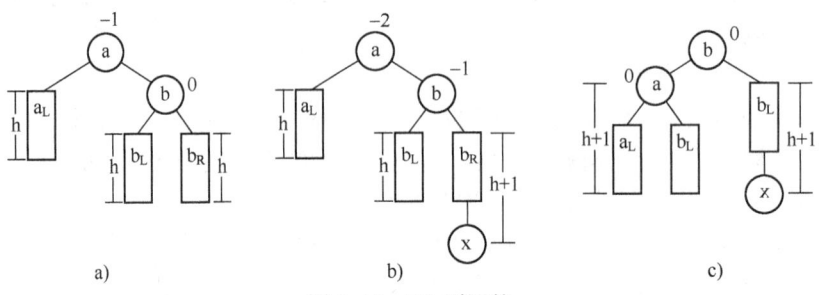

图 6-13 RR 型调整

a) 插入前 b) 插入后，调整前 c) 调整后

【算法 6-10】 RR 型调整。

```
void RR_rotate(AVLNode **p)
    {//对以*p 为根的子树做 RR 处理，处理之后，*p 指向的结点为子树的新根
     AVLNode *rp;
     rp=*p->rchild;              //rp 指向*p 右子树根结点
     *p->rchild=rp->lchild;      //rp 的左子树挂接*p 的右子树
     rp->lchild=*p;
     *p=rp;                      // *p 指向新的根结点
     *p->bf=0; *p->lchid->bf=0;  //修改相关的平衡因子
    }
```

（3）LR 型——先左后右双旋调整

这种失衡是因为在失衡结点的左孩子的右子树上插入结点造成的。如图 6-14 为插入前的二叉树，根结点 a 的左子树比右子树高度高 1，待插入结点 x 将插入到结点 b 的右子树上（无论插入到 c 的左子树还是右子树），并使结点 b 的右子树高度增 1，从而使结点 a 的平衡因子的绝对值大于 1，导致结点 a 为根的子树平衡被破坏，如图 6-15a 和图 6-16a 所示。

图 6-14 插入前

调整策略：无论将结点 x 插入到 c 的左子树还是右子树，只要使得 c 的高度增加，调整的方法都是一样的。先对以 b 为根的子树进行 RR 型调整，然后再对以 a 为根的树进行 LL 型调整。调整过程及调整后的二叉树如图 6-15b、c 和图 6-16b、c 所示。

图 6-15　LR I 型调整

a) 插入后，调整前　b) 先做 RR 调整　c) 再做 LL 调整

图 6-16　LR II 型调整

a) 插入后，调整前　b) 先作 RR 调整　c) 再作 LL 调整

【算法 6-11】　LR 型调整。

```
void  LR_rotate (AVLNode **p)
  {//对以*p 指向的结点为根的子树做 LR 处理，处理之后，*p 指向的结点为子树的新根
    AVLNode *lp,*rlp;
    int r;
    lp=*p->lchild;                           //lp 指向失衡结点 a 的左孩子 b
```

```
        rlp=lp->rchild;                          //rlp 指向 lp 的右孩子 c
        if(rlp->bf==1)   r=1;                    //记忆是 LRⅠ还是 LRⅡ
        else    r=2;
        RR_rotate (&(*p->lchild));               //对*p 的左子树作 RR 处理
        LL_rotate (p);                           //对*p 作 LL 处理
        if(r==1)                                 //改变相关结点的平衡因子
                {*p->lchild->bf=0;*p->rchild->bf=-1;}
        else
                {*p->lchild->bf=1; *p->rchild->bf=0; }
        *p->bf=0;
}
```

（4）RL 型——先右后左双旋调整

这种失衡是因为在失衡结点的右孩子的左子树上插入结点造成的。如图 6-17 为插入前的二叉树，根结点 a 的右子树比左子树高度高 1，待插入结点 x 将插入到结点 b 的右子树上（无论插入到 c 的左子树还是右子树），并使结点 b 的右子树高度增 1，从而使结点 a 的平衡因子的绝对值大于 1，导致结点 a 为根的子树平衡被破坏，如图 6-18a 和图 6-19a 所示。

图 6-17 插入前

图 6-18 RLⅠ型调整

a) 插入后，调整前　b) 先做 LL 调整　c) 再做 RR 调整

图 6-19 RLⅡ型调整

a) 插入后，调整前　b) 先做 LL 调整　c) 再做 RR 调整

调整策略： 无论将结点 x 插入到 c 的左子树还是右子树，只要使得 c 的高度增加，调整

的方法相同。先对以 b 为根的子树进行 LL 型调整，然后再对以 a 为根的树进行 RR 型调整。调整后的二叉树如图 6-18b、c 和图 6-19b、c 所示。

【算法 6-12】 RL 型调整。

```
void  LR_rotate (AVLNode **p)
{ //对以*p 指向的结点为根的子树，作 RL 处理，处理之后，*p 指向的结点为子树的新根
    AVLNode *rp, *lrp;
    int r;
    rp=*p->rchild;                           //rp 指向失衡结点 a 的右孩子 b
    lrp=rp->lchild;                          //lrp 指向 rp 的左孩子 c
    if(lrp->bf==1) r=1;
    else           r=2;                      //记忆是 RLⅠ还是 RLⅡ
    LL_rotate (&(*p->rchild));               //对*p 的左子树作 RR 处理
    RR_rotate (p);                           //对*p 作 LL 处理
    if(r==1) {*p->lchild->bf=0; rp-> rchild->bf=-1; }  //改变相关结点的平衡因子
    else {*p->lchild->bf=1; rp-> rchild->bf=0; }
    *p->bf=0;
}
```

3．平衡二叉树的构造

平衡二叉树是平衡的二叉排序树，也是一种动态的查找表。树的结构不是一次生成的，而是在查找的过程中，当遇到树中不存在的关键码时，生成新结点再将其插入到平衡二叉树中；同样要删除结点时，也要先进行查找，找到结点时，将其从平衡二叉树中删除。

无论是在平衡二叉树中进行插入还是删除，都要求其仍能保持平衡二叉排序树的特性。

平衡二叉树的插入和向二叉排序树中插入一个结点的过程类似，先要在平衡二叉树中进行查找，查找失败时，将待插入结点作为叶子结点添加到树中，然后判断此时二叉树是否是平衡的，若平衡则插入结束；否则，根据具体情况进行平衡调整。

在平衡二叉树中删除结点，和在二叉排序树中删除结点一样，先要在平衡二叉树中进行查找，查找成功时，首先按照普通的二叉排序树的删除策略进行结点的删除，删除后判断二叉树是否是平衡，若平衡则删除结束，否则，根据具体情况进行平衡调整。

【例 6-4】 已知长度为 11 的表{ 20, 2, 6, 28, 16, 36, 32, 10, 2, 30, 8}。请按表中元素的顺序构造一棵平衡二叉排序树，并求其在等概率的情况下查找成功的平均查找长度。

平衡二叉排序树的构造过程如图 6-20 所示。

等概率的情况下查找成功的平均查找长度为：$(1\times1+2\times2+3\times4+4\times4)/11=3$。

4．平衡二叉树的查找分析

在平衡树上进行查找的过程和二叉排序树相同，因此，在查找过程中和给定值进行比较的关键码个数不超过树的深度。那么，含有 n 个关键码的平衡树的最大深度是多少呢？为解答这个问题，我们先分析深度为 h 的平衡二叉树所具有的最少结点数。

假设以 N_h 表示深度为 h 的平衡二叉树中含有的最少结点数。显然，$N_0=0$，$N_1=1$，$N_2=2$，并且 $N_h=N_{h-1}+N_{h-2}+1$。这个关系和斐波那契序列极为相似。

利用归纳法可以证明：当 h≥0 时，$N_h=F_{h-2}-1$，而 $F_k\approx\phi^h/\sqrt{5}$（其中$\phi=(1+\sqrt{5})/2$），则 $N_h\approx\phi^{h+2}/\sqrt{5}-1$。

因此可得：含有 n 个结点的平衡树的最大深度为 $\log_\phi(\sqrt{5}(n+1))-2$。
故在平衡树上进行查找的时间复杂度为 $O(\log_2 n)$。

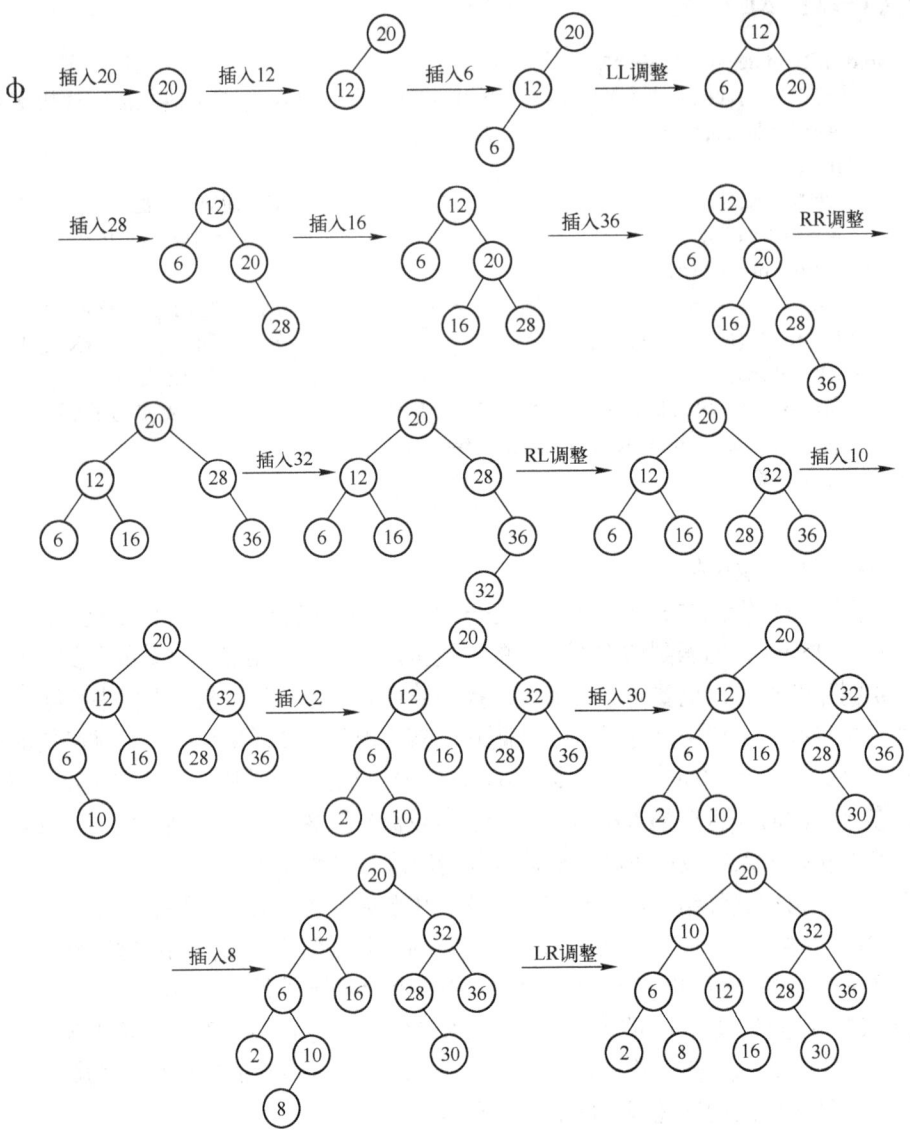

图 6-20 建立平衡二叉树的过程

*6.3.3 B 树和 B+树

B 树是一种平衡的多路查找树，它在文件系统中很有用，是大型数据库文件的一种组织结构。数据库文件是同类型记录的值的集合，是存储在外存储器上的数据结构。因此，在数据库文件中按关键码查找记录，对数据库文件进行记录的插入和删除，就需要对外存进行读写操作。由于外存读写较慢，因而在对大的数据库文件进行操作时，为了减少外存的读写次数，应按关键码对其建立索引，即组织成索引文件。

索引文件由索引表和数据区两部分组成。索引表是按关键码建立的记录的逻辑结构,并与数据区的物理记录建立对应关系的表。索引表也是文件,是以索引项为记录的集合,其数据结构按关键码可以是线性的或是树形的。

1. B 树的定义

一棵 m 阶的 B 树,或者为空树,或为满足下列特性的 m 叉树:

1) 树中每个结点至多有 m 棵子树。
2) 若根结点不是叶子结点,则至少有两棵子树。
3) 除根结点之外的所有非终端结点至少有 $\lceil m/2 \rceil$ 棵子树。
4) 所有的非终端结点中包含以下信息数据:$(n, A_0, K_1, A_1, K_2, \cdots, K_n, A_n)$

其中:n 为关键码的个数且 $\lceil m/2 \rceil -1 \leq n \leq m-1$;$K_i(i=1, 2, \cdots, n)$ 为关键码且 $K_i<K_{i+1}$;A_i 为指向子树根结点的指针$(i=0, 1, \cdots, n)$;指针 A_i 所指子树中所有结点的关键码均大于 K_i 且小于 K_{i+1} $(i=1, 2, \cdots, n-1)$,A_0 所指子树中所有结点的关键码均小于 K_1,A_n 所指子树中所有结点的关键码均大于 K_n(实际上,结点中还包含指向父结点的指针和指向关键码对应数据区记录的指针)。

5) 所有的叶子结点都出现在同一层次上,并且不带信息(可以看作是外部结点或查找失败的结点,实际上这些结点不存在,指向这些结点的指针为空)。

如图 6-21 所示为一棵 5 阶的 B 树,其深度为 4。

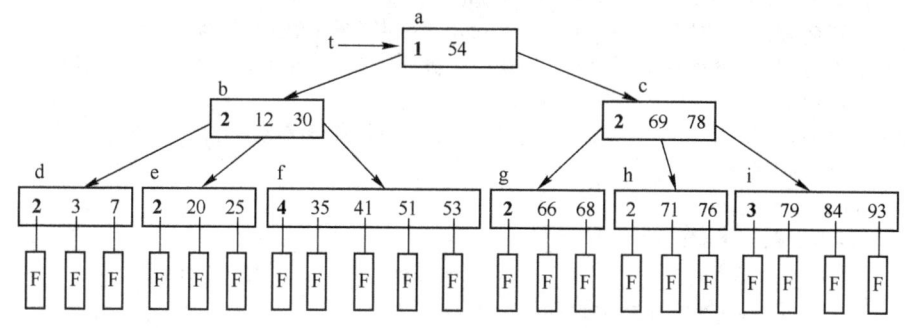

图 6-21 一棵 5 阶的 B 树

根据以上讨论,对 B 树结点的类型定义如下:

```
#define m 5                    //B 树的阶,暂设为 5
typedef struct b_node
    {int keynum;                //结点中关键码的个数,即结点的大小
     struct b_node *parent;     //指向双亲结点(上图未显示)
     keytype key[m];            //关键码向量, key[1].. key[m-1], 0 分量未用
     datatype *eptr[m];         //记录指针向量, eptr[1].. eptr[m-1] (上图未显示)
     struct b_node *nptr[m];    //子树指针向量 nptr[0]..nptr[m-1]
    }B_Node, *B_Tree;           //B 树结点类型
```

2. B 树的查找过程

B 树的查找类似二叉排序树的查找,所不同的是 B 树每个结点均可看作由多个关键码构成的有序表,在到达某个结点后,先在有序表中查找,若找到,则查找成功;否则,到按照

对应的指针信息指向的子树中去查找，当到达叶子结点时，则说明树中没有对应的关键码，查找失败。

在 B 树上的查找过程是一个顺指针查找结点和在结点中查找关键码交叉进行的过程。比如，在图 6-21 中查找关键码为 93 的元素。首先，从 t 指向的根结点 a 开始，结点 a 中只有一个关键码，且 93 大于它，因此，按 a 结点指针域 A_1 到结点 c 去查找，结点 c 有两个关键码，而 93 也都大于它们，应按 c 结点指针域 A_2 到结点 i 去查找，在结点 i 中顺序比较关键码，找到关键码 K_3 等于 93。

查找成功时，返回结点的指针还要返回在结点中的序号，所以定义查找结果的类型如下：

```
typedef    struct
    {B_Node *pt;          //指向找到的结点
     int i;               //在结点中的关键码序号，结点序号区间[1…m]
     int tag;             // 1：查找成功，0：查找失败
    }Result;              //B 树的查找结果类型
```

查找算法如下。

【算法 6-13】 B 树上的查找。

```
Result SearchBTree(B_Tree t, keytype kx)
    {//在 m 阶 B 树 t 上查找关键码 kx，返回(pt, i, tag)。
     //若查找成功，则特征值 tag=1，指针 pt 所指结点中第 i 个关键码等于 kx
     //否则，特征值 tag=0，没查到，应在指针 pt 所指结点中第 i 个和第 i+1 个关键码之间插入
     Result rs;
     B_Node  *p, *q;              //初始化，p 指向待查结点，q 指向 p 的双亲
     p=t; q=NULL;
     int i, found=0;
     while (p&&!found)
       {i=Search(p, kx);          //在 p->key[1…keynum]中查找 kx
        if(i>0&&p->key[i]==kx)
            found=1;              //找到
        else {q=p;
            p=p->nptr[i];         //在 p->nptr[i-1]子树中查找
            }
        }
     rs.tag=found;
     if(!found) p=q;              //查找不成功，返回 kx 的插入位置信息
     rs.pt=p;  rs.i=i;             //查找成功，返回指向 kx 位置的信息
     return   rs;
    }
```

性能分析：B 树的查找是由以下两个基本操作交叉进行的过程。

1）在 B 树上找结点。

2）在结点中找关键码。

因为通常 B 树是存储在外存上的，操作 1）就是通过指针在磁盘相对定位，将结点信息读入内存，之后，再对结点中的关键码有序表进行顺序查找或折半查找。因为在磁盘上读取

结点信息比在内存中进行关键码查找耗时多,所以,在磁盘上读取结点信息的次数,即 B 树的层次数是决定 B 树查找效率的首要因素。

对含有 n 个关键码的 m 阶 B 树,最坏情况下达到多深呢?可按二叉平衡树进行类似分析。首先,讨论 m 阶 B 数各层上的最少结点数。

由 B 树定义:第 1 层至少有 1 个结点;第 2 层至少有 2 个结点;由于除根结点外的每个非终端结点至少有 $\lceil m/2 \rceil$ 棵子树,则第 3 层至少有 $2(\lceil m/2 \rceil)$ 个结点,以此类推,第 k+1 层至少有 $2\lceil m/2 \rceil^{k-1}$ 个结点;而 k+1 层的结点为叶子结点。若 m 阶 B 树有 n 个关键码,则叶子结点即查找不成功的结点为 n+1,由此有:

$$n+1 \geqslant 2 \times (\lceil m/2 \rceil)^{k-1}$$

即:

$$k \leqslant \log_{\lceil m/2 \rceil}\left(\frac{n+1}{2}\right)+1 \tag{6-8}$$

这就是说,在含有 n 个关键码的 B 树上进行查找时,从根结点到关键码所在结点的路径上涉及的结点数不超过:

$$\log_{\lceil m/2 \rceil}\left(\frac{n+1}{2}\right)+1 \quad (6-9)$$

授课视频
6.3.3　3. B 树的插入

3. B 树的插入

在 B 树上插入关键码与在二叉排序树上插入结点不同,关键码的插入不是在叶结点上进行的,而是在最底层的某个非终端结点中添加一个关键码。添加分为以下两种情况。

1)若添加后,结点上关键码个数小于等于 m-1,则插入结束;

2)若添加后,该结点上关键码个数为 m 个,因而使该结点的子树超过了 m 棵,这与 B 树定义不符,所以要进行调整,即结点的"分裂"。

结点的"分裂"方法:关键码加入结点后,将结点中的关键码分成 3 个部分,使得前后两部分关键码个数均大于等于($\lceil m/2 \rceil$-1),而中间部分只有一个结点。前后两部分成为两个结点,中间的一个结点将其插入到父结点中。若插入父结点而使父结点中关键码个数为 m 个,则父结点继续分裂,直到插入某个父结点,其关键码个数小于 m。若根结点需要分裂,则产生新根。可见,B 树是从底向上生长的。

构建一棵 B 树是在空树的基础上,按照 B 树插入结点的规则,反复向树中插入结点。

【例 6-5】 按以下关键码序列:{20,54,69,84,71,30,78,25,93,41,7,76,51,66,68,53,3,79,35,12,15,65},建立一棵 5 阶 B 树。

1)向空树中插入 20,如图 6-22a 所示。

2)插入 54,69,84,如图 6-22b 所示。

3)插入 71,索引项达到 5,则分裂成 3 部分:{20, 54},{69}和{71, 84},并将 69 上升到该结点的父结点中,此时因为分裂的结点是根结点,没有父结点,故产生了新根。如图 6-22c 所示。

4)插入 30,78,25,93,如图 6-22d 所示。

5)插 41 又分裂,如图 6-22e 所示。

6)7 直接插入。

7)76 插入,分裂,如图 6-22f 所示。

8）51，66 直接插入，当插入 68 后，需分裂，如图 6-22g 所示。

9）53，3，79，35 直接插入，到 12 插入时，需分裂，当中间关键码 12 插入父结点时，又需要分裂，则 54 上升为新根。

10）15，65 直接插入，如图 6-22h 所示。

建立过程如图 6-22 所示。

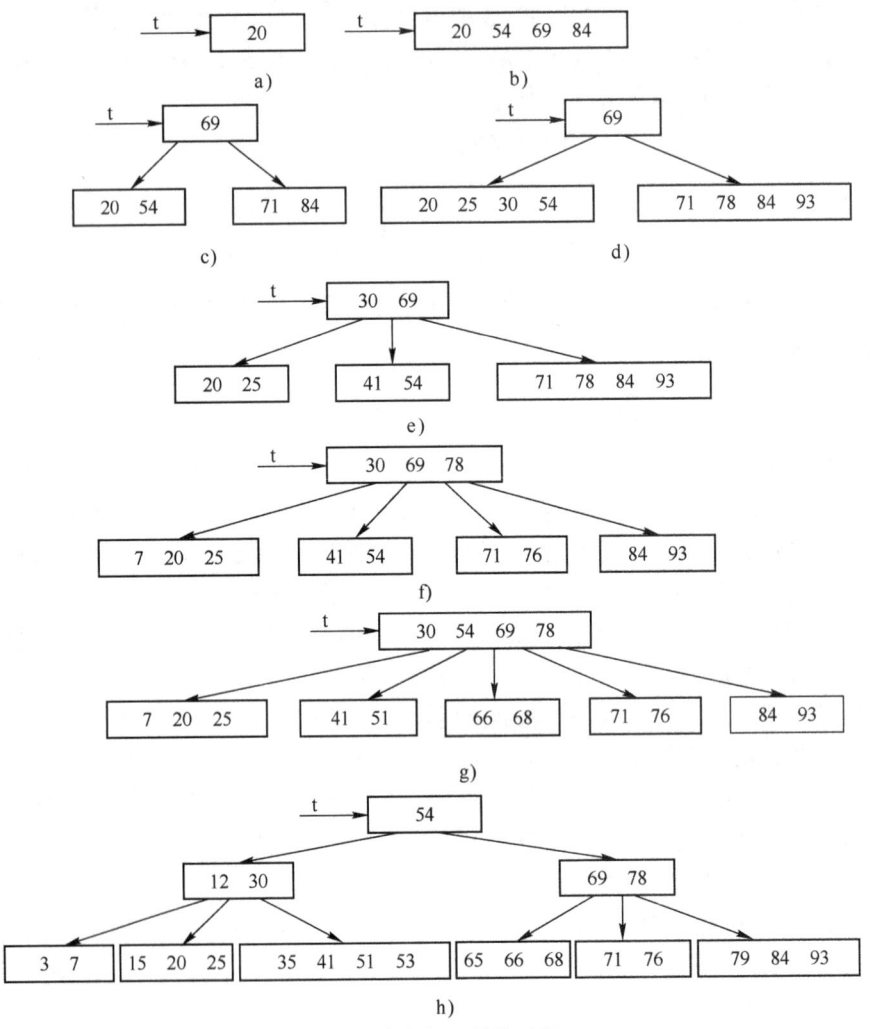

图 6-22 建立 B 树的过程

a) 空树中插入 20 b) 插入 54、69、84 c) 插入 71 后分裂 d) 插入 93
e) 插入 41 后分裂 f) 插入 76 后分裂 g) 插入 68 后分裂 h) 插入 12 后分裂

4．B 树的删除

B 树的删除分为以下两种情况。

（1）删除的数据元素在最底层结点中

若结点中关键码个数 > $\lceil m/2 \rceil - 1$，直接删除。

否则，若结点中关键码个数 = $\lceil m/2 \rceil - 1$，删除后结点中关键码个数 < $\lceil m/2 \rceil - 1$，不满足 B

树定义，需调整。也有以下两种情况。

1）该结点与左兄弟（无左兄弟，则找右兄弟）合起来项数之和≥2(⌈m/2⌉-1)，就与它们父结点中的有关项一起重新分配。设 p 为待删关键码所在的结点，f 为 p 结点的父结点，并设 p 为 f 的第 i 棵子树的根结点，指针为 f–>nptr[i]。

删除关键码后，p 结点中关键码个数<⌈m/2⌉-1，若与 p 的左兄弟(f–>nptr[i-1])结合起来调整，则以左兄弟中的最后一个关键码替换 f–>key[i-1]，再将 f–>key[i-1]插入到 p 结点中即可；若无左兄弟，而与右兄弟(f–>nptr[i+1])结合起来调整，则以右兄弟中的第一个关键码替换 f–>key[i+1]，再将 f–>key[i+1]插入到 p 结点中即可。

如删除图 6-22h 中的 76 得图 6-23。

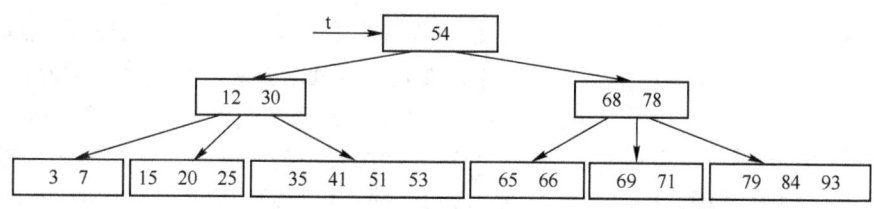

图 6-23　B 树中的删除 1

2）该结点与左、右兄弟合起来项数之和<2(⌈m/2⌉-1)，就将该结点与左兄弟（无左兄弟时，与右兄弟）合并。由于两个结点合并后，父结点中相关项不能保持，把相关项也一同并入。若此时父结点被破坏，则继续调整，直到根。

如图 6-22h 中删除 15 后再删除 7，得图 6-24。

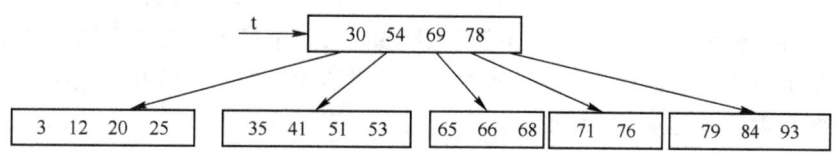

图 6-24　B 树中的删除 2

（2）删除的数据元素在非底层结点中

若所删除关键码为非底层结点中的 K_i，则可以由指针 A_i 所指子树中的最小关键码 X 替代 K_i，然后，再删除关键码 X，直到这个 X 在最底层结点上，即转为 1）的情形。

删除算法不再详述，感兴趣读者可参照以上过程自己写出。

5．B+树

B+树是应文件系统所需而产生的一种 B 树的变形树。一棵 m 阶的 B+树和 m 阶的 B 树的差异在于：

1）有 n 棵子树的结点中含有 n 个关键码。

2）所有的叶子结点中包含了全部关键码的信息，及指向含有这些关键码记录的指针，且叶子结点本身依关键码的大小按自小而大的顺序链接。

3）所有的非终端结点可以看成是索引部分，结点中仅含有其子树根结点中最大（或最小）关键码。

如图 6-25 所示为一棵五阶的 B+树，通常在 B+树上有两个头指针，一个指向根结点，另一个指向关键码最小的叶子结点。因此，可以对 B+树进行两种查找运算：一种是从最小关键码起顺序查找，另一种是从根结点开始，进行随机查找。

图 6-25　一棵 5 阶 B+树

在 B+树上进行随机查找、插入和删除的过程基本上与 B 树类似。只是在查找时，若非终端结点上的关键码等于给定值，并不终止，而是继续向下直到叶子结点。因此，在 B+树上查找不管查找成功与否，每次查找都是走了一条从根到叶子结点的路径。B+树查找的分析类似于 B 树。B+树的插入仅在叶子结点上进行，当结点中的关键码个数大于 m 时要分裂成两个结点，它们所含关键码的个数均为 (m+2)/2。并且，它们的双亲结点中应同时包含这两个结点中的最大关键码。B+树的删除也仅在叶子结点进行，当叶子结点中的最大关键码被删除时，其在非终端结点中的值可以作为一个"分界关键码"存在。若因删除而使结点中关键码的个数少于⌈m/2⌉-1 时，其和兄弟结点的合并过程亦和 B 树类似。

6.4　散列表查找

授课视频
6.4　散列表查找

散列是一种存储策略，散列表也叫哈希（hash）表、杂凑表，是基于散列存储策略建立的查找表。基本思想是确定一个函数，求得每个关键码相应的函数值并以此作为存储地址，直接将该数据元素存入到相应的地址空间中，因此它的查找效率很高。

6.4.1　散列表

前几节讨论的查找方法，由于数据元素的存储位置与关键码之间不存在确定的关系，因此，查找时，需要进行一系列对关键码的查找比较，即"查找算法"是建立在比较的基础上的，查找效率由比较一次缩小的查找范围决定。理想的情况是依据关键码直接得到其对应的数据元素位置，即要求关键码与元素位置间存在一一对应关系，通过这个关系，能很快地由关键码得到对应的数据元素位置这就是散列表的存储策略，如【例 6-6】所示。

【例 6-6】 11 个元素的关键码集合为 {18, 27, 1, 20, 22, 6, 10, 13, 41, 15, 25}。选取关键码与元素位置间的函数为 f(key)=key%11，对每一个关键码通过这个函数求得的函数值作为其存储地址，为 11 个元素建立的查找表如图 6-26 所示。

0	1	2	3	4	5	6	7	8	9	10
22	1	13	25	15	27	6	18	41	20	10

图 6-26　按散列存储策略建立的一个查找表

查找时，对给定关键码值 kx 依然通过 f(key)函数计算出地址，再将 kx 与该地址单元中元素的关键码进行比较，若相等，则查找成功。

散列表与散列方法的比较。

按照一定规则确定关键码的某个函数 f(key)，依该函数求得每个数据元素关键码的函数值，以此函数值作为存储位置将数据元素存放在查找表中，按这个思想构造的查找表称为散列表（哈希表）。

查找时，由同一个函数对给定值 kx 计算地址，将 kx 与计算出的地址单元中数据元素的关键码进行比较，确定查找是否成功，这就是散列方法（哈希法）。

散列方法中使用的转换函数称为散列函数（哈希函数）。对于 n 个数据元素的集合，总能找到关键码与存放地址一一对应的函数。若最大关键码为 m，可以分配 m 个数据元素存放单元，选取函数 f(key)=key 即可，但这样会造成存储空间的很大浪费，甚至不可能分配这么大的存储空间。通常关键码的范围比散列地址范围大得多，因而经过散列函数变换后，可能将不同的关键码映射到同一个散列地址上，这种现象称为冲突（Collision），映射到同一散列地址上的关键码称为同义词。可以说，冲突不可能避免，只能尽可能减少。所以，散列方法需要解决以下两个问题：

1）要构造好的散列函数 Hash(key)。一个好的散列函数符合以下两个原则：
- 所选函数尽可能简单，以便提高转换速度。
- 所选函数对关键码计算出的地址，应在散列地址集中大致均匀分布，以减少空间浪费。

2）制定解决冲突的方案。

6.4.2 常用的散列函数

1．直接定址法

$$Hash(key)=a \times key+b \quad （a、b 为常数）$$

即取关键码的某个线性函数值为散列地址，这类函数的关键码与其散列地址是一一对应的函数关系，不会产生冲突，但要求地址空间与关键码涉及的范围大小相同，因此，对于码值范围较大的关键码集合不适用。

【例 6-7】 关键码集合为{100, 300, 500, 700, 800, 900}，选取散列函数为 Hash(key)=key/100，构建的散列表如图 6-27 所示。

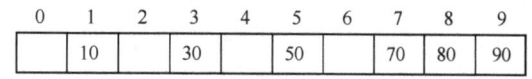

图 6-27 直接定址建立的散列表

2．除留余数法

$$Hash(key)=key \% p$$

其中，p 是一个整数，即取关键码除以 p 的余数作为散列地址。

使用除留余数法，选取合适的 p 很重要，若散列表表长为 m，则要求 p≤m，且接近 m 或等于 m。p 一般选取为小于或等于 m 的最大的质数，也可以是不包含小于 20 质因子的合数。

3．乘余取整法

$$Hash(key)=\lfloor B \times (A \times key \% 1) \rfloor \quad （A、B 均为常数，且 0<A<1，B 为整数）$$

以关键码 key×A，取其小数部分（A×key % 1 就是取 A×key 的小数部分），之后再用整数 B 乘以这个值,取结果的整数部分作为散列地址。

该方法 B 取什么值并不关键,但 A 的选择却很重要,最佳的选择依赖于关键码集合的特征。一般取:$A = \frac{1}{2}(\sqrt{5}-1)$ 较为理想。

4. 数字分析法

设关键码均由 m 位组成,每位上可能有 r 种不同的符号(基数)。若关键码是 4 位十进制数,则每位上可能有十个不同的数符 0~9,所以 r=10。若关键码是仅由英文字母组成的字符串(不考虑大小写),则每位上可能有 26 种不同的字母,所以 r=26。

数字分析法是根据关键码每一位的分布情况,选取某几位,组合成散列地址。所选的位应是 r 种符号在该位上出现的频率大致相同。

如图 6-28 所示,是一组关键码。可以看出,第①、②位均是"3 和 4",第③位也只有"7、8、9",因此,这几位不能用,余下 4 位分布较均匀,可作为散列地址选用。若散列地址是两位,则可取这 4 位中的任意两位组合成散列地址,也可以取其中两位与其他两位叠加求和后,取低两位作散列地址。

5. 平方取中法

对关键码平方后,按散列表大小,取中间的若干位作为散列地址。

6. 折叠法

此方法将关键码自左到右分成位数相等的几部分,最后一部分位数可以短些,然后将这几部分叠加求和,并按散列表表长,取后几位作为散列地址。这种方法称为折叠法。

有以下两种叠加方法。

(1)移位法:将各部分的最后一位对齐相加。

(2)间界叠加法:从一端向另一端沿各部分分界来回折叠后,最后一位对齐相加。

设关键码为 key=25346358705,设散列表长为三位数,则可对关键码每三位一部分来分割。关键码分割为如下 4 组: 253 463 587 05

用上述方法计算散列地址,如图 6-29 所示。

```
3 4 7 0 5 2 4
3 4 9 1 4 8 7
3 4 8 2 6 9 6
3 4 8 5 2 7 0                移位法:         间界叠加法:
3 4 8 6 3 0 5                  253               253
3 4 9 8 0 5 8                  463              ⌈364⌋
3 4 7 9 6 7 1                  587              ⌊587⌉
3 4 7 3 9 1 9                + 05             +  50
──────────────               ─────             ─────
① ② ③ ④ ⑤ ⑥ ⑦              1308              1254
                            Hash(key)=308     Hash(key)=254
```

图 6-28 一组关键码   图 6-29 折叠法

对于位数很多的关键码,且每一位上符号分布较均匀时,可采用此方法求得散列地址。

6.4.3 处理冲突的方法及散列表的构造

散列表的构建和解决冲突的策略是分不开的。通常有 3 种解决冲突的方法,分别是开放定址法、拉链法和建立

授课视频
6.4.3 处理冲突的方法及散列表的构造

公共溢出区的方法。

1. 开放定址法

开放定址法解决冲突的思想：由关键码得到的散列地址一旦产生了冲突，也就是说该地址已经存放了数据元素，就设计一个探测序列去寻找下一个空的散列地址空间，只要散列表足够大，空的散列地址总能找到，并将数据元素存入。用开放定址法解决冲突建立的散列表也叫闭散列表。

开放定址法的探测序列通常是在原散列地址基础上，加上一个增量序列来形成：

$$H_i=(Hash(key)+d_i) \% m \qquad (1 \leqslant i < m) \qquad (6-10)$$

其中，$\{H_i | 1 \leqslant i < m\}$ 为探测的地址序列；$Hash(key)$ 为初始散列地址；d_i 为第 i 次探测的增量；m 为散列表长度。

形成探测序列的方法有很多种，主要区别在于增量的计算方法，下面介绍其中 3 种。

（1）线性探测法

线性探测法中，增量 $d_i=i$，即第 i 次探测的地址为 $H_i=(Hash(key)+i)\%m$。

【例 6-8】 关键码集合为 {47, 7, 29, 11, 16, 92, 22, 8, 3}，散列表表长为 11，选取散列函数：$Hash(key)=key\%11$，用线性探测法处理冲突，构造散列表，并求其查找成功时的平均查找长度。

由给定的散列函数得到的初始散列地址（若有冲突则为非最终的存放地址）对应如图 6-30 所示。

关键码	47	7	29	11	16	92	22	8	3
散列地址	3	7	7	0	5	4	0	8	3

图 6-30 各关键码的初始散列地址

由以上求得的散列地址可知，关键码为 47 的第 1 个元素和关键码为 7 的第 2 个元素的散列地址没有冲突，直接存入对应的空间；第 3 个元素的关键码为 29，$Hash(29)=7$，该地址已存放第 2 个元素，发生冲突，需寻找下一个空的散列地址；根据探测序列，第一个探测的地址为 $H_1=(Hash(29)+1)\%11=8$，因为散列地址 8 为空，将 29 存入；接下来的第 4 个元素、第 5 个元素、第 6 个元素的散列地址没有冲突而直接存入对应的空间；第 7 个元素、第 8 个元素和第 9 个元素都有冲突，关键码为 22 的第 7 个元素应该在 0 单元，实际存入了 1 单元；关键码为 8 的第 8 个元素应该在 8 单元，实际存入了 9 单元；关键码为 3 的第 9 个元素应该在 3 单元，实际存入了 6 单元，它是经过以下 3 次探测存入的。

$Hash(3)=3$，散列地址上冲突，第 1 次探测：

$H_1=(Hash(3)+1) \% 11=4$，仍然冲突，第 2 次探测：

$H_2=(Hash(3)+2) \% 11=5$，仍然冲突，第 3 次探测：

$H_3=(Hash(3)+3) \% 11=6$，找到空的散列地址，存入。

构建的散列表如图 6-31 所示。

图 6-31 线性探测法解决冲突建立的散列表

求其平均查找长度：

对关键码为 47、7、11、16、92 的查找只需 1 次比较，对关键码为 29、8、22 的查找需 2 次比较，对关键码 3 的查找需 4 次比较，故平均查找长度为

$$ASL=(1\times5+2\times3+4\times1)/9=15/9$$

线性探测法可能使第 i 个散列地址的同义词存入第 i+1 个散列地址，这样本应存入第 i+1 个散列地址的元素变成了第 i+2 个散列地址的同义词，……，因此，可能出现很多元素在相邻的散列地址上"堆积"起来，大大降低了查找效率。为此，可采用二次探测法，或双散列函数探测法，以改善"堆积"问题。

（2）二次探测法

二次探测法中增量序列为

$$\{d_i\}=\{1^2, -1^2, 2^2, -2^2, \cdots, q^2, -q^2 | q \leqslant (m-1)\} \quad (6\text{-}11)$$

【例 6-9】 关键码集合为 {47, 7, 29, 11, 16, 92, 22, 8, 3}，散列表表长为 11，选取散列函数：Hash(key)=key%11，用二次探测法处理冲突，建立散列表，并求在查找成功时的平均查找长度。

对关键码求得的初始散列地址同【例 6-8】，出现冲突的关键码基本均在第一次探测时寻找到空的散列地址，只有关键码 3 的探测与【例 6-8】不同。

Hash(3)=3，散列地址上冲突，第 1 次探测。

H_1=(Hash(3)+1^2) % 11=4，仍然冲突，第 2 次探测。

H_2=(Hash(3)-1^2) % 11=2，找到空的散列地址，存入。

构建的散列表如图 6-32 所示。

图 6-32 二次探测法解决冲突建立的散列表

其平均查找长度：

对关键码为 47、7、11、16、92 的查找只需 1 次比较，对关键码为 29、8、22 的查找需 2 次比较，对关键码 3 的查找需 3 次比较，故平均查找长度为

$$ASL=(1\times5+2\times3+3\times1)/9=14/9$$

（3）双散列函数探测法

$$d_i=i\times ReHash(key) \quad (i=1, 2, \cdots, m\text{-}1) \quad (6\text{-}12)$$

其中 ReHash(key)是另一个散列函数。

双散列函数探测法，先用第一个函数 Hash(key)对关键码计算散列地址，一旦产生地址冲突，再用第二个函数 ReHash(key)确定移动的步长因子，最后，通过步长因子序列由探测函数寻找空的散列地址。

比如，Hash(key)=a 时产生地址冲突，就计算 ReHash(key)=b，则探测的地址序列为

$$H_1=(a+b) \% m, H_2=(a+2b) \% m, \cdots, H_{m-1}=(a+(m-1)b)\%m$$

【算法 6-14】 以线性探测法处理冲突构造散列表的算法。

```
void CreateSeqHTbl (datatype SeqHTbl[ ], int m, datatype *eptr)
   { //用线性探测法处理冲突建立散列表 SeqHTbl，eptr 为待放入散列表中的数据基址
    //Hash()为散列函数，m 为散列表的长度
    int d;
    for(i=0; i<m; i++)
       SeqHTbl[i]=0;                    //散列表初始化，设 0 表示空
    while(eptr->data.key!=0)
       {                                //待放入散列表的元素，其关键码 0 表示结束
        d= Hash(eptr->data.key);        //求当前元素的散列地址
        while (SeqHTbl[d]!=0)
           d=(d+1)% m;
        SeqHTbl[d]=*eptr;               //找到空单元，填装结点
        eptr++;
       }
   }
```

2．拉链法

拉链法解决冲突的思想：将同义词结点拉成一个链表，将各链表的头指针按散列地址顺序存储在数组中。用拉链法解决冲突建立的散列表也叫开散列表。

【**例 6-10**】 设关键码集合为 {47, 7, 29, 11, 16, 92, 22, 8, 3, 50, 37, 89, 95, 21}，散列函数为：Hash(key)=key%11，请按拉链法构造散列表，并求其在查找成功时的平均查找长度。

根据散列函数得到各关键码的散列地址如图 6-33 所示。

关键码	47	7	29	11	16	92	22	8	3	50	37	89	95	21
散列地址	3	7	7	0	5	4	0	8	3	6	4	1	7	10

图 6-33　各关键码的散列地址

将所有的同义词拉成一个单链表，再将单链表的头指针根据散列地址顺序组织起来。用拉链法处理冲突构造的散列表如图 6-34 所示。

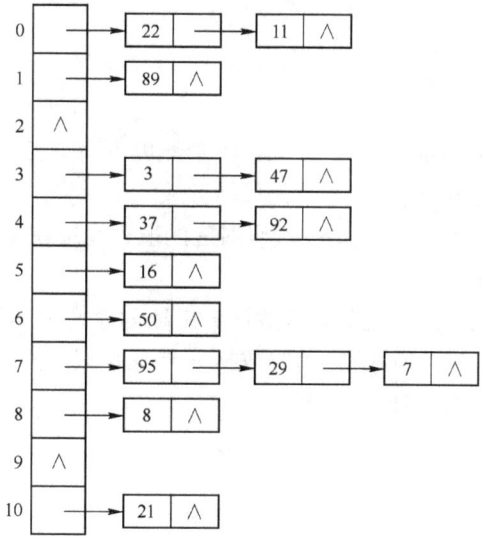

图 6-34　拉链法处理冲突时的散列表

显然，对以上构造的散列表等概率情况下，查找成功的平均查找长度为
$$ASL=(1\times9+2\times4+3\times1)/14=10/7$$
根据以上分析，拉链法处理冲突所构造的散列表的结点类型定义如下：

```
typedef struct hnode
    {datatype data;                    //关键字
     …                                 //其他信息
     struct hnode *next;               //指向下一个同义词的指针
    }HNode;
```
定义散列表（指针向量）：
```
#define m …                            //m 为散列表的容量
HNode *HashTbl[m];
```

用拉链法处理冲突构造散列表的过程就是将一个个数据元素插入到散列表中，算法如下。

【算法 6-15】 以拉链法处理冲突构造散列表的算法。

```
void CreateLHTbl(HNode *LHashTbl[m], datatype *eptr)
{ //用拉链法处理冲突建立散列表 LHashTbl，eptr 为待放入散列表中的数据基址
  //Hash()为散列函数
  int d;
  HNode *q;
  for(i=0; i<m; i++)
       LHashTbl[i]=NULL;               //散列表初始化
  while(eptr->data.key!=0)
     { //待放入散列表的元素，其关键码 0 表示结束
       d= Hash(eptr->data.key);        //求当前元素的散列地址
       q=(HNode *)malloc(sizeof(HNode));//申请新的一个结点空间
       q->data.key=eptr->data.key;     //填装结点信息
            …;
       q->next=LHashTbl[d];            //插入到同义词的链表
       LHashTbl[d]=q;
       eptr++;                         //下一个元素
     }
}
```

3．公共溢出区法

设散列函数产生的散列地址集为[0, m-1]，则分配以下两个表。

基本表：datatype BaseTbl[m]；每个单元只能存放一个元素。

溢出表：datatype OverTbl[k]；只要关键码对应的散列地址在基本表上产生冲突，则所有这样的元素一律存入该表中。

查找时，对给定关键码 kx 通过散列函数计算出散列地址 i，若 BaseTbl[i]单元为空，则查找失败；若非空，则与 BaseTbl[i]单元的数据元素关键码进行比较，若相等，则查找成功；否则，再到溢出表中进行查找。

6.4.4 散列表上的查找

散列表的查找过程基本上和造表过程相同。一些关键码可通过散列函数转换的地址直接找到，另一些关键码在散列函数得到的地址上产生了冲突，需要按处理冲突的方法进行查找。

【**算法 6-16**】 以线性探测法处理冲突构造的散列表中的查找。

```
int ReSeqHTbl (datatype SeqHTbl[ ], int m, keytype key)
  {//SeqHTbl 是用线性探测法处理冲突建立的散列表，散列函数为 Hash()，m 为散列表的长度
  //查找关键码为 key 的元素，成功返回其地址，否则返回-1
    int d, begin;
    begin=d=Hash(key);                //求当前元素的散列地址，并将起始点记录在 begin 中
    while(SeqHTbl[d].key!=0 && SeqHTbl[d].key!=key)
      {d=(d+1)% m;
        if(d==begin) {d=-1; break;}   //表满且查找失败
      }
    if (SeqHTbl[d].key==key)
    return d;                          //查找成功，则返回地址 d
    return -1;                         //查找失败，返回-1
  }
```

【**算法 6-17**】 以拉链法处理冲突构造的散列表中的查找。

```
HNode *CreateLHTbl(HNode *LHashTbl[m], keytype key)
  {//LHashTbl 是用拉链法处理冲突建立的散列表，散列函数为 Hash()，m 为散列表的长度
  //查找关键码为 key 的元素，成功返回其地址，否则返回 NULL
    int d;
    HNode *q;
    d=Hash(key);                //求当前元素的散列地址
    q=LhashTbl[d];              //同义词链表的头指针
    while (q)
      { if(q->data.key==key) break;
        else q=q->next;
      }
    return q;
  }
```

在介绍的 3 种处理冲突的方法中，产生冲突后的查找仍然是给定值与关键码进行比较的过程。所以，对散列表查找效率的量度，依然用平均查找长度来衡量。

根据散列表的构造过程可知，查找效率取决于产生冲突的多少，产生的冲突少，查找效率就高，产生的冲突多，查找效率就低。因此，影响产生冲突多少的因素，也就是影响查找效率的因素。影响产生冲突的多少有以下 3 个因素：

● 散列函数是否均匀。
● 处理冲突的方法。
● 散列表的装填因子。

散列表的装填因子定义为：

$$\alpha = \frac{\text{表中元素的个数}}{\text{哈希表的长度}} \tag{6-13}$$

分析这 3 个因素，尽管散列函数的"好坏"直接影响冲突产生的频度，但一般情况下，人们总认为所选的散列函数是"均匀的"，因此，可不考虑散列函数对平均查找长度的影响。

243

处理冲突的方法直接影响着平均查找长度，就线性探测法和二次探测法处理冲突的例子看，如【例 6-8】和【例 6-9】有相同的关键码集合、同样的散列函数，但在数据元素查找等概率情况下，它们在查找成功时的平均查找长度却不同。

装填因子是散列表装满程度的标志因子。显然，对采用开放定址法解决冲突建立的闭散列表，其装填因子 α≤1，一般选择为 0.65～0.85。由于表长是定值，α 与"填入表中的元素个数"成正比，所以，α 越大，填入表中的元素较多，产生冲突的可能性就越大；α 越小，填入表中的元素较少，产生冲突的可能性就越小。对采用拉链法解决冲突建立的开散列表，其装填因子 α 可以大于 1。散列表的平均查找长度是装填因子 α 的函数，只是不同处理冲突的方法有不同的函数。下表给出几种不同处理冲突方法的平均查找长度和 α 的关系，可供参考。

表 平均查找长度与填装因子的关系

处理冲突的方法	平均查找长度	
	查找成功时	查找不成功时
线性探测法	$S_{nl} \approx \frac{1}{2}\left(1+\frac{1}{1-\alpha}\right)$	$U_{nl} \approx \frac{1}{2}(1+\frac{1}{(1-\alpha)^2})$
二次探测法 与双散列法	$S_{nr} \approx -\frac{1}{\alpha}\ln(1-\alpha)$	$U_{nr} \approx \frac{1}{1-\alpha}$
拉链法	$S_{nc} \approx 1+\frac{\alpha}{2}$	$U_{nc} \approx \alpha + e^{-\alpha}$

散列方法存取速度快，也较节省空间，静态查找、动态查找均适用，但要选取合适的散列函数。

6.4.5 散列表上的插入

插入数据到散列表中，首先进行查找，查找失败的情况下才能做插入。在闭散列表中插入，寻找的数据存放位置，应是初始散列地址开始至解决冲突的探测序列中第一个空着的存储空间。在开散列表中的插入，只需将新的数据作为新的结点插入到其散列地址所对应的单链表中即可。下面是以线性探测发解决冲突构造的散列表中的查找算法。

【算法 6-18】 以线性探测法处理冲突构造的散列表中的查找。

```
int InsertSeqHTbl (datatype SeqHTbl[ ], int m, datatype newdata)
   {//SeqHTbl 是用线性探测法处理冲突建立的散列表，m 为散列表的长度，newdata 为待插入的
   //新数据
   int d, begin;
   if ( ReSeqHTbl (SeqHTbl, m, newdata.key) != -1)     // 查找成功，则无须插入，直接返回 0
       return -1;
   begin=d=Hash(key);                    //求当前元素的散列地址，并将起始点记录在 begin 中
   while(SeqHTbl[d].key!=0 && SeqHTbl[d].key!=-1)   //假设 0 代表空，-1 代表原有数据已被删除
      {d=(d+1)% m;
       if(d==begin) {return -2;}          //表满，则无法插入，返回-2
      }
   SeqHTbl[d] = newdata;
   return d;                             //插入成功，返回地址 d
   }
```

6.4.6 散列表上的删除

当在散列表上删除一个元素时，首先是查找，查找成功情况下才能做删除。对于拉链法解决冲突构造的散列表，其删除等价于单链表上的删除；对于开放地址法解决冲突构造的散列表，不能简单地将删除元素所在单元置为空，这样做会断掉原来的探测地址序列，查找后面的元素将受到影响，删除这个元素可以将这个单元置为有别于空单元表示的特殊值（如-1），在查找时当遇到这个特殊值，继续探测序列上的查找，而插入时遇到这个值则可以作为一个空单元将新元素插入。公共溢出区法解决冲突构造的散列表，也可以采用上述方法处理。

6.5 本章知识点小结

知识点	知识点内容描述	学习要求
平均查找长度	通常把查找过程中对关键字的比较次数作为衡量一个查找算法效率优劣的标准，称为平均查找长度（ASL），ASL 的定义为：在查找成功时，平均查找长度 ASL 是指为确定数据元素在表中的位置所进行的关键码比较次数的期望值	掌握平均查找长度的分析方法
顺序查找	查找的过程：从表的一端开始，向另一端逐个按给定值 kx 与关键码进行比较，若找到，查找成功，并给出数据元素在表中的位置；若整个表检索完之后，仍未找到与 kx 相同的关键码，则查找失败，给出失败信息。顺序查找对数据的存储方式无要求，既可以在顺序表上实现，又可以在链表上实现	掌握顺序查找的过程、算法描述，理解监视哨的作用，会分析查找性能
折半查找	折半查找（二分查找）要求查找表必须是采用顺序结构存储且表中数据元素按其关键码有序。 折半查找的过程：取查找表的中间元素作为比较对象，若给定值与中间元素的关键码相等，则查找成功；若给定值小于中间元素的关键码，则在中间元素的左半区继续查找；否则在中间元素的右半区继续查找。重复上述查找过程，直到查找成功，或所查找的区域无数据元素，查找失败	掌握折半查找的过程、算法描述，会画判定树，分析平均查找长度
分块查找	分块查找又称索引顺序查找，是对顺序查找的一种改进。分块查找将查找表按有序块分成若干个子表，对每个子表建立一个索引项，再将这些索引项顺序存储，形成一个索引表。每个索引项包括两个字段：关键码字段（存放对应子表中的最大关键码值）和指针字段（存放指向对应子表的起始指针），这样索引表则是按关键码有序的。查找时，分成两步进行：先根据给定值 kx 在索引表中进行顺序查找或折半查找（索引表按关键码有序）；再进行块内进行顺序查找	了解分块查找的过程、特点
二叉排序树的查找	二叉排序树的查找过程： 1）若查找树为空，查找失败。 2）若查找树非空，将给定值 kx 与查找树根结点的关键码进行比较。若相等，查找成功，结束查找过程；若给定植 kx 小于根结点关键码，在左子树上继续查找；否则在右子树上继续查找	掌握查找的过程、算法描述，会分析二叉排序树的平均查找长度
二叉排序树的插入和删除	向二叉排序树中插入关键码为 kx 的结点时，先要在二叉排序树中进行查找，若查找成功，按二叉排序树定义，待插入结点已存在，不用插入；若查找失败，则将其作为叶子结点插入之。 在二叉排序树中删除一个结点时，也要先进行查找，若查找成功，才可按照一定的策略删除该结点。二叉排序树是动态的查找表，插入和删除结点必须保持二叉排序树的特性	掌握在二叉排序树中插入和删除结点的方法
平衡二叉树	平衡二叉树即平衡的二叉排序树，它的左子树和右子树高度之差的绝对值不超过 1。平衡二叉树的查找过程和二叉排序树相同。在平衡二叉树中进行插入和删除时，要进行平衡化调整，以保持平衡二叉排序树的特性。 注意：在平衡二叉树的建立过程中，时刻保持平衡二叉树的特性，并非在建立成为二叉排序树后，再调整其为平衡二叉树	理解平衡二叉树的特点，掌握平衡化调整的方法

知识点	知识点内容描述	学习要求
B 树	B 树是一种平衡的多路查找树，是大型数据库文件的一种组织结构。一棵 m 阶 B 树，或者为空树，或为满足下列特性的 m 叉树。 1）树中每个结点至多有 m 棵子树； 2）若根结点不是叶子结点，则至少有两棵子树； 3）除根结点之外的所有非终端结点至少有 $\lceil m/2 \rceil$ 棵子树； 4）所有的非终端结点中包含以下信息数据：$(n, A_0, K_1, A_1, K_2, \cdots, K_n, A_n)$ 其中：n 为关键码的个数且 $\lceil m/2 \rceil - 1 \le n \le m-1$。$K_i(i=1, 2, \cdots, n)$ 为关键码且 $K_i < K_{i+1}$；A_i 为指向子树根结点的指针 $(i=0, 1, \cdots, n)$；指针 A_i 所指子树中所有结点的关键码均大于 K_i 且小于 K_{i+1} $(i=1, 2, \cdots, n-1)$，A_0 所指子树中所有结点的关键码均小于 K_1，A_n 所指子树中所有结点的关键码均大于 K_n（实际上，结点中还包含指向父结点的指针和指向关键码对应数据区记录的指针）。 5）所有的叶子结点都出现在同一层次上，并且不带信息（可以看作是外部结点或查找失败的结点，实际上这些结点不存在，指向这些结点的指针为空）。 注意：B 树结点中插入、删除关键码时，不可超越其上界、下界	掌握 B 树的特点，了解 B 树上插入删除结点的过程
B+树	B+树是应文件系统所需而产生的一种 B 树的变形树	了解 B+树的概念
散列表	散列（哈希）是一种存储策略，是基于散列存储策略建立的查找表。基本思想是确定一个散列函数，计算每个关键码相应的函数值并以此作为存储地址，直接将该数据元素存入到相应的地址空间去，因此散列表的查找效率很高	理解散列表的思想，了解常用的散列函数
冲突	经过散列函数变换后，可能将不同的关键码映射到同一个散列地址上，这种现象称为冲突。构造散列表时，冲突往往是不可避免的，只能尽量减少。处理冲突的方法有：开放定址法、拉链法、公共溢出区法	掌握 3 种处理冲突的方法，会按指定方法构造散列表

练习题

习题解答
第 6 章 习题解答

一、选择题

1．静态查找表与动态查找表的根本区别在于（　　）。
　　A．它们的逻辑结构不一样　　　　　　B．其上的操作不一样
　　C．所包含的数据元素类型不一样　　　D．存储实现不一样

2．在表长为 n 的顺序表上实施顺序查找，在查找不成功时与关键字比较的次数为（　　）。
　　A．n　　　　　　B．1　　　　　　C．n+1　　　　　　D．n-1

3．顺序查找适用于存储结构为（　　）的线性表。
　　A．散列存储　　　　　　　　　　　B．压缩存储
　　C．顺序存储或链接存储　　　　　　D．索引存储

4．用顺序查找法对具有 n 个结点的线性表查找一个结点的时间复杂度为（　　）。
　　A．$O(\log_2 n^2)$　　B．$O(n\log_2 n)$　　C．$O(n)$　　D．$O(\log_2 n)$

5．适用于折半查找的表的存储方式及元素排列要求为（　　）。
　　A．链接方式存储，元素无序　　　　B．链接方式存储，元素有序
　　C．顺序方式存储，元素无序　　　　D．顺序方式存储，元素有序

6．有一个长度为 12 的有序表，按折半查找法对该表进行查找，在表内各元素等概率情况下查找成功所需的平均比较次数为（　　）。

A．35/12 B．37/12 C．39/12 D．43/12

7．在有序表{1, 3, 9, 12, 32, 41, 62, 75, 77, 82, 95, 100}上进行折半查找关键字为82 的数据元素需要比较（   ）次。

A．1 B．2 C．4 D．5

8．设散列表长为 14，散列函数为 H(key)=key%11。当前表中已有 4 个结点：addr(15)=4，addr(38)=5，addr(61)=6，addr(84)=7。如用二次探测再散列处理冲突，则关键字为 49 的结点的地址是（   ）。

A．8 B．3 C．5 D．9

9．散列函数有一个共同的性质，即函数值应当以（   ）取其值域的每个值。

A．最大概率 B．最小概率 C．平均概率 D．同等概率

10．假定有 k 个关键字互为同义词，若用线性探测法把这 k 个关键字存入散列表中，至少要进行（   ）次探测。

A．k-1 次 B．k 次 C．k+1 次 D．k(k+1)/2 次

11．在散列函数 H(k)=k%m 中，一般来讲，m 应取（   ）。

A．奇数 B．偶数 C．素数 D．充分大的数

12．在采用线性探测法处理冲突所构成的散列表上进行查找，可能要探测多个位置，在查找成功的情况下，所探测到的这些位置上的键值（   ）。

A．一定是同义词 B．一定不是同义词
C．都相同 D．不一定都是同义词

13．采用分块查找时，若线性表中共有 625 个元素，查找每个元素的概率相同，假设采用顺序查找来确定结点所在的块，每块应分（   ）个结点最佳。

A．10 B．25 C．6 D．625

14．下列关于 m 阶 B 树的说法错误的是（   ）。

A．根结点至多有 m 棵子树
B．所有叶子都在同一层次上
C．非叶结点至少有 m/2 (m 为偶数)或 m/2+1（m 为奇数）棵子树
D．根结点中的数据是有序的

15．m 阶 B 树是一棵（   ）。

A．m 叉排序树 B．m 叉平衡排序树
C．m-1 叉平衡排序树 D．m+1 叉平衡排序树

二、判断题

1．顺序查找可以在顺序表上进行，不能在单链表上进行。

2．折半查找只能在有序的顺序表上进行。

3．对于给定的关键字集合，以不同的次序插入到初始为空的二叉排序树中，得到的二叉排序树是相同的。

4．若二叉排序树中关键字互不相同，那么，最小值结点必定无左孩子，最大值结点必定无右孩子。

5．在二叉排序树中，最大值结点和最小值结点一定是叶子结点。

6．将二叉排序树 T_1 的先序遍历序列依次插入初始为空的树中，所得到的二叉排序树 T_2

和 T_1 的形态完全相同。

7. 对二叉排序树进行中序遍历得到的序列是由小到大有序的。

8. 二叉树为二叉排序树的充分必要条件是任一非终端结点的值大于其左孩子的值、小于右孩子的值。

9. 二叉排序树的查找和折半查找的时间复杂度都是 $O(\log_2 n)$，时间性能相同。

10. 采用折半查找法对有序表进行查找总比采用顺序查找法对其进行查找要快。

11. 采用线性探测法处理冲突时，当从散列表中删除一个记录时，不应将这个记录的所在位置置为空，因为这将会影响以后的查找。

12. m 阶 B 树每一个结点的子树个数都小于或等于 m。

13. 散列表的查找效率主要取决于构造散列表时选取的散列函数和处理冲突的方法。

14. 散列法存储的基本思想是由关键码的值决定数据的存储地址。

15. 当负载因子 α 小于 1 时，则向散列表中插入元素时不会引起冲突。

16. 查找表中数据元素的任何数据项都可以作为关键字。

17. m 阶 B 树的任何一个结点的所有子树的高度都相等。

18. 在二叉排序树上删除一个结点时，不必移动其他结点，只要将该结点的相应的指针域置空即可。

19. 在散列存储方式中，负载因子的值越大，则存取元素时发生冲突的可能性就越大。

20. 对两棵具有相同关键字集合的而形状不同的二叉排序树，按中序遍历它们得到的序列的顺序是一样的。

三、简答题

1. 画出对长度为 18 的顺序存储的有序表进行折半查找时的判定树，并指出在等概率时查找成功的平均查找长度，以及查找失败时所需最多的关键字比较次数。

2. 已知如下所示长度为 12 的关键字有序表：

{Jan, Feb, Mar, Apr, May, June, July, Aug, Sep, Oct, Nov, Dec}

1）试按表中元素的顺序依次插入到一棵初始为空的二叉排序树，画出插入完成后的二叉排序树，并求其在等概率的情况下查找成功的平均查找长度。

2）若对表中元素先进行排序构成有序表，求在等概率的情况下查找成功的平均查找长度。

3. 试推导含有 12 个结点的平衡二叉树的最大深度，并画出一棵这样的树。

4. 含有 9 个叶子结点的 3 阶 B 树中至少有多少个非叶子结点？含有 10 个叶子结点的 3 阶 B 树中至少有多少个非叶子结点？

5. 试从空树开始，画出按以下次序向 3 阶 B 树中插入关键码的建树过程：20, 30, 50, 52, 60, 68, 70。如果此后删除 50 和 68，画出每一步执行后 3 阶 B 树的状态。

6. 在地址空间为 0～16 的散列区中，对以下关键字序列构造两个散列表：

{Jan, Feb, Mar, Apr, May, June, July, Aug, Sep, Oct, Nov, Dec}

1）用线性探测开放地址法处理冲突。

2）用链地址法处理冲突。

并分别求这两个散列表在等概率情况下查找成功和不成功的平均查找长度。设散列函数为 H(key) =i/2，其中 i 为关键字中第一个字母在字母表中的序号。

7. 设散列函数 H(key)=(3×key) % 11，用开放定址法处理冲突，探测序列为：d_i=i× ((7×key) %10+1)，i=1, 2, 3, …。试在 0～10 的散列地址空间中对关键字序列（22, 41, 53, 46, 30, 13, 01, 67）构造散列表，并求等概率情况下查找成功时的平均查找长度。

8. 画出依次插入 z, v, o, q, w, y 到如图 6-35 所示的 5 阶 B 树的过程。

图 6-35　5 阶 B 树

四、算法设计题

1. 将监视哨设在高下标端，改写书中给出的顺序查找算法，并分别求出等概率情况下查找成功和查找失败的平均查找长度。

2. 将折半查找的算法改写为递归算法。

3. 编写一个算法，利用折半查找算法在一个有序表中插入一个元素 x，并保持表的有序性。

4. 假设二叉排序树 t 的各个元素值均不相同，设计一个算法按递减次序打印各元素的值。

5．已知一棵二叉排序树上所有关键字中的最小值为-max，最大值 max，又知-max<x<max。编写递归算法，求该二叉排序树上的小于 x 且最靠近 x 的值 a 和大于 x 且最靠近 x 的值 b。

6．平衡二叉排序树的每个结点中增设一个 lsize 域，其值为它的左子树中的结点数加 1。试写以时间复杂度为 $O(\log_2 n)$ 的算法，确定树中第 k 小的结点的位置。

7. 假设一棵平衡二叉树的每个结点都标明了平衡因子 bf，设计算法求平衡二叉树的高度。

8. 设计在有序顺序表上进行斐波那契查找的算法，并画出长度为 20 的有序表进行斐波那契查找的判定树，求出等概率下查找成功的平均查找长度。

9. 试编写一个判定二叉树是否二叉排序树的算法，设此二叉树以二叉链表作存储结构，且树中结点的关键字均不同。

10. 假设散列表长为 m，散列函数为 H(key)，用链地址法处理冲突。试编写输入一组关键字并建立散列表的算法。

11. 有一个盒子里装着一组大小不一的 n 个螺母和 n 个螺栓，螺母与螺栓之间存在一一对应关系，即每个螺母仅能匹配一个螺栓（反之亦然），设计一个高效的螺母与螺栓的匹配算法。假设只能拿螺母与螺栓比较，不能将螺母与螺母、螺栓与螺栓进行比较。

实验题

题目 1　职工信息检索系统

1. 问题描述

若某单位职工有 n 名，试以职工的姓名为关键码，设计散列表，使得平均查找长度不超过 L。请完成相应的建表和查询功能。

2．基本要求

1）假设每名职工的姓名以汉语拼音形式表示。待填入散列表的人名共有 n 个，取平均查找长度的上限为 n=3。请构造合适的散列函数，选择恰当的处理冲突的方法来构造散列表。

2）输入职工的姓名，实现在散列表中的检索职工的信息，显示检索的过程。

3．提示与分析

（1）散列函数的构造

散列函数的选取原则是形式简单而分布均匀。一般情况下，人的姓名包含 2～4 个汉字，因此拼音的长度不超过 24 个字符。一个字拼音一般由声母和韵母构成，汉语拼音中的声母和韵母是有限的，因此可以考虑对声母和韵母进行编号，那么一个姓名的编号就是一串数字，以此数字为关键码，根据职工人数 n 确定散列表的长度 m，采用除留余数法

$$H(key)=key \% p \qquad （p 选择不超过 m 的最大素数）$$

来计算散列地址（当姓名较长时，key 位数较多，可先作折叠处理，再计算散列地址）。

（2）处理冲突的方法

好的散列函数使得散列地址在散列表中分布较均匀，发生冲突的机会较小，但冲突是不可避免的，发生冲突时，采用开发定址法处理冲突，可采用二次探测法形成探测序列。

（3）查找过程

输入要查找的职工的姓名，根据其姓名的编号 key 计算散列地址 H(key)，判断此地址单元存放的元素的关键码是否等于 key，若等于，查找成功；否则，根据探测序列，计算下一散列地址，判断此地址单元存放的元素的关键码是否等于 key，若等于查找成功；否则继续计算下一地址，直至查找成功或失败。

4．选作内容

1）设计其他几个不同的散列函数，比较它们的地址发生冲突的概率。

2）在确定散列函数的前提下，尝试其他不同处理冲突的方法。

3）研究若干个人名拼音的特点，寻找更好的散列函数，使得对于不同的拼音名映射到不同的散列地址。

题目 2　个人图书管理系统

1．问题描述

人们在自己的工作和生活中会拥有很多书籍，对所购买的书籍进行分类和统计是一种良好的习惯，同时也便于对这些书籍资料进行整理和查询。书籍的各种信息，包括分类、作者、出版日期、价格、简介等，辅之以程序来对书籍的信息进行统计和查询的工作将使得这种书籍管理工作变得轻松而简单。为解决这个实际问题开发个人图书管理系统。

2．基本要求

这个图书管理系统具备如下的功能。

1）保存书籍各种相关信息：出版日期、书号、书名、作者、图书类别编号、价格等。

2）查找功能：按照多种关键码查找需要的书籍，查找成功后可以修改记录的相关项。

3）排序功能：按照多种关键码对所有的书籍进行排序，例如按照购买日期进行排序、按图书类别排序等。

4）显示图书的信息。
5）其他辅助的维护工作。

3．提示与分析

（1）主要数据结构

由于书籍的册数较多，而且要在程序不运行的时候仍然要保存着数据，所以采用文件的形式放到外存储器中。需要操作时，从文件中调入内存来进行查找和排序的工作，为了接收文件中的内容，要有一个数据结构与之对应，可以采用这样的结构体数组来接收数据。

（2）基本功能分析

- 初始化：清空 books 数组，进入输入状态，接收键盘输入的全部数据保存在 books 数组中，按某种顺序输入记录。
- 插入：接收从键盘输入的一条新的记录，按某种顺序（如作者、出版日期等）插入到 books 数组中。
- 删除：接收从键盘输入的一本书的信息（如书名、书号、作者等），在 books 数组中查找，如找到则从 books 数组中删除该记录，否则显示"未找到"。
- 更新：接收从键盘输入的一本书的信息，在 books 数组中查找，如找到则显示该记录的原数据并提示键盘输入新数据用以替换原有数据，如未找到则显示"未找到"。
- 统计：统计每类书籍的数量，显示统计结果。
- 排序：对 books 数组中所有记录按"类别"排序，类别相同的按"书名"排序（字典序），显示排序结果。

4．选作内容

1）实现模糊查询。
2）列出某作者全部书名的操作。
3）实现图形化的操作界面。

第 7 章 排　　序

排序是数据处理中经常出现的一种操作。排序分为内排序和外排序,内排序是将待排序记录全部存在内存的排序,外排序是对存放在外存的大型文件的排序,外排序基于对有序归并段的归并,而初始归并段的产生又基于内排序。本章只针对内部排序展开讨论,首先介绍排序相关的概念,然后依据排序基本思想的不同,分别介绍插入排序、交换排序、选择排序、归并排序和基数排序 5 类经典排序方法,介绍它们的基本思想、实现过程及设计技巧,并分析其时间与空间的复杂度。其中插入排序、交换排序和选择排序 3 类排序方法中,首先介绍基本算法,然后讨论改进算法。

【主要内容提示】
- 插入排序:直接插入排序、希尔排序
- 交换排序:冒泡排序、快速排序
- 选择排序:简单选择排序、堆排序
- 归并排序:二路归并排序
- 基数排序

教学课件
第 7 章　排序

7.1　引言

排序是计算机程序设计中一种常用的基础操作,学习和掌握各种排序方法非常必要。本节将介绍排序及相关的概念。

7.1.1　问题提出

排序(Sorting)是指将一组数据元素按某个数据项值排列成一个有序序列的过程,是计算机程序设计中经常使用的一种重要操作,是组织数据和处理数据的最基本最重要的运算之一。

生活中人们常常需要从大量信息中查找某条需要的信息,为了使得查找更有效、更便捷,就需要按照某种特定次序对信息进行存储,如英文字典按字母顺序排列词条,图书馆的书籍及文献资料分门别类地存放在书架上等。排序已被广泛应用于数据处理、情报检索、商业金融等许多领域。

7.1.2　相关概念

1. 记录、关键码和排序表

在本章的讨论中,将数据元素称为记录,待排序的所有记录称为排序表或序列。将记录中作为排序依据的数据项称为排序码,也就是数据元素的关键码,排序码可以是主关键码,也可以是次关键码,还可以是多个关键码。

2．非递减序列、递减序列、非递增序列、递增有序

给定一个含有 n 个记录的序列：

$$R=\{R_1, R_2, \cdots, R_n\} \quad (7-1)$$

其排序码设为：

$$K=\{K_1, K_2, \cdots, K_n\}$$

排序就是要将 R 中记录重新排列，形成一个新的序列：

$$R_p=\{R_{p1}, R_{p2}, \cdots, R_{pn}\} \quad (7-2)$$

其对应的排序码分别为：

$$K_p=\{K_{p1}, K_{p2}, \cdots, K_{pn}\}$$

这里 p1, p2, …, pn 是 1, 2, …, n 的一种排列，且使得排序码满足：

$$K_{p1} \leq K_{p2} \leq \cdots \leq K_{pn} \quad (7-3)$$

或者

$$K_{p1} \geq K_{p2} \geq \cdots \geq K_{pn} \quad (7-4)$$

排序码满足式（7-3）的新序列称为非递减序列，满足式（7-4）的称为非递增序列。若排序码没有重复，则排序码满足 $K_{p1}<K_{p2}<\cdots<K_{pn}$ 或者 $K_{p1}>K_{p2}>\cdots>K_{pn}$，此时前者称递增序列，后者称为递减序列。在本章中，如未特殊声明，有序通常指非递减有序或非递增有序。

3．稳定排序和非稳定排序

若排序码是主关键码，则对于任意待排序序列，经排序后得到的结果是唯一的；若关键码不是主关键码，可能具有相同关键码的多个记录，在排序结果中，若它们之间的相对位置在排序前后不发生变化，这样的排序称为稳定的；若发生变化，这样的排序称为不稳定的。

即在按非主关键码的排序中，稳定排序方法使关键码相同的记录的相对位置在排序前后保持不变，而不稳定排序可能会使它们发生变化。一个排序方法是稳定的，那么它对任何序列都是稳定的，而不是针对某特定序列；反之如果某排序方法对某序列不稳定，那么这个排序方法就是不稳定的。即判断一种排序方法不稳定，只要举出一个不稳定的实例即可。

排序的方法有很多种，除了是否稳定之外，根据排序策略的不同，还可以分为插入排序、交换排序、选择排序、归并排序、基数排序等。

4．内部排序和外部排序

根据排序过程所涉及的存储设备的不同，可分为内排序和外排序。内排序指待排表完全存放在内存中所进行的排序过程。若因排序表过大，不能同时进入内存，排序过程中还需多次访问外存储器调取数据，这样的排序过程称为外排序。

5．对排序方法的评价

排序的方法很多，一般希望算法比较简单，占用辅助空间较小，运行时间尽量短，但很难提出一种各方面都是最好的方法。每一种方法都有其各自的优缺点，适合在某些特定环境（如序列的初始排列状态等）下使用。这就涉及如何评价排序方法优劣的问题。

评价一个排序方法的优劣主要通过时间代价和空间代价来衡量，尤其是时间代价。排序过程中的主要基本操作是关键码的比较和记录的移动，因此，算法的时间代价一般通过关键码的比较次数和记录的移动次数来衡量。记录的大小与数量、排序表的大小、原始序列的排列状况等，都会影响到排序算法的相对运行时间。在本章中，将具体分析每一种算法的时间和空间复杂度。

6．记录和排序表的数据结构

在本章的讨论中，除特殊声明外，一般采用顺序结构存储排序表。
记录和排序表的类型定义如下：

```
#define MAXNUM…              // MAXNUM 为足够大的数
typedef   struct
{ keytype   key;              //关键码字段
  …                           //其他信息
} datatype;                   //记录类型
datatype  R[MAXNUM];          //定义排序表的存储
```

如不加特别说明，排序表中的记录 $R_1 \cdots R_n$ 存放在 R[1]…R[n]分量中，R[0]分量闲置或做监视哨（n 是排序表中记录的个数）。排序均为对数据序列进行非递减有序排列。

7.2 插入排序

插入排序的基本思想：每次将一个待排序的记录，按其关键字大小插入到它前面已经排好序的子表的适当位置，直到全部记录插入完成，整个表有序为止。

7.2.1 直接插入排序

直接插入排序是一种简单的插入排序方法，基本思想：在 R[1]至 R[i-1]长度为 i-1 的子表已经有序的情况下，将 R_i 插入，得到 R[1]至 R[i]长度为 i 的子表有序，这样通过 n-1 趟（i=2..n）之后，R[1]至 R[n]有序。

例如，对于以下序列（为简便起见，每一个记录只列出其排序码，用排序码代表记录）：

[10 18 20 36 60] 25 30 <u>18</u> 12 56

其中，前 5 个记录组成的子序列是有序的，这时要将第 6 个记录插入到前 5 个记录组成的有序子序列中去，得到一个含有 6 个记录的新有序序列。完成这个插入首先需要找到插入位置：20<25<36，因此 25 应插入到记录 20 和记录 36 之间，从而得到以下新序列：

[10 18 20 25 36 60] 30 <u>18</u> 12 56

这就是一趟直接插入排序的过程。

可以看出，将 R_i 插入到子序列 R[1]…R[i-1]的过程，首先是进行顺序查找以便确定出插入位置，然后移动数据，可以将两者同时进行，自 R[i-1]开始向前进行搜索，搜索过程中同时后移记录。

初始状态下，认为长度为 1 的子表是有序的，因此对 n 个记录的表，可从第 2 个记录开始直到第 n 个记录，逐个向有序表中进行插入操作，从而使得 n 个记录按关键码有序。

【例 7-1】 对排序表{36, 20, 18, 10, 60, 25, 30, <u>18</u>, 12, 56}，按直接插入排序方法进行排序的过程如图 7-1 所示。

综上所述，直接插入排序的算法如下。

【算法 7-1】 直接插入排序。

```
void    D_InsertSort(datatype R[ ], int n)
    { //对排序表 R[1]…R[n]进行直接插入排序，n 是记录的个数
    for(i=2; i<=n; i++)
        if (R[i].key<R[i-1].key)
            {R[0]=R[i];                    //将 R[i]插入 R[1]…R[i-1]中，R[0]为监视哨
            for(j=i-1; R[0].key<R[j].key; j--)
                R[j+1]=R[j];               //后移记录
            R[j+1]=R[0];                   //插入到合适位置
            }
    }
```

	R[0]	R[1]	R[2]	R[3]	R[4]	R[5]	R[6]	R[7]	R[8]	R[9]	R[10]
初始序列：		[36]	20	18	10	60	25	30	<u>18</u>	12	56
i=2 :	(20)	[20	36]	18	10	60	25	30	<u>18</u>	12	56
i=3 :	(18)	[18	20	36]	10	60	25	30	<u>18</u>	12	56
i=4 :	(10)	[10	18	20	36]	60	25	30	<u>18</u>	12	56
i=5 :	(10)	[10	18	20	36	60]	25	30	<u>18</u>	12	56
i=6 :	(25)	[10	18	20	25	36	60]	30	<u>18</u>	12	56
i=7 :	(30)	[10	18	20	25	30	36	60]	<u>18</u>	12	56
i=8 :	(<u>18</u>)	[10	18	<u>18</u>	20	25	30	36	60]	12	56
i=9 :	(12)	[10	12	18	<u>18</u>	20	25	30	36	60]	56
i=10 :	(56)	[10	12	18	<u>18</u>	20	25	30	36	56	60]

图 7-1 直接插入排序示例

算法中 R[0]的作用一方面做插入记录 R_i 的缓存单元，更重要的作用是它的监视哨作用，监视哨作用在顺序查找中曾经遇到过，通过使用监视哨可以使比较次数约减少一半。

性能分析：

从空间性能看，仅用了一个辅助单元 R[0]作为监视哨，空间复杂度为 O(1)。

从时间性能看，向有序表中逐个插入记录的操作，进行了 n-1 趟，每趟操作分为比较关键码和移动记录，而比较的次数和移动记录的次数取决于初始序列的排列情况。可以分为以下 3 种情况讨论。

1）最好情况下，即待排序列已按关键码有序，每趟操作只需 1 次比较，0 次移动。即：

总比较次数= n-1 次

总移动次数= 0 次

2）最坏情况下，即第 i 趟操作，插入记录要插入到最前面的位置，需要同前面的 i 个记录（包括监视哨）进行 i 次关键码比较，移动记录的次数为 i+1 次。

$$总比较次数 = \sum_{i=2}^{n} i = \frac{1}{2}(n+2)(n-1) \qquad (7-5)$$

$$总移动次数 = \sum_{i=2}^{n} (i+1) = \frac{1}{2}(n+4)(n-1) \qquad (7-6)$$

显然，直接插入排序是一个稳定的排序，其时间复杂度为 $O(n^2)$。

直接插入排序也可以在链式结构上实现，读者不难写出采用链式存储结构的算法。

7.2.2 折半插入排序

直接插入排序的基本操作是向有序表中插入一个记录，在直接插入排序中，插入位置的确定是通过对有序表中关键码的顺序比较得到的。既然是在有序表中确定插入位置，因此在寻找 R_i 的插入位置时，就可以采用折半查找的方法来确定，用折半查找方法查找 R_i 的插入位置，再将 R_i 插入进去，使得 R[1]到 R[i]有序，这种方法就是折半插入排序。

算法如下。

【算法 7-2】 折半插入排序算法。

```
void   B_InsertSort(datatype R[ ], int n)
{// 对排序表 R[1]…R[n]作折半插入排序, n 是记录的个数
   for(i=2; i<=n; i++)
   { R[0]=R[i];                    // 保存待插入元素
     low=1; high=i−1;              // 设置初始区间
     while(low<=high)              // 该循环语句完成确定插入位置
     { mid=(low+high)/2;
       if(R[0].key > =R[mid].key)
             low = mid+1;          // 插入位置在高半区中
       else  high=mid-1;           // 插入位置在低半区中
     }
     for(j=i-1;j>=high+1;j--)      //high+1 为插入位置
        R[j+1]=R[j];               // 后移元素，留出插入空位
     R[high+1]=R[0];               // 将元素插入
   }
}
```

性能分析：

折半插入排序需要的辅助存储空间与直接插入排序相同，空间复杂度为 O(1)。

在确定插入位置所进行的折半查找中，定位一个关键码的位置需要比较次数至多为 $\lceil \log_2(n+1) \rceil$ 次，所以比较次数时间复杂度为 $O(n\log_2 n)$。

相对直接插入排序，折半插入排序只能减少关键字间的比较次数，而移动记录的次数和直接插入排序相同，故时间复杂度仍为 $O(n^2)$。

折半插入排序也是一个稳定的排序方法，但折半插入排序只适合于顺序存储的排序表。

授课视频
7.2.3 希尔排序

7.2.3 希尔排序

直接插入排序算法简单，但时间复杂度为 $O(n^2)$，对于此性能，显然当 n 较小时比 n 较大时效率要好，对于直接插入排序方法，若排序表初始状态的关键码有序性较好，该算法的效率较高，其时间效率可提高到 O(n)。希尔排序（Shell's Sort）是从这两点出发，给出插入排序的改进方法。希尔排序又称缩小增量排序，是 1959 年由 D.L.Shell 提出来的。

希尔排序的思想：先选取一个小于 n 的整数 d_i（称之为步长），然后把排序表中的 n 个记录分为 d_i 个组，从第一个记录开始，间隔为 d_i 的记录为同一组，各组内进行直接插入排

序,一趟之后,间隔 d_i 的记录有序,随着有序性的改善,减小步长 d_i,重复进行,直到 $d_i=1$,使得间隔为 1 的记录有序,也就使整体达到了有序。

步长为 1 时就是前面讲的直接插入排序。

【例 7-2】 设排序表关键码序列为{39, 80, 76, 41, 13, 29, 50, 78, 30, 11, 100, 7, <u>41</u>, 86},步长因子依次取 5、3、1,其希尔排序过程如图 7-2 所示。

图 7-2 希尔排序过程示例

设有 t 个增量,且增量序列已存放在数组 d 的 d[0]到 d[t-1]中,希尔排序的算法如下:

【算法 7-3】 希尔排序的算法。

```
void    ShellSort(datatype R[ ], int n, int d[ ], int t)
{ //按增量序列 d[0], d[1], …, d[t-1]对排序表 R[1]…R[n]进行希尔排序, n 是记录个数
    int i, j, k, h;
    for(k=0; k<t; k++)
      { h=d[k];                                    //本趟的增量
        for(i=h+1; i<=n; i++)
          if(R[i].key<R[i-h].key)                  //小于时,需插入有序表
            {R[0]=R[i];                            //存放待插入的记录
              for(j=i-h; j>0&&R[0].key<R[j].key; j=j-h)
                R[j+h]=R[j];                       //记录后移
              R[j+h]=R[0];                         //插入到正确位置
            }
      }
}
```

性能分析:

希尔排序时效分析很难,有人在大量实验的基础上推出,当 n 在某个特定范围内,希尔排序所需的比较次数和移动次数约为 $n^{1.3}$。在希尔排序中关键码的比较次数与记录移动次数还依赖于步长因子序列的选取,特定情况下可以准确估算出关键码的比较次数和记录的移动次数。目前还没有人给出选取最好的步长因子序列的方法。步长因子序列可以有各种取法,有取奇数的,也有取质数的,但需要注意:步长因子中除 1 外应没有公因子,且最后一个步长因子必须为 1。

希尔排序方法是一个不稳定的排序方法。

7.3 交换排序

交换排序的基本思想：通过排序表中两个记录关键码的比较，若与排序要求相逆，则将二者进行交换，直至没有反序的记录为止。交换排序的特点：排序码值较小记录的向序列的一端移动，排序码值较大记录的向序列的另一端移动。

7.3.1 冒泡排序

设排序表为 R[1]…R[n]，对 n 个记录的排序表进行冒泡排序（Bubble Sort）的过程：第一趟，从第 1 个记录开始到第 n 个记录，对 n-1 对相邻的两个记录关键字进行比较，若与排序要求相逆，则将二者交换，这样，一趟之后，具有最大关键字的记录交换到了 R[n]，第 2 趟，从第 1 个记录开始到第 n-1 个记录继续进行第二趟冒泡，具有次最大关键字的记录交换到了 R[n-1]，…，如此重复，n-1 趟后，在 R[1]…R[n]中，n 个记录按关键码有序。

冒泡排序最多进行 n-1 趟，在某趟的两两比较过程中，如果一次交换都未发生，表明已经有序，则排序提前结束。

冒泡排序算法如下。

【算法 7-4】 冒泡排序算法。

```
void Bubble_Sort (datatype R[ ], int n)
  { //对排序表 R[1]…R[n]进行冒泡排序，n 是记录个数
    int i, j;
    int swap;                    //交换标志变量
    for(i=1; i<n-1; i++)
     {swap=0;
      for(j=1; j<=n-i; j++)
        if (R[j].key>R[j+1].key)
          {R[0]=R[j+1];
           R[j+1] = R[j];
           R[j] = R[0];
           swap = 1;              //置交换标志
          }
      if(swap == 0) break;
     }
  }
```

算法中的 swap 为交换标志，在某趟的排序中，如果一次交换都未发生，swap 一直为 0，这说明已经全部有序，即使没有进行完 n-1 趟排序也结束。

性能分析：

从空间性能看，仅用了一个辅助单元 R[0]作为交换的中介。

从时间性能看，最好情况是排序表初始有序时，第一趟比较过程中，一次交换都未发生，所以一趟之后就结束，只需比较 n-1 次，不需移动记录；最坏情况为初始逆序状态，总共要进行 n-1 趟冒泡，每一趟对 i 个记录的表进行一趟冒泡需要 i-1 次关键码比较和 i-1 对数据交换，其

$$总比较次数 = \sum_{i=n}^{2}(i-1) = \frac{1}{2}n(n-1) \qquad (7\text{-}7)$$

故冒泡排序的时间复杂度为 $O(n^2)$。

冒泡排序是一个稳定的排序方法。

7.3.2 快速排序

1. 快速排序的算法

快速排序的核心操作是划分。以某个记录为标准（也称为支点），通过划分将待排序列分成两组，其中一组中记录的关键码均大于等于支点记录的关键码，另一组中的所有记录的关键码均小于支点记录的关键码，则支点记录就放在两组之间，这也是该记录的最终位置。再对各部分继续划分，直到整个序列按关键码有序。

在第 2 章 2.2.3 节【例 2-1】曾介绍了一种划分算法，其时间复杂度是 $O(n^2)$，下面介绍的划分算法其时间复杂度可以达到 $O(n)$，它的划分思想如下。

设置两个搜索指针 low 和 high 是指示待划分的区域的两个端点，从 high 指针开始向前搜索比支点小的记录，并将其交换到 low 指针处，low 向后移动一个位置，然后从 low 指针开始向后搜索比支点大（等于）的记录，并将其交换到 high 指针处，high 向前移动一个位置，如此继续，直到 low 和 high 相等，这表明 low 前面的都比支点小，high 后面的都比支点大，low 和 high 指的这个位置就是支点的最后位置。为了减少数据的移动，先把支点记录缓存起来，最后再置入最终的位置。

【例 7-3】对排序表 $\{49, 14, 38, 74, 96, 65, 8, \underline{49}, 55, 27\}$ 进行划分，取第一个记录为支点。

划分过程如图 7-3 所示。

图 7-3 一趟划分过程示例

综上所述，一趟划分算法如下。

【算法 7-5】 划分算法。

```
int Partition(datatype R[ ], int low, int high)
  { //对子区间 R[low]…R[high]，以 R[low]为支点进行划分，算法返回支点记录最终的位置
    R[0]=R[low];                    //暂存支点记录
    while(low<high)                 //从表的两端交替地向中间扫描
     {while(low<high&&R[high].key>=R[0].key)
        High—;
      if(low<high) { R[low]=R[high]; low++; }   //将比支点记录小的交换到前面
      while(low<high&&R[low].key<R[0].key)
        low++;
      if(low<high) {R[high]=R[low]; high– –; }  //将比支点记录大的交换到后面
     }
    R[low]=R[0];                    //支点记录到位
    return low;                     //返回支点记录所在位置
  }
```

经过划分之后，支点则到了最终排好序的位置上，再分别对支点前后的两组子序列继续划分下去，直到每一组只有一个记录为止，得到最后的有序序列，这就是快速排序。

快速排序过程就是反复划分的过程，算法如下。

【算法 7-6】 快速排序算法。

```
void  Quick_Sort(datatype R[ ], int s, int t)
  {  //对 R[s]…R[t]进行快速排序
    if(s<t)
     { i=Partition(R, s, t)          //将表一分为二
       Quick_Sort(R, s, i–1);        //对支点前端子表递归排序
       Quick_Sort(R, i+1, t);        //对支点后端子表递归排序
     }
  }
```

快速排序的递归过程可用一棵二叉树示意给出。

如图 7-4 所示为【例 7-3】排序表在进行快速排序时对应的二叉树。

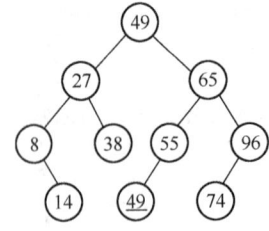

图 7-4 【例 7-3】排序表快速排序对应的二叉树

2. 快速排序的性能分析

从空间效率看，快速排序是递归的，每层递归调用时的指针和参数均要用栈来存放，递

归调用层次数与上述二叉树的深度一致。因而，存储开销在理想情况下为 $O(\log_2 n)$，即树的高度；在最坏情况下，即二叉树是一个单链，为 $O(n)$。

从时间效率看，在 n 个记录的待排序列中，一次划分需要约 n 次关键码比较，时效为 $O(n)$，若设 $T(n)$ 为对 n 个记录的待排序列进行快速排序所需时间，则理想情况下，每次划分，正好将分成两个等长的子序列，则：

$$T(n) \leq cn+2T(n/2) \quad （c 是一个常数）$$
$$\leq cn+2(cn/2+2T(n/4))=2cn+4T(n/4)$$
$$\leq 2cn+4(cn/4+T(n/8))=3cn+8T(n/8)$$
$$\cdots$$
$$\leq cn\log_2 n+nT(1)=O(n\log_2 n) \quad (7-8)$$

最坏情况下，即每次划分，只得到一个子序列，时间复杂度为 $O(n^2)$。

快速排序通常被认为在同数量级 $O(n\log_2 n)$ 的排序方法中平均性能最好的。但若初始序列按关键码有序或基本有序时，快速排序反而蜕化为冒泡排序。为改进之，通常以"三者取中法"来选取支点记录，即将排序区间的两个端点与中点 3 个记录关键码居中的调整为支点记录。

快速排序是一个不稳定的排序方法。

7.4 选择排序

选择排序主要是每一趟从待排序列中选取一个关键码最小的记录，也即第一趟从 n 个记录中选取关键码最小的记录，第二趟从剩下的 n-1 个记录中选取关键码最小的记录，直到整个序列的记录选完。这样，由选取记录的顺序，便得到按关键码有序的序列。

7.4.1 简单选择排序

1. 简单选择排序的算法

简单选择排序的过程：第一趟，从 n 个记录中找出关键码最小的记录与第一个记录交换；第二趟，从第二个记录开始的 n-1 个记录中再选出关键码最小的记录与第二个记录交换；如此，第 i 趟，则从第 i 个记录开始的 n-i+1 个记录中选出关键码最小的记录与第 i 个记录交换，直到整个序列按关键码有序。

【例 7-4】 对排序表{25, 36, 30, <u>36</u>, 10, 56, 12}进行简单选择排序的过程如图 7-5 所示。
简单选择排序算法如下。
【算法 7-7】 简单选择排序。

```
void    Select_Sort(datatype R[ ], int n)
   {//对排序表 R[1]…R[n]进行冒泡排序，n 是记录个数
    for(i=1;i<n;i++)                    // 作 n-1 趟选取
      {k=i;                             // 在 i 开始的 n-i+1 个记录中选关键码最小的记录
       for(j=i+1; j<=n; j++)
          if(R[j].key<R[k].key)
             k=j;                       //k 中存放关键码最小记录的下标
```

```
            if(i!=k)              // 关键码最小的记录与第 i 个记录交换
              { R[0]=R[k];
                R[k]=R[i];
                R[i]=R[0];
              }
        }
    }
```

```
初始序列:       25   36   30   36   10   56   12
第一趟排序后:  [10]  36   30   36   25   56   12
第二趟排序后:  [10   12]  30   36   25   56   36
第三趟排序后:  [10   12   25]  36   30   56   36
第四趟排序后:  [10   12   25   30]  36   56   36
第五趟排序后:  [10   12   25   30   36]  56   36
第六趟排序后:  [10   12   25   30   36   36   56]
```

图 7-5 简单选择排序示例

2. 简单选择排序的性能分析

简单选择排序是一种不稳定的排序方法，如【例 7-4】中关键码同为 36 的两个记录，在排序前后的相对位置发生了变化。

从空间性能看，仅用了一个辅助单元 R[0]作为交换的中介。

从时间性能看，由算法中可看出，简单选择排序移动记录的次数较少，初始序列正序的情况下最好，移动记录 0 次，最坏情况下，每趟排序都需要交换，共需移动记录 3(n−1)次；但关键码的比较次数与初始序列情况无关，总是 n(n−1)/2。

所以简单选择排序的时间复杂度为 $O(n^2)$。

7.4.2 树型选择排序

树型选择排序按照锦标赛的思想进行，首先将 n 个参赛的选手通过 n/2 次两两比较，再从 n/2 个胜者中进行两两比较，如此重复，直到选择出胜者（如最大），这个过程可用一个具有 n 个叶子结点的完全二叉树来表示，则该完全二叉树有 2n-2 或 2n-1 个结点。接下来，将第一名的结点看成成绩最差的（图中置为了 0），并从该结点（叶子位置）开始，沿该结点到根路径上，依次进行各分枝结点子女间的比较，胜出的就是第二名（次最大）。因为和它比赛的均是刚刚输给第一名的选手。如此，继续进行下去，直到所有选手的名次排定。

【例 7-5】 16 个选手的比赛。

如图 7-6a 所示，由于含有 n 个叶子结点的完全二叉树的深度是 $\lfloor \log_2 n \rfloor+1$，则在树形选择排序中，除了第一次选择第 1 名比较了 n-1 次，选择一个第 2 名、第 3 名……比较的次数都是 $\lfloor \log_2 n \rfloor$ 次，故时间复杂度为 $O(n\log_2 n)$。

该方法占用辅助空间较多，除需输出排序结果的 n 个单元外，尚需 n-1 个辅助单元。

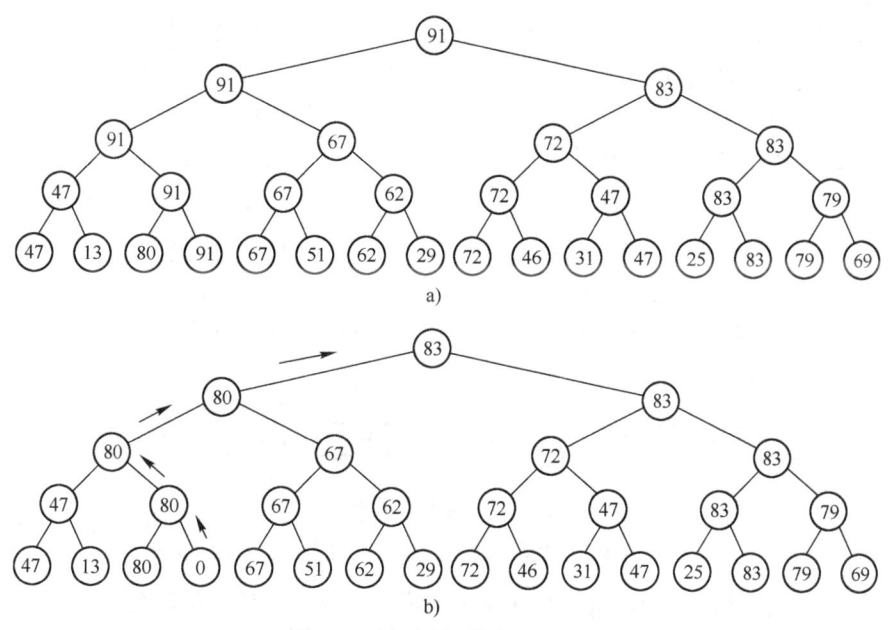

图 7-6 树型选择排序过程示例
a) 产生第一名的过程 b) 产生第二名的过程

7.4.3 堆排序

简单选择排序的思想简单,易于实现,但其时间性能没有优势,这是因为在每趟的选择中,没有把前面选择过程中的一些有用信息继承下来,因此每趟选择都是顺序的一一进行。如果某一趟的选择能够把前面有用的一些信息继承下来,则定会减少本趟的比较次数,提高排序效率,堆排序就做到了这一点。

授课视频
7.4.3 堆排序

1. 堆的定义

设有 n 个元素的**序列** $k_1, k_2, \cdots, k_n$,当且仅当满足下述关系之一时,称之为堆。

$$k_i \leqslant \begin{cases} k_{2i} \\ k_{2i+1} \end{cases} \quad \text{或} \quad k_i \geqslant \begin{cases} k_{2i} \\ k_{2i+1} \end{cases} \quad (i=1, 2, \cdots, n/2) \quad (7\text{-}9)$$

满足前者的序列称为小顶堆,满足后者的序列称为大顶堆。

例如序列{91, 47, 85, 24, 36, 53, 30, 16}是一个大顶堆,序列{12, 36, 24, 85, 47, 30, 53, 91}则是一个小顶堆。

一个有 n 个元素的序列是否是堆,可以和一棵完全二叉树对应起来,i 和 2i、2i+1 的关系就是双亲与其左、右孩子之间的位置关系(i=1, 2, …, n/2)。因此,通常用完全二叉树的形式来直观的描述一个堆。如图 7-7 所示正是上述两个堆和与之对应的完全二叉树。

2. 堆排序的算法

这里以大顶堆为例,由堆的特点可知,虽然序列中的记录无序,但在大顶堆中,堆顶记录的关键码是最大的,因此首先将这 n 个元素排序表按关键码建成堆(称为初始堆),将堆

顶记录 R_1 输出，再将剩下的 n-1 个记录调整成堆。为了更多地继承原来堆的特性，不是对 $R_2..R_n$ 调整，而是将原堆底元素 R_n 移入堆顶位置，对 $R_1 \cdots R_{n-1}$ 调整。这样，调整背景：只有 R_1 与其左右孩子之间可能不满足堆特性，而其他地方均满足堆特性。调整成堆之后，继续问题的重复。如此反复，便得到一个按关键码有序的序列。这个过程称之为堆排序。

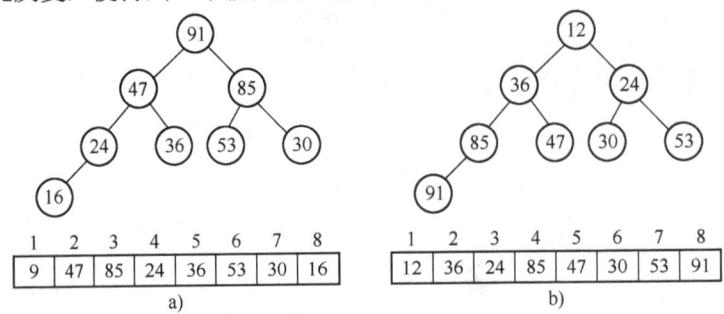

图 7-7 两个堆示例

a) 一个大顶堆和对应的完全二叉树　b) 一个小顶堆和对应的完全二叉树

为了简便，输出堆顶元素和将堆底元素移至堆顶位置的操作，可以合并为将堆顶元素与堆底元素做交换。

因此，实现堆排序需解决以下两个问题。

1）如何将序列 $R_1..R_n$ 按关键码建成堆（称为初始堆）。

2）若 $R_1 \cdots R_i$ 已经是一个堆，将堆顶元素 R_1 与 R_i 交换后，如何将序列 $R_1 \cdots R_{i-1}$ 按其关键码重新调整成一个新堆。这一过程称之为筛选。

首先讨论第 2）个问题，即筛选。考虑筛选的背景：它是在只有 R_1 与其左右孩子之间可能不满足堆特性，而其他地方均满足堆特性的前提下进行的。

筛选方法如下：将根结点 R_1 与左、右孩子中较大的进行交换。若与左孩子交换，则根的左子树堆可能被破坏，此时也是仅左子树的根结点与其左右孩子之间不满足堆的性质；若与右孩子交换，则右子树堆可能被破坏，此时仅右子树的根结点与其左右孩子之间不满足堆的性质。继续对不满足堆性质的子树进行上述交换操作，直到叶子结点或者结点满足堆性质为止，此时堆被建成。筛选过程如图 7-8 所示。

3. 堆排序实现

排序表的各元素 $R_1 \cdots R_n$ 依次存储在 $R[1] \cdots R[n]$。筛选算法的实现如下。

【算法 7-8】 筛选算法。

```
void HeapAdjust(datatype R[ ], int s, int t)
 { //在R[s]…R[t]中，以R[s]为根的子树只有R[s]与其左右孩子之间可能不满足堆特性
   //进行调整使以 R[s]为根的子树成为大顶堆
   datatype rc;                              //缓冲变量
   rc=R[s];
   i=s;
   for(j=2*i; j<=t; j=2*j)                   //沿关键码较大的孩子结点向下筛选
    { if(j<t && R[j].key<R[j+1].key)
         j=j+1;                              // j 指向 R[i]的关键码较大的孩子
      if(rc.key > R[j].key)   break;         //不用调到叶子就到位了
      R[i]=R[j]; i=j;                        //准备继续向下调整
```

```
        }
        R[i]=rc;                                    //插入
}
```

再来讨论第1）个问题，即对 n 个记录的序列初始建堆的过程。

建堆方法：对初始序列建堆的过程，就是一个反复进行筛选的过程。将每个叶子为根的子树视为堆，然后对 R[n/2]为根的子树进行调整，对 R[n/2-1]为根的子树进行调整，直到对 R[1]为根的树进行调整，这就是最后的初始堆。

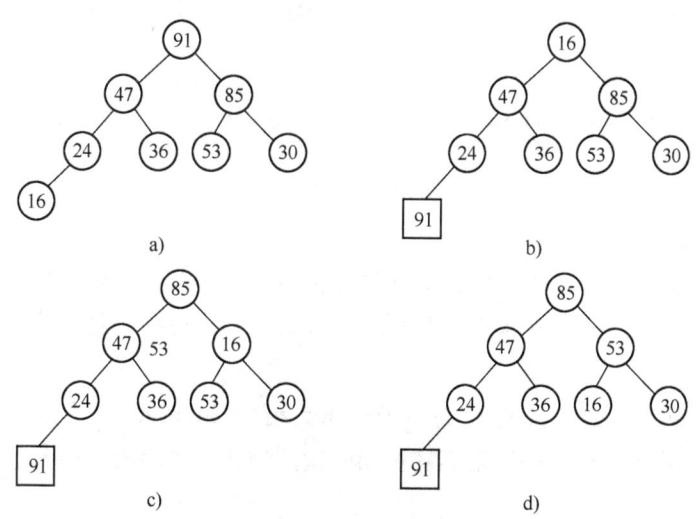

图 7-8　自堆顶到叶子的调整过程

a) 初始堆　b) 堆被破坏，但左右子树仍满足堆的特性
c) 根和其右孩子交换，使得右子树的堆特性破坏，继续调整　d) 调整成堆

图 7-9 所示是序列{16，24，53，47，36，85，30，91}建初始堆的过程。

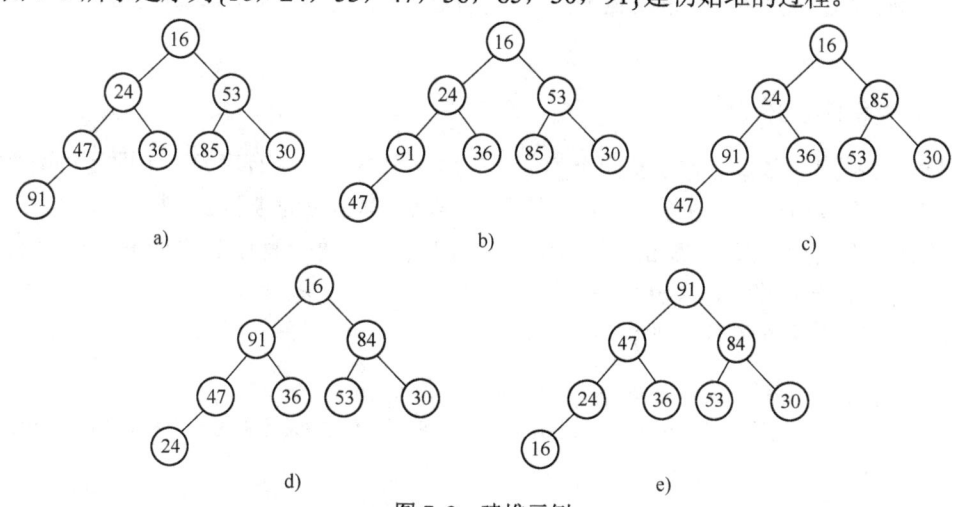

图 7-9　建堆示例

a) 8 个结点的序列视为一棵完全二叉树　b) 从最后一个双亲结点开始调整
c) 对第 3 个结点开始筛选　d) 第 2 个结点为根的子树已是堆　e) 最后的筛选，使整个序列成为堆

堆排序过程：对 n 个元素的序列先将其建成堆，以根结点与第 n 个结点交换；调整前

n-1个结点成为堆，再以根结点与第n-1个结点交换；重复上述操作，直到整个序列有序。

【算法7-9】 堆排序算法。

```
void HeapSort(datatype R[ ], int n)
  {//将序列R[1]…R[n]按堆排序方法进行排序
   for(i=n/2; i>0; i-- )
       HeapAdjust(R, i, n);           //将序列R[1]…R[n]建成初始堆
   for(i=n; i>1; i--)
       {   R[0]=R[1];                 // 堆顶R[1]与堆底元素R[i]交换
           R[1]=R[i];
           R[i]=R[0];
           HeapAdjust(R, 1, i-1);     //将R[1]…R[i-1]重新调整为堆
       }
  }
```

4. 堆排序的性能分析

设树高为k，由完全二叉树的性质知 $k=\lfloor \log_2 n \rfloor +1$，从根到叶子的筛选，关键码比较次数至多为2(k-1)次，交换记录至多k次。所以，在建好堆后，排序过程中的筛选次数不超过下式：

$$2(\lfloor \log_2(n-1) \rfloor + \lfloor \log_2(n-2) \rfloor + \cdots + \lfloor \log_2 2 \rfloor) < 2n\log_2 n \tag{7-10}$$

有资料表明，建堆时的比较次数不超过4n次，因此堆排序最坏情况下，时间复杂度也为 $O(n\log_2 n)$。

7.5 归并排序

归并排序的思想是将几个相邻的有序表合并成一个总的有序表，本书主要介绍二路归并排序。

7.5.1 两个有序表的合并

二路归并排序的基本操作是将两个相邻的有序表合并为一个有序表。下面是将两个顺序存储的有序表合并为一个有序表的算法，该算法类似于第2章的【例2-2】。

设两个有序子表 {R[s]…R[m]} 和 {R[m+1]…R[t]}，将两个有序子表合并为一个有序表 {R1[s]…R1[t]}。合并算法为【算法7-10】。

【算法7-10】 两个有序表的合并。

```
void  Merge(datatype R[ ], datatype R1[ ], int s, int m , int t)
   {//设两个有序子表R[s]…R[m]和R[m+1]…R[t]，将两个有序子表合并为一个有序表R1[s]…R1[t]
    i=s;
    j=m+1;
    k=s;
    while (i<=m&&j<=t)
        if(R[i].key <= R[j].key)
            R1[k++]=R[i++];
```

```
         else    R1[k++]=R[j++];
    while (i<=m)    R1[k++]=R[i++];
    while (j<=t)    R1[k++]=R[j++];
}
```

要注意：该合并算法的要求是两个有序子表是相邻的，即{R[s]…R[m]}和{R[m+1]…R[t]}。

7.5.2　二路归并排序的迭代算法

二路归并的基本思想：只有 1 个元素的表总是有序的，所以将排序表 R[1…n]，看作是 n 个长度为 len=1 的有序子表，对相邻的两个有序子表两两合并到 R1[1…n]，使之生成表长 len=2 的有序表；再进行两两合并到 R[1…n]中，直到最后生成表长 len=n 的有序表。这个过程需要$\lfloor \log_2 n \rfloor$+1 趟。

在每趟的排序中，首先要解决分组的问题，设本趟排序中从 R[1]开始，长度为 len 的子表有序，因为表长 n 未必是 2 的整数幂，这样最后一组就不能保证恰好是表长为 len 的有序表，也不能保证每趟归并时都有偶数个有序子表，这些都要在一趟排序中考虑到。

【例 7-6】　对排序表{36, 20, 18, 10, 60, 25, 30, 18, 12, 56}进行归并排序的过程如图 7-10 所示。

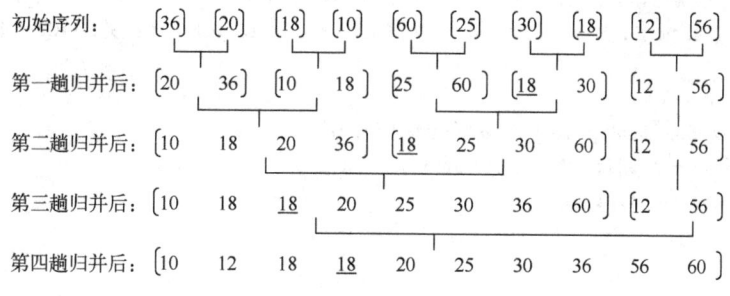

图 7-10　归并排序过程

综上所述，一趟归并算法及二路归并排序算法如下。

【算法 7-11】　一趟归并算法。

```
void MergePass(datatype R[ ], datatype R1[ ], int len, int n)
{ //len 是本趟归并中有序表的长度，从 R[1]…R[n]归并到 R1[1]…R1[n]中
    for(i=1; i+2*len-1<=n; i=i+2*len)
        Merge(R, R1, i, i+len-1, i+2*len-1);    //对两个长度为 len 的有序表合并
    if(i+len-1<n)
        Merge(R, R1, i, i+len-1, n);             //一组半的情况
    else   if(i<=n)
        while(i<=n)                              //最后一组没有合并者
            R1[i++]=R[i++];
}
```

【算法 7-12】　二路归并排序。

```
void MergeSort(datatype R[ ], datatype R1[ ], int n)
{ int len=1;
```

```
        while(len<n)
            { MergePass(R, R1, len, n);
              len=2*len;
              MergePass(R1, R , len, n);
              len=2*len;
            }
        }
```

7.5.3 二路归并排序的递归算法

二路归并也可采用递归方法。

【算法 7-13】 二路归并递归算法。

```
        void MSort(datatype R[ ], datatype R1[ ], int s, int t)
            { //将 R[s]…R[t]归并排序为 R1[s]…R1[t]
              if(s==t)    R1[s]=R[s];
              elseif (s>t) return;
              else {m=s+(t−s)/2;                //平分排序表 R
                  MSort(R, R1, s, m);           //递归地将 R[s…m]归并为有序的 R1[s…m]
                  MSort(R, R1, m+1, t);         //递归地将 R[m+1…t]归并为有序的 R1[m+1…t]
                  Merge(R1, R, s, m, t);        //将 R1[s…m]和 R1[m+1…t]归并到 R[s…t]
                  }
             }
        void MergeSort(datatype R[ ], datatype R1[ ], int n)
            {//对排序表 R[1]…R[n]作归并排序
              MSort(R, R1, 1, n);
            }
```

性能分析：

归并排序需要一个与表等长的辅助元素数组空间，所以其空间复杂度为 $O(n)$。对 n 个元素的表，将这 n 个元素看作叶结点，若将两两归并生成的子表看作它们的父结点，则归并过程对应由叶向根生成一棵二叉树的过程。所以归并趟数约等于二叉树的高度，即 $O(\log_2 n)$，每趟归并需移动记录 n 次，所以时间复杂度为 $O(n\log_2 n)$。

归并排序是一种稳定的排序方法。

*7.6 基数排序

授课视频
7.6 基数排序

基数排序是一种借助于多关键码排序的思想，是将单关键码按基数分成"多关键码"进行排序的方法。和前面的各种排序方法有所不同，它的排序不是通过关键码之间的比较，而是通过多次的"分配"和"收集"来完成的。

7.6.1 多关键码排序

先看一个例子：

扑克牌中的 52 张牌，可按花色和面值分成两个属性，设其大小关系如下。

花色：梅花 < 方块 < 红心 < 黑心

面值：2<3<4<5<6<7<8<9<10<J<Q<K<A

若对扑克牌按花色、面值进行升序排序，得到如下序列：

梅花 2, 3, …, A，方块 2, 3, …, A，红心 2, 3, …, A，黑心 2, 3, …, A

即两张牌，若花色不同，不论面值怎样，花色低的那张牌小于花色高的，只有在同花色情况下，大小关系才由面值的大小确定。这就是多关键码排序。

为得到排序结果，这里讨论两种排序方法。

方法1：先对花色排序，将其分为 4 个组，即梅花组、方块组、红心组、黑心组。再对每个组分别按面值进行排序，最后，将 4 个组连接起来即可。

方法2：先按 13 个面值给出 13 个编号组（2 号，3 号，…，A 号），将牌按面值依次放入对应的编号组，分成 13 堆。再按花色给出 4 个编号组（梅花、方块、红心、黑心），将 2 号组中牌取出分别放入对应花色组，再将 3 号组中牌取出分别放入对应花色组，……，这样，4 个花色组中均按面值有序，然后，将 4 个花色组依次连接起来即可。

设排序表中有 n 个记录，每个元素的每个记录的关键码包含了 d 位 $\{k^1, k^2, …, k^d\}$，其中 k^1 称为最主位关键码，k^d 称为最次位关键码。

多关键码排序按照从最主位关键码到最次位关键码或从最次位关键码到最主位关键码的顺序逐次排序，分以下两种方法。

最主位优先（Most Significant Digit first，MSD）法，即先按 k^1 排序分组，同一组中记录，关键码 k^1 相等，再对各组按 k^2 排序分成子组，之后，对后面的关键码继续这样的排序分组，直到按最次位关键码 k^d 对各子表排序后。再将各组连接起来，便得到一个有序序列。扑克牌按花色、面值排序中介绍的方法 1 即是 MSD 法。

最次位优先（Least Significant Digit first，LSD）法，先从 k^d 开始排序，再对 k^{d-1} 进行排序，依次重复，直到对 k^1 排序后便得到一个有序序列。扑克牌按花色、面值排序中介绍的方法 2 即是 LSD 法。

7.6.2 链式基数排序

链式基数排序是用链表作为排序表的存储结构。

将关键码拆分为若干项，每项作为一个"关键码"，则对单关键码的排序可按多关键码排序方法进行。比如，关键码为 4 位的整数，可以每位对应一项，拆分成 4 项；又如，关键码由 5 个字母组成的字符串，可以每个字符作为一个关键码。由于这样拆分后，每个关键码都在相同的范围内取值（对数字是 0~9，小写字母是'a'~'z'），称这样的关键码可能出现的取值个数为"基"，记作 RADIX。上述取数字为关键码的"基"为 10；取字母为关键码的"基"为 26（假设只有小写字母）。基于这一特性，用 LSD 法排序较为方便。

基数排序思想：从最低位关键码起，按关键码的不同值将序列中的记录"分配"到 RADIX 个队列（组）中，然后再"收集"，称之为一趟排序，第一趟之后，排序表中的记录已按最低位关键码有序，再对次低位关键码进行一趟"分配"和"收集"，如此直到对最高位关键码进行一趟"分配"和"收集"，则排序表按关键字有序。

【例7-7】 设排序表记录关键字为 {278, 109, 063, 930, 589, 184, 505, 269, 008, 083}，采用

链式存储，其基数排序过程如图 7-11 所示。

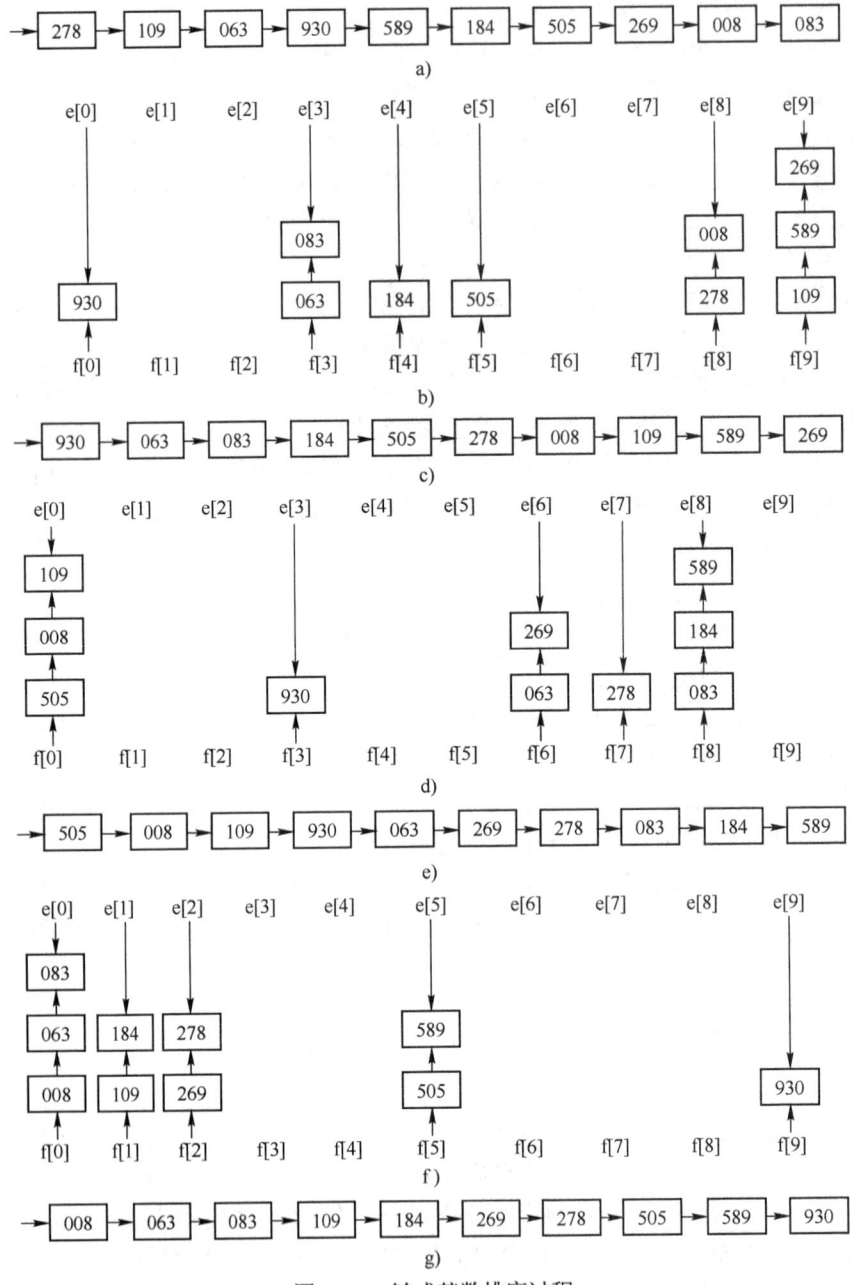

图 7-11 链式基数排序过程

a) 初始记录的静态链表 b) 第 1 趟 按个位数分配 c) 第 1 趟收集 d) 第 2 趟 按十位数分配
e) 第 2 趟收集 f) 第 3 趟按百位数分配 g) 第 3 趟收集

分配时，根据本趟关键码当前位的值分配到相应的组，在同一组内记录的顺序也是按分配顺序有序的，即后分配到同一组内的大于先分配到组内的，在这里用队列表示一个组，而组内记录的顺序则用每个记录的指针域连接起来，形成一个链队。共需要 RADIX 个队列。

设采用静态链表存储排序表，相关的数据类型定义如下：

```
#define    MAXNUM…                    // MAXNUM 为足够大的数
#define    KEY_NUM…                   //关键码的位数
#define    RADIX    10                //关键码基数，设关键码为十进制整数
typedef    struct
    { keytype    keys[KEY_NUM];       //关键码字段
      …                               //其他字段
      int       next;                 //指针字段
    }SNodeType;                       //静态链表结点类型
typedef struct
    { int f;
      int e;
    } Q_Node;                         //队列类型，f 和 e 分别为头尾指针
SNodeType R[MAXNUM ]                  //静态链表的存储区，R[0]作为头结点
Q_Node   q[RADIX ];                   // RADIX 个队列的头尾指针向量
```

下面是分配算法。

【算法 7-14】 分配算法。

```
void    Distribute(SNodeType R[ ], int i, Q_Node q[RADIX ])
{ //静态链表 R 中的记录已按关键码的低 i 位有序，现按 kyes[i-1]分配到相应的队列中
  //R[0].next 是静态链表 R 的头指针
  //分配结束后，q[j].f 和 q[j].e 分别是第 j 个队列的头尾指针
   for(j=0; j<RADIX; j++)   // 各队列初始化为空
      {q[j].f=0;
       q[j].e=0;
      }
   p=R[0].next;             //链表的头指针
   while( p)
      {j=R[p].keys[i];      //取当前记录关键码的第 i 位，准备入队
       if(!q[j].f) q[j].f=p;    //第 j 队为空时，则该结点是该队列的第 1 个记录入队需改变头指针
       else R[q[j].e].next=p;   //非空时，将 p 所指的结点插入到第 j 个队列的队尾
       q[j].e=p;            //j 队列的尾指针指向新记录
       p=R[p].next;
      }
}
```

收集则是将按关键码位的大小形成的各个队列依次链接起来。

【算法 7-15】 收集算法。

```
void    Collect(SNodeType R[ ], Q_Node q[ ])
{ //将 q[0]…q[RADIX-1]各个队列收集在一起，链接成一个链表，头指针放在 R[0].next
   int j;
   j=0;                     //从第 0 个队开始
   while(q[j].f= =0) j++;   //找第 1 个非空队列
   R[0].next=q[j].f;        //第一个非空队列的第一个记录将是收集后的第 1 个记录，由 R[0].next 指向
   t=q[j].e;                //t 指向第一个非空队列的尾结点
```

```
            while(j<RADIX)              //当没有收集完
               {j++;
                while( j<RADIX-1)&&q[j].f==0)
                   j++;                 //找不是最后一个队列的下一个非空子表
                if(q[j].f!=0)           //链接两个非空子表
                   {R[t].next=q[j].f;
                    t=q[j].e;           //t 指向刚刚链接队列的尾结点
                   }
               }
             R[t].next=0;               //设置最后一个结点的空指针
        }
```

【算法 7-16】 基数排序算法。

```
        void   RadixSort(SNodeType R[ ], int n)
        {//排序表中的各记录存储在静态链表 R[1].. R[n]中，R[0]为头结点，R[0].next 指向第 1 个记录
         //每个记录的关键码在 R[i].keys[RADIX-1].. R[i].keys[0]中
            Q_Node q[RADIX ];           //定义 RADIX 个队列
            for(i=0; i<n; i++)
                R[i].next=i+1;          //按照原存储顺序链接成静态链表
            R[n].next=0;
            for(i=0; i<KEY_NUM; i++)    //按最低位优先依次对各关键码分配和收集
               {Distribute(R, i, q);    //第 i 趟分配
                Collect(R, q);          //第 i 趟收集
               }
        }
```

性能分析：

从时间效率看，设待排序列为 n 个记录，每条记录有 d 位关键码，每位关键码的取值范围为 0～RADIX-1，一趟分配时间复杂度为 O(n)，一趟收集时间复杂度为 O(RADIX)，共进行 d 趟分配和收集，则进行链式基数排序的时间复杂度为 O(d (n+ RADIX))。

从空间效率看，需要 2×RADIX 个队列头尾指针辅助空间，及用于静态链表的 n 个针。

基数排序是一种稳定的排序方法。

7.7 排序方法比较

本章所介绍的各种内排序的方法，根据排序所依据的基本思想，把排序分为插入排序、交换排序、选择排序、归并排序、基数排序。其中，前 3 种又都包括简单排序，如直接插入排序、冒泡排序和直接选择排序和由它们改进的排序方法，如希尔排序、快排序、堆排序等。

1. 性能比较

下表列出了这几种常用排序方法的时间、空间性能及稳定性。

表 7-1 几种内部排序方法的比较

排序方法	平均时间性能	最好时间性能	最坏时间性能	辅助存储空间	稳定性
直接插入排序	$O(n^2)$	$O(n)$	$O(n^2)$	$O(1)$	稳定
冒泡排序	$O(n^2)$	$O(n)$	$O(n^2)$	$O(1)$	稳定
简单选择排序	$O(n^2)$	$O(n)$	$O(n^2)$	$O(1)$	不稳定
快速排序	$O(n\log_2 n)$	$O(n\log_2 n)$	$O(n\log_2 n)$	$O(\log_2 n)$	不稳定
堆排序	$O(n\log_2 n)$	$O(n\log_2 n)$	$O(n\log_2 n)$	$O(1)$	不稳定
归并排序	$O(n\log_2 n)$	$O(n\log_2 n)$	$O(n\log_2 n)$	$O(n)$	稳定
基数排序	$O(d(n+RADIX))$	$O(d(n+RADIX))$	$O(d(n+RADIX))$	$O(RADIX)$	稳定

由上表可以得出以下结论：

（1）时间性能

按平均的时间性能来分，时间复杂度为 $O(n\log_2 n)$ 的方法有快速排序、堆排序和归并排序，其中以快速排序为最好；时间复杂度为 $O(n^2)$ 的有直接插入排序、起泡排序和简单选择排序，其中以直接插入为最好，尤其当初始记录按关键字近似有序时；时间复杂度为 $O(n)$ 的排序方法是基数排序。

当待排记录序列按关键字顺序有序时，直接插入排序、冒泡排序和简单选择排序的时间复杂度能达到 $O(n)$；而对于快速排序而言，这是最坏的情况，此时的时间性能蜕化为 $O(n^2)$，因此是应该尽量避免的情况。而简单选择排序、堆排序和归并排序的时间性能，与初始记录关键字的分布无关。

（2）空间性能

空间性能指的是排序过程中所需的辅助空间大小。所有的简单排序方法（直接插入、起泡和简单选择）和堆排序的空间复杂度为 $O(1)$；快速排序的空间复杂度为 $O(\log_2 n)$，是实现递归过程中栈所需的辅助空间；归并排序需要和排序表本身相同大小的辅助空间，其空间复杂度为 $O(n)$；链式基数排序需附设队列首尾指针，则空间复杂度为 $O(RADIX)$。

（3）稳定性

稳定的排序方法是指对于两个关键字相等的记录，它们在序列中的相对位置，在排序之前和经过排序之后没有改变。对于不稳定的排序方法，总能举出不稳定的实例。简单选择排序、快速排序和堆排序是不稳定的排序方法；当对多关键字的记录序列进行最次位优先基数排序（LSD 方法）时，必须采用稳定的排序方法。

2. 适用情况

在不同条件下，可根据具体情况选择合适的排序方法。

1）若 n 较小（如 n≤50），可采用直接插入或直接选择排序。当记录规模较小时，直接插入排序较好；否则因为直接选择移动的记录数少于直接插入，应选直接选择排序为宜。

2）若排序表初始状态基本有序（指正序），则应选用直接插入、冒泡或随机的快速排序为宜。

3）若 n 较大，应采用时间复杂度为 $O(n\log_2 n)$ 的排序方法：快速排序、堆排序或归并排序。快速排序是目前基于比较的内部排序中被认为是最好的方法，当待排序的关键字是随机分布时，快速排序的平均时间最短；堆排序所需的辅助空间少于快速排序，并且不会出现快速排序可能出现的最坏情况。但这两种排序都是不稳定的。若要求排序稳定，则可选用归并排序，而归并排序需要的辅助空间比较大。

7.8 本章知识点小结

知识点	描述	学习要求
排序	给定一个含有 n 个记录序列：R={ $R_1, R_2, \cdots R_n$ }，其排序码分别为：K={ $K_1, K_2, \cdots K_n$ }。排序就是要将 R 中记录重新排列，形成一个新的序列：R_p={ $R_{p1}, R_{p2}, \cdots R_{pn}$ }，其对应的排序码分别为 K_p={ $K_{p1}, K_{p2}, \cdots K_{pn}$ }，这里 p1, p2, $\cdots$, pn 是 1, 2, $\cdots$, n 的一种排列，且使得排序码满足：$K_{p1} \leq K_{p2} \leq \cdots \leq K_{pn}$ 或者 $K_{p1} \geq K_{p2} \geq \cdots \geq K_{pn}$	理解排序的目标
稳定性	若 R_i 和 R_j 是给定序列{ $R_1, R_2, \cdots R_n$ }中的两个元素，i<j，称 R_i 是 R_j 的前驱。设有记录 R_a 和记录 R_b 的排序码相等，即 $K_a = K_b$，且排序前 R_a 是 R_b 的前驱，若使用某个排序方法进行排序后，R_a 仍然 R_b 的前驱，称这种排序方法是稳定的；反之，若排序后，R_b 是 R_a 的前驱，则称该排序方法是不稳定的。 注意：稳定性的判断。通俗讲，在算法中，能够保证相对位置关系不变化的则为稳定排序方法，无论如何都无法保证原始的相对位置关系不变，则为不稳定的排序方法	掌握分析一个排序算法是否稳定的方法
直接插入排序	直接插入排序的基本操作是将一个记录插入到已排好序的子序列中，从而得到一个新的长度增 1 的有序表。直接插入排序认为仅有一个记录的表总是有序的，因此对 n 个记录的表，可从第二个记录开始直到第 n 个记录，逐个向有序表中进行插入操作，从而得到 n 个记录按关键码有序的表	掌握直接插入排序的过程、算法描述、性能分析
希尔排序	希尔排序又称缩小增量排序，它的思想：选取一个小于 n 的整数 di（步长），然后把排序表中的 n 记录分为 di 个组，各组内进行直接插入排序，然后减小步长 di，重复进行；直到 di=1，也就整体达到了有序	掌握希尔排序的过程
冒泡排序	冒泡排序的过程是：从第 1 个记录开始到第 n 个记录，对相邻记录的关键字进行比较，若与排序要求相逆，则要交换，这样一趟之后，具有最大关键字的记录交换到最后；然后从第 1 个记录开始到第 n-1 个记录继续进行第二趟冒泡，使得具有次最大关键字的记录交换到倒数第二个位置；进行 n-1 趟冒泡之后，达到 n 个记录按关键码有序	掌握冒泡排序的过程、算法描述、性能分析
快速排序	快速排序的核心操作是划分。以某个记录为支点，将待排序列划分成两组，其中一组所有记录的关键码均大于等于支点记录的关键码，另一组所有记录的关键码小于支点记录的关键码；对各部分继续划分，直到整个序列按关键码有序。	掌握快速排序的过程、算法描述、性能分析
简单选择排序	简单选择排序的过程为：从 n 个记录中找出关键码最小的记录与第一个记录交换；然后从第二个记录开始的 n-1 个记录中再选出关键码最小的记录与第二个记录交换，以此类推，直到整个序列有序	掌握简单选择排序的过程、算法描述、性能分析
树形选择排序	树形选择排序按照锦标赛的思想进行：首先将 n 个参赛的选手通过 n/2 次两两比较，再从 n/2 个胜者中进行两两比较，重复，直到选择出胜者；然后将第一名的结点看成成绩最差的，并从该结点开始，沿该结点到根路径上，依次进行各分枝结点子女间的比较，胜出的就是第二名。因为和它比赛的均是刚刚输给第一名的选手。以此类推，直至有序	了解树形选择排序算法的思想
堆排序	将排序表看成是一棵完全二叉树以顺序存储结构存放，利用完全二叉树中双亲结点和孩子结点之间的内在关系，将其建成堆，从而当前无序区中选择关键字最大的记录，然后将最大键值取出，用剩下的键值再建堆，便得到次大的键值。如此反复进行，直至排好序。 注意：大顶堆、小顶堆的选择。非递减排序需要创建大顶堆，非递增排序需要创建小顶堆	掌握堆排序的过程
归并排序	将有序的子序列进行合并，从而得到有序的序列。合并算法思想是：比较各子序列第一个记录的键值，最小的一个就是排序后序列的第一个记录的键值。取出这个记录，继续比较各子序列现在的第一记录的键值，便可找出排序后的第二个记录。如此继续下去，最终可得到排序结果。 注意：归并排序借助辅助空间进行，最终的有序序列注意要存回原序列空间	掌握归并排序的过程、算法描述、性能分析
基数排序	基数排序思想是：先将关键码拆分为若干项，每项作为一个"关键码"，则对单关键码的排序方法进行，然后从最低位关键码起，按关键码的不同值将序列中的记录"分配"到若干队列中；然后再"收集"，称之为一趟排序，第一趟之后，排序表中的记录以按最低位关键码有序，再对次最低位关键码进行一趟"分配"和"收集"，如此直到对最高位关键码进行一趟"分配"和"收集"，则排序表按关键字有序	理解多关键码排序的思想，掌握基数排序的过程

练习题

一、选择题

1. 在待排序的元素序列基本有序的前提下，效率最高的排序方法是（　　）。
   A．插入排序　　　B．选择排序　　　C．快速排序　　　D．归并排序
2. 设有 1000 个无序的元素，希望用最快的速度挑选出其中前 10 个最大的元素，最好选用（　　）排序法。
   A．冒泡排序　　　B．快速排序　　　C．堆排序　　　D．基数排序
3. 具有 12 个记录的序列，采用冒泡排序最少的比较次数是（　　）。
   A．1　　　B．144　　　C．11　　　D．66
4. 下列 4 种排序方法中，要求内存容量最大的是（　　）。
   A．插入排序　　　B．选择排序　　　C．快速排序　　　D．归并排序
5. 初始序列已经按键值有序时，用直接插入算法进行排序，需要比较的次数为（　　）。
   A．n^2　　　B．$n\log_2 n$　　　C．$\log_2 n$　　　D．$n-1$
6. 下列 4 种排序方法，在排序过程中，关键码比较的次数与记录的初始排列顺序无关的是（　　）。
   A．直接插入排序和快速排序　　　B．快速排序和归并排序
   C．直接选择排序和归并排序　　　D．直接插入排序和归并排序
7. 一组记录的排序码为（46，79，56，38，40，84），则利用堆排序的方法建立的初始堆为（　　）。
   A．79，46，56，38，40，84　　　B．84，79，56，38，40，46
   C．84，79，56，46，40，38　　　D．84，56，79，40，46，38
8. 一组记录的排序码为（46，79，56，38，40，84），则利用快速排序的方法，以第一个记录为基准得到的一次划分的结果为（　　）。
   A．38，40，46，56，79，84　　　B．40，38，46，79，56，84
   C．40，38，46，56，79，84　　　D．40，38，46，84，56，79
9. 用某种排序方法对线性表（25, 84, 21, 47, 15, 27, 68, 35, 20）进行排序时，元素序列的变化情况如下：

25, 84, 21, 47, 15, 27, 68, 35, 20
20, 15, 21, 25, 47, 27, 68, 35, 84
15, 20, 21, 25, 35, 27, 47, 68, 84
15, 20, 21, 25, 27, 35, 47, 68, 84

则采用的排序方法是（　　）。
   A．选择排序　　　B．希尔排序　　　C．归并排序　　　D．快速排序
10. 快速排序方法在（　　）情况下最不利于发挥其长处。
    A．要排序的数据量太大　　　B．要排序的数据中含有多个相同值
    C．要排序的数据已基本有序　　　D．要排序的数据个数为奇数

二、判断题

1. 插入排序是稳定的，选择排序是不稳定的。
2. 不稳定的排序算法是没有实用价值的。
3. 当待排序的元素很多时，为了交换元素的位置，移动元素要占较多的时间，这是影响时间复杂度的主要原因。
4. 对有 n 个记录的集合进行归并排序，所需要的辅助空间数与初始记录的排列状况有关。
5. 对 n 个记录的集合进行快速排序，所需要的附加空间数是 O(n)。
6. 堆排序所需要附加空间数与待排序的记录个数无关。
7. 对有 n 个记录的集合进行冒泡排序，所需时间决定于初始记录的排列情况，在初始记录无序的情况下最好。
8. 对有 n 个记录的集合进行快速排序，所需时间决定于初始记录的排列情况，在初始记录无序的情况下最好。
9. 对不稳定的排序算法，不论采用何种描述方式，总能举出一个说明它不稳定的实例来。
10. 选择排序的比较次数不会随待排序记录的关键字分布情况而改变。

三、简答题

1. 以关键字序列（tim, kay, eva, roy, dot, jon, kim, ann, tom, jim, guy, amy）为例，手工执行以下排序算法（按字典序比较关键字的大小），写出每一趟排序结束时的关键字状态。

（1）直接插入排序　（2）冒泡排序　　（3）直接选择排序
（4）快速排序　　　（5）归并排序　　（6）基数排序

2. 已知序列{50, 18, 12, 61, 8, 17, 87, 25}，请给出采用堆排序对该序列做升序排序时的每一趟结果。

3. 有 n 个不同的英文单词，它们的长度相等，均为 m，若 n>>50，m<5，试问采用什么排序方法时间复杂度最小？为什么？

4. 如果只想得到一个含有 n 个元素的序列中第 k（k<<n）小元素前的部分排序序列，最好采用什么排序方法？为什么？如有这样一个序列：{57, 11, 25, 36, 18, 80, 22}，得到其第 3 个最小元素之前的部分序列{11, 18, 22}，使用所选择的算法实现时，要执行多少次比较？

5. 阅读下列排序算法，并与已学的算法比较，讨论算法中基本操作的执行次数。

```
void sort(dadatype R[ ], int n)
{ i=1;
    while(i<n-i+1)
    {   min= max=1;
        for(j=i+1;j<=n-i+1;++j)
            {if (R[j].key<R[min].key) min=j;
              else if(R[j].key>R[max].key)   max=j;
            }
        if (min!=i)
            { w=R[min];
```

```
                    R[min]= R[i];
                    R[i]=w;
                }
            if (max!=n-i+1)
                if (max=i)
                    { w=R[min];
                      R[min]=R[n-i+1];
                      R[n-i+1]=w;
                    }
                else { w=R[max];
                       R[max]=R[n-i+1];
                       R[n-i+1]=w;
                     }
            i++;
        }
    }
```

6．请回答以下关于堆的问题。

（1）堆的存储结构是顺序的，还是链式的？

（2）设有一个堆，且堆中任意结点的关键码均大于它的左孩子和右孩子的关键码。那么最大值的元素可能在什么地方？

（3）对 n 个元素进行初始建堆的过程中，最多做多少次数据比较？

四、算法设计题

1．请以单链表为存储结构实现简单选择排序的算法。

2．请以单链表为存储结构实现直接插入排序的算法。

3．编写一个双向冒泡的算法，即相邻的两趟排序是向相反方向进行的。

4．已知记录序列 a[1…n]中的关键字各不相同，可按如下所述实现计数排序：另设数组 c[1…n]，对每个记录 a[i]，统计序列中关键字比它小的记录个数存于 c[i]，则 c[i]=0 的记录必为关键字最小的记录，然后依 c[i]值的大小对 a 中记录进行重新排列，试编写实现上述排序的算法。

5．已知奇偶交换排序算法描述如下：第一趟对所有奇数的 i，将 a[i]和 a[i+1]进行比较，第二趟对所有偶数的 i，将 a[i]和 a[i+1]进行比较，每次比较时若 a[i]>a[i+1]，则将二者交换，以后重复上述二趟过程，直至整个数组有序。

（1）试问排序结束的条件是什么？

（2）编写一个实现上述排序过程的算法。

6．编写算法，对 n 个关键字取整数值的记录进行整理，以使得所有关键字为负值的记录排在关键字为非负值的记录之前，要求：

（1）采用顺序存储结构，至多使用一个记录的辅助存储空间。

（2）算法的时间复杂度为 O(n)。

7．序列的"中值记录"指的是：如果将此序列排序后，它是第 n/2 个记录。试编写一个求中值记录的算法。

实验题

题目 各种内部排序的性能比较

1. 问题描述

通过排序过程中关键字比较次数和关键字移动次数，分析比较常用的排序算法的性能。

2. 基本要求

1）对常用的内部排序算进行比较：直接插入排序、起泡排序、简单选择排序、快速排序、希尔排序、堆排序等。

2）排序表的表长不小于 200；其中的数据要用伪随机数产生；至少要用 6 组不同的输入数据（包含正序、逆序和随机次序的情况）进行比较；以关键码的比较次数和移动次数（关键码的交换计为 3 次移动）作为衡量的指标。

3）最后要对结果做出简单的分析。

3. 提示与分析

1）主要工作是设法在已知算法中的适当位置插入对关键字的比较次数和移动次数的计数操作。

2）考虑输入数据的典型性，如正序、逆序和不同程度的乱序。

4. 选作内容

1）增加对折半插入排序、二路归并排序、基数排序等排序方法的分析。

2）对不同的输入表长做试验，观测两个指标相对于表长的变化关系。

3）验证排序方法的稳定性。

第8章 扩展应用举例

本章将给出 3 个扩展应用举例，引导读者体会算法的时空效率与算法设计采用思路的关系，以及对本书中介绍的数据结构与算法在解决实际问题中的应用进行补充。

8.1 求最大子段和

本节通过分析解决最大子段和问题，介绍几种算法设计的方法，包括穷举法、分治法和动态规划法。

8.1.1 问题描述

给定有 n 个整数（可能为负整数）组成的序列 $a_1, a_2, \cdots, a_n$，求该序列连续的子段和的最大值；如果这个最大值是负整数，则定义其最大子段和为 0。即根据式（8-1）进行求解。

$$\max\{0, \max_{1 \leq i \leq j \leq n} \sum_{k=i}^{j} a_k\} \tag{8-1}$$

例如：

$$(a_1, a_2, a_3, a_4, a_5)=(-5, 11, -4, 13, -4-2)$$

最大子段和为：11+(-4)+13=20。

8.1.2 问题分析与解决

这个应用要处理的数据是线性结构，由于要对不确定长度的数据进行求和，因此采用顺序存储比较方便，这里用一维数组 List 存放数据，每个数据元素为整型。下面给出基于不同算法设计策略的解法及算法复杂度分析。

1. 简单穷举法

简单穷举法就是穷举所有子列和，从中找出最大值，如【算法 8-1】。

【算法 8-1】 简单穷举法求解最大子段和。

```
int MaxSubSeqSum1(int List[], int n)
{   int ThisSum, MaxSum=0;
    int i, j, k, besti, bestj;
    for (i=0; i<n; i++)                    //i 为子列左端位置
    {   for (j=i; j<n; j++)                //j 为子列右端位置
        {   ThisSum=0;                     //初始子列和为 0
            for (k=i; k<=j; k++)           //计算子列从 i 位置到 j 位置的和
                ThisSum+=List[k];
            if (ThisSum>MaxSum)            //如果得到的子列和更大则更新结果
```

```
            {   MaxSum=ThisSum;
                besti=i;
                bestj=j;
            }
        }                                           //j 循环结束
    }                                               //i 循环结束
    printf("子列位置%d 到%d 和最大，和值为%d", besti, bestj, MaxSum);
    return MaxSum;
}
```

从这个算法的 3 个嵌套的 for 循环可以看出，该算法的时间复杂度为 $O(n^3)$。

2．改进的穷举法

通过分析可以看到，从位置 i 到位置 j 的子列和等于从位置 i 到位置 j-1 的子列和加上 List[j]，即 $\sum_{k=i}^{j} a_k = a_j + \sum_{k=i}^{j-1} a_k$。因此，在算法设计中可利用已经计算过的结果，避免重复计算，节省计算时间。故可将【算法 8-1】中最内层循环去掉，改进为【算法 8-2】。

【算法 8-2】 改进的穷举法求解最大子段和。

```
int MaxSubSeqSum2(int List[ ], int n)
{   int ThisSum, MaxSum=0;
    int i, j, besti, bestj;
    for (i=0; i<n; i++)                             //i 为子列左端位置
    {   ThisSum=0;                                  //初始子列 List[i]到 List[j]的和为 0
        for (j=i; j<n; j++)                         //j 为子列右端位置
        {   ThisSum+=List[k];
            if (ThisSum>MaxSum)                     //如果得到的子列和更大则更新结果
            {   MaxSum=ThisSum;
                besti=i;
                bestj=j;
            }
        }                                           //j 循环结束
    }                                               //i 循环结束
    printf("子列位置%d 到%d 和最大，和值为%d", besti, bestj, MaxSum);
    return MaxSum;
}
```

改进后的算法只有嵌套的两层循环，时间复杂度为 $O(n^2)$。这种利用部分中间结果的设计和改进算法的思路，在前面章节中，也有算法用到，如堆排序等。

3．分治法

分治法就是将一个难以解决的问题拆分成若干小问题或规模较小的相同问题，分别解决后原问题便得到解决，即所谓各个击破分而治之。这种方法可能带来两方面的益处：一是简化要解决的问题，被拆分的小问题往往没有原问题复杂，如果仍很复杂，可以进一步拆分；

二是可能降低算法的执行效率。例如，在 3.2.3 节中，对三元组表示的稀疏矩阵的转置算法的改进就是将对矩阵的转置运算拆分为先求 num[]和 cpot[]，再进行转置，将改进前算法的循环嵌套结构改为循环并列结构，算法的时间复杂度便由循环次数相乘的关系变为相加的关系，大大提高了算法执行效率；再比如 7.5 节中归并排序的递归算法，采用的拆分方法是将对 n 个数的排序拆分为分别对前 n/2 和后 n/2 进行排序，再将它们合并，直到拆分成一个数时停止拆分，这样便构成了递归的算法。

本问题采用的是类似归并排序的递归算法的拆分方法，简要描述如下。

1）将所给序列 List[0]～List[n-1]分为两段 List[0]～List[n/2-1]和 List[n/2]～List[n-1]。
2）分别递归求得两段的最大子列和 MaxLeftSum 和 MaxRightSum。
3）从中分点分别向左、右两边扫描，找出中间跨分界线的最大子列和 MaxMidSum。
4）MaxSum=max{MaxLeftSum，MaxMidSum，MaxRightSum}。

具体实现如【算法 8-3】所示。

【算法 8-3】 分治法求解最大子段和。

```
int MaxSubSeqSum3(int List[], int n)
{
    return MaxSubSum (List, 0, n-1 );
}
int MaxSubSum(int List[ ], int left, int right)
{                                              //分治法求 List[left]到 List[right]的最大子列和
    int MaxLeftSum, MaxRightSum;               //存放左右子问题的解
    int MaxLeftMidSum, MaxRightMidSum, MaxMidSum;
    int LeftMidSum, RightMidSum;
    int MaxSum, mid, i;
    if (left= =right)
        if (List[left]>0) return List[left];
        else return 0;
    mid=(left+right)/2;
    MaxLeftSum=MaxSubSum(List, left, mid);
    MaxRightSum=MaxSubSum(List, mid+1; right);
    MaxLeftMidSum=0; LeftMidSum=0;
    for (i=mid;i>=left;i--)                    //从中间向左边扫描
    {   LeftMidSum+=List[i];
        if (LeftMidSum>MaxLeftMidSum)
            MaxLeftMidSum= LeftMidSum;
    }
    MaxRightMidSum=0; RightMidSum=0;
    for (i=mid+1;i<=right;i++)                 //从中间向右边扫描
    {   RightMidSum+=List[i];
        if (RightMidSum>MaxRightMidSum)
```

```
                MaxRightMidSum= RightMidSum;
            }
            MaxMidSum=MaxLeftMidSum+MaxRightSum;           //比较左、中、右 3 个最大子列和
            if (MaxMidSum>MaxLeftSum) MaxSum=MaxMidSum;
            else MaxSum=MaxLeftSum;
        if (MaxSum<MaxRightSum) MaxSum=MaxRightSum;
        return MaxSum;                                      //返回最大的子列和
    }
```

这个算法是递归的，因此其时间复杂度 T(n)也可以表示成如下的递归式。

$$T(n) = \begin{cases} O(1) & n \leqslant c \\ 2T(n/2) + O(n) & n > c \end{cases} \quad (8-2)$$

这是因为：当 n 较小时，算法的时间复杂度相当于常数，记为 O(1)；当 n 较大时，算法先递归调用 2 个长度减半的子问题，时间复杂度可记为 2T(n/2)，然后计算中间跨分界线的最大子列和，这部分有两个简单的 for 循环，所用步骤一共不超过 n，所以可记为 O(n)。求解式（8-2）的递归方程，可得 T(n) = O(nlog₂n)。显然这个算法比前面两个算法的时间效率都好。

4．动态规划法

动态规划方法是一种自底向上的求解方法，即根据得到的递归式，按照递归返回的顺序计算所要求的值。

从上述基于分治思想的求解分析中可看出，若记 $b[j] = \max\limits_{1 \leqslant i \leqslant j}\{\sum\limits_{k=i}^{j}a[k]\}, 1 \leqslant j \leqslant n$，则所求的最大子段和为

$$\max_{1 \leqslant i \leqslant j \leqslant n} \sum_{k=i}^{j} a[k] = \max_{1 \leqslant j \leqslant n} \max_{1 \leqslant i \leqslant j} \sum_{k=i}^{j} a[k] = \max_{1 \leqslant j \leqslant n} b[j]$$

由 b[j]的定义知，当 b[j−1]>0 时，b[j]=b[j−1]+a[j]，否则 b[j]=a[j]。由此可得计算 b[j]的动态规划递归式：

$$b[j] = \max\{b[j-1] + a[j], a[j]\}, 1 \leqslant j \leqslant n$$

根据上述分析，得到基于动态规划思想的求最大子段和问题的算法如【算法 8-4】，其中上述表示 a 向量的数据存于一维数组 List 中，变量 ThisSum 记录当前 b 向量的值，变量 MaxSum 存放着最终的结果。

【算法 8-4】 动态规划法求解最大子段和。

```
int MaxSubSeqSum4(int List[ ], int n)
{   int ThisSum=0, MaxSum=0;
    int i;
    for (i=0; i<n; i++)                      //i 为子列左端位置
    { if (ThisSum>0)
        ThisSum+=List[i];                    //向右累加
      else ThisSum= List[i];
      if (ThisSum>MaxSum)                    //如果得到的子列和更大则更新结果
        MaxSum=ThisSum;
```

```
            }
        return MaxSum;
    }
```

该算法的时间复杂度为 O(n)，空间复杂度也为 O(n)。

在这个应用问题的解决中用的数据结构很简单——顺序存储的线性结构，然而，本应用采用的算法，由于基本解决思路的差别，算法的效率相差很大。这给我们的启示：算法的效率除了会依赖于采用的数据结构，还与所采用的设计算法的策略有关。如穷举法、分治法、贪心法、动态规划法、搜索法、剪枝法和概率的方法等。在前面章节的算法举例中也用到了其中的一些方法，只是没有说明，感兴趣的读者可进一步阅读算法设计与分析方面的参考资料，并请思考前面的哪些算法用到了上面提到的设计算法的策略。

8.2 表达式树的构造

本节通过对表达式树的构造问题进行分析，介绍顺序存储的前缀表达式、中缀表达式和后缀表达式转换为表达式的二叉树存储的步骤。

8.2.1 问题描述

可以把任意一个算术表达式用一棵二叉树表示，如图 8-1 所示为表达式 $3x^2+x-1/x+5$ 的二叉树表示。在表达式二叉树中，每个叶子结点都是操作数，每个非叶子结点都是运算符。对于一个非叶子结点，它的左、右子树分别是它的两个操作数。

对该二叉树分别进行先序、中序和后序遍历，可以得到表达式的 3 种不同表示形式。

前缀表达式：+-+*3*xxx/1x5
中缀表达式：3*x*x+x-1/x+5
后缀表达式：3xx**x+1x/-5+

中缀表达式是经常使用的算术表达式，前缀表达式和后缀表达式分别称为波兰式和逆波兰式，它们在编译程序中有着非常重要的作用。

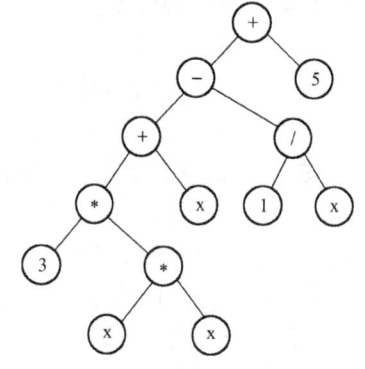

图 8-1 表达式 $3x^2+x-1/x+5$ 的二叉树表示

由于可以用二叉树的形式表示表达式，因此可以通过对二叉树的遍历完成表达式的计算，那么如何将一串字符构成的算术表达式转换为二叉树形式的存储就是首先要解决的问题。假设一串字符构成的算术表达式是仅含有二目运算的前缀、中缀和后缀表达式，考虑如何将它们转换成二叉树的表示形式。

8.2.2 问题分析与解决

本问题的输入数据是一串字符，在转换过程中，该串字符不需要改变，只需要顺次读取，因此可采用一维字符数组存储。本问题的输出是棵二叉树，二叉树中每个结点的数据域为一个运算对象或运算符。

将顺序存储的前缀表达式转换为表达式的二叉树存储时，需要借助一个栈空间帮助实现，用于暂存构造二叉树存储过程中形成的子树的根结点。

将顺序存储的中缀表达式转换为表达式的二叉树存储时，根据 2.5.3 节介绍的中缀表达式求值的算法过程，需要借助两个栈空间帮助实现，一个用于暂存读取的运算符生成的二叉树中的结点，称为运算符栈，另一个用于暂存构造二叉树存储过程中形成的子树的根结点，称为子树栈。

将顺序存储的后缀表达式转换为表达式的二叉树存储时，根据 2.5.3 节介绍的后缀表达式求值的算法过程，需要借助一个栈空间帮助实现，用于暂存构造二叉树存储过程中形成的子树的根结点。

下面分别给出将前缀、中缀和后缀表达式转换为二叉树存储的算法步骤。

1．顺序存储的前缀表达式转换为表达式的二叉树存储

依次读入表达式串中的字符，进行如下步骤的处理。

1）读取表达式串的第一个字符。

2）如果当前读入的字符是运算符，则将其作为单个结点构造一棵二叉树，并将这棵二叉树结点压入堆栈。

3）如果当前读入的字符是运算对象，则将其作为单个结点构造一棵二叉树，然后读取栈顶元素，根据如下判断进行处理：

- 如果当前栈顶元素为运算符结点，则将构造的运算对象结点二叉树入栈。
- 如果当前栈顶元素为运算对象结点，则弹出栈顶的前两个元素，第二个弹出的结点必为运算符结点，将弹出的第一个结点和构造的结点分别作为运算符结点的左子树和右子树，此时形成了一棵以运算符结点为根的二叉树，再准备将该二叉树的根结点作为运算对象入栈，回到 3）开始处继续。

4）若表达式串未读完，读取表达式串的下一个字符，回到 2）继续处理；若表达式串已读完，则当前栈顶元素的值为二叉树存储表达式的根结点，弹出并返回即可。

在上述处理中，由于在使用堆栈时，需要区分二叉树结点的数据域存储的是运算符字符还是运算对象字符，因此栈的结点结构需要再添加一个标记分量，标记分量为 0 表示运算符，标记分量为 1 表示运算对象或作为运算对象对待。

例如，将前缀表达式串-*3^2-+4*22*135 构造成表达式的二叉树存储过程如图 8-2 所示，图中标记"1"的子树，是指当前得到的子树，它还没有入栈，需要根据情况执行入栈或从栈中弹出元素，构成新的子树。

图 8-2a 表示的是依次读入前缀表达式串入栈的情况，直到当前构造的二叉树是运算对象，栈顶元素也是运算对象。

图 8-2b 表示弹出栈顶的前两个元素，以第二个弹出的运算符结点为根，将第一个弹出的运算对象结点作为根的左子树，将当前的运算对象作为根的右子树，构造出新的子树。

图 8-2c 表示按照 3）两次循环处理结束后，回到 2），继续读入了一个运算符和两个运算对象。

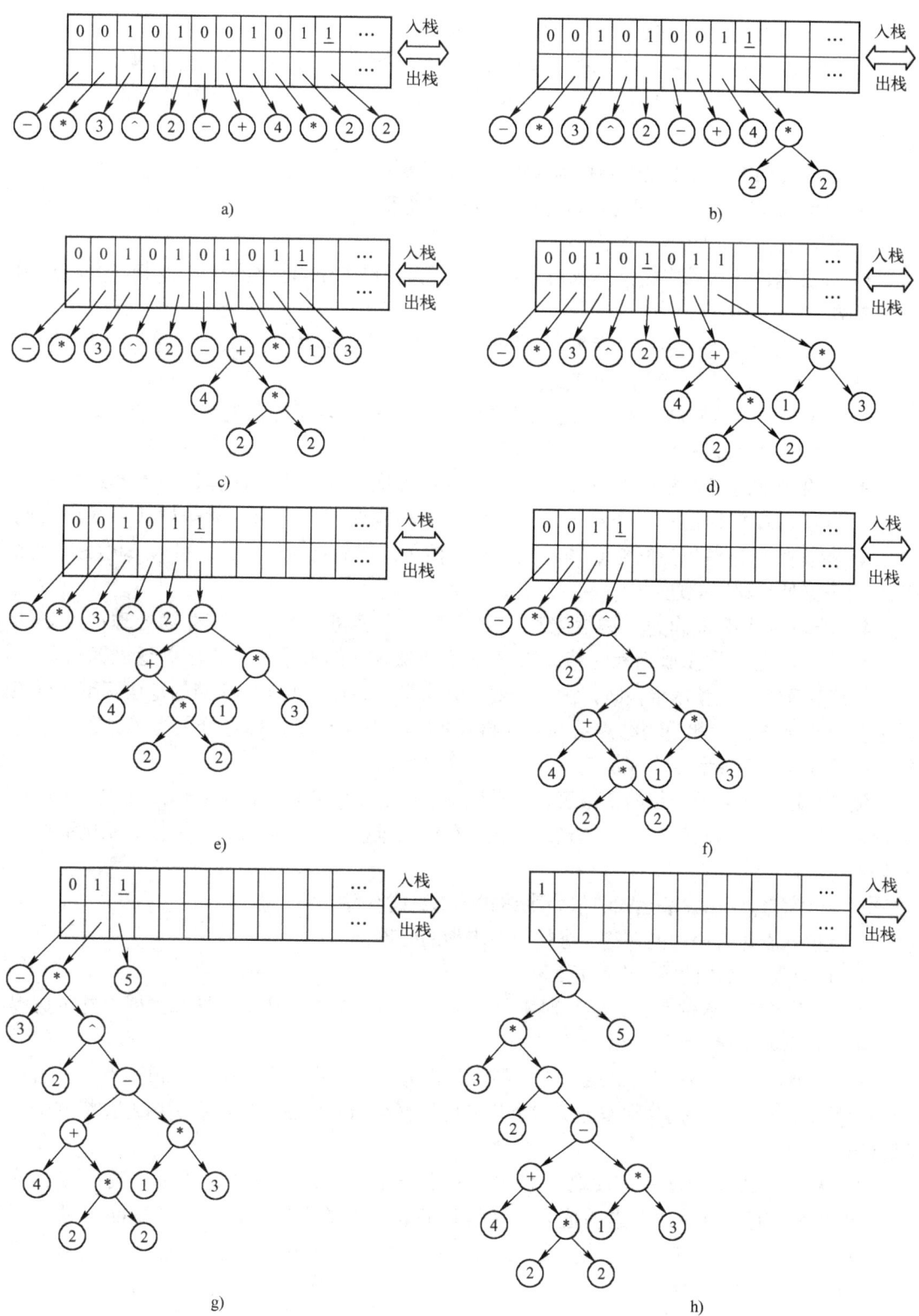

图 8-2 前缀表达式构造表达式树的过程

图 8-2d～g 分别表示在 3）上 4 次循环中栈的中间结果。

图 8-2h 表示的是当表达式串输入结束后，栈中存储的数据，即为所求的结果。

可以看出，对这棵二叉树进行中序遍历和后序遍历可分别得到中缀表达式和后缀表达式。

2. 顺序存储的中缀表达式转换为表达式的二叉树存储

依次读入表达式串中的字符，进行如下步骤的处理。

1）读取表达式串的第一个字符。

2）如果当前读入的字符是运算对象，则将其作为单个结点构造一棵二叉树，并将这棵二叉树结点压入子树栈。

3）如果当前读入的字符是运算符，则将其作为单个结点构造一棵二叉树，然后读取运算符栈顶元素，根据如下判断进行处理：

- 如果当前运算符栈的栈顶结点存储的运算符优先级低于当前构造结点的运算符，则将构造的运算符结点二叉树入运算符栈。
- 如果当前运算符栈的栈顶结点存储的运算符优先级高于当前构造结点的运算符，则从运算符栈出栈一个结点，以该结点为根构造二叉子树，从子树栈中弹出前两棵子树，分别作为根结点的左孩子和右孩子，然后将新构成的子树入子树栈，回到开始处，继续处理。

4）若表达式串未读完，读取表达式串的下一个字符，回到 2）继续处理；若表达式串已读完，则当前栈顶元素的值为二叉树存储表达式的根结点，弹出并返回即可。

上述处理中，在使用堆栈时，由于需要区分二叉树结点的数据域存储的是运算符字符还是运算对象字符，因此栈的结点结构需要再添加一个标记分量，标记分量为 0，表示运算符；标记分量为 1 表示运算对象或作为运算对象对待。

读者可以 2.5.3 节介绍的中缀表达式求值中的中缀表达式串为例，类似图 8-2，画出在顺序存储的中缀表达式转换为表达式的二叉树存储的过程中运算符栈和子树栈的变化情况，此处不再赘述。

3. 顺序存储的后缀表达式转换为表达式的二叉树存储

依次读入表达式串中的字符，进行如下步骤的处理。

1）读取表达式串的第一个字符。

2）如果当前读入的字符是运算对象，则将其作为单个结点构造一棵二叉树，并将这棵二叉树结点压入堆栈。

3）如果当前读入的字符是运算符，则将其作为单个结点构造一棵二叉树，然后弹出栈中的前两个元素，将它们分别作为所构造二叉树运算符结点的左子树和右子树，并将这个运算符结点入栈。

4）若表达式串未读完，读取表达式串的下一个字符，回到 2）继续处理；若表达式串已读完，则当前栈顶元素的值为二叉树存储表达式的根结点，弹出并返回即可。

读者可以 2.5.3 节介绍的后缀表达式求值中的中缀表达式串为例，类似图 8-2，画出在顺序存储的后缀表达式转换为表达式的二叉树存储的过程中栈的变化情况，此处不再赘述。

对算术表达式的识别和计算是计算机程序设计语言编译系统需要解决的问题，可采用上述算法，将算术表达式存储成二叉树形式，以方便计算。

8.3 由等价关系求划分

由等价关系求划分也就是求等价关系对应的等价类,这类问题通常又被称为并查集问题,是指那些需要进行集合查找与合并运算来解决的问题,一般采用树结构存储数据,所以也可以看作是树的应用,本节将分析这类问题并给出其解决步骤。

8.3.1 问题描述

已知集合 S 及其上的等价关系 R,求 R 在 S 上的一个划分 $\{S_1, S_2, \cdots, S_n\}$,其中,$S_1, S_2, \cdots, S_n$ 分别为 R 的等价类,它们满足:

$$\bigcup_{i=1}^{n} S_i = S \text{ 且 } S_i \bigcap S_j = \phi (i \neq j)$$

设集合 S 中有 n 个元素,关系 R 中有 m 个序偶对。

8.3.2 问题分析与解决

集合 S 上的等价关系 R 是指由集合 S 中的元素构成的序偶的集合,且该序偶的集合在 S 上满足自反的、对称的和可传递的。

1. 设计思路

该问题的输入是 m 个序偶,输出是若干个子集,处理思路如下。

1)令 S 中每个元素各自形成一个单元素的子集,记作 $S_1, S_2, \cdots, S_n$。

2)重复读入 m 个序偶对,对每个读入的序偶对<x, y>,判定 x 和 y 所属子集。不失一般性,假设 $x \in S_i$,$y \in S_j$,若 $S_i \neq S_j$,则将 S_i 并入 S_j,并置 S_i 为空(或将 S_j 并入 S_i,并置 S_j 为空);若 $S_i = S_j$,则不做任何操作,接着读入下一对序偶。直到 m 个序偶对都被处理过后,$S_1, S_2, \cdots, S_n$ 中所有非空子集即为 S 的 R 等价类,这些等价类的集合即为集合 S 的一个划分。

本问题涉及的数据的存储结构主要是对所划分的各个子集的存储。由于随着序偶的输入,需要先判断构成序偶的两个元素是否已在同一个子集内,如果没有在同一个子集内,则需要合并子集。为方便上述操作,选择采用 4.7.5 节介绍的用树结构来表示集合,具体可采用双亲表示法来存储划分中的各个子集。

通过前面的分析可知,本算法在实现过程中所用到的基本操作有以下两个。

- Find(S,x)查找函数。确定集合 S 中的单元素 x 所属子集 Si,函数的返回值为该子集树根结点在双亲表示法数组中的序号。
- Union(S, i, j)集合合并函数。将集合 S 的两个互不相交的子集合并,i 和 j 分别为两个子集用树表示的根结点在双亲表示法数组中的序号。合并时,将一个子集的根结点的双亲域的值由没有双亲改为指向另一个子集的根结点。

这两个操作在 4.7.5 节中已经介绍过,下面就本问题的解决算法步骤给出描述。

1) k=1。

2) 若 k>m 则转 7),否则转 3)。

3) 读入一序偶对<x,y>。

4）i= Find(S, x)，j= Find(S, y)。

5）若 i≠j，则 Union(S, i, j)。

6）++k；转 2）。

7）输出结果，结束。

2. 算法的时间复杂度

集合元素的查找算法和不相交集合的合并算法的时间复杂度分别为 O(d) 和 O(1)，其中 d 是树的深度。这种表示集合的树的深度和树的形成过程有关。在极端的情况下，每读入一个序偶对，就需要合并一次，即最多进行 m 次合并，若假设每次合并都是将含成员多的根结点指向含成员少的根结点，则最后得到的集合树的深度为 n，而树的深度与查找有关。这样全部操作的时间复杂性可估计为 O(m×n)。由此产生了一个问题，就是采用什么策略进行集合的合并能够获得更好的查找效率。

一般有下述 4 种策略，如图 8-3 所示。

1）按照输入序偶对的顺序顺次合并。即将序偶对的第一个元素所在的树作为序偶第二个元素所在树的根结点的一棵子树，或将序偶对的第二个元素所在树作为序偶第一个元素所在树的根结点的一棵子树。如图 8-3a 所示。

2）按照规模合并。即根据树中元素的个数确定合并的方式，如果序偶对的第一个元素所在的树的元素个数不小于序偶第二个元素所在树的元素个数，则将序偶对的第二个元素所在的树作为序偶第一个元素所在树的根结点的一棵子树；否则将序偶对的第一个元素所在的树作为序偶第二个元素所在树的根结点的一棵子树。如图 8-3b 所示。

3）按照树高合并。即根据树的高度确定合并的方式，如果序偶对的第一个元素所在的树的高度不小于序偶第二个元素所在树的高度，则将序偶对的第二个元素所在的树作为序偶第一个元素所在树的根结点的一棵子树；否则将序偶对的第一个元素所在的树作为序偶第二个元素所在树的根结点的一棵子树。如图 8-3c 所示。

4）路径压缩方法。在查找序偶对中的两个元素所在的树时，如果两元素或其双亲不是树根，则先将其双亲改为树根，再进行树的合并。如图 8-3d 所示。

在 4.7.5 节中给出的合并算法属于第一种策略，读者可考虑另外 3 种策略实现的算法。

此外，对集合的存储也可以视其为线性结构，采用顺序存储或链式存储，但就本应用而言，采用树结构存储，能够更方便、高效地实现集合的并，以及对元素所属集合的查找。读者可考虑如果按照线性结构存储集合，应用问题解决的算法，并与本算法在时空效率方面进行对比。

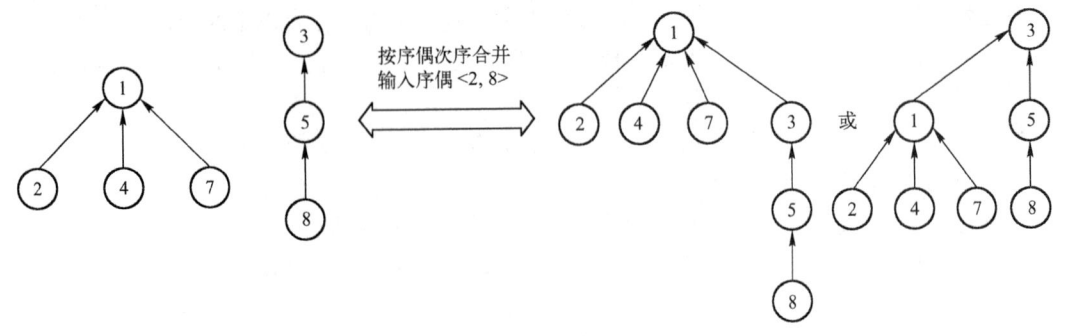

a)

图 8-3 树结构表示集合合并的 4 种策略

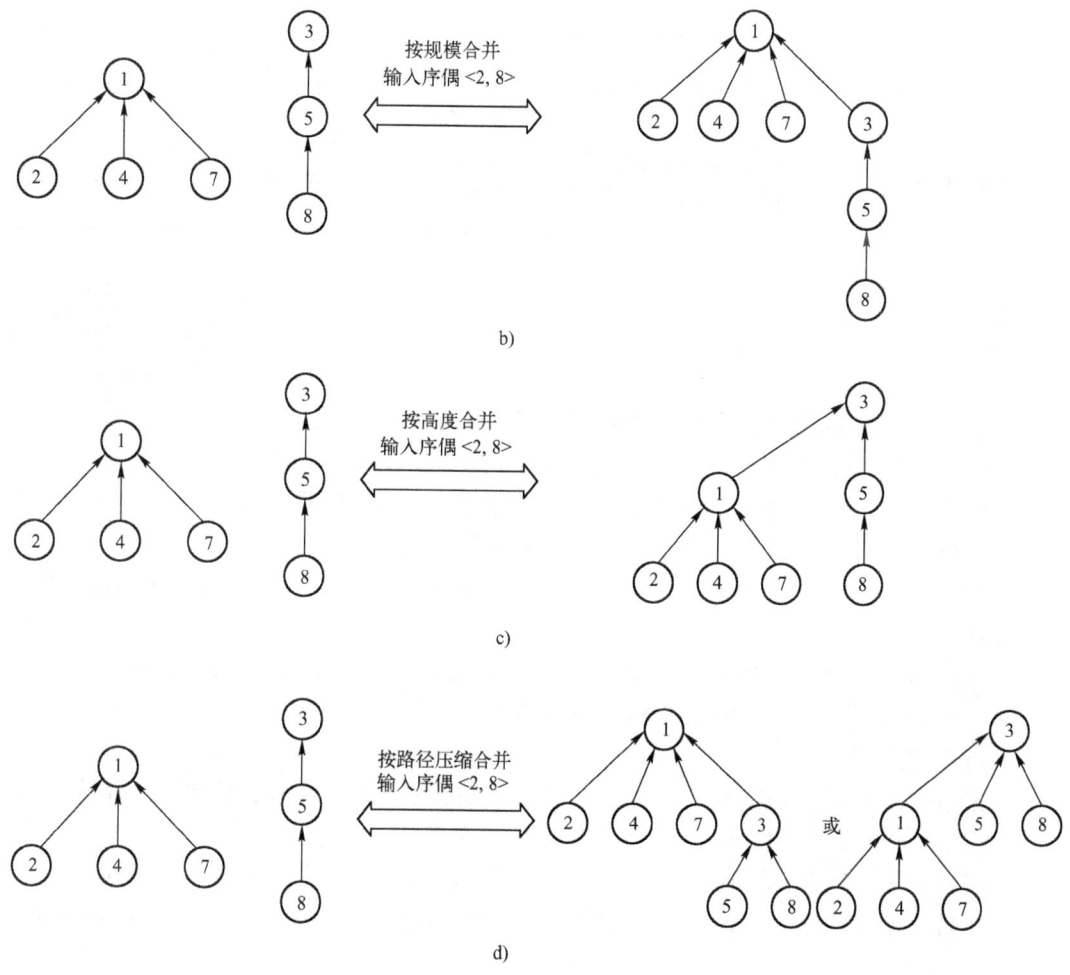

图 8-3 树结构表示集合合并的 4 种策略（续）

8.4 本章知识点小结

知 识 点	描 述	学 习 要 求
基于穷举策略的算法设计	穷举法是应用计算机解决问题常用的方法，思想极为朴素，即对所有可能的解进行处理，得出判断	理解穷举的思想，能够应用穷举思想设计算法以及进行算法分析
基于分治策略的算法设计	分治法是简化问题，是解决复杂问题的一种方法，常对应递归的算法设计，也是寻求高效率算法的思考途径之一	理解分治策略的思想，以及分治与递归的关系；并能举出在数据结构课程中应用分治策略的算法
基于动态规划的算法设计	动态规划方法是一种自底向上的求解方法，与递归求解的顺序正好相反，算法效率一般较高，但不易理解	理解动态规划策略的思想，及其求解过程与分治策略的不同之处
基于贪心策略的算法设计	贪心选择的策略是指在求问题整体最优解时，可以通过一系列局部最优的选择来达到。如求最小生成树的 Prim 算法和 Kruskal 算法、哈夫曼树的构造算法和单源点的最短路径算法（Dijkstra 算法）等，但是这种启发式的策略并不总有效	通过熟悉的应用算法理解贪心策略的算法设计思想
基于搜索策略的算法设计	基于搜索的策略往往在穷举法中用于在所有可能的解中搜索，搜索的方法一般有两种：深度优先和广度优先。如走迷宫问题的求解	通过熟悉的应用算法理解基于搜索策略的算法设计思想

知识点	描述	学习要求
表达式二叉树的构造	对表达式二叉树的先序、中序和后序遍历,可分别得到前缀、中缀和后缀表达式,因此若将表达式存成二叉树形式,能方便表达式的计算	理解表达式与二叉树的对应关系;巩固对字符串、栈和二叉树存储和遍历知识的掌握
应用树表示集合的应用	用树结构表示集合,能够很方便、高效地实现集合的并,以及对元素所属集合的查找,由等价关系求划分就是这方面较典型的应用	掌握用树表示集合的方法,理解其中的便利和存在的问题与解决思路

练习题

习题解答
第8章 习题解答

一、简答题

1. 请举出在"数据结构"课程中讲过的算法里用到穷举思想的算法。
2. 请举出在"数据结构"课程中讲过的算法里用到分治思想的算法。
3. 请举出在"数据结构"课程中讲过的算法里用到贪心思想的算法。
4. 请举出在"数据结构"课程中讲过的算法里用到搜索思想的算法。
5. 采用树结构表示集合,在对集合合并时,按规模合并和按高度合并是否都能产生平衡的树结构?
6. 依次输入序偶<0,1>、<2,3>、<2,4>、<2,5>、<6,7>、<8,9>、<6,8>、<0,6>、<0,2>,分别给出4种合并策略下的结果。

二、算法设计题

1. 采用设计解决矩阵连乘问题的算法,所谓矩阵连乘问题是指求解给定 n 个矩阵{A_1, A_2, ⋯, A_n}连乘的计算顺序的最佳方案,即时间效率最好的方案。
2. 用 C 语言描述分别将前缀、中缀和后缀表达式串转换为表达式树的构造算法。
3. 等价关系与划分存在着一一对应的关系,设计算法实现将输入的划分生成对应的等价关系,并输出。
4. 给定两个序列 X 和 Y,当另一个序列 Z 既是 X 的子序列又是 Y 的子序列,则称 Z 是 X 和 Y 的公共子序列。设计算法求出 X 和 Y 的最长公共子序列。
5. 采用树结构表示集合,分别设计算法,实现按规模合并、按高度合并和路径压缩策略实现集合合并的算法。

实验题

题目1 模拟银行排队办理业务

1. 问题描述

人们到银行办理业务往往需要排队。以前银行采用的是多队列多窗口式服务,后来大多数银行安装了电子叫号系统,将服务顺序改为单队列多窗口式服务,现如今一些银行还增设了 VIP 顾客,服务顺序设为双队列多窗口式服务。请根据下面的要求,编写程序模拟这 3 种不同的银行服务模式,从而比较、分析不同方法产生的效果。

2. 要求

1）输入下列数据时：银行的窗口数（包括普顾客业务办理窗口数和 VIP 顾客业务办理窗口数）、顾客总数、每位顾客的类型以及其到达的时间和处理事务的时间，采用先来先服务的排队策略，分别计算在问题描述中提到的 3 种银行服务模式下，每个顾客的等待时间以及所有顾客的平均等待时间。

2）采用短时间服务业务优先的排队策略，分别计算在问题描述中提到的 3 种银行服务模式下，每个顾客的等待时间以及所有顾客的平均等待时间。

3）采用长时间服务业务优先的排队策略，分别计算在问题描述中提到的 3 种银行服务模式下，每个顾客的等待时间以及所有顾客的平均等待时间。

4）通过分析上述排队策略的优劣，提出一种与以上不同的排队策略，分析其特点并分别计算在问题描述中提到的 3 种银行服务模式下，每个顾客的等待时间以及所有顾客的平均等待时间。

题目2 0-1背包问题

1. 问题描述

给定 n 种物品和一背包。物品 i 的重量是 w_i，其价值为 v_i，背包的容量为 C。问应如何选择装入背包的物品，使得装入背包中物品的总价值最大？

该问题可抽象成如下的数学表达，在满足式（8-3）的条件下，求得到式（8-4）的 x 序列的取值。

$$\begin{cases} \sum_{i=1}^{n} w_i x_i \leqslant C \\ x_i \in \{0,1\}, 1 \leqslant i \leqslant n \end{cases} \tag{8-3}$$

$$\max \sum_{i=1}^{n} v_i x_i \tag{8-4}$$

2. 要求

1）采用3种不同的算法设计策略，设计并实现解决 0-1 背包问题的算法。

2）对所设计的算法的时空复杂性进行分析比较。

附　　录

附录 A　实验要求

1. 实验概述

"数据结构"是一门实践性很强的软件基础课程，课堂讲授可以使学生对数据结构和算法有一定了解，但要学好这门课，每个学生必须完成一定数量的上机实验作业。上机实验是对学生的一种全面综合训练，是与课堂听讲、自学和练习相结合的一个必要教学环节。通过上机实验可使学生深刻理解各种逻辑结构、存储结构的特性。

实验题中所要解决的问题比平时的习题要复杂，更接近于解决实际问题。实验着眼于理论与应用的结合，使学生学会将理论知识与实际问题相联系，用所学知识去解决实际问题，培养软件工程的思想，提高实践能力。同时，能使学生更加深刻地理解和灵活掌握所学内容。实验题是软件设计的综合训练，需要学生用软件工程的思想去解决实际问题。需要学生进行问题分析，总体结构设计，详细设计，编码和测试等一系列的　步骤。

实验题采取了统一的格式，由问题描述、基本要求、提示与分析、测试数据、选作内容5 部分组成。问题描述旨在为学生建立问题提出的背景环境，要回答的问题是："要解决的问题是什么？"基本要求将要解决的问题具体化，指出了具体应该实现的功能，对输入和输出的格式要求也做了说明；提示与分析部分对实现中的难点及其算法思想作了简要提示，给出了主要数据结构及其数据类型的定义，对基本功能进行了分析；测试数据部分给出了具有代表性的，包括边缘情况的一些数据，旨在为检查学生上机作业提供方便；选做内容旨在开拓学生的思路，用以完成基本要求以外的问题，对程序进行扩展，使其功能更加完善，结构更加合理，容易修改扩充。

在这里需要指出的是，对于每个实验所给出的提示和分析，旨在培养学生用科学的方法去思考问题，解决问题，把学生的思路引上正轨，避免坏结构程序和坏习惯。当然，学生也不必拘泥于提示中所给出的方法，可以自己设计更好的结构，更高效的算法。

2. 实验步骤

随着计算机性能的提高，它所面临的软件开发的复杂度也日趋增加，这就要求软件开发需要系统的方法。一种常用的软件开发方法，是用软件工程的思想去设计，即将软件开发过程划分为分析、设计、实现和维护 4 个阶段。虽然"数据结构"课程中的实验题不如开发一个软件复杂，但为了培养一个软件工作者所应具备的科学工作的方法和作风，制订了如下所述完成实验的 5 个步骤。

（1）问题分析

通常，实验题目的陈述比较简洁，不能具体地阐述到底应该做什么。因此，在进行设计之前，需要进一步的分析问题，明确要解决的问题是什么，如果不知道问题是什么就试图解决这个问题，显然是盲目的，会造成时间和精力的浪费。通过这一步骤，可以对问题进行更加明确的描述，包括输入数据的格式、类型以及输入形式，输出数据的格式，对非法输入的处理方式等。这一步还应该为调试程序准备好测试数据，要考虑边缘情况。

（2）数据类型和设计

在设计这一步骤中需分总体设计和详细设计两步实现。总体设计指的是，对问题描述中涉及的操作对象定义相应的数据类型，确定数据的逻辑结构，并划分出相应的模块，也就是说要回答的问题是："概括地说，应该如何解决问题？"详细设计指的是为选用的数据结构定义相应的存储结构并写出各函数的伪码算法。它要回答的问题是："应该怎么样具体地解决这个问题，实现这个系统？"在这个过程中，要综合考虑系统功能，使系统结构清晰、合理、简单和易于调试。总体设计的结果是写出数据结构的描述和各个主要模块的算法，并找出模块之间的调用关系。详细设计的结果是对数据结构和基本操作的规格说明作出进一步的描述，写出数据存储结构的类型定义，按照算法书写规范用类 C 语言写出算法框架。

（3）编码实现和模块检查

这个步骤的任务是写出正确的容易理解的程序模块。学生应该根据问题的性质和实际环境，选取一种适当的高级程序设计语言，把详细设计的结果翻译成用选定的语言书写的程序。在程序编写过程中，要考虑程序的书写规范，形成良好的编码习惯，尽量做到语句简洁，清晰。另外，如何编写程序才能较快地完成调试是特别要注意的问题。

编码之后，要分模块对程序进行检查，一行行检查各功能模块的代码，看有无除语法错误以外的错误。检查时可以用一组测试数据顺着程序思路，手工执行程序，看最后结果是否是问题的解。这样会对程序逻辑进行全面的理解。

（4）上机准备和上机调试

上机准备包括以下几方面内容。

1）熟练掌握所需的程序设计语言，了解其书写规范。

2）要特别注意 C 语言与书中描述算法的类 C 语言之间的细微差别。

3）熟练运用调试工具，考虑调试方案，设计测试数据并手工执行，得出预期的结果。

上机调试程序时要带一本 C 语言教材或语法手册，遇到问题可以随时查阅。调试时也可以按模块来进行，用测试数据来对程序进行检查，纠错。在调试过程中要充分利用的各种方法，提高调试效率。

调试正确后，要对程序代码和注释进行整理，得出带有完整注释的结构清晰的程序。

（5）总结和整理实验报告

在实验完成后，要总结整个实验过程，写出该实验的实验报告。

本章最后给出了一个实验报告样例，以供读者参考。

3．实验报告规范

学生严格按照实验步骤规范进行实验可以避免写出结构不好、思路和概念不清的程序，有利于养成良好的编程习惯。下面给出了实验报告的规范样本，为以后写与软件配套的文档打下基础。

实 验 题 目

班级　　　姓名　　　学号　　　日期

（一）问题描述
1．功能要求。
2．输入/输出的要求。
3．测试数据样例。

（二）算法结构分析与设计
1．算法中所用的抽象数据类型的定义。
2．算法主模块的流程及各子模块的主要功能。
3．模块之间的层次关系。

（三）算法详细设计
1．采用 C 语言定义相关的数据类型。
2．写出各模块的伪码算法。
3．画出函数的调用关系图。

（四）算法实现与调试分析
1．测试数据的设计。
2．算法实现（给出程序运行截图）。
3．调试中遇到的问题及对问题的解决方法。
4．算法的时间复杂度和空间复杂度。

（五）源程序
要求程序简洁、清晰，主要语句带注释。

附录 B 模拟试卷

习题解答
模拟试卷一解答

模拟试卷一

一、单选题（共 20 分，每小题 2 分）

1. 在发生非法操作是，算法能够做出适当处理的特性称为（　　）。
   A. 正确性　　　B. 健壮性　　　C. 可读性　　　D. 可移植性
2. 将递归算法转换成对应的非递归算法时，通常需要使用（　　）。
   A. 栈　　　　　B. 队列　　　　C. 链表　　　　D. 树
3. 一棵完全二叉树上有 1001 个结点，其中叶子结点的个数是（　　）。
   A. 500　　　　B. 501　　　　C. 490　　　　D. 495
4. 设森林 F 中有三棵树，第一，第二，第三棵树的结点个数分别为 N1，N2 和 N3。与森林 F 对应的二叉树根结点的右子树上的结点个数是（　　）。
   A. N1　　　　B. N1+N2　　　C. N2　　　　D. N2+N3
5. 下面（　　）方法可以判断出一个有向图是否有环（回路）。
   A. 深度优先遍历　　　　　　　B. 拓扑排序
   C. 求最短路径　　　　　　　　D. 求关键路径
6. 当各边上的权值（　　）时，BFS 算法可用来解决单源最短路径问题。
   A. 均相等　　　B. 均互不相等　C. 不一定相等　D. 不能解决
7. 散列表的平均查找长度和（　　）无直接关系。
   A. 散列表记录类型　　　　　　B. 散列函数
   C. 处理冲突的方法　　　　　　D. 装填因子
8. 在关键字随机分布的情况下，用二叉排序树的方法进行查找，其查找长度相当于（　　）。
   A. 顺序查找　　　　　　　　　B. 折半查找
   C. 前两者均不正确　　　　　　D. 斐波那契查找
9. 稳定的排序方法是（　　）。
   A. 直接插入排序和快速排序　　B. 折半插入排序和冒泡排序
   C. 简单选择排序和四路归并排序　D. 树形选择排序和 shell 排序
10. 若需在 $O(n\log_2 n)$ 的时间内完成对数组的排序，且要求排序是稳定的，则可选择的排序方法是（　　）。
    A. 快速排序　　B. 堆排序　　　C. 归并排序　　D. 直接插入排序

二、判断题（共 10 分，每小题 1 分）

（　　）1. 通过对堆栈 S 操作：Push(S,1), Push(S,2), Pop(S), Push(S,3), Pop(S), Pop(S)。输出的序列为：123。
（　　）2. 在线性表的链式存储结构中，逻辑上相邻的元素在物理位置上不一定相邻。
（　　）3. 完全二叉树中，若一个结点没有左孩子，则它必是叶子。
（　　）4. 缩短关键路径上活动的工期一定能够缩短整个工程的工期。

（　　）5．一个带权无向连通图的生成树可能有多棵，但其最小生成树只有一棵。

（　　）6．无向图的邻接矩阵一定是对称的，有向图的邻接矩阵一定是不对称的。

（　　）7．对一棵二叉排序树按前序遍历方法得到的结点序列一定是从小到大有序的。

（　　）8．树中所有结点的平衡因子都为零。

（　　）9．当待排序的元素很多时，为了交换元素的位置，移动元素要占较多的时间，这是影响时间复杂度的主要原因。

（　　）10．对有 n 个记录的集合进行归并排序，所需要的辅助空间数与初始记录的排列状况有关。

三、简答题（共 30 分，每小题 6 分）

1．什么是循环队列？循环队列的优点是什么？如何判别它的空和满？

2．证明：由二叉树的前序序列和中序序列可以唯一地确定一棵二叉树。

3．对如图 B-1 所示带权无向图，画出其邻接矩阵；并用 Kruskal 算法求其最小生成树，请给出过程。

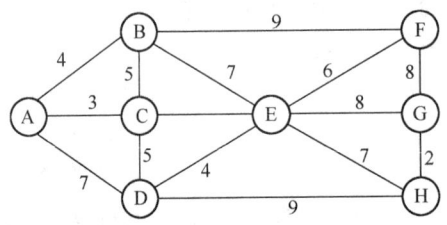

图 B-1　带权无向图

4．什么是 B 树？B 树与 B+树有何区别？

5．已知序列{50, 18, 12, 61, 8, 17, 87, 25}，请给出采用堆排序对该序列做升序排序时的每一趟结果。

四、算法设计题（共 40 分，每小题 10 分）

1．设单链表中仅有大写字母、数字字符和其他字符三类字符的数据元素，请设计一个算法将这三类字符分别放在三个单链表中，每个单链表只包含同类字符，要求利用原单链表中结点空间。

2．编写一个双向冒泡的算法，即相邻两遍向相反方向冒泡。

3．假设二叉排序树 T 的各个元素值均不相同，设计一个算法按递减次序打印各元素的值。

4．假设以邻接矩阵作为图的存储结构，编写算法判断在给定的有向图中是否存在一个简单有向回路，若存在，则以顶点序列的方式输出该回路（找到一条路即可）。

模拟试卷二

一、单选题（共 20 分，每小题 2 分）

1．如果线性表中最常用的操作是存取第 i 个元素及其前驱结点的值，则采用（　　）存储方式节省时间。

　　A．单链表　　　　B．双链表　　　　C．单循环链表　　　　D．顺序表

2. 稀疏矩阵一般的压缩存储方法有两种，即（　　）。
   A．二维和三维数组　　　　　　　B．三元组和散列
   C．散列和十字链表　　　　　　　D．三元组和十字链表

3. 一棵非空二叉树的先序遍历序列与后序遍历序列正好相反，则该二叉树一定满足（　　）。
   A．所有的结点均无左孩子　　　　B．所有的结点均无右孩子
   C．只有一个叶子结点　　　　　　D．是一棵满二叉树

4. 引入线索二叉树的目的是（　　）。
   A．加快查找结点的前驱或后继的速度
   B．为了能在二叉树中方便地进行插入与删除
   C．为了能方便地找到双亲
   D．使二叉树的遍历结果唯一

5. 用邻接矩阵 A 表示图，判定任意两个顶点 v_i 和 v_j 之间是否有长度为 m 的路径相连，则只要检查（　　）的第 i 行第 j 列的元素是否为零即可。
   A．mA　　　　B．A　　　　C．A^m　　　　D．A^{m-1}

6. 下列哪一种图的邻接矩阵是对称矩阵（　　）。
   A．有向图　　　B．无向图　　　C．AOV 网　　　D．AOE 网

7. 一棵深度为 K 的平衡二叉树，其每个非终端结点的平衡因子均为 0，则该树共有结点（　　）个。
   A．$2^{k-1}-1$　　B．2^k-1　　C．$2^{k-1}+1$　　D．$2k-1$

8. 二叉排序树中，键值最小的结点一定（　　）。
   A．左指针为空　　　　　　　　　B．右指针为空
   C．左右指针均为空　　　　　　　D．左右指针均非空

9. 下面给出的四种排序方法中，排序过程中的比较次数与排序方法无关的是（　　）。
   A．选择排序　　B．插入排序　　C．快速排序　　D．堆排序

10. 下列排序算法中（　　）不能保证每趟排序至少能将一个元素放到其最终的位置上。
    A．快速排序　　B．shell 排序　　C．冒泡排序　　D．堆排序

二、判断题（共 10 分，每小题 1 分）

（　）1．数据的逻辑结构是指数据的各数据项之间的逻辑关系。

（　）2．对于有 N 个结点的二叉树，其高度为 $\lfloor log2N \rfloor+1$。

（　）3．满二叉树一定是完全二叉树，反之未必。

（　）4．有 n 个顶点的无向简单图，采用邻接矩阵表示，图中的边数等于邻接矩阵中非零元素个数之和的一半。

（　）5．一个图的广度优先搜索树是唯一的。

（　）6．缩短关键路径上活动的工期一定能够缩短整个工程的工期。

（　）7．二分查找效率一定高于顺序查找。

（　）8．哈希函数越复杂越好，这样冲突可能性就减小了。

（　）9．对 n 个记录的集合进行快速排序，所需要的附加空间数是 O(n)。

（　　）10．堆排序所需要的附加空间数与待排序的记录个数无关。

三、简答题（共 30 分，每小题 6 分）

1．如何用两个堆栈模拟实现一个队列？如果这两个堆栈的容量分别是 m 和 n（m>n），你的方法能保证的队列容量是多少？

2．对于图 B-2 所示的树，试给出：
1）双亲数组表示法示意图。
2）孩子链表表示法示意图。
3）孩子兄弟链表表示法示意图。

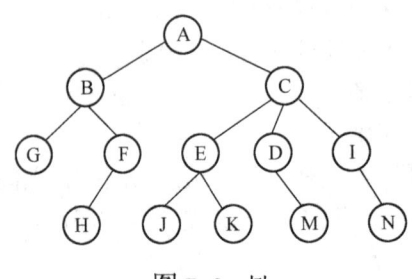

图 B-2　树

3．设 AOE 网如图 B-3 所示，求：
1）列出各个事件的最早、最迟发生时间。
2）找出该 AOE 网中的关键路径，并回答完成该工程需要的最短时间。

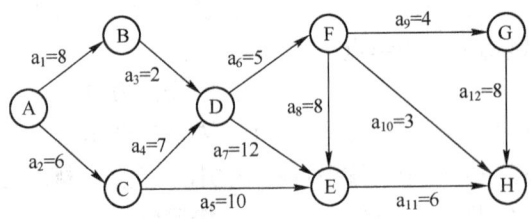

图 B-3　AOE 网

4．按序列 35，18，6，72，95，21，54，3，81，90，40，38 顺序插入结点，建立一棵二叉排序树，然后删除结点 72，删除后树高不能增高。分别画出该二叉排序树及删除结点 72 后的二叉排序树。

5．应用直接插入排序算法，对关键值序列 25，84，68，47，35，27，21，15，24 从小到大排列。试写出每趟排序的结果。

四、算法设计题（共 40 分，每小题 10 分）

1．带头结点的单链表 H 中存放着互不相同的若干自然数，表中的数据无次序。请编写高效算法按值递减的次序逐个输出 H 中各结点的数据元素，输出后立即释放该结点所占的存储空间，最终单链表 H 被撤销。

2．利用折半查找算法在一个有序表中插入一个元素 x，并保持表的有序性。

3．编写算法判定两棵二叉树是否相似。所谓两棵二叉树 s 和 t 相似，即要么它们都为空或都只有一个结点，要么它们的左右子树都相似。

4．利用拓扑排序算法的思想写一算法判别有向图中是否存在有向环，当有向环存在时，输出构成环的顶点。

模拟试卷三

一、单选题（共 20 分，每小题 2 分）

1．数据的存储结构是指（　　）。
   A．数据所占的存储空间量　　　　　B．数据在计算机中的顺序存储方式
   C．存储在外存中的数据　　　　　　D．数据的逻辑结构在计算机中的表示

2．在一个链队列中，若 f, r 分别为队首、队尾指针，则插入 s 所指结点的操作为（　　）。
   A．f->next=c;f=s;　　　　　　　　B．r->next=s;r=s;
   C．s->next=r;r=s;　　　　　　　　D．s->next=f;f=s;

3．一个具有 567 个结点的二叉树的高 h 为（　　）。
   A．9　　　　　　B．10　　　　　　C．9～566　　　　　　D．10～567

4．给一个整数集合{3, 5, 6, 7, 9}，与该整数集合对应的哈夫曼树是（　　）。

   A.　　　　　　　　　　　　　　　　B.

   C.　　　　　　　　　　　　　　　　D.

5．一个有 n 个结点的图，最少有（　　）个连通分量。
   A．0　　　　　　B．1　　　　　　C．n-1　　　　　　D．n

6．下面存储表示中最适于表示稀疏无向图的是（　　）。
   A．邻接矩阵　　　B．邻接表　　　C．邻接多重表　　　D．十字链表

7．折半查找算法要求被查找表是（　　）。
   A．有序链表　　　B．单链表　　　C．有序顺序表　　　D．顺序表

8．散列查找中 k 个关键字具有同一散列地址，若用线性探测法将这 k 个关键字对应的记录存入散列表中，至少要进行（　　）次探测。
   A．k-1　　　　　B．k+1　　　　　C．k(k+1)/2　　　　　D．1+k(k+1)/2

9．下列排序算法中，其中（　　）是稳定的。

A．堆排序，冒泡排序　　　　　　　B．快速排序，堆排序
C．直接选择排序，归并排序　　　　D．归并排序，冒泡排序

10．数据序列（8, 9, 10, 4, 5, 6, 20, 1, 2）是下列排序算法中的（　　）的两趟排序后的结果。

A．选择排序　　B．冒泡排序　　C．插入排序　　D．堆排序

二、判断题（共10分，每小题1分）

（　　）1．不论是入队列操作还是入栈操作，在顺序存储结构上都需要考虑"溢出"情况。

（　　）2．若一个结点是某二叉树子树的中序遍历序列中的第一个结点，则它必是该子树的后序遍历序列中的第一个结点。

（　　）3．在后序线索二叉树中，在任何情况下都能够很方便地找到任意结点的后继。

（　　）4．在n个结点的无向图中，若边数大于n-1，则该图必是连通图。

（　　）5．对于有向图，除了拓扑排序方法外，还可以通过对有向图进行深度优先遍历的方法来判断有向图中是否有环。

（　　）6．求最小生成树的Prim算法在边较少、结点较多时效率较高。

（　　）7．将二叉排序树T的先序序列中的关键字依次插入初始为空的树中，所得到的二叉排序树T'与T是相同的。

（　　）8．当负载因子α小于1时，则向散列表中插入元素时不会引起冲突。

（　　）9．对不稳定的排序算法，不论采用何种描述方式，总能举出一个说明它不稳定的实例来。

（　　）10．快速排序总比简单直接排序快。

三、简答题：（共30分，每小题6分）

1．画出和下列已知序列对应的树T：

树的先序遍历序列为 ABEKFCGLDHIMJ；

树的后序遍历序列为 KEFBLGCHMIJDA。

2．什么是Huffman树？

设记录的关键字(key)集合 K={26, 36, 41, 44, 15, 68, 12, 6, 51, 25}，以K为权值集合，构造一棵Huffman树。

3．设无向图G如图B-4所示，试给出：

1）该图的邻接表表示。

2）依据邻接表存储进行深度优先遍历的序列。

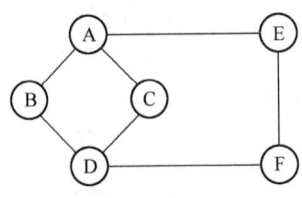

图 B-4　无向图 G

4．试画出从空树开始，由字符序列(t, d, e, s, u, g, b, j, a, k, r, i)构成的二叉平衡树，并为

每一次的平衡处理指明旋转类型。

5. 请回答以下关于堆的问题：

1）堆的存储结构是顺序的，还是链式的？

2）设有一个大顶堆，即堆中任意结点的关键码均大于它的左孩子和右孩子的关键码。其具有最大值的元素可能在什么地方？

3）对 n 个元素进行初始建堆的过程中，最多做多少次数据比较？

四、算法设计题（共 40 分，每小题 10 分）

1. 请以单链表为存储结构实现直接插入排序的算法。

2. 顺序表中有 n 个元素，每个元素是一个字符，写算法使表中的元素按字母在先，其他字符在后的顺序排列。要求利用原空间，且元素移动次数最少。

采用类似快速排序一次划分的算法实现。时间复杂度为 O(n)。

3. 编写递归算法，对于二叉树中每一个元素值为 x 的结点，删去以它为根的子树，并释放相应的空间。

4. 试写一个算法，在以邻接表方式存储的有向图 G 中求顶点 i 到顶点 j 的不含回路的长度为 len 的路径数。

模拟试卷四

一、单选题（共 20 分，每小题 2 分）

1. 下列说法不正确的是（　　）。

　A．栈是一种受限的线性结构

　B．栈是一种后进先出的线性结构

　C．栈可以是线性结构也可以是非线性结构

　D．栈可以用数组实现或链表来实现

2. 在单链表中，指针 p 指向元素为 x 的结点，实现删除 x 的后继的语句是（　　）。

　A．p=p->next　　　　　　　B．p->next=p

　C．p->next=p->next->next　　D．p=p->next->next

3. 以二叉链表作为二叉树的存储结构，在具有 n 个结点的二叉链表中（n>0），空链域的个数为（　　）。

　A．2n-1　　　B．n-1　　　C．n+1　　　D．2n+1

4. 线索化二叉树中，某结点*p 没有孩子的充要条件是（　　）。

　A．p->lchild=NULL　　　　B．p->ltag=1 且 p->rtag=1

　C．p->ltag=0　　　　　　　D．p->lchild=NULL 且 p->ltag=1

5. 一个有 n 个结点的图，最多有（　　）个连通分量。

　A．0　　　B．1　　　C．n-1　　　D．n

6. 下面存储表示中最适于表示稀疏有向图的是（　　）。

　A．邻接矩阵　　B．邻接表　　C．邻接多重表　　D．十字链表

7. 散列查找方法中碰撞（冲突）指的是（　　）。

　A．两个元素具有相同的序号

B. 两个元素具有相同的关键值

C. 两个元素的关键码值不同而非关键码属性相同

D. 不同关键码值对应相同的存储地址

8. 具有 4 层结点的二叉平衡树至少有（　　）个结点。

　　A. 8　　　　　　B. 7　　　　　　C. 15　　　　　　D. 6

9. 对一组数据（84, 47, 25, 15, 21）排序，数据的排列次序在排序的过程中的变化为 84 47 25 15 21→15 47 25 84 21→15 21 25 84 47→15 21 25 47 84，则采用的排序是（　　）。

　　A. 选择排序　　　B. 冒泡排序　　　C. 快速排序　　　D. 插入排序

10. 在下面的排序方法中，辅助空间为 O(n)的是（　　）。

　　A. 希尔排序　　　B. 堆排序　　　C. 选择排序　　　D. 归并排序

二、判断题（共 10 分，每小题 1 分）

（　　）1. 在线性表的顺序存储结构中，插入和删除时，移动元素的个数与该元素的位置有关。

（　　）2. 在哈夫曼编码中，出现频率相同的字符编码长度也一定相同。

（　　）3. 用一维数组存放二叉树时，总是以先序遍历存储结点。

（　　）4. 图的最小生成树的形状可能不唯一。

（　　）5. 用邻接矩阵法存储一个图时，在不考虑压缩存储的情况下，所占用的存储空间大小只与图中结点个数有关，而与图的边数无关。

（　　）6. 邻接表法只用于有向图的存储，邻接矩阵对于有向图和无向图的存储都适用。

（　　）7. 查找表中数据元素的任何数据项都可以作为关键字。

（　　）8. 在任意一棵非空二叉排序树中，删除某结点后又将其插入，则所得二叉排序树与删除前原二叉排序树相同。

（　　）9. 对有 n 个记录的集合进行冒泡排序，所需时间决定于初始记录的排列情况；在初始记录无序的情况下最好。

（　　）10. 对一个堆，按二叉树层次进行遍历可以得到一个有序序列。

三、简答题（共 30 分，每小题 6 分）

1. 已知一棵度为 m 的树中有 n1 个度为 1 的结点，n2 个度为 2 的结点，…，nm 个度为 m 的结点，问该树中共有多少个叶子结点？有多少个非终端结点？

2. 画出和下列已知序列对应的树 T：

二叉树的层次访问序列为：ABCDEFGHIJ。

二叉树的中序访问次序为：DBGEHJACIF。

3. 对如图 B-5 所示有向图，画出其邻接表，并写出它的 4 个拓扑序列。

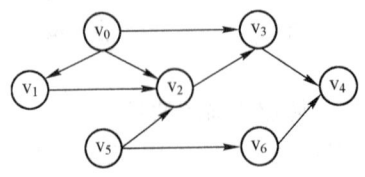

图 B-5　有向图

4. 依次输入表(30, 15, 28, 20, 24, 10, 12, 68, 35, 50, 46, 55)中的元素，生成一棵二叉排序树，回答下列问题。

1）试画出生成之后的二叉排序树。

2）对该二叉排序树作中序遍历，试写出遍历序列。

3）假定每个元素的查找概率相等，试计算该二叉排序树的平均查找长度。

5．阅读下列排序算法，说明该排序算法的实现思路，讨论该算法中基本操作的执行次数。

```
void sort(SortList r)
    {i=1;
    while(i<N-i+1)
      {min=max=1;
      for(j=i+1;j<=N-i+1;++j)
         if(r[j].key<a[min].key) min=j;
         else if(r[j].key>r[max].key)   max=j;
      if(min!=i) {w=r[min];r[min]=r[i];r[i]=w;}
      if(max!=N-i+1)
            {if (max=i) {w=r[min];r[min]=r[n-i+1];r[N-i+1]=w;}
             else   {w=r[max];r[max]=r[n-i+1];r[N-i+1]=w;}
            }
      i++;
      }
    }
```

四、算法设计题（共 40 分，每小题 10 分）

1．设计一个时空效率尽可能高效的算法，求单链表的倒数第 m 个元素。

2．一棵具有 n 个结点的完全二叉树采用顺序结构存储，试设计非递归算法对其进行先序遍历。

3．已知一棵二叉排序树上所有关键字中的最小值为-max，最大值为 max，又知 -max<x<max。编写递归算法，求该二叉排序树上的小于 x 且最靠近 x 的值 a 和大于 x 且最靠近 x 的值 b。

4．若在 DAG 图（有向无环图）中存在一个顶点 r，在 r 和图中所有其他顶点之间均存在由 r 发出的有向路径，则称该 DAG 图有根。试编写求 DAG 图的根的算法。

参 考 文 献

[1] Sartaj Sahni. 数据结构、算法与应用——C++语言表述[M]. 王立柱，刘志红，译. 北京：机械工业出版社，2017.

[2] Mark Allen Welss. 数据结构与算法分析——Java语言描述[M]. 冯舜玺，陈越，译. 北京：机械工业出版社，2016.

[3] 陈越，何钦铭，等. 数据结构学习与实验指导[M]. 北京：高等教育出版社，2013.

[4] 陈越. 数据结构[M]. 北京：高等教育出版社，2012.

[5] 邹恒明. 数据结构：炫动的0、1之弦[M]. 北京：高等教育出版社，2012.

[6] 王晓东. 计算机算法设计与分析[M]. 4版. 北京：电子工业出版社，2011.

[7] 梁作娟，等. 数据结构习题解答与考试指导[M]. 北京：清华大学出版社，2004.

[8] 许卓群. 数据结构与算法[M]. 北京：高等教育出版社，2004.

[9] 胡圣荣，等. 数据结构教程与题解[M]. 北京：北京大学出版社，2003.

[10] M H Alsuwaiyel. Algorithms Design Techniques and Analysis[M]. 吴伟昶，方世昌，等译. 北京：电子工业出版社，2003.

[11] Thomas H.Cormen, Charles E.Leiserson, Ronald L. Rivest, Clifford Stein, Introduction to Algorithms[M]. 2nd ed.北京：高等教育出版社，2001.

[12] 严蔚敏，吴伟民. 数据结构（C语言版）[M]. 北京：清华大学出版社，1997.